U0793944

21世纪高等教育建筑环境与能源应用工程系列规划教材

冷热源工程课程设计

王 军 武俊梅 常 冰 编著
黄 翔 主审

机 械 工 业 出 版 社

本书在介绍冷源工程设计、冷（热）源工程设计、热源工程设计的基本设计程序、设计内容与要求、设计步骤、设计选题、制图要求、设计书和计算书规范要求等内容的基础上，针对高等院校建筑环境与设备工程专业实践教学——课程设计的要求，阐述了如何采用国家现有规范、标准完成课程设计任务。本书突出实用性，通过设计示例的形式对冷热源系统的设计计算、设备选择、设备的平面布置等内容进行了具体、深入的介绍，使读者在学习、使用规范和各种标准的同时，熟悉整个设计流程。全书深入浅出，内容丰富，便于学生学习，也方便相关专业的技术人员自学和实践。

本书为高等院校建筑环境与能源应用工程专业和热能与动力工程专业实践教学课程教材，也可作为相关部门科研、企业管理、工程技术人员的参考用书。

图书在版编目（CIP）数据

冷热源工程课程设计/王军，武俊梅，常冰编著. —北京：机械工业出版社，2011.10（2025.1 重印）

21 世纪高等教育建筑环境与能源应用工程系列规划教材

ISBN 978-7-111-35899-2

Ⅰ.①冷…　Ⅱ.①王…②武…③常…　Ⅲ.①制冷工程-课程设计-高等学校-教材②热力工程-课程设计-高等学校-教材　Ⅳ.①TB6②TK1

中国版本图书馆 CIP 数据核字（2011）第 197932 号

机械工业出版社（北京市百万庄大街 22 号　邮政编码 100037）

策划编辑：刘　涛　责任编辑：刘　涛　张丹丹　版式设计：霍永明

责任校对：申春香　封面设计：王伟光　　　责任印制：郜　敏

北京富资园科技发展有限公司印刷

2025 年 1 月第 1 版第 5 次印刷

184mm×260mm · 23.25 印张 · 577 千字

标准书号：ISBN 978-7-111-35899-2

定价：59.00 元

电话服务　　　　　　　　　　　网络服务

客服电话：010-88361066　　机　工　官　网：www.cmpbook.com

010-88379833　　机　工　官　博：weibo.com/cmp1952

010-68326294　　金　书　网：www.golden-book.com

封底无防伪标均为盗版　机工教育服务网：www.cmpedu.com

序

建筑环境与设备工程（2012 年更名为建筑环境与能源应用工程）专业是教育部在 1998 年颁布的全国普通高等学校本科专业目录中将原“供热通风与空调工程”专业和“城市燃气供应”专业进行调整、拓宽而组建的新专业。专业的调整不是简单的名称的变化，而是学科科研与技术发展，以及随着经济的发展和人民生活水平的提高，赋予了这个专业新的内涵和新的元素。创造健康、舒适、安全、方便的人居环境是 21 世纪本专业的重要任务。同时，节约能源、保护环境是这个专业及相关产业可持续发展的基本条件。它们和建筑环境与设备工程（建筑环境与能源应用工程）专业的学科科研与技术发展总是密切相关，不可忽视。

新专业的组建及其内涵的定位，首先是由社会需求决定的，也是和社会经济状况及科学技术的发展水平相关的。我国的经济持续高速发展和大规模建设需要大批高素质的本专业人才，专业的发展和重新定位必然导致培养目标的调整和整个课程体系的改革。培养“厚基础、宽口径、富有创新能力”，符合注册公用设备工程师执业资格要求，并能与国际接轨的多规格的专业人才是本专业教学改革的目的。

机械工业出版社本着为教学服务，为国家建设事业培养专业技术人才，特别是为培养工程应用型和技术管理型人才做贡献的愿望，积极探索本专业调整和过渡期的教材建设，组织有关院校具有丰富教学经验的教师编写了这套建筑环境与设备工程（建筑环境与能源应用工程）专业系列教材。

这套系列教材的编写以“概念准确、基础扎实、突出应用、淡化过程”为基本原则，突出特点是既照顾学科体系的完整，保证学生有坚实的数理科学基础，又重视工程教育，加强工程实践的训练环节，培养学生正确判断和解决工程实际问题的能力，同时注重加强学生综合能力和素质的培养，以满足 21 世纪我国建设事业对专业人才的要求。

我深信，这套系列教材的出版，将对我国建筑环境与设备工程（建筑环境与能源应用工程）专业人才的培养产生积极的作用，会为我国建设事业做出一定的贡献。

陈在康

前　言

高校建筑环境与能源应用工程专业培养复合型应用人才，学生要学习工业与民用建筑的采暖、通风与空气调节系统，区域集中供热、供冷系统，中小型制冷系统，楼宇自控系统等方向的基础理论和专业知识，同时为加强专业实践，配合各门专业方向课程，设置了通风与空调系统课程设计、空调冷热源工程课程设计、制冷工程课程设计、供热工程课程设计，因为课程设计通过冷热源系统设计、设备选型、设备与管路配置等工作，不仅可以培养学生如何应用规范进行工程设计的能力，而且可以给学生灌输施工组织和运行管理方面的知识。目前招收建筑环境与能源工程专业学生的院校已大幅度增加，本书就是为加强建筑环境与能源工程专业实践教学——冷热源工程的课程设计而编写的。本书也可以作为从事制冷与空调专业各层次技术人员的参考书。

本书由河南工业大学王军老师、西安交通大学武俊梅博士、石家庄铁道大学常冰老师共同策划、制订编写大纲。王军老师负责第1篇冷源工程课程设计的组稿和统稿工作，并完成了第1章、第2章、第3章的编写工作，中原工学院孙昆峰老师完成了第4章的编写工作；武俊梅博士负责第2篇冷（热）源工程课程设计的组稿和统稿工作，并完成了第5章和第6章的6.1节的编写工作，西安航空技术高等专科学校杜鹃老师完成了6.2节的编写工作，西安科技大学赵登育博士完成了6.3节的编写工作；常冰老师负责第3篇热源工程课程设计的组稿和统稿工作，并完成了第7章和第8章的8.1节、8.2节、8.3节、8.4.1节的编写工作，河北建筑工程学院冀卫兴老师完成了8.4.2节的编写工作。全书的最终统稿和协调工作由王军老师完成。

本书的编写工作得到了西安工程大学黄翔教授的大力支持和帮助。黄翔教授对本书进行了细致的审阅，提出了宝贵的修改意见和建议，编者在此表示衷心的感谢。

本书在编写过程中参考和引用了许多教材、专著、设计手册，在此向相关作者表示衷心的感谢。由于编者水平有限，错误和不妥之处在所难免，敬请同行和读者批评指正。

编　者

目　　录

第1篇　冷源工程课程设计

第2篇　冷（热）源工程课程设计

第3篇 热源工程课程设计

第1章 绪论

冷热源作为制冷空调系统的“心脏”，在系统的投资和运行能耗中扮演主要角色。制冷空调系统的冷热源设备是暖通空调产业的主力军，是建筑能源供应系统的重要组成部分。冷热源工程的任务是为特定地区、特定建筑的制冷空调系统优化配置冷热源设备，并使之高效运行、稳定工作。

“冷热源工程”课程是由冷源工程、冷（热）源工程、热源工程组成的重要专业技术课程，通过课堂教学环节与课程设计教学环节共同来完成其教学目的。课程设计教学是培养学生综合能力和解决工程实际问题能力的重要环节。

本教材论述的课程设计的设计理论、设计方法和设计步骤，均依照实际工程的设计方法和设计程序，符合国家标准和设计规范的要求。

1.1 课程设计的意义和目的

1. 课程设计学习的意义

随着国民经济的快速发展，人们生活水平的不断提高，对建筑室内环境的要求越来越高。无论是在保证室内舒适环境方面，还是在保证人们生活的质量、安全、健康方面，冷热源系统都起着非常重要的作用。

“冷热源工程”是一门理论性和实践性都较强的专业技术课程，因此在“冷热源工程”课程的教学环节中，与之相关的实践环节教学课程设计就显得尤为重要。因为只有实践才能激活书本知识，才能更好地帮助学习者掌握冷热源工程系统中的有关专业技术知识，培养对所学理论知识的应用能力和解决工程实际问题的综合能力，并为日后从事设计、管理工作奠定良好的基础。没有实践，对课程学习的所有理论技术就只是纸上谈兵，导致所学不知何用。

“冷热源工程”课程专业知识面宽，涉及内容信息量大，如果课堂所学理论与实际工程脱节，会使学习者感觉到很难理解和掌握，所以设置课程设计教学环节是非常必要的。课程设计的实践教学环节可以很好地帮助学习者将理论与实践有机地结合起来，学以致用，融会贯通。

2. 课程设计学习的目的

通过针对某一冷源、热源工程的实际设计训练，使学生学会如何入手处理一个实际工程问题，并将基础理论和专业技术知识应用到工程设计中，了解与工程建设相关的法律、法规及行业规程，学会工程设计方法，学会设计规范与标准的正确使用，学会运用工程图准确表述设计意图，培养学生宏观把握和综合运用所学的理论知识解决工程设计问题的能力。

在课程设计的学习环节中，分别针对实际的冷热源工程项目开展设计训练，才能真正掌握已学的专业理论知识，灵活自如地应用，解决工程设计的实际问题。

1.2 课程设计的方法

设计是在对从事的设计行业的资料收集和设计中所需的资源的收集，对最新观念和流行前沿的把握和了解的基础上，对所建项目提供有技术依据的设计文件和图样的整个过程。不要让传统的东西束缚自己。要做好课程设计，必须把以前所学所见的有关知识打乱，按照设计程序重新组合，并且要集中精力。“运用之妙，存乎一心”，重要的是追求，以及不断地探索和创新。

1. 树立自主学习精神

自主学习是整个以学生为主教学设计的核心内容之一。要在学习过程中充分发挥学生的主动性，要能体现出学生的首创精神；要让学生有多种机会在不同的情境下去应用他们所学的知识（将知识“外化”）；要让学生能根据自身行动的反馈信息来形成对客观事物的认识和解决实际问题的方案（实现自我反馈）。

要不断培养和增强自己思考问题的能力，要善于思考，不要一遇到问题就问别人，在经过自己努力仍然得不到答案的情况下，再请教别人。在这个过程中可以学到很多东西，而不仅仅是答案。

2. 协作式学习策略

在个人自主学习的基础上，通过小组讨论、协商和角色扮演等不同策略，进一步完善和深化对主题的意义建构。整个协作学习过程均应由教师组织引导，讨论的问题可由教师提出，也可以由学生提出。

3. 充分利用网络，捕捉信息资源

各种网络平台为大家准备了较为丰富的资源。学生不但可以在网上学习，遇到问题还可在网上讨论，发帖询问，课程导学教师会及时解答大家的问题，减少学习中的困难。

4. 积极参加教学辅导

参加教学辅导有助于学生与辅导老师沟通，解决学习中遇到的问题。

5. “悟”、“练”

设计课的学习方法与其他课程有很大不同，它不是系统教学，而是侧重培养学生自己综合运用的实践能力。这就要求学生不断地观察、分析、欣赏优秀作品，以长期积累的感性认识作为基础，通过大量的训练“悟”出其精髓。

6. 多看、多收集资料，刻苦磨炼

多吸取别人的造型技巧和设计思路。所谓“读书破万卷，下笔如有神”。方案要多构思、修改，多训练表现技巧。

1.3 冷热源工程设计的基本程序

大型建设项目冷热源工程的设计一般分为三个阶段，即方案设计、初步设计和施工图设计。对于中小型或比较简单的冷热源工程设计，可简化为只作方案设计或初步设计（扩初设计），然后直接进入施工图设计。下面根据各阶段设计内容和设计程序简要论述。

1.3.1 方案设计

在方案设计过程中，建筑设备专业应根据建设项目内容与规模，初步考虑冷、热源方案，粗略估算冷、热负荷和冷热水机组数量等问题，计算冷水机房、热水机房及其辅助设备布置所需要的面积，冷却塔布置所需面积，配合建筑专业确定冷水机房、热水机房、冷却塔、储水箱的位置和建筑面积。

在方案设计阶段，设计内容主要以设计说明为主，以文字说明的形式论述设计方案、设计特点及系统形式，并适当附加方案设计的总平面图和立面图。在方案设计中，应进行两种及两种以上方案设计，并进行方案的技术经济比较论证，提供给建设项目投资方和委托方进行方案决策，并作为项目申报审批文件。有时建设方为了缩短设计周期，要求方案设计阶段的设计深度达到初步设计阶段的要求，则可以取消初步设计。根据冷源、热源工程设计文件编制深度的规定，方案设计的主要步骤及内容如下：

1. 设计准备

了解和熟悉设计任务书中室内环境的要求，针对要求收集资料，作必要的现场踏勘，了解外部条件，摸清冷源、热源、给水排水室外管网、电力及能源等供应参数及连接方式。

2. 配合建筑设计提出设计指标

熟悉设计任务书中对冷热源工程项目的要求，对照有关政策和冷热源的标准，按建筑规模和等级确定室内设计参数及冷热负荷等估算指标。

3. 设计范围及设计依据

设计范围是指依据设计任务书要求的设计内容。设计依据是指对方案设计所依据的气象数据、负荷计算的基础资料、工艺数据、水电气燃料等能源的供应情况、设计规范、其他专业提供的工程设计资料、建设单位提出的有关基本建议和使用要求等方面加以说明。

4. 确定冷热源系统设计方案

冷源、热源、冷（热）源系统方案设计的参数计算和总图绘制应根据建筑专业或工艺专业提供的建筑物类别、建筑平面图、生产工艺平面图等各项技术参数和资料，并依据国家现行的冷热源工程设计标准、规范等进行方案设计，根据委托任务书的设计要求提出两个及两个以上的设计方案，进行两个及两个以上多方案的技术经济比较、投资费用比较和运行费用等节能比较，从而提出供建设方决策的设计方案。

5. 与相关专业配合，提出专业设计条件

进行冷热负荷估算，并估算出水、电用量，提出机房、管井面积要求，确定机房、设备间的位置、面积和层高，确定是否需要设备层、水箱间、地沟和竖井等，具体尺寸在初步设计时确定。此步骤可能需要几个回合，各专业必须相互协商，以达到整个建筑都协调一致的目的。

6. 编写设计方案说明书

编写设计方案说明，此说明应包含在建筑方案说明中。

1.3.2 初步设计

在建设方案中标并通过有关部门审批后，即可开始进行初步设计。在施工设计以前的计划工作统称初步设计。初步设计阶段应将本专业内容的设计方案或重大技术问题的解决方案进行综合经济分析，讨论技术上的先进性、适应性，经济上的合理性。其设计深度要比方案设计深入细致。根据初步设计委托任务书的要求，以及建筑平面图、立面图、剖面图，对各单位工程的工艺布置平面图、立面图、剖面图进行初步设计。冷热源工程初步设计文件主要包括：

1. 设计说明书

设计说明书主要包括设计说明（含设计依据、设计范围及内容，室外气象参数，设计标准，空调冷、热耗量及冷、热媒参数，自控方式，管道材料及保温，消声减振措施，环境保护措施及节能措施等）、设备材料表（列表给出主要设备如冷热水机组、换热器、水泵、风机、冷却塔等的性能参数、使用数量、使用地点，以及主要附件如各类水阀、风阀及材料的性能参数）、主要设计指标（冷热耗量及单位面积指标、冷热设备电气安装容量及面积指标、蒸汽耗量等）、遗留问题（包括需要提请市政部门或初步设计审批部门审查的问题，需要市政部门配合解决的问题，需要业主注意和尽快答复及解决的问题，需在施工图中各专业进一步详细配合解决的重大问题等）。

2. 设计图样

设计图样主要包括冷（热）源系统流程图（原理图）、设备管道平面布置图、主要设备及管道的剖面图。这些图样能清楚地表示冷源、热源系统的整个工程情况。

3. 设计计算书

设计计算书包括设计负荷、设备选择以及管道系统初步计算等。

1.3.3 施工图设计

在初步设计文件经政府有关主管部门审查批复、甲方对有关问题给予答复后，项目方可进行施工图设计工作。冷（热）源工程的施工图设计文件应包括图样目录、设计与施工说明、主要设备材料表、设计图样、计算书及施工图预算书。此阶段设计文件应满足设备材料采购、非标设备制作和施工的需要。施工图设计是三个设计阶段中最全面、最复杂、最细致的设计过程，施工图样是指导未来建设施工全过程的重要文件和依据，也是工程竣工验收时绘制施工竣工图的主要依据。

图样目录应先列出新绘制的图样，后列出本套图中被重复用的标准图或其他图样。图样目录中各类图样的排序应是：①图样目录；②设计与施工说明；③主要设备材料表；④××系统流程图（原理图），如制冷系统流程图、热力系统流程图等；⑤××系统轴测图，如制冷系统轴测图、热力系统轴测图等，一般情况下，一个系统的轴测图应尽可能绘制在一张图内，不可随意分隔成若干系统而分别绘制，否则失去了通过系统轴测图使看图者了解该系统整体全貌的绘图意义；⑥冷（热）源站房平面布置图；⑦主要设备及管道的剖面图；⑧其他大样图等，如还有通用图等可续列在其后；⑨冷（热）源工程的用户图样，如在冷库工程中，一层冷间工艺平面图、二～×层冷间平面图、一层冷间工艺轴测图、二～×层冷间轴测图、冷间蒸发器制作图等。

设计与施工说明包括：工程设计概况，系统形式及主要设计参数；工程施工安装要求和注意事项；设备订货、安装及运行要求；工程竣工验收要求等相关要求；工程设计中选用的标准图图集编号、图例等。一般情况下把图例编制在设计施工说明中，有时也可以绘制××系统流程图（原理图）或其他平面图，但不应绘制在主要设备材料表或其他剖面图或大样图中。

施工图样设计文件主要包括：

（1）图样目录、设计与施工说明、主要设备材料表　这三张图样一般情况下应分别设置。目前，有些设计院考虑图纸成本，往往将其组成首页绘制在一张图中，这也是可以的。但当设计与施工说明和主要材料设备表的内容较多时，分开设置较好。

（2）冷（热）源工程设计图样　在实际工程中，冷源、热源、冷（热）源是不同的工程内容，应各成体系分别进行设计，并分别进行图样编号，一般按冷源施、热源施、冷（热）源施编号，如冷施 L01、冷施 L02……；热施 R01、热施 R02……；冷（热）施 LR01、冷（热）施 LR02……。

设计图样包括：冷（热）源站房冷热系统流程图或原理图、冷（热）源站房平面图及剖面图、冷（热）源站房冷热系统轴测图及大样图等；用户各层平面图、立面图或剖面图、轴测图，大型冷（热）源用户还要绘出流程图或原理图。

对于图中表达不清楚或重复绘制和重复标注的一些问题，可以根据实际图样设计情况，酌情随图作相应设计说明。

（3）计算书及预算书　根据相关设计规范的要求，冷热负荷计算和水力计算要随设计图样作为设计文件归档；施工图预算书是建设单位招标投标标底的参考依据；其他计算可酌情作为内部参考资料或内部归档文件。

在冷（热）源工程设计中，应根据工程实际情况进行上述各项内容设计。如果某项工程中包括了三部分内容，则应分套进行图样设计。

1.3.4　设计概预算

设计概预算也是工程设计的内容之一，不管是方案设计、初步设计及施工图设计，在设计的最后阶段都应进行经济分析，计算工程建设造价，即工程设计概预算，方案设计和初步设计需要进行工程设计概算，施工图设计需要进行施工图预算，以此作为建设投资方提供建造成本和控制建造成本的设计文件。

设计概预算编制是在完成设计图样文件的基础上进行的，任何设计阶段都应进行投资计算和分析。

方案设计概算控制项目建设的总投资，初步设计概算是不能突破方案设计概算的，初步设计概算控制施工图预算，所以施工图预算造价不能超过初步设计概算造价。施工图预算得到的工程造价是建设单位招标投标标底的重要依据。

1.4　本章要点

通过对课程设计学习意义、目的和学习方法的讨论，主要强调理论学习与工程实践应用是相辅相成的关系。没有实践，对课程学习的所有理论技术都只能是纸上谈兵，所学不知何用。

在课程设计的学习阶段，主要是针对施工图设计阶段的设计理念和设计方法进行学习。对于方案设计、初步设计，学习者将在今后的工作中，通过实际工程的设计实践和锻炼进行学习和掌握，对于设计概预算，有专门的课程来进行学习，在本书中均不再论述。

第1篇

冷源工程课程设计

第2章 冷源工程课程设计导论

2

2.1 冷源工程课程设计的基本内容

冷源作为冷（速）冻、冷藏制冷系统和中央空调系统的“主机”，在建设工程项目的投资和运行能耗中扮演主要角色，其制冷系统的设计显得更加重要。冷源工程课程设计要求以冷（速）冻、冷藏制冷系统的冷负荷和蓄冷空调的冷负荷为依据确定冷源方案，全面进行冷（速）冻、冷藏制冷系统制冷站（或称机房）和中央空调系统制冷站的设计。

1. 冷冻冷藏制冷工程课程设计内容

冷（速）冻、冷藏制冷系统课程设计内容包括冷间耗冷量的计算、制冷系统方案的确定、制冷系统机器设备的选型设计、制冷系统管道设计、制冷机及其辅助设备的布置设计、冷间制冷设备的布置设计、设计图样的绘制及设计文件的编制等主要内容。

冷间耗冷量的计算主要叙述设计计算的基础资料、计算参数的确定、耗冷量计算、冷间蒸发器及制冷压缩机负荷的汇总；制冷系统方案的确定主要叙述制冷系统压缩级数及冷凝器类型的确定、制冷系统供液方式的确定、冷间冷却方式的确定、制冷系统蒸发温度回路方案的确定、制冷系统自控方案的确定、冷间冷却设备和融霜方式的确定、制冷机及其设备的配置方案；制冷系统机器设备的选型设计主要叙述制冷压缩机的选型设计、冷凝器的选型设计、蒸发器的选型设计、辅助设备的选型设计、氨泵选型设计等；制冷系统管道设计主要叙述制冷管道的阻力计算、氨系统管道设计（管径的选择计算、管道布置要点及吊支点设计、管道的伸缩弯设计、管道及设备的保温）；制冷机及其辅助设备的布置设计主要叙述制冷机布置（制冷机布置原则、压缩机的平面布置形式）、机房内设备布置（油氨分离器的布置、中间冷却器的布置、机房气液分离器和低压循环贮液器的布置、冷凝器和贮液器的布置、排液筒的布置、空气分离器和集油器的布置、低压循环贮液器与氨泵的布置、调节站的布置设计）；冷间制冷设备的布置设计主要叙述冷间内的冷却设备设计、冷间内的配风方式及气流组织的设计、冻结间的制冷工艺设计、冻结物冷藏间的制冷工艺设计、冷却间及冷却物冷藏间的制冷工艺设计；设计图样的绘制及设计文件的编制主要叙述冷（速）冻、冷藏制冷系统图样绘制内容和设计文件的编制内容。

2. 蓄冷空调工程课程设计内容

蓄冷空调工程课程设计主要包括蓄冷空调冷冻站设计及冷间空调末端设计两大部分。本书主要介绍蓄冷空调冷冻站设计，冷间空调末端设计不作详细阐述。蓄冷空调冷冻站设计首先要根据具体条件，对负荷特性和电价峰谷优惠政策进行经济性分析，选择适当的蓄冷系统；其次，确定蓄冷系统负荷，计算方法与常规空调负荷计算有差异，蓄冷系统的负荷计算不仅包括常规的逐时负荷计算，而且还要计算总供冷负荷；再次，确定蓄冷策略，选择蓄冷用机组，计算蓄冷装置容量，确定溶液膨胀水箱、换热器、溶液泵等辅助设备；最后，讲述蓄冷空调工程设计图样的绘制和设计文件的编制内容。

2.2 冷源工程课程设计的要求

冷源工程课程设计是建筑环境与设备工程专业学生在学习完制冷技术理论课后必须进行的实践性教学环节。通过冷源工程设计训练，使学生巩固冷源工程设计及有关课程的理论知识，了解制冷与蓄冷工程设计的一般方法和步骤，培养学生进行制冷与蓄冷工程设计的基本技能，为今后设计制冷与蓄冷项目的制冷系统施工图样及编写有关资料奠定基础。通过拟定制冷与蓄冷工程设计方案和初步的施工设计，让学生掌握具体实践与理论要求相结合的方法。通过设计还可以使学生熟悉有关冷库制冷工艺设计及蓄冷工程设计的标准、规范等，并在设计中培养独立思考和解决问题的能力。

2.2.1 课程设计基本要求

1. 认真阅读课程设计任务书

在实际工程设计中，设计任务书是指由工程项目单位（或建设单位、业主、投资方等）提供的设计委托书或设计合同。设计委托书或设计合同中对工程性质、工程概况、建筑功能、设计内容、设计要求等问题都会详细列出，只有了解、熟悉这些设计文件，才能知道设计内容、设计深度和设计要求。在课程设计中，由指导教师下达课程设计任务书。

2. 熟悉设计规范与标准

任何工程设计都必须依据国家或行业标准和规范，故学会正确应用设计规范和标准是非常重要的。目前颁布的国家标准和行业标准有很多，在制冷工程设计中，应根据不同的项目参照相应的规范和标准进行工程设计。制冷工程在设计中常用的规范和标准如下：

（1）一般规范

1）GB 50072—2010《冷库设计规范》。

2）GB 50019—2003《采暖通风与空气调节设计规范》。

3）GB 50189—2005《公共建筑节能设计标准》。

4）GB 50176—1993《民用建筑热工设计规范》。

5）GB 50264—1997《工业设备及管道绝热工程设计规范》。

6）GB 50316—2000《工业金属管道设计规范》(2008 版)。

（2）防火类规范

1）GB 50016—2006《建筑设计防火规范》。

2）GB 50045—1995《高层民用建筑设计防火规范》(2005 版)。

3）GB 50067—1997《汽车库、修车库、停车场设计防火规范》。

（3）施工验收类规范

1）SBJ 12—2000《氨制冷系统安装工程施工及验收规范（附条文说明)》。

2）GB 50274—2010《制冷设备、空气分离设备安装工程施工及验收规范》。

3）GB 50231—1998《机械设备安装工程施工及验收通用规范》。

4）GB 50275—2010《风机、压缩机、泵安装工程施工及验收规范》。

5）GB 50184—2011《工业金属管道工程施工质量验收规范》（2011—12—01 实施）。

6）GB 9237—2001《制冷和供热用机械制冷系统安全要求》。

7）GB/T 8175—2008《设备及管道绝热设计导则》。

8）GB 50126—2008《工业设备及管道绝热工程施工规范》。

9）GB 50185—2010《工业设备及管道绝热工程施工质量验收规范》。

3. 认真学习制冷工程的设计理论和设计方法

在课程设计的各阶段中，学习设计理论和方法，理论联系实际，建立正确的设计理念，提高解决工程实际问题的能力。

4. 熟悉相关的设计手册

工程设计计算中需要应用一些相关的数据和资料，一般的设计手册中都会列出常用的数据和参数，供设计者查阅使用。正确选择设计计算方法和计算公式，正确选择和查取设计数据，是课程设计学习的重要内容。

5. 学会对不同设计方案进行技术经济分析与比较的方法

在工程设计中，往往会有不同的设计方案。面对不同的设计方案，其优劣需要通过技术性和经济性的比较、论证来确定。

2.2.2 课程设计的考核方法及成绩评定标准

以完成某一制冷站制冷系统的设计为例，介绍课程设计的考核方法及成绩评定标准。设计的主要内容为：制冷系统方案的确定、冷负荷计算、制冷压缩机和辅助设备的合理选型、管路布置与计算、图样的绘制、计算说明书的编制。

1. 学时分配建议

课程设计随课程安排进行，最好在学期末两周之内完成。学时分配见表 2-1。

表 2-1 学时分配表

序号	课程设计内容	学时数			
		合计	讲授	设计	答辩
1	制冷系统方案的确定	6	2	4	
2	冷负荷计算	12	0	12	
3	制冷压缩机和辅助设备的选型	4	0	4	
4	制冷系统管道选择、隔热层厚度计算	4	0	4	
5	制冷剂充注量计算	4	0	4	
6	制冷工艺施工图的绘制	12	2	10	
7	计算设计说明书	12	2	10	
8	答辩	6	0	0	6
9	总　计	60	6	48	6

2. 成绩考核与评定

课程设计成绩的评定应主要取决于学生完成课程设计的图样质量及在课程设计过程中的

学习态度。

（1）评分参考标准

1）优秀。按期较出色地全面完成课程设计任务：①设计中所用的基础理论、基本知识、基本技能扎实熟练，在设备管道布置设计、绘图技巧等方面有一定的见解或独创；②在整个设计过程中独立工作能力强；③图样质量高，设备管道设计合理。

2）良好。按期较好地全面完成课程设计任务：①设计中所用的基础理论、基本知识、基本技能扎实熟练；②在整个设计过程中独立工作能力较强；③图样质量较好，设备管道设计较合理。

3）中等。能按期完成课程设计任务：①设计中所用的基础理论、基本知识、基本技能掌握较好；②在整个设计过程中，具有一定的独立工作能力；③图样质量符合要求，设备管道设计合理。

4）及格。基本完成课程设计任务：①设计中所用的基础理论、基本知识、基本技能能够基本掌握，但设计中有较多非关键性错误；②在整个设计过程中，独立工作能力不强，但经指导教师指导后，还能完成任务；③图样基本合格。

5）不及格。有下列情况之一者，为不及格：①未能按期完成课程设计所规定任务的最低要求，设计中所用的基础理论、基本知识、基本概念糊涂，反映出不能达到课程设计的基本教学要求；②在整个设计过程中，独立工作能力不强，图样中有较多关键性错误，经指导教师再三指导，仍未改正，表明基本训练不合格；③抄袭他人图样，或由别人代替作图者。

（2）评分细则　站房设备布置图评分细则如下：

1）图框尺寸和画法正确，标题栏尺寸及各标注正确，得5分。

2）设备平面、系统图表示准确，比例按1:100或1:50绘制，得20分。

3）系统选择、设备管道布置正确，得20分。

4）设备的排列和布置符合规范（设备与墙、设备与设备间距正确，并准确标注），得20分。

5）设备名称、代号、图位号（或序号）、外形尺寸、定位尺寸等标注正确，得20分。

6）工艺辅助房间（操作控制室、化验室、更衣室等）及室内配置正确，得10分。

7）同一车间各楼层的平面、立面图在一张图中绘出，图面整体效果好（厂房、设备、尺寸标注等线型正确，颜色分明），得5分。

（3）成绩评定　成绩计分按优、良、中、及格、不及格5级评定。优为100~90分，良为89~80分，中为79~70分，及格为69~60分，不及格为60分以下。

3. 教学要求

1）安排从事本专业的具有中级以上职务的教师，或聘请高等学校、科研单位等具有相应职称的教师担任指导教师。

2）指导教师应认真负责，注意启发学生的创造精神与分析问题的能力，及时检查进度，解答疑难和布置工作。

3）设计完成后，指导教师应将所指导学生的工作能力、设计质量、工作态度的评语，写在计算设计说明书的有关栏目内。

2.3 冷源工程设计图样的绘制及设计文件的编制

冷源工程设计应有表达设计构思并据以进行安装的图样文件，用以表达设计意图、依据以及特殊要求的文字说明文件、设备及主要材料表等方面的内容。

2.3.1 图样的绘制

1. 制冷工程施工图

(1) 制冷工艺图样　制冷系统原理图、制冷系统透视图、制冷管道安装平面图及必要的剖面图（张数以表达清楚管道立面关系为原则）。

(2) 设备安装图　表达中间冷却器、低压循环贮液器、冷风机、空气幕等设备的安装具体要求。

(3) 非标设备的制作图　表达调节站、加氨站、墙排管、顶排管、搁架排管、鱼盘、送风道、吊架等非标设备的制作具体要求。

(4) 向土建提出的条件图　一次条件图包括机器设备基础图、机器设备平面布置图；二次条件图包括建筑物上的预留孔、预埋件图。

(5) 其他图样　如大样图、隔热层包扎图、套用的通用图以及有关资料。

2. 主要图样绘制要求

(1) 制冷系统原理图　制冷系统原理图直接表达设计人员所采用的制冷方案，并清楚地反映该制冷装置在技术上的先进性和可行性，以及工艺流程的合理性。该图还是绘制设备布置图、管道安装图等的指导文件。在绘制制冷系统原理图之前，应研究制冷工程设计任务书，明确工程性质、规模、建厂条件、冷冻冷藏对象以及技术水平和投资额限制等，根据计算书所选用的机器、设备拟订制冷方案。

深度要求如下：

1) 要画出所有设备，并能正确表示其外形，必要时还可以用虚线或局部剖面图来表示某些内部构造。

2) 注明所有管道、阀门的尺寸和型号，并标明管内流体的流向。

3) 对所有机器设备，都应标注位号，并在设备一览表上填明其数量、规格等。

4) 图面上应有图标、图签、图例、备注、设备一览表等。

画法规定如下：

1) 设备布置的位置，既要尽量与实际布置相对应，又要使得管道短而直，少交叉，使图面整洁清晰。

2) 在图上最好将管道集中布置成管束的形式，管道与管道、管道与设备轮廓线应尽量不交叉或少交叉，交叉处用断开线表示，不要用跨线表示。

3) 设备外形可以不按比例绘制，但整个图样上的各个设备大小要对应。

4) 有数套相同的设备，可以只绘出一套，其余几套只用轮廓线表示或不画。

5) 一个设备一个位号，相同的设备用同一位号，如15-1、15-2等。设备位号引出线的倾斜度在一张图样上应尽量一致，通常用与水平线成45°或60°的斜度。

(2) 设备布置平面图　设备布置平面图是设计人员实现制冷系统原理图中制冷方案的

具体构思。它反映出各种机器设备及其基础与建筑物或相互之间的相对位置和具体尺寸。因此，它是施工安装的依据。

设备布置平面图是制冷工艺向其他专业提供的第一批资料之一。只有在设备布置完成后，土建、水、电等相关专业才能开始具体设计。

深度要求如下：

1）要画出设备基础的外形和设备的轮廓线。设备的基础要画出其预留孔位置的中心线，以便反映设备的定位朝向；设备的外形要画出主要的管道接口，但对于外形比较复杂的设备（如压缩机），可以不画设备，只画其基础即可。

2）有二台以上同一型号的设备，只要画出一台实际外形即可，其余的可以简化表示，或只画出其基础外形。

3）建筑物（包括建筑物轮廓线、楼板、墙、梁、柱、楼梯、门、窗等）和构筑物（操作平台、地沟等）都要按比例绘制，并和建筑施工图相一致。

4）建筑物各柱间的主要尺寸、总长、总宽等应按建筑图标注，并注明该平面的层次、标高。

5）设备位号和建筑物轴线号均要填写完整，并和制冷系统原理图、建筑图相一致。

6）一个冷间的设备布置平面图应尽可能表示出与其他冷间的相互关系，其他冷间的轮廓线用双点画线表示。

7）必要时，平面图应按不同标高分别绘制，如设备布置平面：±0.000 平面；操作平台：+2.800 平面，等等。对于设备基础的标高、预留孔尺寸等，由设备基础条件图表示。

8）设备布置平面图上应有图标、图签、设备一览表、备注等内容，并须经各专业设计人员会签。

画法规定如下：

1）线型。设备基础和设备轮廓线用粗实线 b 表示，建筑轮廓线用 $b/3$ 细实线表示，尺寸线、设备位号引出线和中心线等用 $b/4$ 或更细的线表示，剖切迹线用特殊线条表示。

2）尺寸标注。布置平面图上的尺寸大都是定位用的，所以都从中心线起标注。在标注设备和设备、设备和建筑物之间的关系尺寸时，设备以中心线为基准线，建筑物以轴线为基准线；悬挂在墙壁、柱子上的设备，建筑物则以墙或柱子的内边缘为基准线。

由于在设备布置时，除了考虑设备布置的基本原则外，还要考虑设备上管道连接可能遇到的各种情况（如设备的布置是否使管道连接顺畅、少弯或碰柱、碰梁，设备与墙的间距是否大于弯管的最小弯曲半径等），所以要在主要管道安装平面图定型后才能最后确定设备布置图的尺寸。对于项目不大的设计，或设备上的管道很少时（如冻结间等），可以把设备布置图和管道安装图合并。

（3）管道安装图　管道安装图是表示整个制冷装置（包括所有机器、设备和管件）的外形图，它是直接指导现场工艺安装的依据。

深度要求如下：

1）管道安装图除了要画出设备的外形和基础外，还要画出所有的连接管道、阀门和仪表等。

2）管道安装图除了平面图外，还要结合适当的剖面图，剖切位置以能用最少的剖面图来表达清楚为原则。安装图一般按厂房层次或按不同标高来绘制。如管道安装图：±0.000平面、+2.50平面；剖面图：Ⅱ—Ⅱ剖面等。

3）管道安装图可以以机房、冷间为单元分别绘制并尽量取一致的比例。

4）对所有管道、阀门都要注明尺寸和型号，并用箭头标出管内介质的流向。本车间与其他车间连接的管道，也应用文字说明清楚，如“D76×3.5回气管由NO101冻结间来”等。

5）管道的安装坡度可直接标在管道上，也可以附在说明栏里。

6）平面图和剖面图中应标出管道支架安装位置，并最好对支架进行编号，另出支架制作图或制作示意图。

7）对于尺寸较大的阀件以及管道的弯曲半径，也要按比例画出。

8）安装图上建筑物部分的要求同设备布置图。

画法规定如下：

1）安装图中，应标注主要管道（包括大管径管道）与设备、建筑物及其他管道之间的关系尺寸。管道与管道间隔以中心线为基准，管道与建筑物应以墙内表面为基准。管径在45mm以下者，对安装位置无一定要求时，可以不注出关系尺寸。在剖面图中，应标明主要管道、阀门、设备及基础距地面的高度。

2）管内介质流向用箭头表示，箭头可以画在管子上方，或直接画在管线上。

3）管道坡度和坡向表示法为：$i=0.006$。

被建筑物等挡住的管子，可用虚线表示。有时为了表示清楚，也可将建筑物该部位断开表示。

4）重叠的管道，可以用断开法表示后面的管道。

绘制步骤如下：

1）根据厂房层次或标高以及管道布置情况，决定安装平面图的张数和图名。

2）根据车间大小，管道繁简程度确定图样的大小和制图的比例。其原则是尽可能把管道配置表达清楚，便于看图安装，一般采用的比例有1:25，1:50，1:100，1:150等。

3）根据设备布置图画出建筑部分、设备及其基础的位置后，再画出主要管道（大管径管道）的安装图。若遇设备位置不符合管道安装连接的要求，要调整设备位置的尺寸，然后再绘制小管径的管道。

4）在平面图上应先绘制上面的管道，后绘制下面的管道。在剖面图上，先绘制前面的管道，后绘制后面的管道。对于设备，也是先绘制上面的部件，后绘制下面的部件。

5）标注尺寸、管径、控制点、介质流向、管道坡向和坡度等。

6）选定剖切位置，确定剖面图张数，然后依次画出各剖面图。

7）在平面、剖面图上标注出管道支架符号及编号。

（4）制冷系统透视（轴测）图　在施工图设计阶段，除了绘制平面图、剖面图外，还需要绘制制冷系统的透视图，借以呈现制冷装置的立体感，这对于不太熟悉制冷装置的安装人员更为重要。

透视图一般采用正等轴测图绘制。为了制图方便，采用简化变形系数法，即使用不缩放的等轴测投影。

透视图是属于一种给看图者增加立体感的辅助用图，所以不一定要求准确地反映出制冷装置的实际尺寸和比例。若遇到几个设备前后紧靠时，可适当拉开距离，以便能更清晰地表现后面的设备。对于有些挡住设备和阀件的管道，可采用断开法，但要在断开处注上呼应号。

透视图的深度要求与管道安装图相同。

2.3.2 设计说明书的编制

1. 设计说明书

设计说明书主要阐述设计意图和要求。对于设计内容比较简单的，可以不另写说明书，而以附注形式列在图样上。主要包括以下内容：

1）设计的依据。包括设计任务书的批复文件、设计范围、生产指标、设计条件、设计的基础资料、冷加工和贮藏对象等。

2）冷加工工艺简介。

3）制冷方案概述。主要指蒸发温度回路的划分，制冷系统的供液方式、融霜方式、自动化程度以及冷却用水方式等。

4）机房和库房设备简介。

5）库房特性表。包括库房温湿度条件、冷却设备面积、制冷负荷以及蒸发面积的配比等。

2. 设计计算书

设计计算书的主要内容有：

1）计算依据。包括基础资料、设计参数、各冷间的冷藏或加工能力及其平面布置图等。

2）制冷方案设计。主要指制冷剂的选择、压缩级数的确定、蒸发温度回路的划分和系统的供液方式等。

3）制冷负荷计算。包括库房耗冷量计算和冷却设备及机器负荷计算。

4）制冷机器、设备以及所有管道阀门等的选型计算。

5）制冷设备及管道隔热层厚度的确定。

施工图阶段的设计计算书要求公式正确，步骤清楚，选用的参数要恰当，以便计算结果精确，设备选用合理。

课程设计图样完成后，要对工程编制概预算。如果图样完成质量较差，编制概预算就相对困难一些。在节约能源、可持续发展经济的形势下，任何工程设计都应进行投资计算和分析。

2.3.3 设计文件的编制

设计文件的排列顺序如下：目录、设计说明书、设备及主要材料表和施工图样。其中，施工图样按主次排列，如原理图、系统轴测图、平剖面图、安装图、制作图、通用图等。施工图应按机房、库房、制冰部分等分别编号，如机房1—1、库房2—3、制冰3—3 等。

将所有的课程设计文件（包括设计图样编制图号、设计计算说明书）装订成册，最后完成课程设计答辩。

2.4 本章要点

本章主要阐述以冷（速）冻、冷藏为主的冷源系统设计和以蓄冷空调为主的冷源系统设计，这两项设计内容不尽相同。另外，对课程设计的基本要求和成绩评定细则，对制冷系统原理图，制冷管道安装平面图、剖面图，制冷系统透视图等图样的画法规定、深度要求及设计文件的编制作了详细的叙述。

第 3 章

3

冷库制冷工程课程设计

3.1 库房冷负荷计算

冷负荷计算包括“库房热量计算”和“负荷计算”两个内容。负荷计算又分冷却设备负荷计算和机器负荷计算，负荷计算以库房热量计算为前提，只有在计算出库房全部热量后，才能计算负荷。冷库库房热量计算，是对所有冷间逐间进行计算。

3.1.1 冷间生产能力和贮藏吨位的计算

1. 冷却间、冻结间生产能力的计算

1）设有吊轨的冷却间和冻结间的冷加工能力应按下式计算，即

$$m_d = \frac{lm'_d}{1000} \cdot \frac{24}{t} \tag{3-1}$$

式中 m_d——设有吊轨的冷却间、冻结间每日冷加工能力（t）；

l——吊轨有效总长度（m）；

t——货物冷加工时间（h）；

m'_d——吊轨单位长度净载货质量（kg/m）。

m'_d按下列规定取值：①肉类：猪胴体，人工推动 $m'_d = 200 \sim 265$kg/m，机械传动 $m'_d = 175 \sim 250$kg/m；牛胴体，人工推动 1/2 胴体吊挂 $m'_d = 195 \sim 400$kg/m，1/4 胴体吊挂 $m'_d = 130 \sim 265$kg/m；羊胴体，人工推动 $m'_d = 170 \sim 240$kg/m。②鱼：用冻鱼车盘装，20kg 盘 $m'_d = 486$kg/m；15kg 盘 $m'_d = 405$kg/m。③虾：用冻鱼车盘装，2kg 盘 $m'_d = 216$kg/m。

吊轨的轨距及轨面高度，应按吊挂食品和运载工具的实际尺寸、通风间距及必要的操作空间确定，可按表 3-1 选用。

表 3-1 吊轨轨距及轨面高度 （单位：mm）

食品类别	轨距	轨面高度
猪 1/2 胴体（叉挡吊挂）	人工推动：750 ~ 850 机械传动：900 ~ 1000	2300 ~ 2500
牛 1/2 胴体 牛 1/4 胴体	人工推动：不小于 850	不宜低于 3300 不宜低于 2400
羊胴体（单层叉挡吊挂） 羊胴体（双层叉挡吊挂）	人工推动：不小于 800	不宜低于 2200
鱼虾（用冻鱼车盘装）	人工推动：1000 ~ 1100	2100 ~ 2300

2）设有搁架式冻结设备的冻结间，其冷加工能力应按下式计算，即

$$m_g=\frac{Nm'_g}{1000}\cdot\frac{24}{t} \tag{3-2}$$

式中 m_g——搁架式冻结间每日的冷加工能力（t）；

N——搁架式冻结设备设计摆放冻结食品容器的件数；

m'_g——每件食品的净质量（kg）；

t——货物冷加工时间（h）。

2. 冷库贮藏吨位的计算

所有冷库内的冷却物冷藏间、冻结物冷藏间、贮冰间的容量总和，是该冷库的总容量，也称为冷库贮藏吨位数，其计算公式为

$$G=\frac{\sum V_i\rho_s\eta}{1000} \tag{3-3}$$

式中 G——冷库计算吨位（t）；

V_i——冷藏间或冰库的公称体积（m^3）；

η——冷藏间或冰库的体积利用系数，冷藏间的体积利用系数不应小于表 3-2 的规定值；

ρ_s——食品的计算密度（kg/m^3），见表 3-3。

公称体积为冷藏间或冰库的净面积（不扣除柱、门斗和制冷设备所占的面积）乘以房间净高。

表 3-2 冷藏间的体积利用系数

公称体积 V_i/m^3	体积利用系数 η	公称体积 V_i/m^3	体积利用系数 η
500～1000	0.4	10001～15000	0.6
1001～2000	0.5	>15000	0.62
2001～10000	0.55		

注：1. 对于仅储存冻结食品或冷却食品的冷库，表内公称体积为全部冷藏间公称体积之和；对于同时储存冻结食品和冷却食品的冷库，表内公称体积分别为冻结食品冷藏间或冷却食品冷藏间各自的公称体积之和。

2. 蔬菜冷库的体积利用系数应按表中数值乘以 0.8 的修正系数确定。

表 3-3 食品的计算密度 （单位：kg/m^3）

序号	食品类别	密 度	序号	食品类别	密 度
1	冻肉	400	7	筐装新鲜水果	220（200～230）
2	冻鱼	470	8	箱装新鲜水果	300（270～330）
3	鲜蛋	260	9	冰蛋	600
4	鲜蔬菜	230	10	机制冰	750
5	筐装蔬菜	250	11	其他	按实际密度选用
6	鲜水果	230			

注：同一冷库如同时存放猪、牛、羊肉（包括禽兔）时，其密度均按 400kg/m^3 计；当只存冻羊腔时，密度按 250kg/m^3 计；只存冻牛、羊肉时，密度按 330kg/m^3 计。

3.1.2 冷间热流量计算参数的确定

1. 冷间热流量计算室外气象参数

冷库设计的室外气象参数除应采用现行国家标准 GB 50019—2003《采暖通风与空气调节设计规范》外，还应符合下列规定：

1）计算库房围护结构热流量的室外计算温度，应采用夏季空气调节日平均温度。计算库房围护结构最小总热阻时的室外计算相对湿度，应采用最热月月平均相对湿度。

2）计算开门热流量和冷间通风换气热流量的室外计算温度，应采用夏季通风室外计算温度，室外相对湿度应采用夏季通风室外计算相对湿度。

2. 冷间设计温度和相对湿度的确定

冷间设计温度和相对湿度应根据各类食品冷藏工艺要求确定，可按表 3-4 选用。

表 3-4 冷间设计温度和相对湿度

序号	冷间名称	室温/℃	相对湿度(%)	适用食品范围
1	冷却间	0	—	肉、蛋等
2	冻结间	-18 ~ -23 -23 ~ -30	— —	肉、禽、兔、冰蛋、蔬菜等 鱼、虾等
3	冷却物冷藏间	0 -2 ~ 0 -1 ~ 1 0 ~ 2 -1 ~ 1 2 ~ 4 7 ~ 13 11 ~ 16	85 ~ 90 80 ~ 85 90 ~ 95 85 ~ 90 90 ~ 95 85 ~ 90 85 ~ 95 85 ~ 90	冷却后的肉、禽 鲜蛋等 冰鲜鱼等 苹果、鸭梨等 大白菜、蒜苔、葱头、菠菜、香菜、胡萝卜、甘蓝、芹菜、莴苣等 土豆、橘子、荔枝等 柿子椒、菜豆、黄瓜、番茄、菠萝、柑等 香蕉等
4	冻结物冷藏间	-15 ~ -20 -18 ~ -23	85 ~ 90 90 ~ 95	冻肉、禽、兔和副产、冰蛋、冻蔬菜、冰棒等 冻鱼、虾等
5	冰库	-4 ~ -6	—	盐水制冰的冰块

注：冷却物冷藏间设计温度宜取0℃，储藏过程中应按照食品的产地、品种、成熟度和降温时间等调节其温度与相对湿度。

3.1.3 冷间热流量的计算

根据外界热量进入冷间的途径不同，一般把冷间的热流量分为五部分，分别为单位时间内通过围护结构传热引起的热流量 Q_1、单位时间内冷加工货物引起的热流量 Q_2、单位时间内通风换气引起的热流量 Q_3、单位时间内电动机运转引起的热流量 Q_4、单位时间内操作管理引起的热流量 Q_5。由于冷间功能的不同，对于某一个冷间来说，其热流量常常仅有上述五部分中的几项，在计算中应引起注意。

1. 单位时间内通过围护结构传热引起的热流量 Q_1

$$Q_1 = K_w A_w a(\theta_w - \theta_n) \tag{3-4}$$

式中 Q_1——围护结构热流量（W）；

K_w——围护结构的传热系数［W/(m^2·℃)］；

A_w——围护结构的传热面积（m^2）；

θ_w——围护结构外侧的计算温度（℃）；

θ_n——围护结构内侧的计算温度（℃）；

a——围护结构两侧温差修正系数，按表 3-5 选用。

表 3-5 围护结构两侧温差修正系数 a

序号	围护结构部位	a
1	$D>4$ 的外墙： 冻结间、冻结物冷藏间 冷却间、冷却物冷藏间、冰库	 1.05 1.10
2	$D>4$ 相邻有常温房间的外墙： 冻结间、冻结物冷藏间 冷却间、冷却物冷藏间、冰库	 1.00 1.00
3	$D>4$ 的冷间顶棚，其上为通风阁楼，屋面有隔热层或通风层： 冻结间、冻结物冷藏间 冷却间、冷却物冷藏间、冰库	 1.15 1.20
4	$D>4$ 的冷间顶棚，其上为不通风阁楼，屋面有隔热层或通风层： 冻结间、冻结物冷藏间 冷却间、冷却物冷藏间、冰库	 1.20 1.30
5	$D>4$ 的无阁楼屋面，屋面有通风层： 冻结间、冻结物冷藏间 冷却间、冷却物冷藏间、冰库	 1.20 1.30
6	$D\leqslant4$ 的外墙：冻结物冷藏间	1.30
7	$D\leqslant4$ 的无阁楼屋面：冻结物冷藏间	1.60
8	半地下室外墙外侧为土壤时	0.20
9	冷间地面下部无通风等加热设备时	0.20
10	冷间地面隔热层下有通风等加热设备时	0.60
11	冷间地面隔热层下为通风架空层时	0.70
12	两侧均为冷间时	1.00

注：1. D 为围护结构热惰性指标。
2. 负温穿堂可按冻结物冷藏间选取 a 值。
3. 表内未列的其他室温等于或高于0℃的冷间可参照各项中冷却间的 a 值选用。

（1）传热系数 K_w　围护结构的传热系数 K_w 值应按下式计算，即

$$K_w=\frac{1}{1/\alpha_w+\delta_1/\lambda_1+\delta_2/\lambda_2+\cdots+1/\alpha_n} \tag{3-5}$$

式中　α_w、α_n——围护结构外、内表面的表面传热系数[W/(m²·℃)]，参见表3-6；

表 3-6 库房围护结构外、内表面的表面传热系数 α_w、α_n 和热阻 R_w、R_n

围护结构部位及环境条件	α_w[W/(m²·℃)]	α_n[W/(m²·℃)]	R_w 或 R_n/(m²·℃/W)
无防风设置的屋面、外墙的外表面	23	—	0.043
顶棚上为阁楼或有房屋和外墙外部紧邻其他建筑物的外表面	12	—	0.083
外墙和顶棚的内表面、内墙和楼板的表面、地面的上表面：			
1)冻结间、冷却间设有强力鼓风装置时	—	29	0.034
2)冷却物冷藏间设有强力鼓风装置时	—	18	0.056
3)冻结物冷藏间设有强力鼓风装置时	—	12	0.083
4)冷间无强力鼓风装置时	—	8	0.125
地面下为通风架空层	8	—	0.125

注：地面下为通风加热管道和直接敷设于土壤上的地面以及半地下室外墙埋入地下的部位，外表面的表面传热系数均可不计。

δ_1、δ_2——围护结构各构造层的厚度（m）；

λ_1、λ_2——围护结构各构造层的热导率［W/(m·℃)］。

GB 50072—2010《冷库设计规范》确定了比较经济合理的传热系数，根据冷库建筑所采用的不同隔热材料，规定单位表面积耗冷量的控制指标为8.1～8.2W/m^2。采用贵重隔热材料的围护结构，其单位表面积耗冷量指标取大一些的数值，采用便宜隔热材料的围护结构，其单位面积耗冷量取小一些的数值。

（2）传热面积　围护结构的传热面积 A_w 计算应符合下列规定：

1）屋面、地面和外墙的长度、宽度应自外墙外表面至外墙外表面，或自外墙外表面至内墙中，或自内墙中至内墙中计算（图3-1中的 l_1、l_2、l_3、l_4）。

2）楼板和内墙长度、宽度应自外墙内表面至外墙内表面，或自外墙内表面至内墙中，或自内墙中至内墙中计算（图3-1中的 l_5、l_6、l_7、l_8）。

3）外墙的高度。地下室或底层，应自地坪的隔热层下表面至上层楼面计算（图3-2中的 h_1、h_2、h_3）；中间层应自该层楼面至上层楼面计算（图3-2中的 h_4、h_5）；顶层应自该层楼面至顶层隔热层上表面计算（图3-2中的 h_6、h_7）。

4）内墙的高度。地下室、底层和中间层，应自该层地面、楼面至上层楼面计算（图3-2中的 h_8、h_9）；顶层应自该层楼面至顶部隔热层下表面计算（图3-2中的 h_{10}、h_{11}）。

（3）围护结构外侧的计算温度　围护结构外侧的计算温度应按下列规定取值：

1）计算外墙、屋面和顶棚时，围护结构外侧的计算温度应按夏季空气调节日平均温度计算。

2）计算内墙和楼面时，围护结构外侧的计算温度应取其邻室的室温。当邻室为冷却间或冻结间时，应取该类冷间空库保温温度。空库保温温度冷却间应按10℃计算，冻结间应按－10℃计算。

3）冷间地面隔热层下设有加热装置时，其外侧温度按1～2℃计算；如地面下部无加热装置，或地面隔热层下为自然通风架空层时，其外侧的计算温度应采用夏季空气调节日平均温度。

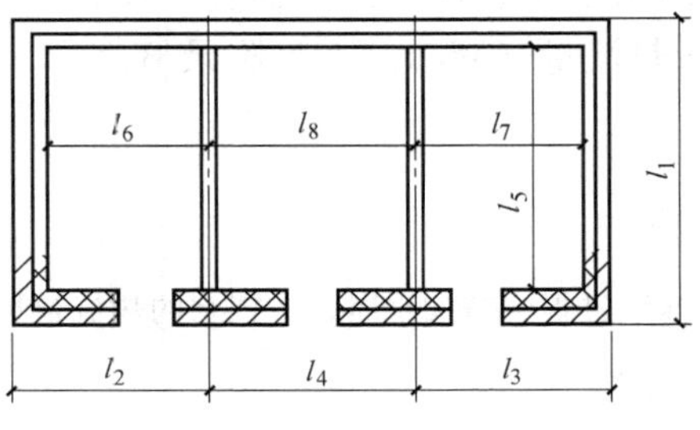

图3-1　屋面、地面、楼面、外墙和内墙的长度、宽度例图

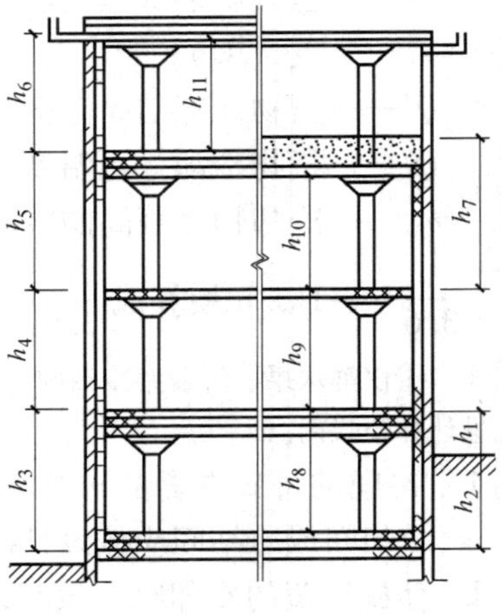

图3-2　外墙和内墙的高度例图

单位时间内通过围护结构传热引起的热流量 Q_1 计算汇总见表3-7。

表3-7 热流量 Q_1 计算汇总

库号	冷间名称	部位	长/m	宽(高)/m	A_w/m^2	$K_w/[W/(m^2 \cdot ℃)]$	a	$\theta_w/℃$	$\theta_n/℃$	$Q_1=K_wA_wa(\theta_w-\theta_n)$/W
合计										

2. 单位时间内冷加工货物引起的热流量 Q_2

$$Q_2=Q_{2a}+Q_{2b}+Q_{2c}+Q_{2d}=\frac{1}{3.6}\times\left[\frac{m(h_1-h_2)}{t}+mB_b\frac{c_b(\theta_1-\theta_2)}{t}\right]+\frac{m(Q'+Q'')}{2}+(m_z-m)Q'' \tag{3-6}$$

式中 Q_2——货物热流量(W);

Q_{2a}——食品热流量(W);

Q_{2b}——包装材料和运载工具热流量(W);

Q_{2c}——货物冷却时的呼吸热流量(W);

Q_{2d}——货物冷藏时的呼吸热流量(W);

m——冷间的每日进货量(kg);

h_1——货物进入冷间初始温度时的比焓(kJ/kg),见附录A;

h_2——货物进入冷间终止温度时的比焓(kJ/kg),见附录A;

t——货物冷加工时间(h),对于冷藏间,取24h,对于冷却间、冻结间,取设计冷加工时间;

B_b——货物包装材料和运载工具质量系数;

c_b——包装材料或运载工具的比热容[kJ/(kg·℃)];

θ_1——包装材料或运载工具进入冷间时的温度(℃);

θ_2——包装材料或运载工具在冷间内终止降温时的温度,宜取该冷间的设计温度(℃);

Q'——货物冷却初始温度时单位质量的呼吸热流量(W/kg),见附录B;

Q''——货物冷却终止温度时单位质量的呼吸热流量(W/kg),见附录B;

m_z——冷却物冷藏间的冷藏质量(kg);

$\frac{1}{3.6}$——1kJ/h 换算成 $\frac{1}{3.6}$W 的数值。

注:①仅鲜水果、鲜蔬菜冷藏间计算 Q_{2a}、Q_{2d};②如冻结过程中需加水时,应把水的热流量加入货物热流量计算公式内。

1)冷间的每日进货量 m 应按下列规定取值:

a. 冷却间或冻结间应按设计冷加工能力计算。

b. 存放果蔬的冷却物冷藏间,不应大于该间计算吨位的10%。

c. 存放鲜蛋的冷却物冷藏间,不应大于该间计算吨位的5%。

d. 无外库调入货物的冷库,其冻结物冷藏间每间每日进货量,宜按该库每日冻结加工量计算。

e. 有从外库调入货物的冷库，其冻结物冷藏间每间每日进货量可按该间计算吨位的5% ~15%计算。

f. 冻结量大的水产冷库，其冻结物冷藏间的每日进货量可按具体情况确定。

2）货物包装材料和运载工具质量系数 B_b 按表3-8规定取值，包装材料或运载工具的比热容 c_b 按表3-9取值。

表3-8 货物包装材料和运载工具质量系数 B_b

序号	食品类别	质量系数 B_b	
1	肉类、鱼类、冰蛋类	冷藏	0.1
		肉类冷却或冻结（猪单轨叉挡式）	0.1
		肉类冷却或冻结（猪双轨叉挡式）	0.3
		肉类、鱼类、冰蛋类（搁架式）	0.3
		肉类、鱼类、冰蛋类（吊笼式或架子式手推车）	0.6
2	鲜蛋类	0.25	
3	鲜水果	0.25	
4	鲜蔬菜	0.25	

表3-9 包装材料或运载工具的比热容 c_b

序号	名称	c_b/[kJ/(kg·℃)]	序号	名称	c_b/[kJ/(kg·℃)]
1	木板类	2.51	6	马粪纸、瓦纸类	1.47
2	黄铜	0.39	7	黄油纸类	1.51
3	铁皮类	0.42	8	布类	1.21
4	铝皮	0.88	9	竹器类	1.51
5	玻璃容器类	0.84			

3）包装材料或运载工具进入冷间时的温度应按下列规定取值：

a. 在本库进行包装的货物，其包装材料或运载工具温度的取值应按夏季空气调节日平均温度乘以生产旺月的温度修正系数，该系数按表3-10取值。

表3-10 包装材料或运载工具进入冷间时的温度修正系数

进入冷间月份	1	2	3	4	5	6	7	8	9	10	11	12
温度修正系数	0.10	0.15	0.33	0.53	0.72	0.86	1.00	1.00	0.83	0.62	0.41	0.20

b. 自外库调入已包装的货物，其包装材料温度应为该货物进入冷间时的温度，其运载工具温度按空气调节日平均温度乘以生产旺月的温度修正系数计算。

4）货物进入冷间时的温度应按下列规定计算：

a. 未经冷却的屠宰鲜肉温度应取39℃，已经冷却的鲜肉温度应取4℃。

b. 从外库调入的冻结货物温度按-10~-15℃计算。

c. 无外库调入货物的冷库，进入冻结物冷藏间的货物温度应按该冷库冻结间终止降温时或产品包装后的货物温度确定。

d. 冰鲜鱼、虾整理后的温度应取15℃。

e. 鲜鱼虾整理后进入冷加工间的温度，按整理鱼虾用水的水温确定。

f. 鲜蛋、水果、蔬菜的进货温度，按冷间生产旺月气温的月平均温度计算。

单位时间内冷加工货物引起的热流量 Q_2 的计算见表 3-11 ~ 表 3-15。

表 3-11 食品热流量 Q_{2a} 计算

库号	冷间名称	日进货量 m/kg	入库		出库		t/h	$Q_{2a}=\frac{1}{3.6}\frac{m(h_1-h_2)}{t}$/W
			θ_1/℃	h_1/(kJ/kg)	θ_2/℃	h_2/(kJ/kg)		
合 计								

表 3-12 包装材料和运载工具热流量 Q_{2b}

库号	冷间名称	日进货量 m/kg	质量系数 B_b	比热容 c_b/[kJ/(kg·℃)]	θ_1/℃	θ_2/℃	t/h	$Q_{2b}=\frac{1}{3.6}\frac{mB_bc_b(\theta_1-\theta_2)}{t}$/W
合 计								

表 3-13 货物冷却时的呼吸热流量 Q_{2c}

库号	冷间名称	日进货量 m/kg	入库初温单位质量呼吸热流量 Q'/(W/kg)	出库终温单位质量呼吸热流量 Q''/(W/kg)	$Q_{2c}=\frac{m(Q'+Q'')}{2}$/W
合 计					

表 3-14 货物冷藏时的呼吸热流量 Q_{2d}

库号	冷间名称	高温库库容量 m_z/kg	日进货量 m/kg	出库终温单位质量呼吸热流量 Q''/(W/kg)	$Q_{2d}=(m_z-m)Q''$/W
合 计					

表 3-15 货物热流量 Q_2 计算汇总 （单位：W）

库号	冷间名称	Q_{2a}	Q_{2b}	Q_{2c}	Q_{2d}	Q_2

3. 单位时间内通风换气引起的热流量 Q_3

$$Q_3=Q_{3a}+Q_{3b}=\frac{1}{3.6}\times\left[\frac{(h_w-h_n)nV_n\rho_n}{24}+30n_r\rho_n(h_w-h_n)\right] \tag{3-7}$$

式中 Q_3——通风换气热流量（W）；

Q_{3a}——冷间换气热流量（W）；

Q_{3b}——操作人员需要的新鲜空气热流量（W）；

h_w——冷间外空气的比焓（kJ/kg），见附录 C；

h_n——冷间内空气的比焓（kJ/kg），见附录 C；

n——每日换气次数，可采用 2 ~ 3 次；

V_n——冷间内净体积（m^3）；

ρ_n——冷间内空气密度（kg/m^3），见附录 D；

24——1d 换算成 24h 的数值；

30——每个操作人员每小时需要的新鲜空气量（m^3/h）；

n_r——操作人员数量。

注：①式（3-7）只适用于储存有呼吸的食品的冷间；②有操作人员长期停留的冷间（如加工间、包装间等），应计算操作人员需要新鲜空气的热流量 Q_{3b}，其余冷间不计；③计算室外空气的焓值时，应按夏季通风室外计算温度及夏季通风室外计算相对湿度取值，计算室内空气的焓值时，应按冷间设计温度和相对湿度取值；④操作人员数可按冷间内公称容积每 250m^3 增加 1 人计算。

通风换气热量计算见表 3-16 ~ 表 3-18。

表 3-16 冷间换气热流量 Q_{3a} 的计算

库号	冷间名称	h_w/(kJ/kg)	h_n/(kJ/kg)	每日换气次数 n	冷间内净体积 V_n/m^3	冷间内空气密度 ρ_n/(kg/m^3)	Q_{3a}/W

表 3-17 操作人员需要的新鲜空气热流量 Q_{3b} 的计算

库号	冷间名称	n_r	ρ_n/(kg/m^3)	h_w/(kJ/kg)	h_n/(kJ/kg)	Q_{3b}/W

表 3-18 通风换气热流量 Q_3 的计算

库 号	冷间名称	Q_{3a}/W	Q_{3b}/W	Q_3/W

4. 单位时间内电动机运转引起的热流量 Q_4

$$Q_4 = 1000 \sum P_d \xi b \tag{3-8}$$

式中 Q_4——电动机运转热流量（W）；

P_d——电动机额定功率（kW）；

ξ——热转化系数，电动机在冷间内时应取 1，电动机在冷间外时应取 0.75；

b——电动机运转时间系数，对空气冷却器配用的电动机取 1，对冷间内其他设备配用的电动机可按实际情况取值，如按每昼夜操作 8h 计，则 $b = 8/24 = 1/3$。

电动机运转引起的热流量 Q_4 的计算见表 3-19。

表 3-19 电动机运转引起的热流量 Q_4 的计算汇总

库号	冷间名称	Q_4/W

5. 单位时间内操作管理引起的热流量 Q_5

$$Q_5 = Q_{5a} + Q_{5b} + Q_{5c} = q_d A_d + \frac{1}{3.6} \times \frac{n'_k n_k V_n (h_w - h_n) M \rho_n}{24} + \frac{3}{24} n_r q_r \tag{3-9}$$

式中 Q_5——操作热流量（W）；

Q_{5a}——照明热流量（W）；

Q_{5b}——每扇门的开门热流量（W）；

Q_{5c}——操作人员热流量（W）；

q_d——每平方米地板面积照明热流量，冷却间、冻结间、冷藏间、冰库和冷间内穿堂可取 2.3W/m²，操作人员长时间停留的加工间、包装间等可取 4.7W/m²；

A_d——冷间地面面积（m²）；

n'_k——门樘数；

n_k——每日开门换气次数，可按图 3-3 取值，对经常开门的冷间，每日按实际情况采用；

V_n——冷间内净体积（m³）；

h_w——冷间外空气的比焓（kJ/kg），见附录 C；

h_n——冷间内空气的比焓（kJ/kg），见附录 C；

M——空气幕效率修正系数，可取 0.5，如不设空气幕时，应取 1；

ρ_n——冷间内空气密度（kg/m³），见附录 D；

3/24——每日操作时间系数，按每日操作 3h 计；

n_r——操作人员数量，可按冷间内公称容积每 250m³ 增加 1 人计算；

q_r——每个操作人员产生的热流量（W），冷间设计温度高于 -5℃时，宜取 279W，冷间设计温度低于 -5℃时，宜取 395W。

注：冷却间、冻结间不计 Q_5 这项热流量。

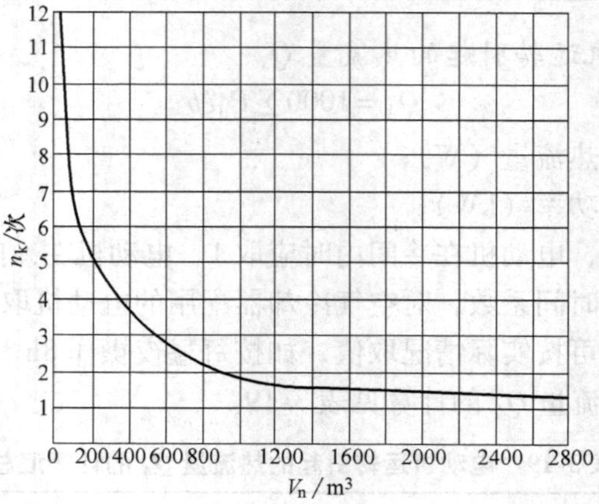

图 3-3 冷间每日开门换气次数图

操作管理引起的热流量 Q_5 的计算见表3-20～表3-23。

表3-20 照明引起的热流量 Q_{5a} 的计算

库号	冷间名称	q_d/(W/m²)	A_d/m²	Q_{5a}/W

表3-21 每扇门开门引起的热流量 Q_{5b} 的计算

库号	冷间名称	V_n/m³	n'_k	n_k	h_w/(kJ/kg)	h_n/(kJ/kg)	M	ρ_n/(kg/m³)	Q_{5b}/W

表3-22 操作人员引起的热流量 Q_{5c} 的计算

库号	冷间名称	操作人员数量 n_r	每个操作人员的热流量 q_r/W	Q_{5c}/W

表3-23 操作管理引起的热流量 Q_5 的计算汇总

库号	冷间名称	Q_{5a}/W	Q_{5b}/W	Q_{5c}/W	Q_5/W

3.1.4 冷负荷计算

冷负荷计算是在冷间热流量 Q_1、Q_2、Q_3、Q_4 和 Q_5 计算的基础上进行的。这五项热流量中，围护结构传入热流量 Q_1 和通风换气热流量 Q_3，与库外空气的温度、湿度有关，它随着季节、昼夜的变化而变化；而货物热流量 Q_2 则与货物进入量、季节、品种加工方法有直接关系；电动机运转热流量 Q_4 和操作热流量 Q_5 与操作管理是否合理有关。对于某一个冷间来说，这五部分热流量的最大值通常不是同时出现的，因此，要根据具体情况，对各项热流量合理进行汇总，准确地计算出冷间冷却设备负荷和系统机械负荷，为选择制冷压缩机、辅助设备和冷却设备提供可靠依据。负荷计算包括以下两个方面的内容：

1. 冷间冷却设备负荷计算

某一冷间的冷却设备负荷一般是由冷间热流量计算五部分组成的。由于食品在冷加工过程中放出的热流量是随时间变化的，有时货物热流量会大于整个冷加工过程中的平均货物热流量，因此，对货物热流量 Q_2 应加以修正。

各冷间冷却设备的配置是根据冷间冷却设备负荷计算结果确定的，所以在计算时，应按每个冷间计算冷却设备负荷。冷却设备负荷应按下式计算，即

$$Q_s = Q_1 + PQ_2 + Q_3 + Q_4 + Q_5 \tag{3-10}$$

式中 Q_s——冷间冷却设备负荷（W）；

Q_1——围护结构热流量（W）；

Q_2——货物热流量（W）；

Q_3——通风换气热流量（W）；

Q_4——电动机运转热流量（W）；

Q_5——操作热流量（W）；

P——货物热流量系数，冷却间、冻结间和货物不经冷却而进入冷却物冷藏间的货物热流量系数 P 应取 1.3，其他冷间取 1。

由于各冷间作用不同，计算内容也有所不同，如冻结间就不计算操作的热流量，冻结物冷藏间又不计算通风换气热流量。根据实际情况和规定，将各冷间冷却设备负荷的组成归纳成表 3-24。

表 3-24　各冷间冷却设备负荷 Q_s 的组成

序号	热量 冷间类别	Q_1	PQ_2	Q_3	Q_4	Q_5	Q_s
1	冷却间	Q_1	$1.3Q_2$	—	Q_4	—	$Q_s=Q_1+1.3Q_2+Q_4$
2	冻结间	Q_1	$1.3Q_2$	—	Q_4	—	$Q_s=Q_1+1.3Q_2+Q_4$
3	冷却物冷藏间	Q_1	Q_2	Q_3	Q_4	Q_5	$Q_s=Q_1+Q_2+Q_3+Q_4+Q_5$
4	冻结物冷藏间	Q_1	Q_2	—	—	Q_5	为冷却排管 $Q_s=Q_1+Q_2+Q_5$
		Q_1	Q_2	—	Q_4	Q_5	为冷风机 $Q_s=Q_1+Q_2+Q_4+Q_5$

2. 冷间机械负荷计算

冷间机械负荷不同于冷间冷却设备负荷，因为冷间冷却设备负荷是按最不利的生产条件计算的，而在实际生产中，各种最不利的因素往往又不是同时出现的，如 Q_1 的最大值出现在夏季，而 Q_2 的最大值按食品冷加工品种不同，出现在春季、秋季或夏季。因此，计算系统机械负荷应对各种热流量加以修正，既满足冷库全年生产的要求，又要充分考虑冷库常年经营费用。冷间机械负荷应分别根据不同蒸发温度按下式计算，即

$$Q_j=(n_1\sum Q_1+n_2\sum Q_2+n_3\sum Q_3+n_4\sum Q_4+n_5\sum Q_5)R \tag{3-11}$$

式中　Q_j——机械负荷（W）；

n_1——围护结构热流量的季节修正系数，宜取 1；

n_2——货物热流量折减系数；

n_3——同期换气系数，宜取 0.5～1.0（同时最大换气量与全库每日总换气量的比值大时取大值）；

n_4——冷间用的电动机同期运转系数；

n_5——冷间同期操作系数；

R——制冷装置和管道等冷损耗补偿系数，直接冷却系统宜取 1.07，间接冷却系统宜取 1.12。

1）货物热流量折减系数 n_2 应根据冷间的性质确定。冷却物冷藏间宜取 0.3～0.6（公称容积 $10000m^3$ 以下时取 0.6，10001～$30000m^3$ 时取 0.45，大于 $30000m^3$ 时取 0.3）；冻结物冷藏间宜取 0.5～0.8（公称容积 $7000m^3$ 以下时取 0.5，7001～$20000m^3$ 时取 0.65，大于

20000m³ 时取 0.8)；冷加工间和其他冷间应取 1。

2）冷间用的电动机同期运转系数 n_4 和冷间的同期操作系数 n_5 应按表 3-25 规定采用。

表 3-25 冷间用电动机同期运转系数 n_4 和冷间同期操作系数 n_5

冷间总间数	n_4 或 n_5	冷间总间数	n_4 或 n_5
1 2~4	1 0.5	≥5	0.4

注：1. 冷却间、冷却物冷藏间、冻结间 n_4 取 1；其他冷间按本表取值。
2. 冷间总间数应按同一蒸发温度且用途相同的冷间间数计算。

冷间机械负荷计算汇总见表 3-26。

表 3-26 冷间机械负荷计算汇总 （单位：W）

蒸发温度回路	序号	冷间名称	R	$n_1\Sigma Q_1$	$n_2\Sigma Q_2$	$n_3\Sigma Q_3$	$n_4\Sigma Q_4$	$n_5\Sigma Q_5$	Q_j
-15℃(或-10℃)		冷却间							
		冷却物冷藏间							
									小计
-28℃		冻结物冷藏间							
									小计
-33℃		冻结间							
									小计
-42℃		速冻隧道							
									小计

3.2 冷库制冷系统方案的制定

3.2.1 制冷系统方案

1. 制冷系统供液方式的制定

在制冷系统中，应根据制冷装置的规模、具体的条件要求确定方案。根据供液的动力不同，供液方式有直流供液（差压式）方式、重力供液方式和泵供液方式。

（1）直流供液（差压式）方式 利用冷凝压力和蒸发压力之差，将节流后的制冷剂直接送入蒸发器的供液方式称为直流供液，如图 3-4 所示。在制冷装置中，它是应用最早和最简单的供液方式，适用于小型氨制冷装置、负荷稳定的系统及氟制冷装置。该供液方式的特点是：

1）制冷设备少，系统简单，制冷剂充注量少，工程费用低。

2）节流生成的闪发气体进入蒸发器，使制冷效率降低。

3）无气液分离设备，容易发生湿行程。

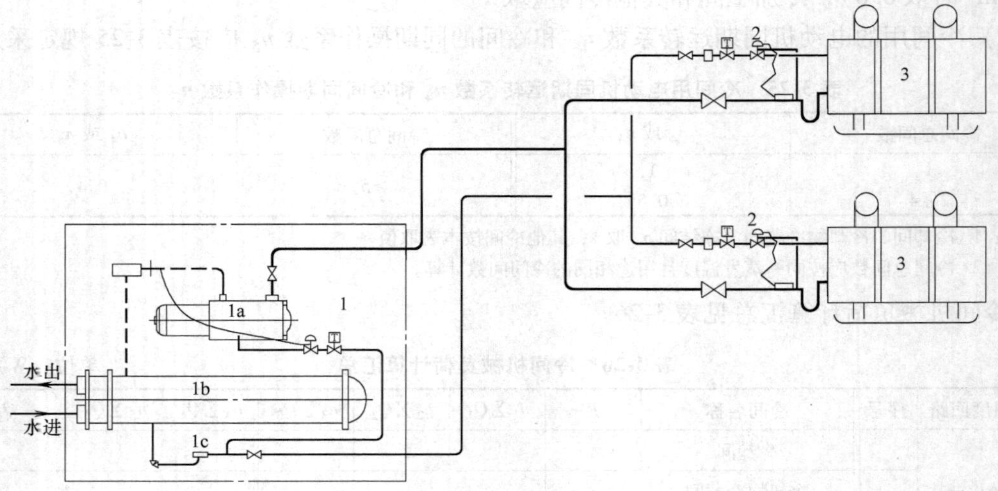

图 3-4 直流供液方式原理图

1—冷凝压缩制冷机组 NJBLG37Z 1a—制冷压缩机 1b—水冷式冷凝器

1c—过滤器 2—外平衡式热力膨胀阀 RFW10 3—冷风机 KLL—200

4）操作调节困难。随冷凝压力、蒸发压力、负荷大小的变化，应及时调整节流阀的开启度，这对使用手动节流阀靠人工调节的制冷装置来讲，是不容易做到恰到好处的。同时，由于闪发气体的存在，对并联蒸发器的供液不容易均匀分配，使供液多的易发生湿行程，供液少的则出现过热现象。

目前，国内氨制冷系统中较少采用这种供液方式。据国外资料介绍，有的国家已研究用直接膨胀供液的氨系统替代原来的氟系统。

（2）重力供液方式 重力供液是在节流阀和蒸发器之间增设氨液分离器，利用氨液分离器内正常液面与蒸发器之间的位差，借重力作用使液态制冷剂流入蒸发器。如图 3-5 所示，重力供液适用于中、小型氨冷库制冷装置。

重力供液的特点是供液稳定，能提高蒸发器的热交换效果，防止压缩机的“液击”，但提高了土建的造价。目前在中、小型氨冷库制冷装置中已较少采用。

（3）泵供液方式 泵供液是利用液泵的机械力来克服管道阻力及静压力，向蒸发器输送低温制冷剂液体。在该系统中，以低压循环贮液器代替了重力供液的气液分离器。泵供液比直流供液、重力供液优点多，在国内外制冷装置中已得到日益广泛的应用，是国内大中型冷库制冷装置应用最多的供液方式。该供液方式的特点有：

1）蒸发器的热交换效率高。蒸发器内有数倍于蒸发量的液体，使管内流速加大，管内表面得到充分的湿润，加之液体的冲刷，液态制冷剂吸热蒸发产生的气体不断被较高流速的液态制冷剂冲走，降低了管壁的传热阻力，减轻了润滑油对管壁换热形成的影响，使得蒸发器的传热面积得到充分的利用，相对提高了蒸发器的换热量。

2）保证压缩机安全运转，制冷效率高。由于系统设置低压循环贮液器，可使回气中夹带的液滴得到分离，不易出现液击和湿行程。低压循环贮液器设在机器间或设备间，离压缩机近，蒸气的压力损失小，过热度也小，因此压缩机的制冷效率较高。

3）操作简单，便于集中控制。低压循环贮液器的液位可通过浮球阀或自控元件控制，

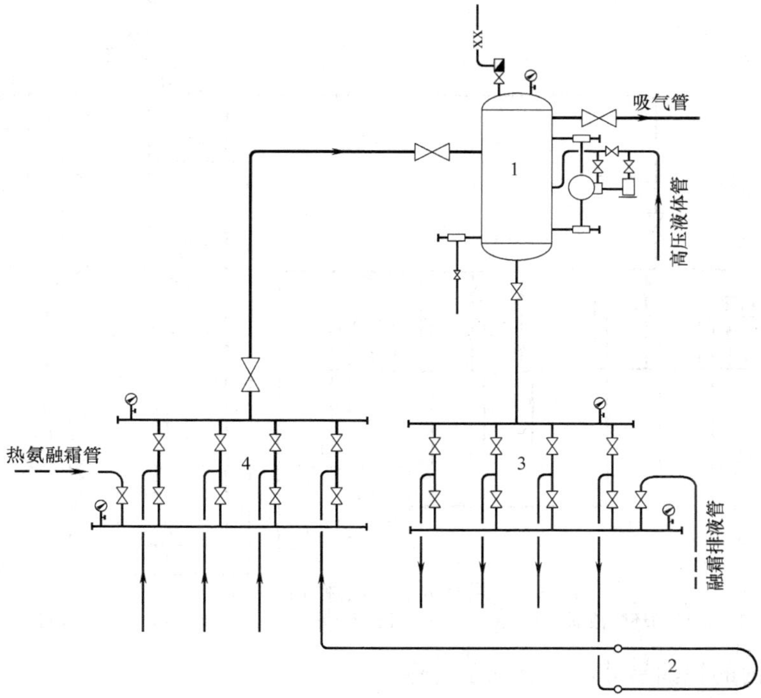

图 3-5 重力供液方式原理图

1—气液分离器 2—蒸发器 3—供液调节站 4—回气调节站

不需经常调节节流阀，操作简单。

低压循环贮液器可替代气液分离器和排液筒，融霜完毕就可起动氨泵恢复制冷循环，简化了排液筒的排液操作过程，提高了效率。

低压循环贮液器设置在机房设备间内，调节站也集中于设备间内，便于操作集中控制。

4）氨泵的设置增加耗电 1% ~1.5%，同时也增加了维修量。

5）回气管中有大量未蒸发的液体，管内阻力大，要求管径加粗，使管材和隔热材料费用加大，增加了钢材量、阀件量。

6）在负荷波动大或压缩机起动、上载过快时，可能会引起低压循环贮液器内液面波动造成溶液沸腾，容易导致液泵汽蚀。为保证泵所需要的净正吸入压头，需提高低压循环贮液器安装位置，增加了建筑费用。为保护液泵而设立的保护装置，也将使投资增加。

根据制冷剂进出蒸发器的情况，泵供液方式又分为上进下出（顶部供液）和下进上出（底部供液）两种方式。

上进下出式流向如图 3-6 所示，其特点只有在低压循环贮液器安装位置低于蒸发器的条件下才能显示出来。其特点有：

1）库温控制灵敏，停止供液后，蒸发器内液体立即自行流入低压循环贮液器，可简化库温自控装置。

2）融霜装置简单，停止供液就可进行融霜操作。但低压循环贮液器容积要求应能容纳进行融霜操作的冷间蒸发器流下来的液体。

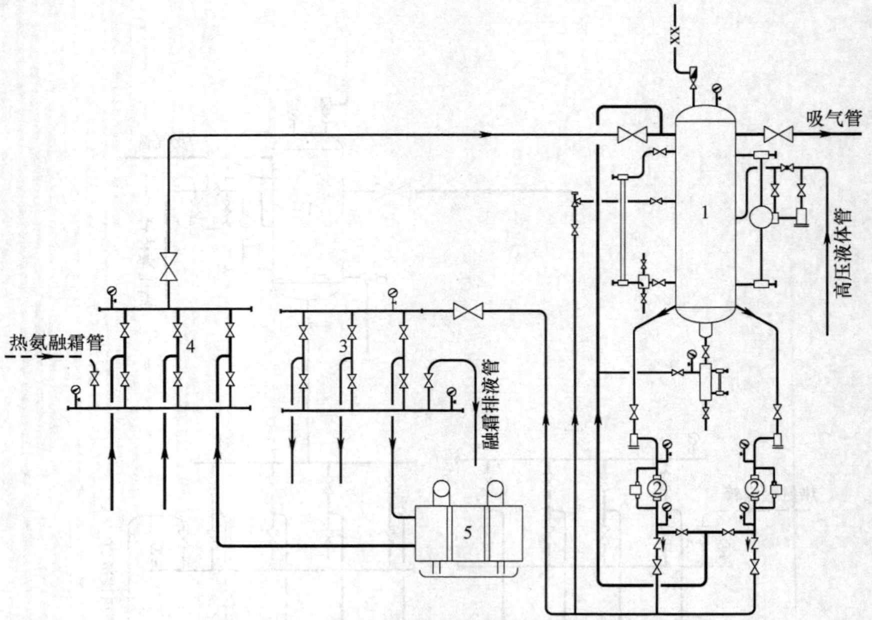

图 3-6　泵上进下出供液方式原理图

1—低压循环贮液器　2—液泵　3—供液调节站　4—回气调节站　5—冷风机

3）蒸发器内的积油易冲出，有利于传热。

4）蒸发器充液量较少，蒸发压力不受本身高度所形成的液柱静压的影响，有利于传热效率的提高。

5）并联蒸发器的供液不易均匀，影响部分蒸发器的正常工作。

下进上出式流向如图 3-7 所示。其特点有：

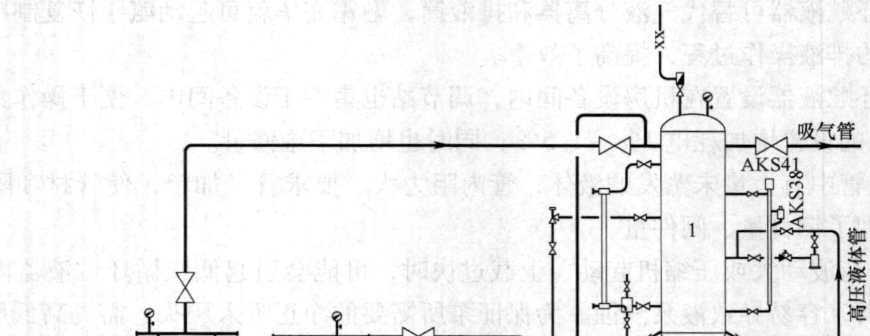

图 3-7　泵下进上出供液方式原理图

1—低压循环贮液器　2—液泵　3—供液调节站　4—回气调节站　5—蒸发排管

1）低压循环贮液器与蒸发器的位置不受限制，适用性强。

2）蒸发器内液体是压力输送，并联蒸发器容易配液均匀，可简化分液装置和节省调节阀。

3）蒸发器充液量较多，约60%，积油不易排出。

4）库温控制的灵敏度不如前者，到达设定温度、停止供液后，蒸发器内积存的液体仍继续吸热蒸发，使库温继续降低。

5）融霜时需先排净蒸发器的液体后才能进行，操作费时。

可以看出，两种方式各有优缺点，选择时，应视具体情况而定。如储藏果蔬、鲜蛋的冷藏间，对库温控制要求较严，宜采用库温灵敏度高的上进下出式流向；对于并联蒸发器多、均匀配液要求较高的系统，则宜选用下进上出式流向。

2. 制冷系统蒸发温度回路方案的确定

制冷剂的蒸发温度与库房温度存在一定的温差，对冻结间和低温冷藏间，这个温差一般为10℃。如鱼类、肉类的冻结间，设计库温为－23℃，蒸发温度即为－33℃；鱼类、肉类的冷藏间，设计库温为－18℃，蒸发温度即为－28℃；贮冰间，设计库温为－4～－6℃，蒸发温度即为－15℃。对果蔬类冷藏间，要求的湿度不宜太低，且较为恒定，库温与蒸发温度的差值常取5～8℃。

1）当生产对象为食品冻结、冻品冷藏及制冰贮冰三大内容，或食品冻结、冻品冷藏及果蔬、鲜蛋等冷却物冷藏三大内容时，可根据冷库的规模，分别采用两个或三个蒸发温度。即制冰贮冰共用一个蒸发温度回路，果蔬、鲜蛋冷藏为一个蒸发温度回路，冻结和冻藏可以分开（规模较大时），也可以合并。

由于果蔬冷藏温度一般不低于0℃，鲜蛋冷藏温度一般不低于－2.5℃，所以冷藏间的蒸发温度不低于－8～－10℃，且要求蒸发温度要稳定。制冰贮冰的蒸发温度在－12～－15℃，且热负荷很不稳定，所以二者尽可能不共用一个蒸发温度。

2）对大型肉类加工企业，常设置屠宰、冷却、分割、冻结、冻藏等加工工艺，而且屠宰、分割加工车间设置空调系统，故目前蒸发温度一般如下：屠宰、分割加工车间的空调系统蒸发温度为0～2℃，冷却间蒸发温度为－8～－10℃系统，冻藏蒸发温度为－28℃系统，冻结蒸发温度为－42℃系统。

3. 制冷系统的安全保护方案的确定

（1）压缩机的安全保护　压缩机的安全保护主要有高低压保护、油压和油温保护、排气温度保护和水套断水保护等。为防止压缩机发生湿冲程，在机房设置低压循环贮液器或气液分离器，并控制其液位。

（2）液泵的安全保护　液泵的安全保护措施有：低压循环贮液器正常液位控制及设置加压管，液泵上装设抽气管和差压控制器。泵出口设置自动旁通阀和止回阀，如图3-6、图3-7所示。

（3）设置贮液器　贮液器有调节和平衡制冷剂的供需作用，也是高压段和低压段分界的屏障，防止高压气体窜入供液管道破坏正常的制冷循环。

（4）压力容器的安全装置　制冷系统中除了集油器外，其余的压力容器一般均需要设置安全阀。

（5）制冷装置的紧急泄液　制冷装置的紧急泄液措施是为了在发生突发事故的紧急时

刻，尽快将设备内贮存的大量制冷剂液体排放掉，以避免容器爆炸而引起严重的后果。氨制冷系统设置紧急泄氨器，把容器内的氨液稀释为氨水后排入下水道。

(6) 设备液面的控制和显示　需要控制液面的设备有中间冷却器、气液分离器、低压循环贮液器等。过去多使用浮球阀来控制液位，目前普遍采用液位控制器和进液管上的自控阀件（如电磁阀）配合来控制液面。

4. 制冷系统自控程度的确定

(1) 手动式　机器、设备及工艺流程的控制全部采用手动控制。

(2) 半自动式　制冷系统的安全保护、局部回路自控（液泵、冻结间、冷藏间回路），压缩机指令开、停机，库房内冷却设备在机房遥控及库温遥测。

(3) 全自动式　在半自动式的基础上，增加压缩机自动开停机和能量调节、辅助设备自控、最佳工况调节、冷加工工艺流程自控、库房管理自控等。

3.2.2 制冷压缩机和冷凝器的配置方案

1. 制冷压缩机的配置方案

(1) 制冷压缩机类型的确定　制冷压缩机是制冷系统的关键设备，压缩机的费用在全部设备费用中占有较大的比重。压缩机运转费用是冷库管理费用中最主要的一项。压缩机选择得是否合理，还关系到使用中调整灵活、安全、可靠等。制冷压缩机类型的确定与制冷装置的使用性质、规模和采用的制冷剂种类有关。

1) 活塞式压缩机。活塞式压缩机工艺成熟，热力性能好，其机型有几十种之多，单机标准制冷量从十几千瓦到几百千瓦，目前在冷冻冷藏制冷系统中应用广泛。

2) 螺杆式压缩机。螺杆式压缩机是一种容积型回转式压缩机，结构简单，体积小，易损部件少，检修周期长，运转平稳可靠，维修方便，因而在各种制冷装置中得到较为广泛的应用。

3) 制冷压缩机组。制冷压缩机组是将制冷系统中的部分设备或全部设备配套组装在一起，成为一个整体。常用的制冷机组有压缩—冷凝机组，将压缩机、冷凝器等组装成一个整体，为各种类型的蒸发器连续供应液态制冷剂，此形式用于各种小型制冷装置。

(2) 制冷机压缩级数的确定　确定系统压缩级数的主要依据是在一定工况下系统冷凝压力 p_c 与蒸发压力 p_0 的比值。当氨系统的压力比 $p_c/p_0 \leqslant 8$ 时，应采用单级压缩；氨系统的压力比 $p_c/p_0 > 8$ 时，应采用双级压缩。

虽然确定系统压缩级数的主要依据是压力比值，但对一些小冷库，当冻结量小而又不连续生产时，按照冷凝压力与蒸发压力的比值来确定应是双级压缩形式，可压力比大于 8 的运转时间所占的比例很小，仍可确定为单级压缩形式。这样不仅简化了制冷系统，又方便了操作管理，降低了系统的造价。

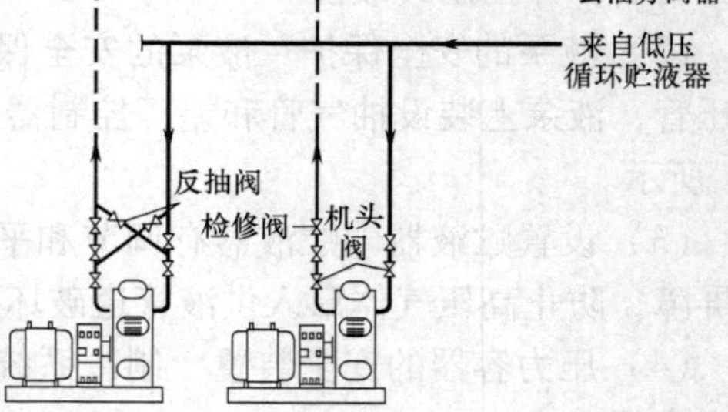

图 3-8　氨单级制冷机并联配置图

1) 单级压缩形式。单级压缩形式就是在制冷系统中只有一台制冷压缩机或几台制冷压缩机并联使用，如图 3-8 所示。目前带经济器液氨冷却的螺杆式制冷压缩机组在制冷工程中得到广泛的应用，它与普通螺杆制冷机组的主要区别在于，从油分离器中分离出来的油在油冷却器中不是通过水来冷却的，而是靠由虹吸罐出来的高压液氨来冷却。供液方法一般采用重力供液，在没有液位差的地方也可以采用氨泵直接供液。带经济器液氨冷却的螺杆单级制冷压缩机管道配置如图 3-9 所示。

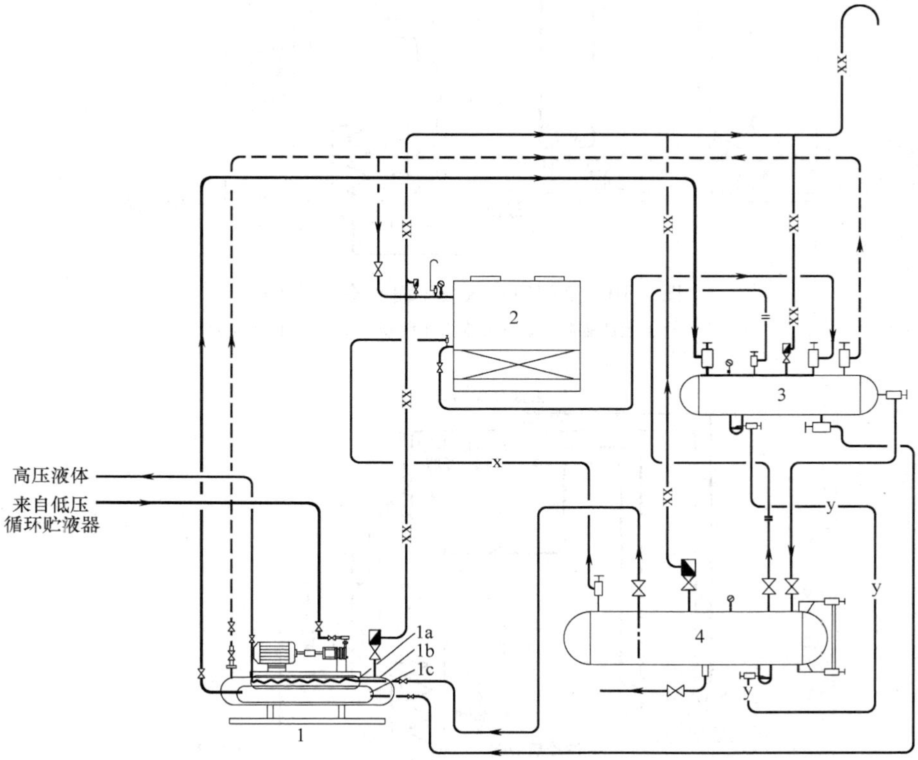

图 3-9 带经济器液氨冷却的螺杆单级制冷压缩机管道配置流程图

1—带经济器的液氨冷却螺杆制冷机组 1a—经济器 1b—氨油分离器 1c—液氨式油冷却器 2—蒸发式冷凝器 3—虹吸罐 4—贮氨器

2）双级压缩形式。双级压缩形式又分为高低压机配组式双级压缩和单机双级压缩。

配组式双级压缩形式是由几台单级压缩机配合来完成高、低压级压缩。用来配组的制冷压缩机可以是同型号的，也可以是不同型号的。应尽量选用相同系列的，便于零配件互换。配组式双级压缩形式配合的标准以压缩机理论排气量为准。常采用的高、低压级理论排气容积比为 $V_{hg}/V_{hd}=1/3\sim1/2$，如图 3-10 所示。

单机双级压缩形式就是采用一台制冷压缩机进行双级压缩，具有占地面积小、系统管道简单、施工周期短、操作管理方便等优点，适用于大、中型冷库，但不能根据工作条件变化灵活调整，如图 3-11 所示。

3）氨单、双级压缩制冷系统综合形式。在实际工程中既有单级压缩的制冷系统，又有双级压缩的制冷系统，其压缩机的管道配置除了要考虑单级、双级各自的灵活外，还要考虑不同回路之间应能互相切换，如图 3-12 所示。

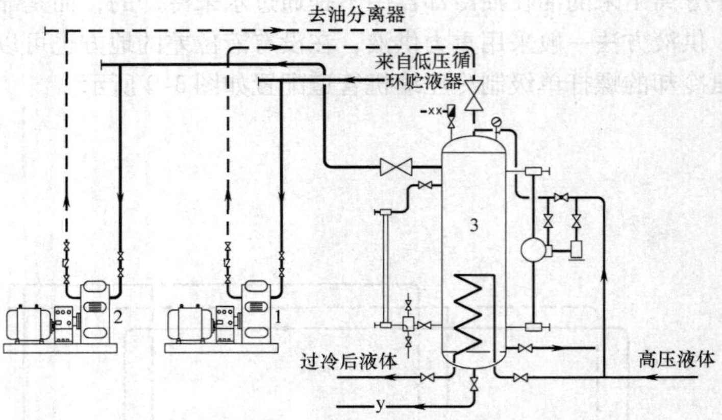

图 3-10　氨配组式双级压缩制冷机配置图

1—低压级压缩机　2—高压级压缩机　3—中间冷却器

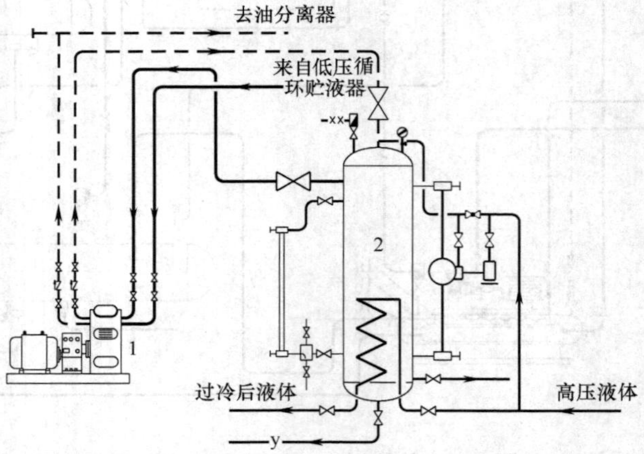

图 3-11　氨单机双级压缩制冷机配置图

1—单机双级压缩制冷机　2—中间冷却器

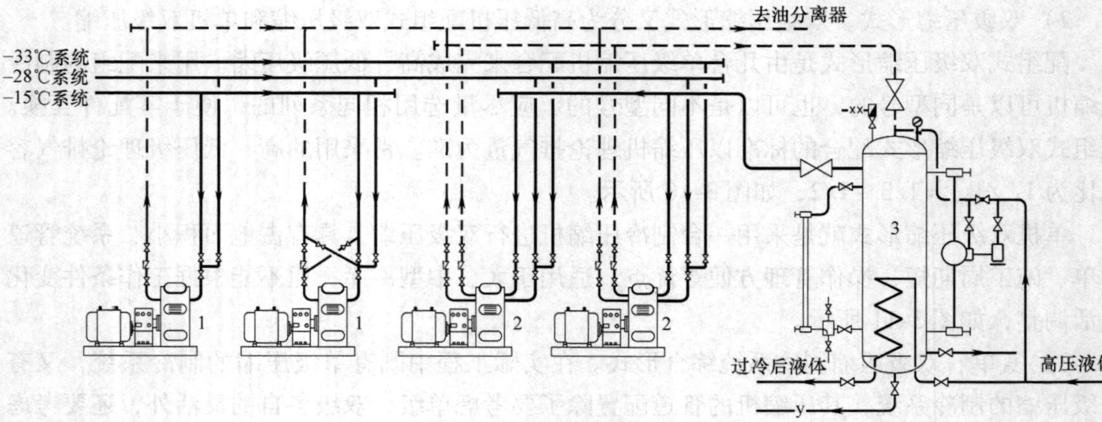

图 3-12　氨单级、双级压缩制冷机综合系统配置图

1—单级压缩制冷机　2—单机双级压缩制冷机　3—中间冷却器

2. 冷凝器的配置方案

（1）冷凝器的形式 冷凝器的类型有多种，应根据制冷装置所处的环境，冷却水水质、水温和水量确定。在具有充足水源、水质较差的地区，采用立式壳管式冷凝器；若水温低，水质较好，船舶制冷等装置应采用卧式壳管式冷凝器；对水质差、大气湿度比较低的地区，应采用淋浇式冷凝器；对水缺乏地区，应采用耗水量小的蒸发式冷凝器；对于小型氟利昂制冷装置，应采用空气冷却式冷凝器。

（2）冷凝器的配置 氨系统的冷凝部分由油氨分离器、冷凝器、贮液器及相关的阀件、管道构成。系统配置常用立式、卧式和蒸发式冷凝器，冷凝器的管接口除了进气口、出液口外，考虑到安全及经济运行等因素，又增加了均压、放空气、放油等接口，这些接口与相对应的设备之间应正确连接。立式冷凝器的管道配置如图 3-13 所示，卧式冷凝器的管道配置如图 3-14 所示，蒸发式冷凝器的管道配置如图 3-15 所示。

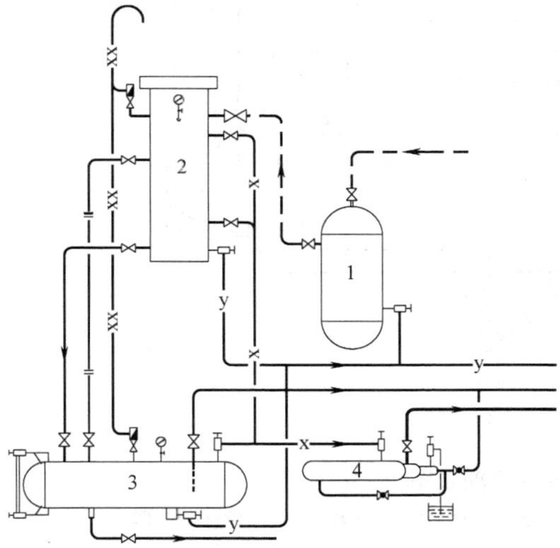

图 3-13 立式冷凝器的管道配置图
1—干式氨油分离器 2—立式冷凝器
3—贮液器 4—空气分离器

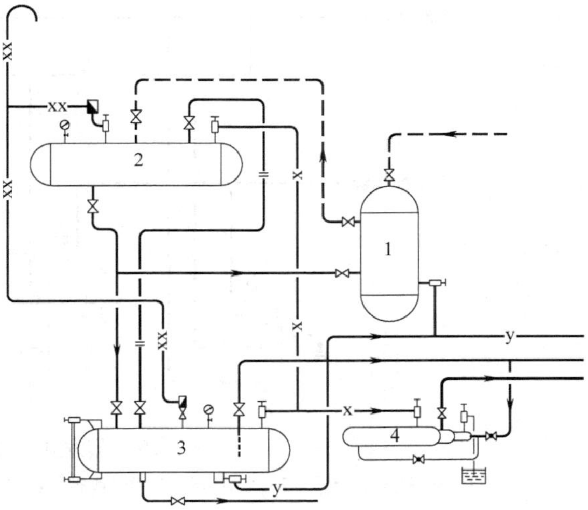

图 3-14 卧式冷凝器的管道配置图
1—洗涤式氨油分离器 2—卧式冷凝器
3—贮液器 4—空气分离器

3.2.3 冷间冷却方案

从制冷剂产生冷效应的角度，冷间冷却方式可分为间接冷却方式和直接冷却方式。间接冷却方式是指被冷却物体或冷藏库内的热量通过载冷剂传给蒸发器，再由制冷剂蒸发吸收载冷剂的热量。只有在特定情况下不宜直接使用制冷剂的地方（如盐水制冰）使用间接冷却方式。

直接冷却方式是指制冷剂直接在蒸发器内吸收被冷却物体的热量而蒸发。该冷却方式因经济费用低、管理方便、使用年限长等优点被广泛应用。

1. 直接冷却方式的分类

（1）空气冷却式 根据空气流动方式可分为自然对流冷却和强制对流冷却。

空气自然对流冷却是指在冷间内采用墙、顶排管为冷却设备。它适用于较长时间储藏低温货物的场合，如冷库中的冻结物冷藏间、贮冰间等。

空气强制对流冷却是指在冷间内采用冷风机为冷却设备。它适用于工作周期较短的冷加

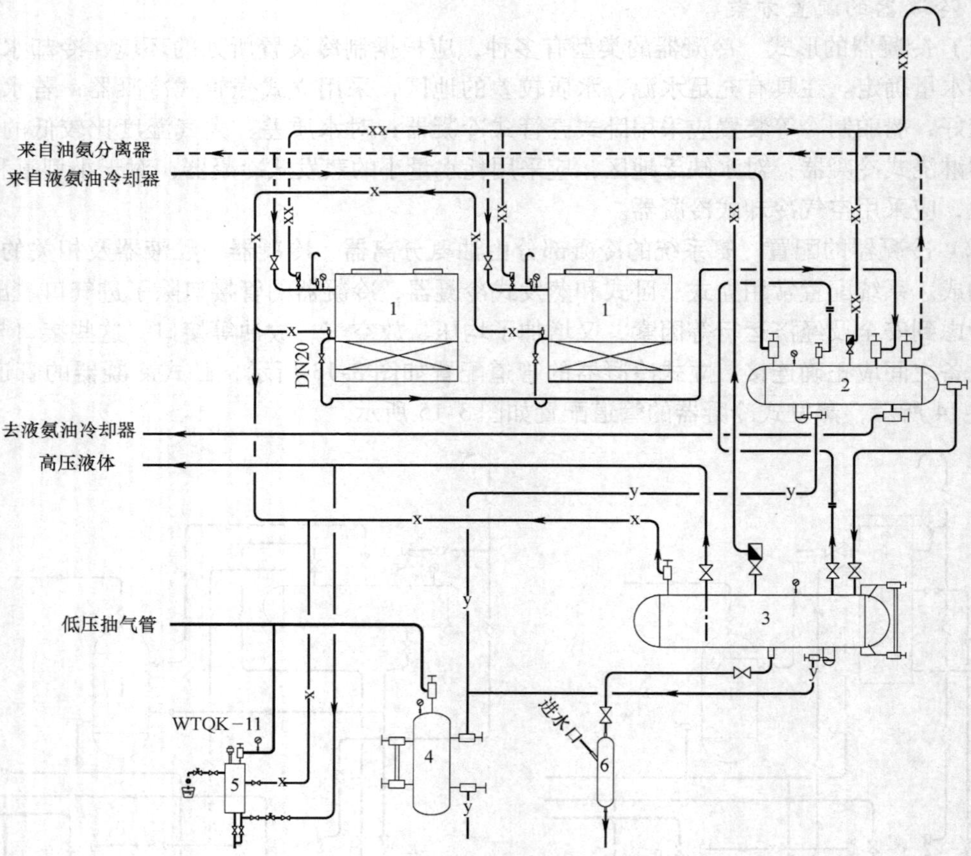

图 3-15 蒸发式冷凝器的管道配置图

1—蒸发式冷凝器 2—虹吸罐 3—贮氨器 4—集油器 5—自动型空气分离器 6—紧急泄氨器

工场合，如冷库中的冷却间、冻结间等。

(2) 接触式 接触式是指被冷却物体表面与冷却设备壁面直接接触。其特点是换热以传导为主，被冷却物体温度下降迅速。它只适用于冷加工量比较小而食品又不怕挤压的场合。

(3) 混合式 混合式是指在冷间内采用搁架式排管为冷却设备，内配备风机。其特点是既有空气的强制对流换热，又有部分排管壁面直接与冻盘接触的传导换热。但该种形式进、出货靠人力，劳动强度大，适用于冻结量较小的加工盘装食品的场合。

2. *冷间冷却设备的确定*

目前冷间常采用冷却排管、冷风机和搁架式排管等冷却设备。其选用是否合理，直接关系到产品的冷加工质量和生产效率，以及经常性费用。影响因素应考虑产品冷加工工艺要求和储藏条件、库房的占用面积等。冷间类型不同，所选用冷间冷却设备也有区别。

1）冷却间采用干式落地式冷风机作为冷却设备。因进入冷却间的货物温度一般较高，食品含水量、表面带水量大，需快速降温。如果蔬、鲜蛋相当于室外温度，刚屠宰不久的肉胴体或分割肉的温度为35℃左右。

2）冻结间选用落地式或吊顶式冷风机作为冷却设备。因肉类、鱼、家禽需冷冻加工，应采用空气强制对流的冷却方式。对冻结量小的食品（如盘装食品等），应选用搁架式排管配风机或平板冻结器。

3）冷却物冷藏间选用冷风机作为冷却设备。冷间宜选用强制对流冷却方式，主要用于储藏果蔬、鲜蛋等有生机的食品或冷却肉类。库内温湿度的均匀性要求较高，要配置均匀送风道，使库内达到均匀送风。

4）冻结物冷藏间一般选用冷却排管为冷却设备。冷间宜选用自然对流冷却方式，主要用于储藏冻结后的肉类、家禽、水产品等。也可采用微风速的冷风机来替代冷却排管，这种冷却方式有利于缩短施工周期，便于自动控制，对于有包装的冻结货物是十分有利的。

5）产品包装间选用冷却设备应根据包装间温度而定。当包装间温度在0℃以上时，宜采用冷风机；当包装间温度在0℃以下时，可采用排管为冷却设备。

除上述介绍的几种冷间冷却设备外，目前也常采用平板冻结器、隧道式冻结装置和螺旋式冻结装置等作为速冻系统的设备使用。

3. 蒸发器部分管道配置方案

（1）同类蒸发器的管道配置　同类蒸发器指墙管与墙管、顶管与顶管、冷风机与冷风机等。

1）串联。串联俗称“一条龙”连接方式，泵供液方式的墙管与墙管、顶管与顶管之间的连接均可优先采用此方式，以提高管内流速，增强传热效果，如图3-16所示。

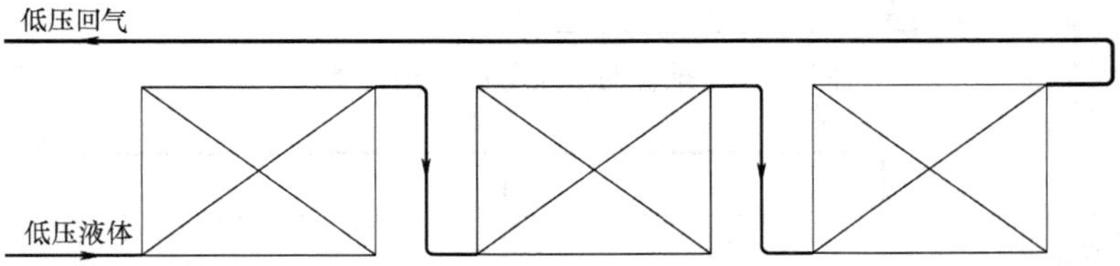

a)

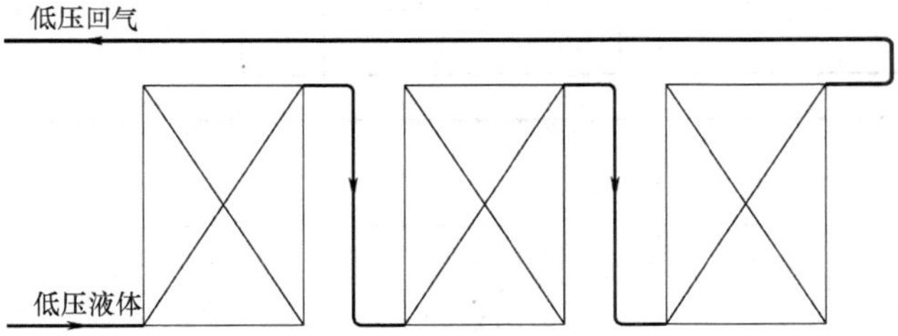

b)

图3-16　墙排管、顶排管“一条龙”的管道配置图

a）墙排管　b）顶排管

2）并联。蒸发器并联的接法主要有羊角弯和同程式，也可用分液器。要求尽可能使各通路长度相等，以使各通路阻力尽可能相等，如图3-17～图3-19所示。

（2）不同类蒸发器的管道配置　大型冷库的墙、顶排管可由调节站分别控制，只要回路在允许的控制范围内，墙、顶排管的供液较均匀。单间面积在200～250m^2的冷间墙、顶排管的回气管可以共用，也可分开，但供液必须分开；但对小型冷间，墙、顶排管的供液管和回气管均可共用，但连接方式要合理配置。串联时先进顶管、后进墙管，如图3-20所示。

并联时，合并后的供液、回气总管要靠近顶管，如图 3-21 所示。

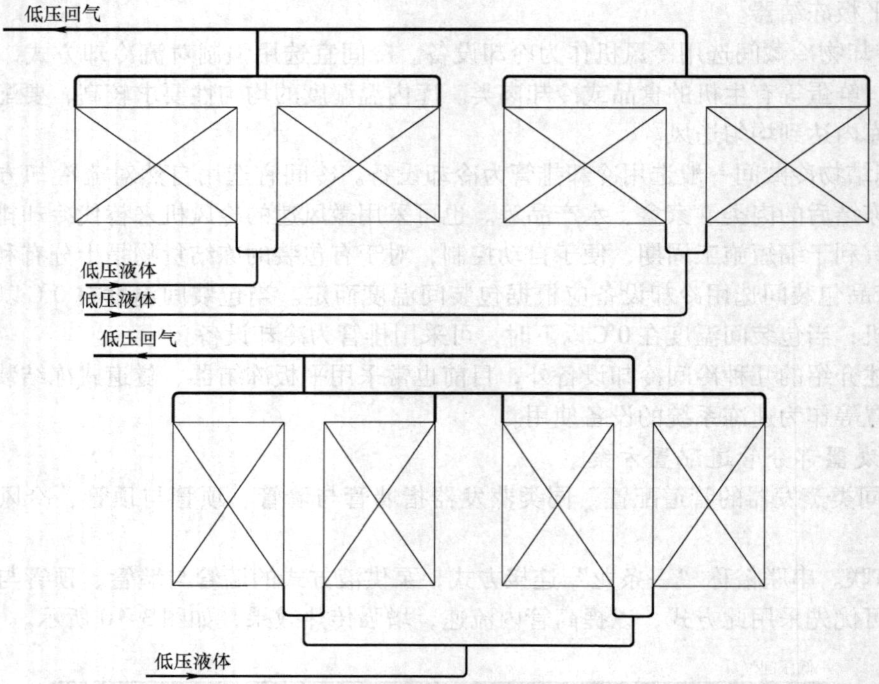

图 3-17 排管的羊角分路管道配置图

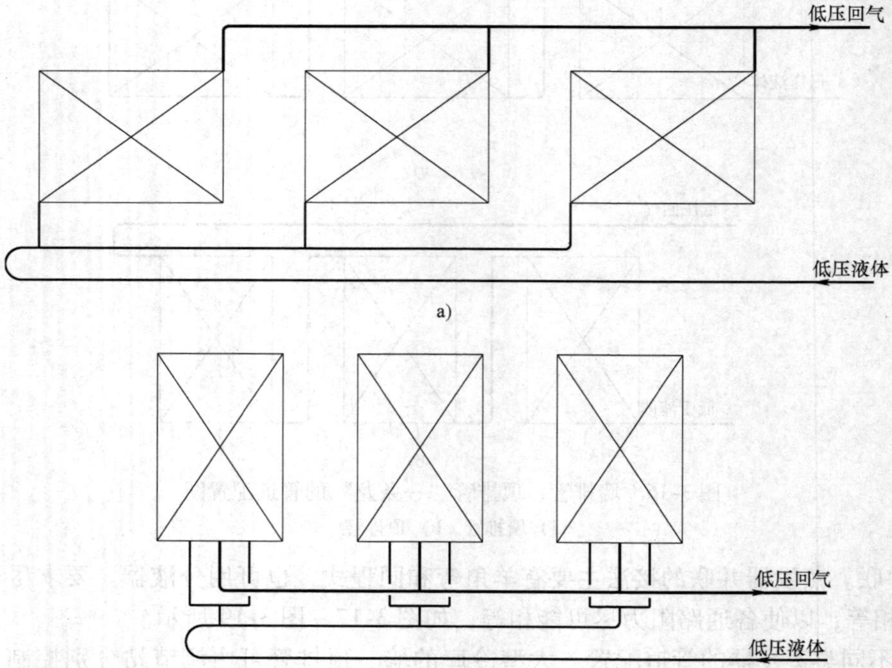

图 3-18 排管同程管道配置图

a）墙排管 b）顶排管

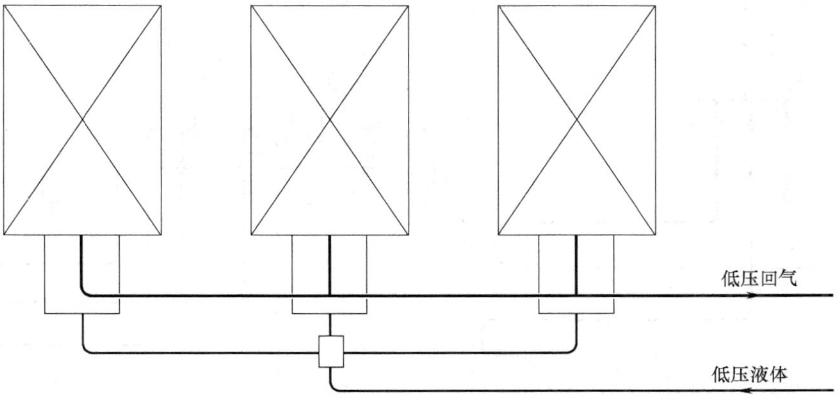

图 3-19　顶排管的分液器管道配置图

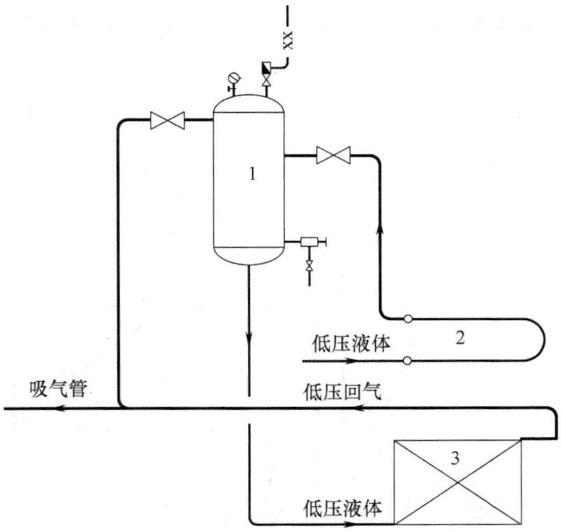

图 3-20　顶、墙排管管道串联配置图

1—气液分离器　2—顶排管　3—墙排管

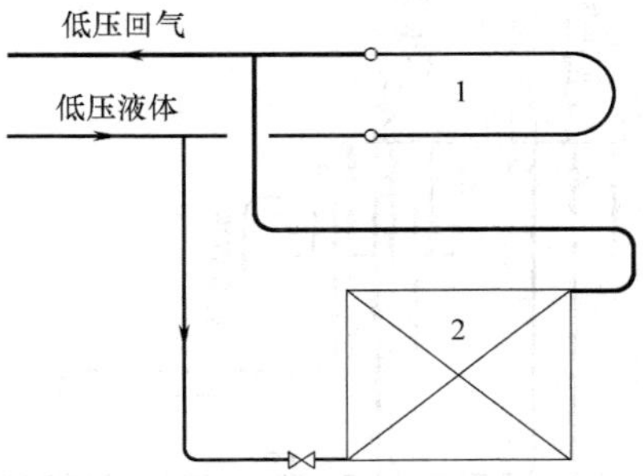

图 3-21　顶、墙排管管道并联配置图

1—顶排管　2—墙排管

4. 低压调节站的配置方案

（1）单阀单流向供液、回气调节站　如图 3-22 所示，此种方式阀件少，维修简单，但无法用热氨除霜冲油，故仅适用于小型冷库、库内货物经常出空的情况。

（2）双阀双流向供液、回气调节站　如图 3-23 所示，此种方式调节站安装高低不受蒸发器高度的限制，易除霜冲油，操作方便，因此被广泛采用。

（3）液单、气双调节站　如图 3-24 所示，此种方式的除霜排液不经过低压调节站，而从蒸发器的最低点接出，易除霜冲油，但由于排液阀装在库内，排液不方便，可能引起漏氨而污染食品。

（4）液双、气单调节站　如图 3-25 所示，此种方式省去了一组排液阀组，适用于氨泵供液的冷藏间。

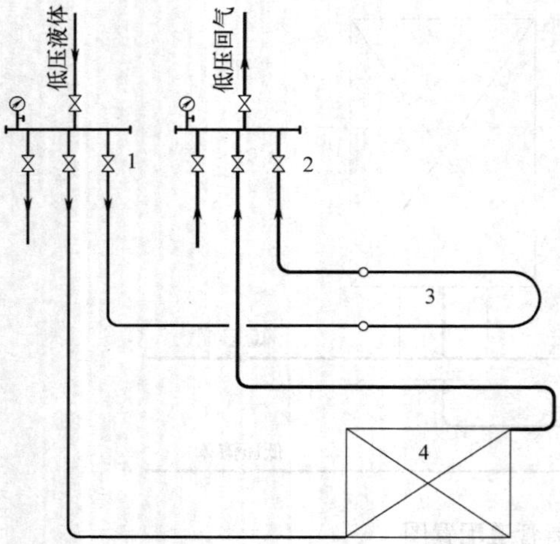

图 3-22　单阀单流向供液、回气调节站
1—液体调节站　2—气体调节站　3—顶排管　4—墙排管

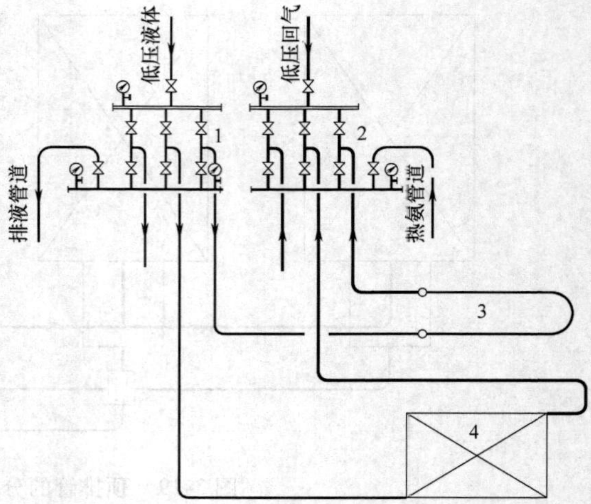

图 3-23　双阀双流向供液、回气调节站
1—液体调节站　2—气体调节站　3—顶排管　4—墙排管

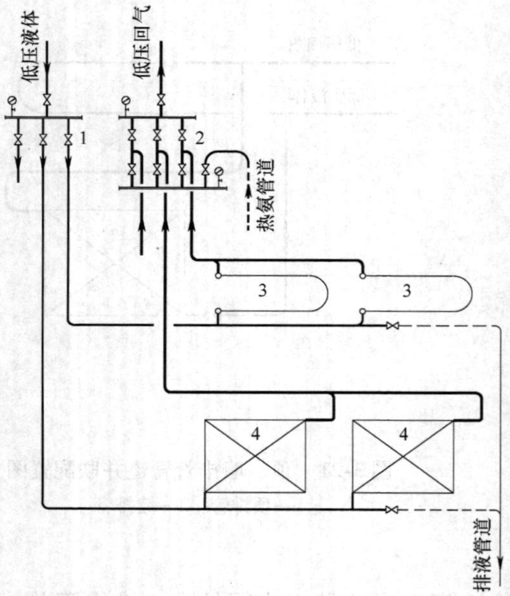

图 3-24　液单、气双调节站
1—液体调节站　2—气体调节站　3—顶排管　4—墙排管

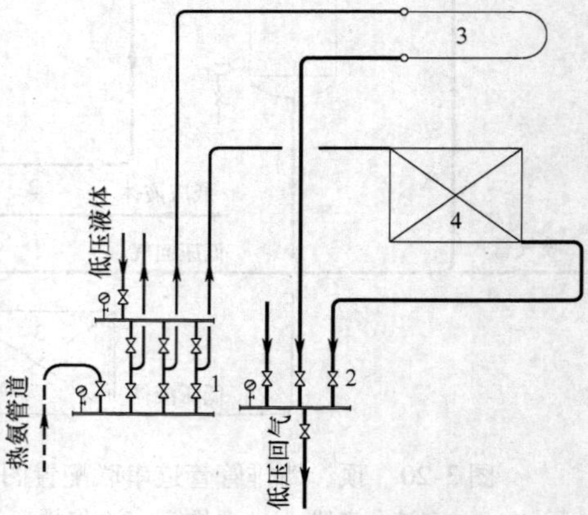

图 3-25　液双、气单调节站
1—液体调节站　2—气体调节站　3—顶排管　4—墙排管

3.3　制冷机及其设备的选型设计

3.3.1　制冷压缩机的选型设计

制冷压缩机是制冷装置的主要设备之一，不仅其投资费用在整个设备费用中占较大的比重，而且运行费用在制冷成本中也居于首位。制冷压缩机的选择是否合理，对于制冷装置的

建造费用、运行的经济性以及运行调节的灵活性都有很大的影响。因此，必须科学合理地确定制冷压缩机的容量和数量。

1. 制冷压缩机选型的一般原则

1）氨压缩机应根据各蒸发温度机械负荷的计算值分别选定，不另设备用机。

2）选用的活塞式氨压缩机，当冷凝压力与蒸发压力之比大于 8 时，应采用双级压缩；当冷凝压力与蒸发压力之比小于或等于 8 时，应采用双单级压缩。

3）选配氨压缩机时，其制冷量宜大小搭配。

4）氨压缩机房内压缩机的系列不宜超过两种。如仅有两台机器时，应选用同一系列。

5）选用压缩机时，应根据实际使用工况，对压缩机所需功率进行计算，由制造厂选配适宜的电动机。

6）制冷压缩机的工作条件不得超过制造厂家规定的压缩机使用条件。

2. 制冷系统工作参数的确定

（1）蒸发温度 t_0　一般比液体载冷剂温度低 3 ~ 5℃，比冷间空气温度低 5 ~ 10℃。

（2）冷凝温度 t_1　立式、卧式、淋浇式和组合式的冷凝温度较冷却水出水温度高 4 ~ 6℃；蒸发式冷凝器的冷凝温度较夏季室外平均每年不保证 50h 的湿球温度高 5 ~ 10℃。

（3）中间冷却温度 t_{zj}　以氨为工质的制冷系统，在工作温度为 −40 ~ +40℃时，确定中间温度常按拉赛公式 $t_{zj} = 0.4t_1 + 0.6t_0 + 3℃$ 计算。

（4）吸气温度 t_q　压缩机允许的吸气温度见表 3-27。

表 3-27　压缩机允许的吸气温度　　（单位：℃）

蒸发温度	5	0	−5	−10	−15	−20	−25	−28	−30	−33	−35	−40	−45
吸气温度	10	1	−4	−7	−10	−13	−16	−18	−19	−21	−22	−25	−28

（5）过冷温度 t_{gl}　当单级压缩制冷系统采用水冷式过冷器时，一般比进水温度高 3℃；当采用一次节流双级压缩制冷系统，制冷剂在中冷器的盘管冷却时，一般比中间温度高 3 ~ 5℃。

3. 活塞式制冷压缩机的选型计算

（1）单级压缩机的选择计算

1）以标准制冷量为标准选配压缩机。把实际工况下压缩机的制冷量换算成标准工况下的制冷量，然后以此来确定压缩机的型号和台数。计算公式为

$$Q_n = Q_j \frac{\lambda_n q_{v,n}}{\lambda q_v} \tag{3-12}$$

式中　Q_n、Q_j——标准工况下和实际工况下制冷压缩机的制冷量（kW）；

λ_n、λ——标准工况下和实际工况下制冷压缩机的输气系数，由生产厂家提供的图标或曲线求得；

$q_{v,n}$、q_v——标准工况下和实际工况下制冷压缩机的单位容积制冷量（kJ/m^3）。

2）依据压缩机的理论输气量选配压缩机。按照实际负荷，计算实际工况下所需压缩机的理论排气量选配压缩机。

$$V_t = \frac{Q_j}{\eta_v q_v} \tag{3-13}$$

式中 V_t——制冷压缩机的理论输气量（m^3/s）；

Q_j——实际工况下制冷压缩机的产冷量（kW）；

η_v——实际工况下制冷压缩机的容积效率；

q_v——实际工况下制冷压缩机的单位容积制冷量（kJ/m^3）。

3）依据压缩机的性能曲线选型。结合生产厂家给出的压缩机性能曲线，找出设计工况下不同型号制冷机的制冷量，与计算出的机械负荷 Q_j 相比较，结合制冷机的选择原则，确定压缩机的型号、台数。

（2）双级压缩机的选型计算　双级压缩机的选型计算原则：以中间冷却温度作为低压级的冷凝温度，对低压级制冷压缩机进行选型计算，实际上是采用了单级压缩机的选型计算过程；低压级压缩机确定后再根据高、低压级的理论输气量之比，确定高压级压缩机。其步骤为：

1）确定高、低压级理论输气量之比 ξ。目前国内通常采用 $\xi=1/3\sim1/2$。

2）根据 t_0、t_1 和 ξ，确定中间冷却温度 t_{zj}。

3）根据中间冷却温度，确定过冷温度，一般过冷温度比中间冷却温度高 3～5℃。

4）根据蒸发温度和中间冷却温度，确定低压级压缩机的输气系数 λ_d。

5）根据蒸发温度和过冷温度，确定低压级压缩机单位容积制冷量 q_{vd}。

6）计算出低压级压缩机所需的理论输气量 V_{td}。

7）由 $\xi=V_{td}/V_{tg}$，确定高压级压缩机的理论输气量 V_{tg}。

8）根据计算出的 V_{td}、V_{tg} 和压缩机的选型原则，从压缩机产品样本中确定高、低压级压缩机的型号和台数。

（3）压缩机电动机功率的选配　单级压缩机的电动机功率是在高温（7℃/43℃）、中温（-7℃/35℃）、低温（-23℃/35℃）三种工况匹配的，单机双级机是按 -25℃/40℃、-35℃/35℃、-45℃/40℃三种工况来选配的。应尽可能选用与实际工况相接近的压缩机，从而提高电动机的运行效率。

（4）压缩机电动机功率的校核计算

1）压缩机所需的轴功率。

a. 压缩机的理论功率为

$$P_t=G_t(h_2-h_1)=\frac{\eta_v V_t(h_2-h_1)}{v_1} \tag{3-14}$$

式中 P_t——压缩机的理论功率（kW）；

G_t——通过压缩机的制冷剂循环量（kg/s）；

V_t——压缩机的理论输气量（m^3/s）；

v_1——压缩机吸气口的吸气比体积（m^3/kg）；

η_v——压缩机的容积效率；

h_1、h_2——压缩机吸入口、排出口的比焓（kJ/kg）。

b. 压缩机的指示功率为

$$P_i=\frac{P_t}{\eta_i}=\frac{G_t(h_2-h_1)}{\eta_i}=\frac{\eta_v V_t}{v_1}\cdot\frac{h_2-h_1}{\eta_i} \tag{3-15}$$

式中 P_i——压缩机的指示功率（kW）；

η_i——压缩机的指示效率。

c. 压缩机的摩擦功率。活塞式制冷压缩机的摩擦功率与运行工况和制冷剂性质有关，一般可通过摩擦效率 η_m 计算。摩擦效率指的是指示功率 P_i 与轴功率 P_e 的比值，即

$$\eta_m = P_i / P_e$$

d. 压缩机的轴功率为

$$P_e = P_i + P_m = \frac{P_i}{\eta_m} = \frac{\eta_v V_t}{v_1} \cdot \frac{h_2 - h_1}{\eta_i \eta_m} \tag{3-16}$$

式中 P_e——压缩机的轴功率（kW）；

η_m——压缩机的摩擦效率。

2）制冷压缩机配用的电动机功率为

$$P = (1.1 \sim 1.15)\frac{P_e}{\eta_d} = (1.1 \sim 1.15)\frac{\eta_v V_t}{v_1} \cdot \frac{h_2 - h_1}{\eta_i \eta_m \eta_d} \tag{3-17}$$

式中 η_d——传动效率，直联为 1，V 带联动为 0.90 ~ 0.95。

在进行校核计算时，应按压缩机在实际工作时可能出现的最大功率对应的工况进行计算。注意事项如下：

a. 对于经常在较低蒸发温度下工作、又有卸载装置的压缩机，可按正常工作时的工况校核。

b. 对于双级配打的氨低压级压缩机，其轴功率应以双级压缩机运行平衡时的负荷加倍计算出指示功率，再附加摩擦功率，即 $P_e = (2P_i + P_m)/\eta_d$。主要考虑到压缩机起动时蒸发压力和中间压力较高，所需的功率较大，制冷机在运行中要通过最大功率工况（这里指的是中间压力和蒸发压力比等于 3 时）。

对于单机双级制冷机的电动机功率校核计算，应将高、低压级两部分的轴功率相加之后，再确定电动机功率。

4. 螺杆式制冷压缩机选型计算

近些年，螺杆式制冷压缩机在冷冻冷藏行业的应用越来越多，它和活塞式制冷机一样，属于容积型制冷压缩机。其每小时压缩机排出的气体量，以压缩机吸入状态时的制冷剂气体容积来计算，理论排气量为

$$V_t = C_n D_0^2 L n \tag{3-18}$$

式中 D_0——主动转子的公称直径（m）；

L——主动转子的工作长度（m）；

n——主动转子的转速（r/s）；

C_n——齿形系数，与转子的型线、齿数有关，其值为 0.46 ~ 0.508，当螺杆为对称圆弧形线时，C_n 取小值，当螺杆为单边不对称型线时，C_n 取大值。

螺杆式制冷压缩机的制冷量（kW）为

$$Q_0 = \eta_v V_t q_v \tag{3-19}$$

式中 q_v——单位容积制冷量（kJ/m^3）；

V_t——螺杆压缩机的理论输气量（m^3/s）；

η_v——压缩机的容积效率，取 0.75 ~ 0.90，对于在输气量较小、压缩比较大的情况下工作的螺杆式制冷机，η_v 取小值；反之，取较大值。若有制冷机生产厂家的

产品样本，可根据生产厂家提供的图表来选择更加准确。

螺杆式制冷压缩机的轴功率（kW）为

$$P_e = \frac{G_t(h_2 - h_1)}{\eta_d} \tag{3-20}$$

式中 G_t——通过螺杆式压缩机的制冷剂循环量（kg/s）；

h_1、h_2——螺杆压缩机吸入口、排出口的比焓（kJ/kg）；

η_d——螺杆压缩机的总效率，可由生产厂家提供的图表取得。

虽然螺杆式制冷压缩机与活塞式制冷压缩机都是容积型制冷压缩机，但它们之间有许多不同之处，所以，在选择螺杆式制冷压缩机时要注意以下几点：

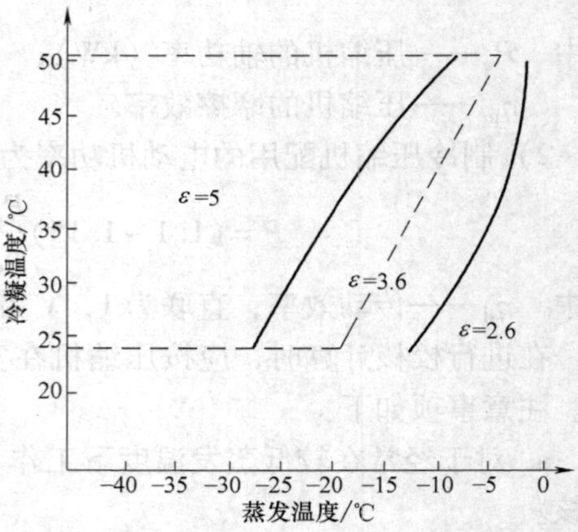

图 3-26 内容积比（ε）与冷凝温度和蒸发温度的关系图

1）螺杆式制冷压缩机压缩终了时的压力不总是等于冷凝压力。如果相差过大，耗功会增加。所以要选择不同的容积比，使压缩机的“内压比”接近“外压比”。但是，制造厂一般只提供以2.6，3.6，5三种内容积比为基础的压缩机特性曲线，因此，在选择螺杆式压缩机前，首先要根据蒸发温度和冷凝温度确定合适的内容积比。不同蒸发温度和冷凝温度下的内容积比（ε）可由图3-26查得，也可按表3-28选用。

表 3-28 内容积比为 2.6，3.6，5.0 及其所适应的工况范围

内容积比	适用的压缩比范围	标准工况压缩比（R_{717}）					
		$t_k=30℃$		$t_k=40℃$		$t_k=50℃$	
		蒸发温度/℃	压缩比	蒸发温度/℃	压缩比	蒸发温度/℃	压缩比
$\varepsilon_1=2.6$	$\frac{p_2}{p_1}\leqslant 4$	5 0 −10	2.20 2.72 4.00	5 — −3	3.02 — 4.05	5 — 0	— — 4.14
$\varepsilon_2=3.6$	$4\leqslant\frac{p_2}{p_1}\leqslant 6.13$	−10 −20	4.00 6.13	−3 −14	4.05 6.30	0 −11	4.14 6.37
$\varepsilon_3=5.0$	$6.13\leqslant\frac{p_2}{p_1}\leqslant 9.7$	−20 −30	6.13 9.70	−14 −24	6.30 9.80	−11 −21	6.37 9.78

注：1. 螺杆式制冷压缩机作为双级压缩机，即双级压缩的低压级压缩机时，其内容积比一律采用2.6。

2. 当内容积比处于交界线上时，宜按低的内容积比采用。这样，在环境温度较低时，可以得到较低的冷凝温度。

3. 在内容积比为3.6范围内，图3-26虚线表示单级螺杆式制冷压缩机的经济界限压力比为4.7～5.5，界限以内ε值均在3.85以上，接近于活塞式制冷压缩机。从经济角度来看，界限以外（即虚线左侧）最好采用双级压缩，如采用单级机时，应尽量缩小冷凝温度与蒸发温度之间的温差，例如，适当提高蒸发温度，以求得较高的内容积比ε值。比较理想的办法是增设经济器，这样就可以使单级螺杆式制冷压缩机在较低的蒸发温度下得到广泛的应用。

2）因为大型的螺杆式制冷压缩机（转子直径200mm）的容积效率在压缩比大于2～2.5时，或较小螺杆式制冷压缩机（转子直径125mm）的容积效率在压缩比大于5～8时都高于活塞式制冷压缩机，所以在上述情况下宜选用螺杆式制冷压缩机。

3）虽然螺杆式制冷压缩机的制冷量调节范围能在10%～100%进行无级调节，但负荷低于50%～60%时，部分负荷性能较差。所以，只有大部分开机时间的部分负荷在50%或60%以上时，才宜选用螺杆式制冷压缩机。

3.3.2 制冷设备的选型计算

1. 冷凝器选型

（1）冷凝器选型的一般原则　冷凝器的选型取决于建库地区的水温、水质、水量及气候条件，也与机房的布置要求有关。一般根据下列原则来选择：

1）采用水冷式冷凝器时，其冷凝温度不应超过39℃；采用蒸发式冷凝器时，其冷凝温度不应超过36℃。

2）冷凝器冷却水进出口的温度差，对立式管壳式冷凝器应取1.5～3℃，对卧式管壳式冷凝器应取4～6℃。

3）冷凝器的传热系数和热流密度应按产品生产厂家提供的数据采用。

4）对使用氢氟烃及其混合物为制冷剂的中、小型冷库，宜选用风冷式冷凝器。

（2）冷凝器的选型计算　冷凝器应根据所选的压缩机进行配套选型计算。计算内容有冷凝器热负荷计算、冷却面积计算以及冷却水循环量的计算。

1）冷凝器的面积计算。根据已选定的制冷压缩机在实际工况下的冷凝热负荷，来计算冷凝器的传热面积，即

$$A_1 = \frac{Q_1}{K_1 \Delta t_1} = \frac{Q_1}{q_1} \tag{3-21}$$

式中　A_1——冷凝器的传热面积（m^2）；

Q_1——冷凝器的热负荷（W）；

K_1——冷凝器的传热系数［W/(m^2·℃)］；

q_1——冷凝器的热流密度（W/m^2）；

Δt_1——冷凝器的对数平均温度差（℃）。

$$\Delta t_1 = \frac{t_{w2} - t_{w1}}{\ln \dfrac{t_1 - t_{w1}}{t_1 - t_{w2}}} \tag{3-22}$$

式中　t_1、t_{w1}、t_{w2}——冷凝温度、冷凝器的进水和出水温度（℃）。

q_1和K_1可按一定的公式计算，设计工作中常按表3-29选用。如有生产厂家的技术资料，则应按所选用的产品性能资料决定q_1和K_1。

表3-29　冷凝器单位面积热负荷

序号	冷凝器形式	推荐的K_1/[W/(m^2·℃)]	推荐的q_1/(W/m^2)	平均温差Δt_1/℃
1	立式冷凝器	583～725	2900～3500	4～6
2	卧式冷凝器	667～850	3400～4000	4～6
3	蒸发式冷凝器	667～800	1600～2000	2～3
4	淋浇式冷凝器	417～500	2000～2500	4～6

2）冷却水量计算。冷凝器的冷却水量G_w可按下式计算，即

$$G_w = \frac{Q_1}{c_w \Delta t_w} \tag{3-23}$$

$$V_w = A_1 V_A \tag{3-24}$$

式中 G_w——冷凝器的冷却水量（kg/s）；

V_w——冷凝器的冷却水量（m^3/s）；

Q_1——冷凝器的热负荷（kW）；

c_w——水的比热容，[kJ/(kg · K)]；

Δt_w——冷凝器进出水温度差（℃）；

V_A——冷凝器单位面积的冷却用水量 [$m^3/(m^2 \cdot s)$]，V_A 可按表 3-30 查取。

表 3-30 冷凝器的单位面积用水量和进出水温差

序号	冷凝器形式	$V_A/[m^3/(m^2 \cdot s)]$	Δt_w/℃
1	立式冷凝器	$(2.78 \sim 4.72) \times 10^{-4}$	2 ~ 3
2	卧式冷凝器	$(1.39 \sim 2.50) \times 10^{-4}$	4 ~ 6
3	蒸发式冷凝器	$(2.22 \sim 2.78) \times 10^{-4}$	—
4	淋浇式冷凝器	$(4.17 \sim 5.56) \times 10^{-5}$	—

3）蒸发式冷凝器的通风量按下式计算，即

$$V_F = (0.083 \sim 0.111) A_1 \tag{3-25}$$

式中 V_F——蒸发式冷凝器的通风量（m^3/s）；

0.083 ~ 0.111——单位面积通风量 [$m^3/(m^2 \cdot s)$]。

2. 蒸发器选型

（1）蒸发器选型的一般原则 蒸发器的种类繁多，在进行制冷工艺设计时，应按不同的使用条件选择使用。对于冷却液体的蒸发器，应选择卧式管壳式、立式和螺旋管式。冷却空气的蒸发器按下列情况选择：

1）所选用冷却设备的使用条件，应符合设备制造厂家提出的设备技术条件的要求。

2）冷却间、冷却物冷藏间的冷却设备应采用空气冷却器。

3）包装间的冷却设备宜采用空气冷却器。

4）冻结物冷藏间的冷却设备，宜选用空气冷却器。当食品无良好的包装时，可采用顶排管、墙排管。

5）对食品的冻结加工，应根据不同食品冻结工艺的要求，选用相应的冻结装置。

6）包装间、分割间、产品整理间等人员较多房间的空调系统，严禁采用氨直接蒸发制冷系统。

（2）蒸发器的选型

1）冷却液体载冷剂的蒸发器。蒸发器的传热面积应按下式计算，即

$$A_s = \frac{Q_s}{K_s \Delta t_s} = \frac{Q_s}{q_s} \tag{3-26}$$

式中 A_s——冷却排管的传热面积（m^2）；

Q_s——冷间冷却设备负荷（W）；

K_s——冷间冷却设备的传热系数 [$W/(m^2 \cdot ℃)$]；

q_s——蒸发器单位面积热负荷（W/m^2），q_s 值可按表 3-31 查取；

Δt_s——冷间温度与冷却设备蒸发温度的计算温度差（℃）。

$$\Delta t_s = \frac{t_1 - t_2}{\ln \dfrac{t_1 - t_0}{t_2 - t_0}} \tag{3-27}$$

式中 t_0、t_1、t_2——蒸发温度、载冷剂进、出蒸发器时的温度（℃）。

表 3-31 盐水蒸发器的 K_s 和 q_s 值

蒸发器形式	K_s/[W/(m^2·℃)]	q_s/(W/m^2)	推荐的 q_s/(W/m^2)	应用范围		
				流速 w_s/(m/s)		Δt_s/℃
				水	盐水	
管壳式(多程)	405～465	2100～2560	2300	1～2	1～1.5	4～6
立管、V形管式	465～580	2300～2900	2300	0.7	0.5～0.7	4～6
螺旋管式	465～580	2300～2900	2300	1～2	1～1.5	4～6

用管壳式蒸发器时，载冷剂的循环量为

$$G_{zl} = \frac{Q_z}{c_{zl}\Delta t_{zl}} \tag{3-28}$$

式中 G_{zl}——载冷剂的循环量（kg/s）；

Q_z——蒸发器的热负荷（kW）；

c_{zl}——载冷剂的比热容［kJ/(kg·℃)］；

Δt_{zl}——载冷剂进出口温差（℃），一般取 $\Delta t = 2 \sim 3$℃。

用盐水槽蒸发器时，载冷剂的循环量为

$$V_j = (bh - A_{Fj})w \tag{3-29}$$

式中 V_j——载冷剂的循环量，即搅拌器的流量（m^3/s）；

b——盐水箱的宽度（m）；

h——箱底到载冷剂液面的高度（m）；

A_{Fj}——蒸发器占盐水槽的截面积（m^2）；

w——载冷剂在盐水槽中的流速（m/s）。

盐水槽中搅拌器功率的校核按下式进行，即

$$P_j = \frac{V_j \Delta p}{\eta} \tag{3-30}$$

式中 P_j——搅拌器的功率（W）；

η——搅拌器的效率；

Δp——载冷剂流动的阻力（Pa）。

2）冷却空气的蒸发器。冷间内冷却空气的蒸发器常用冷却排管和冷风机。

冷却排管组的传热面积为

$$A_z = \frac{Q_z}{K\Delta t_z} \tag{3-31}$$

式中 A_z——冷却排管的传热面积（m^2）；

Q_z——冷间冷却设备负荷，即排管的热负荷（W）；

Δt_z——冷间库温与蒸发温度的算术平均温差（℃），一般取 10℃；

K——排管组的传热系数［W/(m^2·℃)］，光滑顶排管和光滑墙排管的传热系数按式（3-32）计算，搁架排管的传热系数按表 3-32 选用。

$$K = K'C_1C_2C_3 \tag{3-32}$$

式中 K'——光滑管在特定条件下的传热系数［W/(m²·℃)］；按表 3-33 的规定选用；

C_1——构造换算系数，和管子间距 S 与管外径 d_w 之比有关，按表 3-34 的规定选用；

C_2——管径换算系数，按表 3-34 的规定选用；

C_3——供液方式换算系数，按表 3-34 的规定选用。

表 3-32　氨搁架式冻结设备的传热系数　［单位：W/(m²·℃)］

冷间空气流动状态	自然对流	风速 1.5m/s	风速 2.0m/s
传热系数	17.4	20.9	23.3

表 3-33　氨双层光滑蛇形顶排管和氨光滑 U 形顶排管在特定条件下的传热系数 K'

［单位：W/(m²·℃)］

冷间内的空气温度 θ_n/℃	计算温度差 Δt_z/℃				
	6	8	10	12	15
0	8.14	8.61	8.96	9.19	9.42
-4	7.79	8.02	8.26	8.49	8.72
-10	7.09	7.44	7.68	7.91	8.02
-12	6.86	7.21	7.44	7.68	7.91
-15	6.63	6.98	7.21	7.44	7.68
-18	6.40	6.75	6.98	7.21	7.44
-20	6.28	6.63	6.86	7.09	7.33
-23	6.16	6.40	6.63	6.86	7.09
-25	6.05	6.28	6.51	6.75	6.98
-30	5.82	6.16	6.40	6.51	6.75

表 3-34　各型排管换算系数

排管形式 \ 换算系数	C_1		C_2	C_3	
	$S/d_w=4$	$S/d_w=2$		氨泵供液	氨泵强制供液
双层光滑蛇形顶排管	1.0	1.0	$\left(\frac{0.038}{d_w}\right)^{0.18}$	1.0	1.1
光滑 U 形顶排管	1.0	1.0	$\left(\frac{0.038}{d_w}\right)^{0.18}$	1.0	1.0

冷风机的传热面积为

$$A_s = \frac{Q_s}{K_s\Delta\theta_s} = \frac{Q_s}{q_s} \tag{3-33}$$

式中 A_s——冷却排管的传热面积（m²）；

Q_s——冷间冷却设备负荷，即冷风机的热负荷（W）；

$\Delta\theta_s$——冷间库温与制冷剂蒸发温度之间的对数平均温差（℃），冷却间、冻结间和冻结物冷藏间宜取 10℃，冷却物冷藏间宜取 8～10℃；

K_s——传热系数［W/(m²·℃)］，对于翅片管制冷风机，当翅片间空气流速为 4～5m/s，传热温差为 10℃时，取 11.63W/(m²·℃)，或者按照生产厂家提供的技术资料选取；

q_s——空气冷却器单位面积冷负荷（W/m^2），其值按照生产厂家提供的技术资料选取。

冷风机的风量按下式计算，即

$$V = A_F w = \beta Q_s \tag{3-34}$$

式中 V——冷风机的风量（m^3/s）；

A_F——空气通过冷风机的横截面积（m^2）；

w——空气通过冷风机横截面积的流速（m/s），一般取4~5m/s；

Q_s——冷间冷却设备负荷（W）；

β——配风系数［$m^3/(W \cdot s)$］，冻结间$\beta = (2.50 \sim 3.06) \times 10^{-4} m^3/(W \cdot s)$，冷却间、冷藏间$\beta = (1.39 \sim 1.67) \times 10^{-4} m^3/(W \cdot s)$。

3. 中间冷却器的选型

中间冷却器的选型应根据其直径和蛇形管冷却面积的计算确定。

中间冷却器的直径为

$$d_z = \sqrt{\frac{4\lambda V}{3600\pi w_z}} = 0.0188\sqrt{\frac{\lambda V}{w_z}} \tag{3-35}$$

式中 d_z——中间冷却器的直径（m）；

λ——氨压缩机高压级的容积效率，应按产品规定取值；

V——氨压缩机高压级的理论输气量（m^3/h）；

w_z——中间冷却器的气体速度（m/s），不应大于0.5m/s。

中间冷却器的盘管冷却面积为

$$A_{zj} = \frac{Q_{zj}}{K_{zj}\Delta t_{zj}} \tag{3-36}$$

式中 A_{zj}——中间冷却器盘管的冷却面积（m^2）；

Q_{zj}——中间冷却器盘管的热流量（W）；

K_{zj}——中间冷却器盘管的传热系数［$W/(m^2 \cdot ℃)$］，应按产品规定取值，若无规定时，宜采用465~580$W/(m^2 \cdot ℃)$；

Δt_{zj}——中间冷却器盘管的对数平均温度差（℃），计算公式为

$$\Delta t_{zj} = \frac{t_l - t_c}{\ln\dfrac{t_l - t_{zj}}{t_c - t_{zj}}} \tag{3-37}$$

式中 t_l——冷凝温度（℃）；

t_{zj}——中间冷却温度（℃）；

t_c——中间冷却器盘管的出液温度（℃），应比中间冷却温度高3~5℃。

根据计算出的中间冷却器直径和盘管的冷却面积，从产品样本选型。国内生产的ZLA和ZZQ两大系列的中间冷却器技术参数可从表3-35查得。

4. 油分离器的选型

油分离器的选型主要确定其直径，以计算的直径来选定。

表 3-35 ZLA 和 ZZQ 系列中间冷却器的技术数据

产品规格	冷却面积/m^2	外径/mm	高度/mm	主要接管直径/mm			质量/kg
				进气	出气	盘管进液	
ZLA—1.5	1.5	412	2390	65	65	20	270
ZLA—2.0	2	512	2720	100	80	20	380
ZLA—3.5	3.5	612	2818	125	100	25	485
ZLA—6.0	6	716	3290	150	125	25	760
ZZQ—600	5	612	3250	125	125	32	600
ZZQ—700	6.5	712	3300	150	150	32	720
ZZQ—800	8	816	3350	150	150	40	840
ZZQ—1000	10	1016	3530	200	200	40	1060
ZZQ—1200	12	1220	3640	250	250	50	1480

$$d_y = \sqrt{\frac{4\lambda V}{3600\pi w_y}} = 0.0188\sqrt{\frac{\lambda V}{w_y}} \tag{3-38}$$

式中 d_y——油分离器的直径（m）；

λ——氨压缩机的容积效率（双级压缩时取高压级的容积效率），应按产品规定取值；

V——氨压缩机的理论输气量（m^3/h），双级压缩时取高压级的理论输气量；

w_y——油分离器内的气体速度（m/s），填料式油分离器宜采用 0.3 ~ 0.5m/s，其他形式的油分离器宜不大于 0.8m/s。

洗涤式油分离器的进液口应低于冷凝器出液总管 250 ~ 300mm。

5. 高压贮液器的选型

高压贮液器的选型主要确定其体积，以计算的体积来选定。

$$V_z = \frac{\varphi}{\beta} v \Sigma M_t \tag{3-39}$$

式中 V_z——贮液器的容积（m^3）；

φ——贮液器的体积系数；

β——贮液器的氨液充满度，应取 70%；

v——冷凝温度下氨饱和液体的比体积（m^3/kg）；

ΣM_t——制冷装置中每小时氨液的总循环量（kg）。

φ 按下列规定取值：①当冷库公称体积小于或等于 2000m^3 时，应为 1.2；②当冷库公称体积为 2001 ~ 10000m^3 时，应为 1；③当冷库公称体积为 10001 ~ 20000m^3 时，应为 0.8；④当冷库公称体积大于 20000m^3 时，应为 0.5；⑤如冷库有部分蒸发器因生产淡季或抢修而需抽空时，体积系数可酌情增大。

6. 氨液分离器的选型

氨液分离器以筒径选型，分为机房氨液分离器和库房氨液分离器。

机房氨液分离器的筒径计算式为

$$d_f = \sqrt{\frac{4\lambda V}{3600\pi w}} = 0.0188\sqrt{\frac{\lambda V}{w}} \tag{3-40}$$

式中 d_f——机房氨液分离器的直径（m）；

λ——氨压缩机的容积效率（双级压缩时取低压级的容积效率），应按产品规定取值；

V——氨压缩机的理论输气量（m^3/h），双级压缩时取低压级的理论输气量；

w——机房氨液分离器内的气体速度（m/s），一般采用0.5m/s。

库房氨液分离器的筒径计算式为

$$d_f=\sqrt{\frac{4Mv}{3600\pi w}}=0.0188\sqrt{\frac{Mv}{w}} \tag{3-41}$$

式中 d_f——库房氨液分离器的直径（m）；

v——与蒸发温度相对应的饱和蒸气比体积（m^3/kg）；

M——通过氨液分离器的氨液量（kg/h）；

w——库房氨液分离器内的气体速度（m/s），一般采用0.5m/s。

对工况波动较大的蒸发系统，按设计工况选出的氨液分离器一般不能满足系统在高蒸发温度下工作时的需要，制冷机容易发生湿冲程。因此，此类系统选型时，建议按计算结果加大一档选择。

对于不设机房氨液分离器的系统，在库房氨液分离器选型时，建议按机房氨液分离器进行选型计算。

7. 低压循环贮液器的选型

低压循环贮液器的选择应根据其直径和体积的计算确定。

低压循环贮液器的直径为

$$d_d=\sqrt{\frac{4\lambda V}{3600\pi w_d\xi_d n_d}}=0.0188\sqrt{\frac{\lambda V}{w_d\xi_d n_d}} \tag{3-42}$$

式中 d_d——低压循环贮液器直径（m）；

λ——氨压缩机的容积效率（双级压缩时取低压级的容积效率），应按产品规定取值；

V——氨压缩机的理论输气量（m^3/h），双级压缩时取低压级的理论输气量；

w_d——低压循环贮液器内的气体速度（m/s），立式低压循环贮液器不应大于0.5m/s，卧式低压循环贮液器不应大于0.8m/s；

ξ_d——低压循环贮液器截面积系数，立式低压循环贮液器采用1，卧式低压循环贮液器采用0.3；

n_d——低压循环贮液器气体进气口的个数，立式低压循环贮液器为1，卧式低压循环贮液器为1或2（按实际情况确定）。

低压循环贮液器的体积应按下列规定计算：

（1）上进下出式供液系统

$$V_d=\frac{1}{0.5}(\theta_q V_q+0.6V_h) \tag{3-43}$$

式中 V_d——低压循环贮液器的体积（m^3）；

θ_q——冷却设备蒸发器的设计注氨量体积百分比（%），见表3-36；

V_q——冷却设备蒸发器的体积（m^3）；

V_h——回气管的体积（m^3）。

表 3-36 制冷设备的设计注氨量

设备名称	注氨量(体积百分比)	设备名称	注氨量(体积百分比)
冷凝器	15	上进下出式空气冷却器	40~50
洗涤式油分离器	20	下进上出式排管	50~60
贮氨器	70	下进上出式空气冷却器	60~70
中间冷却器	30~50	重力供液	
再冷却器	100	排管	50~60
氨液分离器	20	空气冷却器	70
立式低压循环贮液器	30~35	搁架式冻结设备	50
卧式低压循环贮液器	25	平板式蒸发器	50
氨泵强制供液		壳管式蒸发器	80
上进下出式排管	25		

注：1. 注氨量的氨液密度按 $650kg/m^3$ 计算。

2. 洗涤式油分离器、中间冷却器和低压循环贮液器的注氨量，如有产品规定时，则按产品规定取值。

（2）下进上出式供液系统

$$V_d = \frac{1}{0.7}(0.2V'_q + 0.6V_h + t_b V_b) \tag{3-44}$$

式中 V'_q——各冷间中，冷却设备注氨量最大一间蒸发器的体积（m^3）；

V_b——一台氨泵的流量（m^3/h）；

t_b——氨泵由起动到液体自系统返回低压循环贮液器的时间（h），可采用0.15~0.2h。

注：当低压循环贮液器兼作排液筒使用时，应考虑排液所需的体积。

8. 氨泵的选型

氨泵的选择计算包括泵的流量、扬程、吸入压头。

氨泵的体积流量为

$$q_V = n_x q_z v_z \tag{3-45}$$

式中 q_V——氨泵体积流量（m^3/h）；

n_x——循环倍数，对负荷较稳定、蒸发器组数较少、不易积油的蒸发器的下进上出供液系统，采用3~4倍，对负荷有波动、蒸发器组数较多、容易积油的蒸发器的下进上出供液系统，采用5~6倍，上进下出供液系统，采用7~8倍；

q_z——氨泵所供同一蒸发温度的氨液蒸发量（kg/h）；

v_z——蒸发温度下氨饱和液体的比体积（m^3/kg）。

氨泵的扬程相对应的压力，即排出压力，应按蒸发压力较高的蒸发器计算，它需要克服下列压力损失：①氨泵出口至蒸发器进液口的全部阻力损失，包括阀门和管件等的局部阻力损失；②氨泵中心至最高蒸发器进液口的液柱对应的压力；③蒸发器调节阀前应维持100kPa 的自由压力，以调节蒸发器的流量。

管道的总压力损失 Δp_c 为

$$\Delta p_c = \Delta p_y + \Delta p_j + \rho g H = \lambda \frac{L}{d} \cdot \frac{\rho w^2}{2} + \rho g H \tag{3-46}$$

式中 H——氨泵中心至最高蒸发器进液口的液柱高度（m）；

ρ——液体的密度（kg/m^3），一般取 $650kg/m^3$；

g——重力加速度（m/s^2），取 $9.81m/s^2$；

λ——摩擦阻力系数，见表3-37；

L——管子总长度（m），$L=L_{直}+L_{当}$，$L_{直}$为供液管道中直线管线的长度（m），$L_{当}$为管件的当量长度（m），$L_{当}=nAd$，n为管件数量，A为折算系数，见表3-38；

d——管子内径（m）；

w——氨液在管道中的流速（m/s）。

表3-37 流动摩擦阻力系数

序号	流动种类	λ	序号	流动种类	λ
1	干饱和蒸汽与过热蒸汽	0.025	3	液氨	0.035
2	湿蒸汽	0.035	4	水和盐水	0.04

表3-38 折算系数

管道附件或阀门			A
阀门		截止阀(全开)	300
		球阀(全开)	340
		角阀(全开)	170
		止回阀(全开)	80
		闸阀(全开)	8
		闸阀(3/4开)	40
		闸阀(1/2开)	200
		闸阀(1/4开)	800
标准弯头		180°弯头	70
		180°小型弯头	50
		90°弯头	40
		45°弯头	24
三通		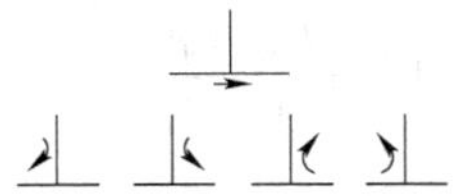	20
			60
弯管		$R=1d$ 的90°弯管	20
		$R\geqslant1.5d$ 的90°弯管	15
		方形90°弯管	90
管道变径	管道突然扩大	$d/D=1/4$	30
		$d/D=1/2$	20
		$d/D=3/4$	17
	管道突然缩小	$d/D=1/4$	15
		$d/D=1/2$	11
		$d/D=3/4$	7

氨泵的吸入压头为

$$H=1.3\text{NPSH}+\frac{\Delta p}{9.81\rho} \tag{3-47}$$

式中 H——低压循环贮液器正常液位至氨泵中心的高度（m）；

ρ——蒸发压力下饱和氨液的密度（kg/m^3）；

Δp——氨泵吸入管段的全部阻力损失（Pa）；

1.3——安全系数；

NPSH——氨泵的净正吸入压头（m），由生产厂家提供，或由表3-39查取。

表3-39 各种泵在不同工况下的净正吸入压头NPSH （单位：m）

氨泵类型	工况较稳定的制冷系统	工况不稳定的制冷系统
齿轮泵	0.7～1.0	1.1～1.5
离心泵	2.0～2.5	2.5～3.0

氨泵供液方式的设计要求为：

1）氨泵的进液管上尽量少设阀门、弯头及变径，进液管应坡向氨泵，进、出液管管径应适当（进液管流速为0.3～0.4m/s，出液管流速为0.8～1.0m/s），以减少摩擦阻力和局部阻力，避免氨液汽化，阻碍液体自由流入氨泵。

2）氨泵进液管上过滤器应尽量装低，靠近氨泵，这样可保持一定的静液柱高度，液体过滤器前应安装截止阀。

3）在过滤器和氨泵之间的管段上可设置DN20～DN25的抽气管，把氨泵附件产生的气体吸走，并与低压循环贮液器上部的吸入总管接通。

4）泵的出液管应装设旁通阀，当超过一定压力时，液体可返回低压循环贮液器，同时在泵的出液管上应设置止回阀，防止液体返回低压循环贮液器及氨泵倒转。

5）在氨泵的进液端与出液端之间装设压差控制器，当氨泵不上液而压差不足时，压差控制器切断氨泵电源使泵停止。

6）氨泵的进、出液管上均装设压力表。

9. 排液筒的选型

排液筒的选型计算主要是确定其容积，使其能容纳注氨量最多的一个冷间冷却设备的排液量。

$$V_p = \frac{L_{max} v \varphi}{0.7} \tag{3-48}$$

式中 V_p——排液筒的容积（m^3）；

L_{max}——一次融霜时的蒸发器冷却管的总长度（m）；

v——冷却管每米长的容积（m^3/m）；

0.7——排液筒的允许充注量；

φ——蒸发器内制冷剂的允许充注量（%），见表3-36。

10. 空气分离器的选择

不论压缩机台数多少，每个机房只需装设一台空气分离器。空气分离器宜选用立式自动型，如选用四重管式空气分离器，机房总装机容量小于1163kW时，选配KFA—32型；大于1163kW时，选配KFA—50型。

11. 集油器的选择

以机房总装机容量的大小来选配集油器。实践证明，实际使用中规格大些的效果较好。通常机房总装机容量小于233kW时，选配JYA—200型一台；机房总装机容量为233～

1163kW 时，选配 JYA—325 型一台；机房总装机容量大于 1163kW 时，选配 JYA—500 型一台。同时使系统中的高、中压容器与低压容器分开放油。

3.4 氨制冷管道设计与设备布置

3.4.1 氨制冷管道设计

1. 管径确定原则

1）制冷系统的管子应采用无缝钢管，其质量应符合现行国家标准 GB/T 8163—2008《输送流体用无缝钢管》的要求。应根据管内的最低工作温度选用钢号，管道的设计压力应采用 2.5MPa（表压）。

2）制冷剂管径确定应考虑经济、压力降和回油（氟系统考虑）。

3）氨制冷管道允许压力降满足表 3-40 的要求，制冷剂在各种管道中的允许速度满足表 3-41 的要求。

表 3-40 制冷管道允许压力降

类　别	工作温度/℃	允许压力降/kPa
回气管或吸气管	-45	2.99
	-40	3.75
	-33	5.05
	-28	6.16
	-15	9.86
	-10	11.63
排气管	90 ~ 150	19.59

注：1. 回气管或吸气管允许压力降相当于饱和温度降低 1℃。
　　2. 排气管允许压力降相当于饱和温度升高 0.5℃。

表 3-41 制冷管道允许速度

管道名称	允许速度/(m/s)	管道名称	允许速度/(m/s)
吸气管	10 ~ 16	溢流管	0.2
排气管	12 ~ 25	蒸发器至氨液分离器的回气管	10 ~ 16
冷凝器至贮液器的液体管	<0.6	氨液分离器至液体分配站的供液管（限于重力供液）	0.2 ~ 0.25
冷凝器至节流阀的液体管	1.2 ~ 2.0		
高压供液管	1.0 ~ 1.5	氨泵系统中低压循环贮液器至氨泵的供液管	0.4 ~ 0.5
低压供液管	0.8 ~ 1.0		
节流阀至蒸发器的液体管	0.8 ~ 1.4		

2. 对管道设计的要求

管道设计要经济合理，管道的沿程阻力要小，且安全可靠，同时要考虑管道布置的美观。其具体要求如下：

（1）蒸发器供液管道设计

1）每个冷间均应有自分配站上单独引出的并能在分配站调节的供液管。

2）冷风机与排管的供液管道应从分配站分别引出，不得并联在同一根供液管上。

3）并联在一根供液管的蒸发器，应考虑到沿程阻力对供液量的影响，对各并联供液的蒸发器，要求其当量长度基本相等，以保证每组蒸发器都有良好的制冷效果。

4）在同一冷间内，同时存在墙排管和顶排管，原则上从墙排管和顶排管分别引出供液管，若是采用并联在同一供液管的供液方式时，应先供顶管，再供墙管，以保证顶排管的供液量。

（2）吸气管道设计

1）重力供液系统为保证制冷压缩机安全运行不产生液击，在各蒸发温度的回气管的最后增设机房氨液分离器。

2）为防止吸气管中的液体流入制冷压缩机造成液击，在压缩机吸气总管和水平吸气总管连接时，宜在水平吸气总管轴线上方呈45°角处接出。

（3）排气管道设计

1）多台压缩机并联运行时，每台压缩机的排气管上应设止回阀，以防止一台压缩机工作时，另一台停用的压缩机排气管内沉积冷凝氨液及润滑油，造成该机起动时“液击”。

2）压缩机排气管与水平排气总管连接时，应从排气总管顶部接出，并且同顺气流方向呈小于45°角连接。

（4）其他管道设计

1）氨安全管必须设引出室外的泄压管，其出口应高出机房屋檐口1m，高出冷凝器平台3m以上。安全口不能直接开口向上，需做一个S弯，防雨漏入。

2）融霜热氨管必须在油分离器后排气管上接出，管上需装截止阀和压力表。热氨管不宜穿过冷间。

3）各种氨管道不得形成无法排出存油的凹下管段。设计在地沟内的吸、排气总管，在低处应设排液（油）管，吸入管设加压管。

4）排液筒、集油器、空气分离器等设备的降压回气管，不得与压缩机的吸入管直接连接，一般接在蒸发温度较低、负荷较稳定的制冷系统蒸发器的回气管上，并从回气管总管顶部接入。

5）供液管应避免气囊，吸气管应避免液囊。

6）低压管道直线段超过100m，高压管道直线段超过50m时，应采用补偿装置，例如伸缩弯等。

7）管道吊点最大距离。为了保证管道安装牢固，在建筑施工时，应按工艺要求预先埋好管道的吊点，管道吊点最大间距可参照表3-42执行。

表3-42 氨、盐水管道吊点最大间距

管径/mm×壁厚/mm	管道吊点最大间距/m				
	不带隔热的气体管	不带隔热的液体管	带隔热的气体管	带隔热的液体管	带隔热的盐水管
GB/T 8163—2008 冷拔（冷轧）无缝钢管 10或20优质碳素钢					
14×2.0	—	1.35	—	0.45	—
18×2.0	—	1.55	—	0.60	—
22×2.0	1.95	1.85	0.75	0.76	0.76
32×2.2	2.60	2.35	1.02	1.02	1.02
38×2.2	2.85	2.50	1.20	1.16	1.16
45×2.5	3.25	2.80	1.42	1.40	1.40

（续）

管径/mm×壁厚/mm	管道吊点最大间距/m				
	不带隔热的气体管	不带隔热的液体管	带隔热的气体管	带隔热的液体管	带隔热的盐水管
GB/T 8163—2008 热轧无缝钢管 10 或 20 优质碳素钢					
57×3.5	3.80	3.33	1.92	1.90	1.90
76×3.5	4.60	3.94	2.60	2.42	2.42
89×3.5	5.15	4.32	2.75	2.60	2.60
108×4.0	5.75	4.75	3.10	3.00	2.95
133×4.0	6.80	5.40	3.80	3.65	3.60
159×4.5	7.65	6.10	4.56	4.30	4.25
219×6.0	9.40	7.38	5.90	—	5.40
273×7.0	10.90	8.40	7.35	—	6.55
325×8.0	12.25	9.40	8.66	—	7.55
377×10	13.40	10.40	10.00	—	8.70

注：1. 正常间距应为最大间距的 0.8 倍，若管子拐弯处或管上有附件时，应于一侧或两侧增加吊点。

2. 压缩机的排气管线支架间距，当管子为 D108mm 及其以上时可采用 3m，D108mm 以下时可采用 2m，排气管在拐弯处必须有一支架。

8）系统管道的坡度。为了达到工艺要求和安全可靠地运行，制冷系统的管道安装应有一定的坡度。氨系统管道坡度见表 3-43。

表 3-43 氨系统管道的坡度（水平管段）

管道名称	坡度方向	坡度参考值(%)
氨压缩机至油分离器的排气管	坡向油分离器	0.3～0.5
与室外冷凝器相连接的排气管	坡向冷凝器	0.3～0.5
冷凝器与贮氨器的出液管	坡向贮氨器	0.1～0.5
氨压缩机吸气管	坡向气液分离器或低压循环贮液器	0.1～0.3
液体分配站至蒸发器(排管)的供液管	坡向蒸发器(排管)	0.1～0.3
蒸发器(排管)至气体分配站的回气管	坡向蒸发器(排管)	0.1～0.3

3. 管径确定方法

（1）公式确定法 根据表 3-40 的制冷管道允许压力降和表 3-41 制冷管道允许速度来确定管径。计算公式为

$$d_i = 0.0188\sqrt{\frac{q_{m,r}v_r}{w}} \tag{3-49}$$

式中 d_i——管道内径（m）；

$q_{m,r}$——计算管道的制冷剂质量流量（kg/h）；

v_r——在计算状态下制冷剂的比体积（m^3/kg）；

w——管道内制冷剂的流速（m/s），由表 3-41 选取。

由式（3-49）计算后，选择合适的管径，结合选好的管径，管道长度，阀门、管件数量，计算管道压力损失，检查是否在表 3-40 的要求范围内。

（2）图表计算法 在实际管径的计算中，经常采用的是图表法。附录 E 为氨单相流吸气管负荷量用计算表，附录 F 为氨单相流吸气管、排气管和液体管负荷量用计算表，附录 G 为氨两相流吸气管负荷量用计算表。在使用时，附录 E、F、G 中负荷量均以冷凝温度 30℃

条件下制作的，对不同工况条件下要修正，修正系数见表3-44。

表3-44 冷凝温度修正系数

各功能管道	冷凝温度/℃			
	20	30	40	50
吸气管	1.04	1.00	0.96	0.91
排气管（热气管）	0.86	1.00	1.24	1.43

1）吸气管（回气管）的修正公式为

$$Q = Q_b\left(\frac{L_b\Delta t}{L\Delta t_b}\right)^{0.55} \tag{3-50}$$

2）排气管和高压侧液体管的修正公式为

$$Q = Q_b\left(\frac{L_b\Delta p}{L\Delta p_b}\right)^{0.55} \tag{3-51}$$

3）饱和温度降的修正公式为

$$\Delta t = \left(\frac{Q}{Q_b}\right)^{1.8}\frac{L}{L_b}\Delta t_b \tag{3-52}$$

4）压力损失的修正公式为

$$\Delta p = \left(\frac{Q}{Q_b}\right)^{1.8}\frac{L}{L_b}\Delta p_b \tag{3-53}$$

式中 Q——实际工况的负荷（kW）；

Q_b——配管设计时的工况负荷（kW）；

Δt——实际工况饱和温度差（℃）；

Δt_b——配管设计时工况饱和温度差（℃）；

L——实际工况当量长度（m）；

L_b——配管设计时工况下的当量长度（m）；

Δp——实际工况下压力损失（kPa）；

Δp_b——配管设计时工况压力损失（kPa）。

5）氨两相流不同供液倍数吸气管径的修正公式为

$$d_s = \beta d \tag{3-54}$$

式中 d_s——配管设计工况下的吸气管管径（mm）；

d——在供液倍数为4时，根据配管设计工况查表得到的吸气管管径（mm）；

β——不同供液倍数吸气管管径修正系数，见表3-45。

表3-45 不同供液倍数吸气管管径修正系数β

供液倍数	2	3	4	5	6	7	8
修正系数β	0.87	0.94	1.00	1.05	1.09	1.12	1.15

（3）其他连接管道直径的确定 制冷系统中除了以上几种管道（吸气管、排气管、液体管等）需要计算或查图表确定管径外，其他一些管道可不进行计算，而要根据制冷设备的管接头大小和制冷系统的规格进行选用。

1）融霜用热氨管可选用公称直径 DN32 ~ DN50 的管径。

2）安全管径与各安全阀接管同径，安全总管的公称直径不小于 DN25，通常不大于 DN50。

3）排液管通常选用公称直径 DN25 ~ DN45 的管径，融霜排液管管径可根据排液筒上进液管规格选定。

4）制冷设备上使用的增压和降压管道可选用公称直径 DN20 ~ DN32 的管径。

5）设备之间的均压管可根据设备接管规格确定。设备多于两台时，设备间的均压总管管径的选取比设备规格大一个档次。

6）氨泵的进出液管口径参照表 3-46 氨泵进出液管口径进行选择。

表 3-46 氨泵进出液管口径 （单位：mm）

管道名称	氨泵流量/(m^3/h)							
	3	4	5	6	7	8	9	10
进液管	38×2.2	63×3.5	76×3.5	89×4	89×4	89×4	108×4	108×4
出液管	38×2.2	42×2.5	57×3.5	57×3.5	57×3.5	63×3.5	63×3.5	76×3.5

7）放油管可选用公称直径 DN20 ~ DN32 的管径，低温放油管所选用的管道公称直径不小于 DN25。

8）不凝性气体管可根据接管的管径选定。

3.4.2 氨设备布置

1. 机房设备布置要求

机房内主要通道宽为 1.5 ~ 2.5m，非主要通道不小于 0.8m；设备间内主要通道不小于 1.5m，非主要通道不小于 0.8m。

（1）压缩机的布置　压缩机压力表面及操作仪表面应面向主要通道；压缩机进气、排气阀应位于或接近主要通道；压缩机进气、排气阀的设置高度应在 1.2 ~ 1.5m；两台压缩机突出部位表面之间距离不小于 1m；压缩机凸出表面与配电箱（盘）或分配站、调节站之间的距离不小于 1.5m。

（2）中间冷却器的布置　中间冷却器尽量做到多台压缩机合用，以利操作；中间冷却器的仪表表面面向主通道；各操作阀应有操作工位位置；正常液面可按制造厂规定进行控制，报警液位在筒身高度的 2/3 处；中间冷却器必须设置安全阀（或自动旁通阀）、压力表和液面指示器。

（3）油分离器的布置　凡不带自动回油装置的油分离器应设在室外，如采用卧式冷凝器时不受此限制；专供冲霜用的干式油分离器可设置在室内，洗涤式油分离器应在冷凝器旁，其进液口应从冷凝器出液管的底部接出，进液口必须比冷凝器的出液口低 250mm。

（4）冷凝器的布置　立式冷凝器应设置在室外，尽量避免太阳直接照射，上方应有操作台，以便清洗冷凝器；卧式冷凝器不得露天设置；淋浇式冷凝器应将排管正面垂直于该地区夏季主导风向。

蒸发式冷凝器的顶部应高出邻近建筑物，如不能满足时，可设置排风筒，使之高出邻近建筑物；当其四周都是实墙时，进风口与墙面距离在 1.8m 以上，非进风口距离可为 0.9m；两台均为蒸发式冷凝器，两者进风口最小间距为 1.8m，如为非进风口侧，可减少至 600 ~

900mm；蒸发式冷凝器的离心风机为同轴连接时，或水盘内设有电热器时，距离适当加大，以利维修；水盘离地面不宜小于500mm；对大能量设置多台蒸发式冷凝器于同一个平面内，而最小间距又不能保证时，选用蒸发式冷凝器时应适当提高计算湿球温度。

（5）贮液器的布置　贮液器应在冷凝器附近，与冷凝器由均压管连接，贮液器在室外应防止太阳直射。

如果有两台及两台以上的贮液器，应在贮液器的底部设置均压管互相连接，均压管上应装截止阀，贮液器应保持一定的坡度（1/100），坡向集油包处，贮液器上应装压力表和安全阀以及液面指示器，液面指示器应面向操作位置，但又不易碰撞到。氨用贮液器应连接紧急泄氨器。

（6）排液筒的布置　排液筒一般布置在设备间内，尽量靠近冷藏库一侧；排液筒的进液口不得与该容器的降压管合用一个管接口，以免液体进入吸气管道系统中。排液筒应设加压管、压力表、安全阀和易观察到的液面指示器，排液筒安装坡度坡向集油包。

（7）机房氨液分离器的布置　氨液分离器应有排液口，并能自流入低压循环贮液器。氨液分离器与低压循环贮液器应由气体均压管连接，禁止在氨液分离器的气体进出管之间设旁通阀。氨液分离器高液位报警装置控制液位在筒高的2/3处。氨液分离器装有压力表和安全阀。

（8）低压循环贮液器的布置　低压循环贮液器专为氨泵供液系统设置，它设置在氨泵旁，满足低压循环贮液器与氨泵之间安装高度的要求。如采用离心泵时，泵中心与低压循环贮液器正常液位之间的距离（比氨泵中心高）不得小于氨泵的NPSH+0.5m；采用齿轮氨泵时，低压循环贮液器正常液位比氨泵中心在进出口压差小于0.1MPa时，应等于或高出600mm。

低压循环贮液器应有自动液位控制装置和超高液位报警器，正常液面应在筒高（立式）的1/3处，报警液面在筒高的2/3处。低压循环贮液器装有安全阀、压力表及液位指示器。

（9）调节站的设计　调节站是机房总分配站（总调节站）和库房分配站（分调节站）的总称。库房调节站又分液体调节站和气体调节站两部分。

图3-27所示为单级压缩系统总调节站，图3-28所示为单级、双级兼有的压缩系统总调节站，图3-29所示为总调节站，图3-30所示为库房供液、回气调节站。

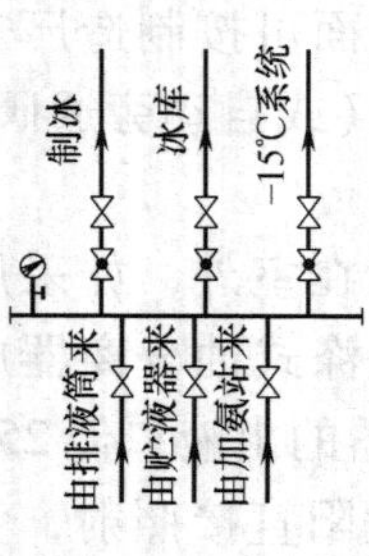

图3-27　单级压缩系统总调节站

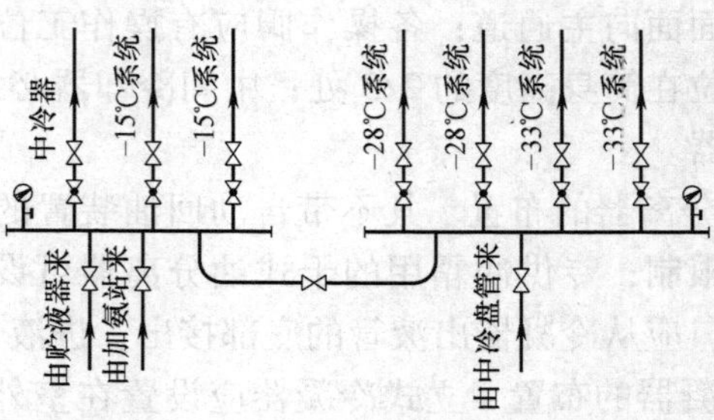

图3-28　单级、双级兼有的压缩系统总调节站

2. 冷间冷却设备布置要求

（1）冻结物冷藏间　顶排管上层管中心线离平顶间距不小于250mm；单层和多层冷库的顶层一般均将顶排管铺开布置，对于多层冷库顶层以外的冷藏间，顶排管可铺开布置，也可集中布置在走道上方。

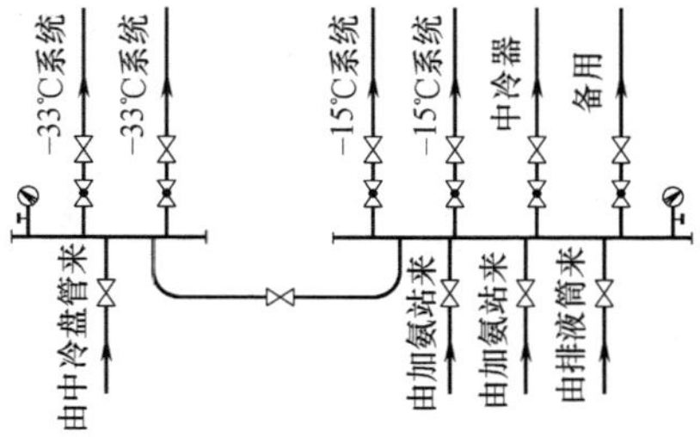

图 3-29 总调节站

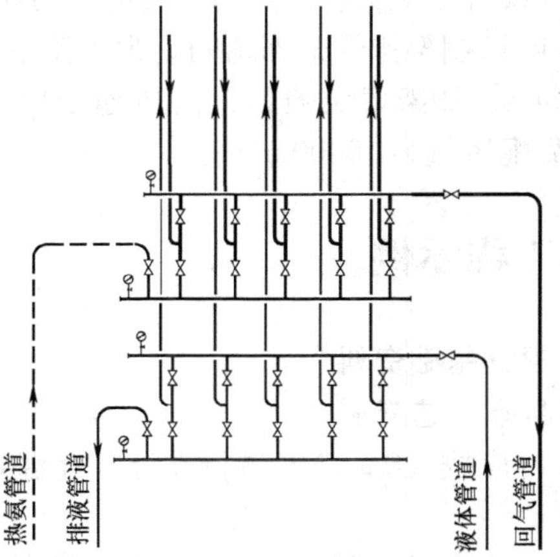

图 3-30 库房供液、回气调节站

墙排管应布置在靠外墙一边离地面较高处，墙排管的中心线与墙表面间距不小于 150mm。

采用冷风机时，冷风机应尽量不靠近库门。

（2）冷却物冷藏间 冷风机布置在冷间走道一端，冷风机离墙间距不小于 400mm；均匀送风道布置在冷间走道的上面，风道距屋顶不小于 50mm。冷风机可采用水冲霜或热氨冲霜。

专门储存水果、蔬菜的冷间，应考虑更换新鲜空气。新鲜空气用风道引至冷风机下部，排风道分散或集中布置均可，每间换气用的进、出风管分别装保温门或保温阀。

（3）贮冰间 贮冰间采用光滑顶排管，不采用墙排管或翅片管，顶排上层管中心线距平屋顶间距不小于 150mm。

（4）冻结间 冻结间吊轨离地标高：冻猪白条肉时为 2300 ~ 2500mm；冻鱼虾时为 2100 ~ 2300mm。冻结间吊轨间距：冻猪白条肉，人工推动时为 750 ~ 850mm，机械传动时为 900 ~ 1000mm；冻鱼虾时，人工推动为 1000 ~ 1100mm。吊轨离墙、离柱边间距不小于轨距的 1/2。吊轨离冷风机距离：采用上吹风时为 500 ~ 600mm；采用下吹风时为1400 ~ 1500mm。

冻盘装食品时，每间冻结间最多装设两条吊轨。

冻结间冷风机采用水冲霜或热氨冲霜，平时用水冲霜，冷风机排油时，用水和热氨同时融霜。

1）纵向吹风冻结间。冷风机安装在冻结间长度的一端，距墙 300 ~ 400mm；房间超过 40m 长时，吊轨上应设导风板，出风口沿吊轨上方开设，宽度为 30 ~ 50mm。木质导风板与平顶间距不小于 800mm，导风板上应留有 1000mm × 1000mm 的人孔。

2）横向吹风冻结间。冷风机安装在宽度的一侧，离墙间距 300 ~ 400mm。冻结猪、羊、牛白条肉时，吊轨上面不设导风木板；冻结盘装食品时，应考虑风的均匀性，并使气流横向通过盘装食品。

3）吊顶式冷风机冻结间。吊顶式冷风机可以吊装在平顶上，也可以固定在吊轨的钢梁上，配水装置应严格保证水平度。为了便于检修和清洗配水盘，冷风机顶与平顶之间间距不小于 500mm；吊顶式冷风机无论是单向还是双向，无论是横向布置还是纵向布置，空气出口处均应设置导流板；采用水冲霜时，对防止冷风机的滴水、溅水采取应有的措施。

4）吹风搁架排管式冻结间。为了使冷空气水平通过产品，应考虑导流装置，货间风速为1～2m/s，搁架每层喷风口的风速采用4m/s；搁架排管间的走道应考虑手推车的进出，每吨食品配风量为10000m^3/h。

3.5 工程示例

3.5.1 设计基础资料

1. 制冷工艺资料

1）冷库按（0±1）℃进行设计（库温要求自控），相对湿度85%～90%（湿度不要求自控）。

2）该冷库以储藏梨为主，辅助储藏其他果品蔬菜，冷间每日进货量按不大于该间计算吨位的8%计算，梨生产旺月暂定每年9月份。

3）水果包装方式。以纸箱包装为主（纸箱自重2kg，货物重20kg）。

4）最大班工作人数。每库5人，36间冷库计180人。

5）要求冷库门设置风幕。

6）库内货物运输方式。电动叉车运输，每间一台，叉车每台功率5.5kW。

7）冷却时间按24h冷却到0℃计算。

8）通风、换气、照明按高温库常规设计进行选取。

2. 动力资料

水源：自来水。

电源：220V/380V。

3. 气象资料

采用新疆库尔勒地区天山市室外气象资料。

台站位置：41°45′N，86°08′E；大气压力：冬季91.726kPa，夏季90.126kPa；海拔：931.5m；

夏季空气调节日平均温度：30℃；夏季通风温度：30℃；夏季室外平均每年不保证50h的湿球温度：21.6℃；室外计算相对湿度：夏季通风30%，最热月月平均40%；最大冻土深度：63cm。

4. 制冷工况

蒸发温度 t_0 = -10℃；冷凝温度 t_k = 32℃。

5. 建筑资料

建筑物由库房（冷却物冷藏间）和制冷机房两部分组成。库房部分由36个冷间、常温穿堂、月台等组成，建筑形式为单层。制冷机房由机器间、工具室、变电间等组成。

1）库房由36个冷却物冷藏间通过常温穿堂组合成整体。

2）库房的长、宽在平面图上标出，库房的净高为8.00m。

3）库房的围护结构外墙、内隔墙均为100mm的聚氨酯双面彩钢板。

4）库房外的罩棚为轻钢结构，屋面为0.5mm厚彩钢瓦。

5）各冷间净面积、吨位计算详见表3-47。

表 3-47 各冷间净面积、吨位计算

冷间编号	净长/m	净宽/m	净高/m	净面积/m^2	每间公称容积/m^3	计算吨位/t
NO01(NO31)	17.155	11.490	8.000	197.111	1576.888	250.284
NO02(NO32)	17.155	12.310	8.000	211.178	1689.424	268.145
NO03(NO33)	17.155	11.490	8.000	197.111	1576.888	250.284
NO04(NO34)	17.155	11.490	8.000	197.111	1576.888	250.284
NO05(NO35)	17.155	12.310	8.000	211.178	1689.424	268.145
NO06(NO36)	17.155	11.490	8.000	197.111	1576.888	250.284
NO07(NO13)(NO19)(NO25)	17.230	11.490	8.000	197.973	1583.784	251.378
NO08(NO14)(NO20)(NO26)	17.230	12.310	8.000	212.101	1696.808	269.317
NO09(NO15)(NO21)(NO27)	17.230	11.490	8.000	197.973	1583.784	251.378
NO10(NO16)(NO22)(NO28)	17.230	11.490	8.000	197.973	1583.784	251.378
NO11(NO17)(NO23)(NO29)	17.230	12.310	8.000	212.101	1696.808	269.317
NO12(NO18)(NO24)(NO30)	17.230	11.490	8.000	197.973	1583.784	251.378
合计				7285.336	58282.688	9250.628

注：该冷库体积利用系数 η 取 $0.62\times0.8=0.496$，箱装新鲜水果密度按 $320kg/m^3$ 计算。

3.5.2 设计计算

制冷系统的设计计算是在冷库的平面、立面和具体的建筑结构决定后进行的。首先计算冷库的耗冷量，然后计算制冷机器和设备。

1. 冷间热流量的计算

(1) 冷库耗冷量计算表

1) 单位时间内通过围护结构传热引起的热流量 Q_1。按计算围护结构传热面积的原则计算各冷间围护结构的传热面积，然后计算热流量。冷间围护结构传热面引起的热流量见表3-48。其中，与外界相邻的外墙的传热系数 K_{w1}、与穿堂相邻的外墙的传热系数 K_{w2}、屋顶的传热系数 K_{w3}、地坪的传热系数 K_{w4} 计算结果为

$$K_{w1}=\frac{1}{1/\alpha_w+\delta_1/\lambda_1+\delta_2/\lambda_2+\cdots+1/\alpha_n}=\frac{1}{1/23+0.1/0.025+1/18}W/(m^2\cdot℃)=0.244W/(m^2\cdot℃)$$

$$K_{w2}=\frac{1}{1/\alpha_w+\delta_1/\lambda_1+\delta_2/\lambda_2+\cdots+1/\alpha_n}=\frac{1}{1/12+0.1/0.025+1/18}W/(m^2\cdot℃)=0.242W/(m^2\cdot℃)$$

$$K_{w3}=\frac{1}{1/\alpha_w+\delta_1/\lambda_1+\delta_2/\lambda_2+\cdots+1/\alpha_n}=\frac{1}{1/12+0.1/0.025+1/18}W/(m^2\cdot℃)=0.242W/(m^2\cdot℃)$$

$$K_{w4}=\frac{1}{1/\alpha_w+\delta_1/\lambda_1+\delta_2/\lambda_2+\cdots+1/\alpha_n}=\frac{1}{1/12+0.1/0.025+0}W/(m^2\cdot℃)=0.221W/(m^2\cdot℃)$$

表 3-48 冷间围护结构传热面引起的热流量 Q_1

冷间编号	计算部位	长/m	宽(高)/m	A_w/m^2	K_w/[W/(m²·℃)]	α	θ_w/℃	θ_n/℃	$Q_1=K_wA_w\alpha(\theta_w-\theta_n)$/W
NO01	东墙	11.640	8.300	96.612	0.242	1.3	30	0	911.824
	西墙	11.640	8.300	96.612	0.244	1.6	30	0	1131.52
	北墙	17.355	8.300	144.047	0.244	1.6	30	0	1687.078
	屋顶	17.355	11.640	202.012	0.242	1.6	30	0	2346.571
	地坪	17.355	11.640	202.012	0.221	0.2	30	0	267.868
	$\sum Q_1$								6344.861
NO02	东墙	12.410	8.300	103.003	0.242	1.3	30	0	972.142
	西墙	12.410	8.300	103.003	0.244	1.6	30	0	1206.371
	屋顶	17.355	12.410	215.376	0.242	1.6	30	0	2501.808
	地坪	17.355	12.410	215.376	0.221	0.2	30	0	285.589
	$\sum Q_1$								4965.910
NO03	东墙	12.410	8.300	103.003	0.242	1.3	30	0	972.142
	西墙	12.410	8.300	103.003	0.244	1.6	30	0	1206.371
	屋顶	17.355	12.410	215.376	0.242	1.6	30	0	2501.808
	地坪	17.355	12.410	215.376	0.221	0.2	30	0	285.589
	$\sum Q_1$								4965.910
NO04	东墙	12.410	8.300	103.003	0.242	1.3	30	0	972.142
	西墙	12.410	8.300	103.003	0.244	1.6	30	0	1206.371
	屋顶	17.355	12.410	215.376	0.242	1.6	30	0	2501.808
	地坪	17.355	12.410	215.376	0.221	0.2	30	0	285.589
	$\sum Q_1$								4965.910
NO05	东墙	12.410	8.300	103.003	0.242	1.3	30	0	972.142
	西墙	12.410	8.300	103.003	0.244	1.6	30	0	1206.371
	屋顶	17.355	12.410	215.376	0.242	1.6	30	0	2501.808
	地坪	17.355	12.410	215.376	0.221	0.2	30	0	285.589
	$\sum Q_1$								4965.910
NO06	东墙	11.640	8.300	96.612	0.242	1.3	30	0	911.824
	西墙	11.640	8.300	96.612	0.244	1.6	30	0	1131.52
	南墙	17.355	8.300	144.047	0.244	1.6	30	0	1687.078
	屋顶	17.355	11.640	202.012	0.242	1.6	30	0	2346.571
	地坪	17.355	11.640	202.012	0.221	0.2	30	0	267.868
	$\sum Q_1$								6344.861

（续）

冷间编号	计算部位	长/m	宽（高）/m	A_w/m^2	K_w /[W/(m²·℃)]	α	θ_w/℃	θ_n/℃	$Q_1=K_wA_w\alpha(\theta_w-\theta_n)$/W
NO07（NO19）	西墙	11.640	8.300	96.612	0.242	1.3	30	0	911.824
	北墙	17.430	8.300	144.669	0.244	1.6	30	0	1694.363
	屋顶	17.430	11.640	202.885	0.242	1.6	30	0	2356.712
	地坪	17.430	11.640	202.885	0.221	0.2	30	0	269.026
	ΣQ_1								5231.925
NO08（NO20）	西墙	12.410	8.300	103.003	0.242	1.3	30	0	972.142
	屋顶	17.430	12.410	216.306	0.242	1.6	30	0	2512.610
	地坪	17.430	12.410	216.306	0.221	0.2	30	0	286.822
	ΣQ_1								3771.574
NO09（NO21）	西墙	12.410	8.300	103.003	0.242	1.3	30	0	972.142
	屋顶	17.430	12.410	216.306	0.242	1.6	30	0	2512.610
	地坪	17.430	12.410	216.306	0.221	0.2	30	0	286.822
	ΣQ_1								3771.574
NO10（NO22）	西墙	12.410	8.300	103.003	0.242	1.3	30	0	972.142
	屋顶	17.430	12.410	216.306	0.242	1.6	30	0	2512.610
	地坪	17.430	12.410	216.306	0.221	0.2	30	0	286.822
	ΣQ_1								3771.574
NO11（NO23）	西墙	12.410	8.300	103.003	0.242	1.3	30	0	972.142
	屋顶	17.430	12.410	216.306	0.242	1.6	30	0	2512.610
	地坪	17.430	12.410	216.306	0.221	0.2	30	0	286.822
	ΣQ_1								3771.574
NO12（NO24）	西墙	11.640	8.300	96.612	0.242	1.3	30	0	911.824
	南墙	17.430	8.300	144.669	0.244	1.6	30	0	1694.363
	屋顶	17.430	11.640	202.885	0.242	1.6	30	0	2356.712
	地坪	17.430	11.640	202.885	0.221	0.2	30	0	269.026
	ΣQ_1								5231.925
NO13（NO25）	东墙	11.640	8.300	96.612	0.242	1.3	30	0	911.824
	北墙	17.430	8.300	144.669	0.244	1.6	30	0	1694.363
	屋顶	17.430	11.640	202.885	0.242	1.6	30	0	2356.712
	地坪	17.430	11.640	202.885	0.221	0.2	30	0	269.026
	ΣQ_1								5231.925
NO14（NO26）	东墙	12.410	8.300	103.003	0.242	1.3	30	0	972.142
	屋顶	17.430	12.410	216.306	0.242	1.6	30	0	2512.610
	地坪	17.430	12.410	216.306	0.221	0.2	30	0	286.822
	ΣQ_1								3771.574

（续）

冷间编号	计算部位	长/m	宽(高)/m	A_w/m^2	K_w /[W/(m²·℃)]	α	θ_w/℃	θ_n/℃	$Q_1=K_wA_w\alpha(\theta_w-\theta_n)$/W
NO15（NO27）	东墙	12.410	8.300	103.003	0.242	1.3	30	0	972.142
	屋顶	17.430	12.410	216.306	0.242	1.6	30	0	2512.610
	地坪	17.430	12.410	216.306	0.221	0.2	30	0	286.822
	$\sum Q_1$								3771.574
NO16（NO28）	东墙	12.410	8.300	103.003	0.242	1.3	30	0	972.142
	屋顶	17.430	12.410	216.306	0.242	1.6	30	0	2512.610
	地坪	17.430	12.410	216.306	0.221	0.2	30	0	286.822
	$\sum Q_1$								3771.574
NO17（NO29）	东墙	12.410	8.300	103.003	0.242	1.3	30	0	972.142
	屋顶	17.430	12.410	216.306	0.242	1.6	30	0	2512.610
	地坪	17.430	12.410	216.306	0.221	0.2	30	0	286.822
	$\sum Q_1$								3771.574
NO18（NO30）	东墙	11.640	8.300	96.612	0.242	1.3	30	0	911.824
	南墙	17.430	8.300	144.669	0.244	1.6	30	0	1694.363
	屋顶	17.430	11.640	202.885	0.242	1.6	30	0	2356.712
	地坪	17.430	11.640	202.885	0.221	0.2	30	0	269.026
	$\sum Q_1$								5231.925
NO31	东墙	11.640	8.300	96.612	0.244	1.6	30	0	1131.520
	西墙	11.640	8.300	96.612	0.242	1.3	30	0	911.824
	北墙	17.355	8.300	144.047	0.244	1.6	30	0	1687.078
	屋顶	17.355	11.640	202.012	0.242	1.6	30	0	2346.571
	地坪	17.355	11.640	202.012	0.221	0.2	30	0	267.868
	$\sum Q_1$								6344.861
NO32	东墙	12.410	8.300	103.003	0.244	1.6	30	0	1206.371
	西墙	12.410	8.300	103.003	0.242	1.3	30	0	972.142
	屋顶	17.355	12.410	215.376	0.242	1.6	30	0	2501.808
	地坪	17.355	12.410	215.376	0.221	0.2	30	0	285.589
	$\sum Q_1$								4965.910
NO33	东墙	12.410	8.300	103.003	0.244	1.6	30	0	1206.371
	西墙	12.410	8.300	103.003	0.242	1.3	30	0	972.142
	屋顶	17.355	12.410	215.376	0.242	1.6	30	0	2501.808
	地坪	17.355	12.410	215.376	0.221	0.2	30	0	285.589
	$\sum Q_1$								4965.910

（续）

冷间编号	计算部位	长/m	宽(高)/m	A_w/m^2	K_w/[W/(m²·℃)]	α	θ_w/℃	θ_n/℃	$Q_1=K_wA_w\alpha(\theta_w-\theta_n)$/W
NO34	东墙	12.410	8.300	103.003	0.244	1.6	30	0	1206.371
	西墙	12.410	8.300	103.003	0.242	1.3	30	0	972.142
	屋顶	17.355	12.410	215.376	0.242	1.6	30	0	2501.808
	地坪	17.355	12.410	215.376	0.221	0.2	30	0	285.589
	ΣQ_1								4965.910
NO35	东墙	12.410	8.300	103.003	0.244	1.6	30	0	1206.371
	西墙	12.410	8.300	103.003	0.242	1.3	30	0	972.142
	屋顶	17.355	12.410	215.376	0.242	1.6	30	0	2501.808
	地坪	17.355	12.410	215.376	0.221	0.2	30	0	285.589
	ΣQ_1								4965.910
NO36	东墙	11.640	8.300	96.612	0.244	1.6	30	0	1131.520
	西墙	11.640	8.300	96.612	0.242	1.3	30	0	911.824
	南墙	17.355	8.300	144.047	0.244	1.6	30	0	1687.078
	屋顶	17.355	11.640	202.012	0.242	1.6	30	0	2346.571
	地坪	17.355	11.640	202.012	0.221	0.2	30	0	267.868
	ΣQ_1								6344.861

2）单位时间内冷加工货物引起的热流量 Q_2。单位时间内冷加工货物引起的热流量 Q_2 的计算见表3-49～表3-53。

表3-49 食品热流量 Q_{2a} 计算

冷间编号	日进货量 m/kg	入库		出库		t/h	$Q_{2a}=\frac{1}{3.6}\frac{m(h_1-h_2)}{t}$/W
		θ_1/℃	h_1/(kJ/kg)	θ_2/℃	h_2/(kJ/kg)		
NO01(NO31)	20023	18.6	341.7	0	271.9	24	16175.988
NO02(NO32)	21452	18.6	341.7	0	271.9	24	17330.435
NO03(NO33)	20023	18.6	341.7	0	271.9	24	16175.988
NO04(NO34)	20023	18.6	341.7	0	271.9	24	16175.988
NO05(NO35)	21452	18.6	341.7	0	271.9	24	17330.435
NO06(NO36)	20023	18.6	341.7	0	271.9	24	16175.988
NO07(NO13)(NO19)(NO25)	20110	18.6	341.7	0	271.9	24	16246.273
NO08(NO14)(NO20)(NO26)	21545	18.6	341.7	0	271.9	24	17405.567
NO09(NO15)(NO21)(NO27)	20110	18.6	341.7	0	271.9	24	16246.273

（续）

冷间编号	日进货量 m/kg	入库		出库		t/h	$Q_{2a}=\frac{1}{3.6}\frac{m(h_1-h_2)}{t}$/W
		θ_1/℃	h_1/(kJ/kg)	θ_2/℃	h_2/(kJ/kg)		
NO10(NO16)(NO22)(NO28)	20110	18.6	341.7	0	271.9	24	16246.273
NO11(NO17)(NO23)(NO29)	21545	18.6	341.7	0	271.9	24	17405.567
NO12(NO18)(NO24)(NO30)	20110	18.6	341.7	0	271.9	24	16246.273

表 3-50　包装材料和运载工具热流量 Q_{2b}

冷间编号	日进货量 m/kg	质量系数 B_b	比热容 c_b /[kJ/(kg·℃)]	θ_1/℃	θ_2/℃	t/h	$Q_{2b}=\frac{1}{3.6}\frac{mB_bc_b(\theta_1-\theta_2)}{t}$/W
NO01(NO31)	20023	0.25	1.47	18.6	0	24	1584.111
NO02(NO32)	21452	0.25	1.47	18.6	0	24	1697.166
NO03(NO33)	20023	0.25	1.47	18.6	0	24	1584.111
NO04(NO34)	20023	0.25	1.47	18.6	0	24	1584.111
NO05(NO35)	21452	0.25	1.47	18.6	0	24	1697.166
NO06(NO36)	20023	0.25	1.47	18.6	0	24	1584.111
NO07(NO13)(NO19)(NO25)	20110	0.25	1.47	18.6	0	24	1590.994
NO08(NO14)(NO20)(NO26)	21545	0.25	1.47	18.6	0	24	1704.524
NO09(NO15)(NO21)(NO27)	20110	0.25	1.47	18.6	0	24	1590.994
NO10(NO16)(NO22)(NO28)	20110	0.25	1.47	18.6	0	24	1590.994
NO11(NO17)(NO23)(NO29)	21545	0.25	1.47	18.6	0	24	1704.524
NO12(NO18)(NO24)(NO30)	20110	0.25	1.47	18.6	0	24	1590.994

表 3-51　货物冷却时的呼吸热流量 Q_{2c}

冷间编号	日进货量 m/kg	入库初温单位质量呼吸热流量 Q′/(W/kg)	出库终温单位质量呼吸热流量 Q″/(W/kg)	$Q_{2c}=\frac{m(Q'+Q'')}{2}$/W
NO01(NO31)	20023	192.96×10^{-3}	10×10^{-3}	2031.934
NO02(NO32)	21452	192.96×10^{-3}	10×10^{-3}	2176.949
NO03(NO33)	20023	192.96×10^{-3}	10×10^{-3}	2031.934

（续）

冷间编号	日进货量 m/kg	入库初温单位质量呼吸热流量 Q'/(W/kg)	出库终温单位质量呼吸热流量 Q''/(W/kg)	$Q_{2c}=\frac{m(Q'+Q'')}{2}\Big/$W
NO04(NO34)	20023	192.96×10^{-3}	10×10^{-3}	2031.934
NO05(NO35)	21452	192.96×10^{-3}	10×10^{-3}	2176.949
NO06(NO36)	20023	192.96×10^{-3}	10×10^{-3}	2031.934
NO07(NO13)(NO19)(NO25)	20110	192.96×10^{-3}	10×10^{-3}	2040.763
NO08(NO14)(NO20)(NO26)	21545	192.96×10^{-3}	10×10^{-3}	2186.387
NO09(NO15)(NO21)(NO27)	20110	192.96×10^{-3}	10×10^{-3}	2040.763
NO10(NO16)(NO22)(NO28)	20110	192.96×10^{-3}	10×10^{-3}	2040.763
NO11(NO17)(NO23)(NO29)	21545	192.96×10^{-3}	10×10^{-3}	2186.387
NO12(NO18)(NO24)(NO30)	20110	192.96×10^{-3}	10×10^{-3}	2040.763

表 3-52 货物冷藏时的呼吸热流量 Q_{2d}

冷间编号	高温库库容量 m_z/kg	日进货量 m/kg	出库终温单位质量呼吸热流量 Q''/(W/kg)	$Q_{2d}=(m_z-m)Q''$/W
NO01(NO31)	250284	20023	10×10^{-3}	2302.610
NO02(NO32)	268145	21452	10×10^{-3}	2466.930
NO03(NO33)	250284	20023	10×10^{-3}	2302.610
NO04(NO34)	250284	20023	10×10^{-3}	2302.610
NO05(NO35)	268145	21452	10×10^{-3}	2466.930
NO06(NO36)	250284	20023	10×10^{-3}	2302.610
NO07(NO13)(NO19)(NO25)	251378	20110	10×10^{-3}	2312.680
NO08(NO14)(NO20)(NO26)	269317	21545	10×10^{-3}	2477.720
NO09(NO15)(NO21)(NO27)	251378	20110	10×10^{-3}	2312.680
NO10(NO16)(NO22)(NO28)	251378	20110	10×10^{-3}	2312.680
NO11(NO17)(NO23)(NO29)	269317	21545	10×10^{-3}	2477.720
NO12(NO18)(NO24)(NO30)	251378	20110	10×10^{-3}	2312.680

表 3-53　货物热流量 Q_2 计算汇总　　（单位：W）

冷间编号	Q_{2a}	Q_{2b}	Q_{2c}	Q_{2d}	Q_2
NO01(NO31)	16175.988	1584.111	2031.934	2302.610	22094.64
NO02(NO32)	17330.435	1697.166	2176.949	2466.930	23671.48
NO03(NO33)	16175.988	1584.111	2031.934	2302.610	22094.64
NO04(NO34)	16175.988	1584.111	2031.934	2302.610	22094.64
NO05(NO35)	17330.435	1697.166	2176.949	2466.930	23671.48
NO06(NO36)	16175.988	1584.111	2031.934	2302.610	22094.64
NO07(NO13)(NO19)(NO25)	16246.273	1590.994	2040.763	2312.680	22190.71
NO08(NO14)(NO20)(NO26)	17405.567	1704.524	2186.387	2477.720	23774.20
NO09(NO15)(NO21)(NO27)	16246.273	1590.994	2040.763	2312.680	22190.71
NO10(NO16)(NO22)(NO28)	16246.273	1590.994	2040.763	2312.680	22190.71
NO11(NO17)(NO23)(NO29)	17405.567	1704.524	2186.387	2477.720	23774.20
NO12(NO18)(NO24)(NO30)	16246.273	1590.994	2040.763	2312.680	22190.71

3）单位时间内通风换气引起的热流量 Q_3。单位时间内通风换气引起的热流量 Q_3 的计算见表 3-54。

表 3-54　单位时间内通风换气引起的热流量 Q_3 计算

冷间编号	h_w /(kJ/kg)	h_n /(kJ/kg)	每日换气次数 n	冷间内净体积 V_n/m^3	冷间内空气密度 $\rho_n/(kg/m^3)$	n_r	Q_3/W
NO01(NO31)	50.242	8.457	3	1576.888	1.293	5	4849.365
NO02(NO32)	50.242	8.457	3	1689.424	1.293	5	5420.480
NO03(NO33)	50.242	8.457	3	1576.888	1.293	5	4849.365
NO04(NO34)	50.242	8.457	3	1576.888	1.293	5	4849.365
NO05(NO35)	50.242	8.457	3	1689.424	1.293	5	5420.480
NO06(NO36)	50.242	8.457	3	1576.888	1.293	5	4849.365
NO07(NO13)(NO19)(NO25)	50.242	8.457	3	1583.784	1.293	5	5222.302
NO08(NO14)(NO20)(NO26)	50.242	8.457	3	1696.808	1.293	5	5434.332
NO09(NO15)(NO21)(NO27)	50.242	8.457	3	1583.784	1.293	5	5222.302

（续）

冷间编号	h_w /(kJ/kg)	h_n /(kJ/kg)	每日换气次数 n	冷间内净体积 V_n/m^3	冷间内空气密度 ρ_n/(kg/m³)	n_r	Q_3/W
NO10(NO16)(NO22)(NO28)	50.242	8.457	3	1583.784	1.293	5	5222.302
NO11(NO17)(NO23)(NO29)	50.242	8.457	3	1696.808	1.293	5	5434.332
NO12(NO18)(NO24)(NO30)	50.242	8.457	3	1583.784	1.293	5	5222.302

4）单位时间内电动机运转引起的热流量 Q_4。单位时间内电动机运转引起的热流量 Q_4 的计算见表3-55。

表3-55 电动机运转引起的热流量 Q_4 计算汇总 （单位：W）

冷间编号	冷风机电动机热量	叉车热量	Q_4
NO01(NO31)	1560	1375	2935
NO02(NO32)	1560	1375	2935
NO03(NO33)	1560	1375	2935
NO04(NO34)	1560	1375	2935
NO05(NO35)	1560	1375	2935
NO06(NO36)	1560	1375	2935
NO07(NO13)(NO19)(NO25)	1560	1375	2935
NO08(NO14)(NO20)(NO26)	1560	1375	2935
NO09(NO15)(NO21)(NO27)	1560	1375	2935
NO10(NO16)(NO22)(NO28)	1560	1375	2935
NO11(NO17)(NO23)(NO29)	1560	1375	2935
NO12(NO18)(NO24)(NO30)	1560	1375	2935

5）单位时间内操作管理引起的热流量 Q_5。操作管理引起的热流量 Q_5 计算见表3-56～表3-59。

表 3-56　照明引起的热流量 Q_{5a} 计算

冷间编号	q_d/(W/m²)	A_d/m²	Q_{5a}/W
NO01(NO31)	2.3	197.111	453.355
NO02(NO32)	2.3	211.178	485.709
NO03(NO33)	2.3	197.111	453.355
NO04(NO34)	2.3	197.111	453.355
NO05(NO35)	2.3	211.178	485.709
NO06(NO36)	2.3	197.111	453.355
NO07(NO13)(NO19)(NO25)	2.3	197.973	455.338
NO08(NO14)(NO20)(NO26)	2.3	212.101	487.832
NO09(NO15)(NO21)(NO27)	2.3	197.973	455.338
NO10(NO16)(NO22)(NO28)	2.3	197.973	455.338
NO11(NO17)(NO23)(NO29)	2.3	212.101	487.832
NO12(NO18)(NO24)(NO30)	2.3	197.973	455.338

表 3-57　每扇门开门引起的热流量 Q_{5b} 计算

冷间编号	V_n /m³	n'_k	n_k	h_w /(kJ/kg)	h_n /(kJ/kg)	M	ρ_n /(kg/m³)	Q_{5b} /W
NO01(NO31)	1576.888	1	2	50.242	8.457	0.5	1.293	986.066
NO02(NO32)	1689.424	1	2	50.242	8.457	0.5	1.293	1056.438
NO03(NO33)	1576.888	1	2	50.242	8.457	0.5	1.293	986.066
NO04(NO34)	1576.888	1	2	50.242	8.457	0.5	1.293	986.066
NO05(NO35)	1689.424	1	2	50.242	8.457	0.5	1.293	1056.438
NO06(NO36)	1576.888	1	2	50.242	8.457	0.5	1.293	986.066
NO07(NO13)(NO19)(NO25)	1583.784	1	2	50.242	8.457	0.5	1.293	990.378
NO08(NO14)(NO20)(NO26)	1696.808	1	2	50.242	8.457	0.5	1.293	1061.055
NO09(NO15)(NO21)(NO27)	1583.784	1	2	50.242	8.457	0.5	1.293	990.378
NO10(NO16)(NO22)(NO28)	1583.784	1	2	50.242	8.457	0.5	1.293	990.378
NO11(NO17)(NO23)(NO29)	1696.808	1	2	50.242	8.457	0.5	1.293	1061.055
NO12(NO18)(NO24)(NO30)	1583.784	1	2	50.242	8.457	0.5	1.293	990.378

表 3-58 操作人员引起的热流量 Q_{5c} 计算

冷 间 编 号	操作人员 n_r	每个人的热流量 q_r/W	Q_{5c}/W
NO01(NO31)	5	279	174.375
NO02(NO32)	5	279	174.375
NO03(NO33)	5	279	174.375
NO04(NO34)	5	279	174.375
NO05(NO35)	5	279	174.375
NO06(NO36)	5	279	174.375
NO07(NO13)(NO19)(NO25)	5	279	174.375
NO08(NO14)(NO20)(NO26)	5	279	174.375
NO09(NO15)(NO21)(NO27)	5	279	174.375
NO10(NO16)(NO22)(NO28)	5	279	174.375
NO11(NO17)(NO23)(NO29)	5	279	174.375
NO12(NO18)(NO24)(NO30)	5	279	174.375

表 3-59 操作管理引起的热流量 Q_5 计算汇总

冷 间 编 号	Q_{5a}/W	Q_{5b}/W	Q_{5c}/W	Q_5/W
NO01(NO31)	453.355	986.066	174.375	1613.796
NO02(NO32)	485.709	1056.438	174.375	1716.522
NO03(NO33)	453.355	986.066	174.375	1613.796
NO04(NO34)	453.355	986.066	174.375	1613.796
NO05(NO35)	485.709	1056.438	174.375	1716.522
NO06(NO36)	453.355	986.066	174.375	1613.796
NO07(NO13)(NO19)(NO25)	455.338	990.378	174.375	1620.091
NO08(NO14)(NO20)(NO26)	487.832	1061.055	174.375	1723.262
NO09(NO15)(NO21)(NO27)	455.338	990.378	174.375	1620.091
NO10(NO16)(NO22)(NO28)	455.338	990.378	174.375	1620.091
NO11(NO17)(NO23)(NO29)	487.832	1061.055	174.375	1723.262
NO12(NO18)(NO24)(NO30)	455.338	990.378	174.375	1620.091

（2）冷间冷却设备计算　各冷间冷却设备负荷 Q_s 的组成见表 3-60。

表 3-60　各冷间冷却设备负荷 Q_s 的组成　（单位：W）

冷间编号	Q_1	PQ_2	Q_3	Q_4	Q_5	Q_s
NO01(NO31)	6344.861	1.3×22094.64	4849.365	2935	1613.796	44466.054
NO02(NO32)	4965.910	1.3×23671.48	5420.480	2935	1716.522	45810.836
NO03(NO33)	4965.910	1.3×22094.64	4849.365	2935	1613.796	43087.103
NO04(NO34)	4965.910	1.3×22094.64	4849.365	2935	1613.796	43087.103
NO05(NO35)	4965.910	1.3×23671.48	5420.480	2935	1716.522	45810.836
NO06(NO36)	6344.861	1.3×22094.64	4849.365	2935	1613.796	44466.054
NO07(NO13)(NO19)(NO25)	5231.925	1.3×22190.71	5222.302	2935	1620.091	43857.241
NO08(NO14)(NO20)(NO26)	3771.574	1.3×23774.20	5434.332	2935	1723.262	44770.628
NO09(NO15)(NO21)(NO27)	3771.574	1.3×22190.71	5222.302	2935	1620.091	42396.890
NO10(NO16)(NO22)(NO28)	3771.574	1.3×22190.71	5222.302	2935	1620.091	42396.890
NO11(NO17)(NO23)(NO29)	3771.574	1.3×23774.20	5434.332	2935	1723.262	44770.628
NO12(NO18)(NO24)(NO30)	5231.925	1.3×22190.71	5222.302	2935	1620.091	43857.241

注：以上 36 间冷却设备汇总 $\sum Q_s = 1581.65\text{kW}$。

（3）系统机械负荷计算　系统机械负荷 Q_j 的计算汇总见表 3-61。

表 3-61　系统机械负荷 Q_j 的计算汇总

冷间编号	$n_1\sum Q_1$	$n_2\sum Q_2$	$n_3\sum Q_3$	$n_4\sum Q_4$	$n_5\sum Q_5$	R
NO01(NO31)	1×2×6344.861	0.5×2×22094.64	0.8×2×4849.365	0.4×2×2935	0.4×2×1613.796	1.07
NO02(NO32)	1×2×4965.910	0.3×2×23671.48	0.8×2×5420.480	0.4×2×2935	0.4×2×1716.522	1.07
NO03(NO33)	1×2×4965.910	0.5×2×22094.64	0.8×2×4849.365	0.4×2×2935	0.4×2×1613.796	1.07
NO04(NO34)	1×2×4965.910	0.5×2×22094.64	0.8×2×4849.365	0.4×2×2935	0.4×2×1613.796	1.07
NO05(NO35)	1×2×4965.910	0.5×2×23671.48	0.8×2×5420.480	0.4×2×2935	0.4×2×1716.522	1.07
NO06(NO36)	1×2×6344.861	0.5×2×22094.64	0.8×2×4849.365	0.4×2×2935	0.4×2×1613.796	1.07
NO07(NO13)(NO19)(NO25)	1×4×5231.925	0.5×4×22190.71	0.8×4×5222.302	0.4×4×2935	0.4×4×1620.091	1.07
NO08(NO14)(NO20)(NO26)	1×4×3771.574	0.5×4×23774.20	0.8×4×5434.332	0.4×4×2935	0.4×4×1723.262	1.07
NO09(NO15)(NO21)(NO27)	1×4×3771.574	0.5×4×22190.71	0.8×4×5222.302	0.4×4×2935	0.4×4×1620.091	1.07

（续）

冷间编号	$n_1\sum Q_1$	$n_2\sum Q_2$	$n_3\sum Q_3$	$n_4\sum Q_4$	$n_5\sum Q_5$	R
NO10(NO16)(NO22)(NO28)	1×4×3771.574	0.5×4×22190.71	0.8×4×5222.302	0.4×4×2935	0.4×4×1620.091	1.07
NO11(NO17)(NO23)(NO29)	1×4×3771.574	0.5×4×23774.20	0.8×4×5434.332	0.4×4×2935	0.4×4×1723.262	1.07
NO12(NO18)(NO24)(NO30)	1×4×5231.925	0.5×4×22190.71	0.8×4×5222.302	0.4×4×2935	0.4×4×1620.091	1.07
小计	167307.308	408344	150006.662	42264	23793.603	
合计	$Q_j=(n_1\sum Q_1+n_2\sum Q_2+n_3\sum Q_3+n_4\sum Q_4+n_5\sum Q_5)R=847135.663\text{W}$					

2. 制冷压缩机及辅助设备的选择计算

当冷间热流量计算出来后，可根据机械负荷 Q_j 进行选择压缩机和辅助设备。

（1）制冷压缩机的选择计算　确定制冷压缩机的工作状况（蒸发温度 -10℃、吸气温度 -5℃、冷凝温度 32℃、过冷温度 27℃），画出 lg$p$-h 图，如图 3-31 所示。若选用螺杆式制冷压缩机，查其有关资料得输气系数为 $\eta_v=0.75$，总效率 $\eta_e=0.78$。

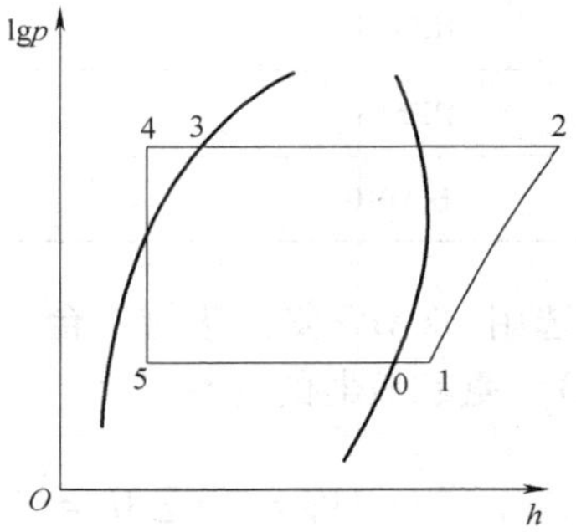

图 3-31　制冷系统 lg$p$-h 图

在 lg$p$-h 图中查出 $h_0=1750\text{kJ/kg}$，$h_1=1780\text{kJ/kg}$，$v_1=0.45\text{m}^3/\text{kg}$，$h_2=2005\text{kJ/kg}$，$h_3=625\text{kJ/kg}$，$h_4=608\text{kJ/kg}$。按照实际工况下所需压缩机的理论排气量选择压缩机。

$$V_t=\frac{Q_j}{\eta_v q_v}=\frac{Q_j v_1}{\eta_v(h_0-h_4)}=\frac{847135.663\times10^{-3}\times0.45}{0.75\times(1750-608)}\text{m}^3/\text{s}=0.445\text{m}^3/\text{s}=1602.3\text{m}^3/\text{h}$$

查生产厂家样本知，型号为 HLG16ⅢA 的螺杆式制冷机每台理论输气量为 574m³/h，3 台总输气量为 1722m³/h（0.478m³/s），满足要求。

制冷剂的循环量为

$$G_t=\frac{\eta_v V_t}{v_1}=\frac{0.75\times0.478}{0.45}\text{kg/s}=0.797\text{kg/s}$$

每台螺杆压缩机的轴功率为

$$P_e=\frac{\eta_v V_t}{v_1}\cdot\frac{h_2-h_1}{\eta_e}=\frac{0.75\times0.478\times(2005-1780)}{3\times0.45\times0.78}\text{kW}=76.61\text{kW}$$

制冷压缩机配用的电动机功率为

$$P=(1.1\sim1.15)\frac{P_e}{\eta_d}=(1.1\sim1.15)\frac{76.61}{1}\text{kW}=84.27\sim88.10\text{kW}$$

查生产厂家样本知，型号为 HLG16ⅢA 的螺杆机每台配置电动机功率为 110kW，满足其最不利情况的需求。

（2）制冷系统配用设备的计算

1）冷凝器的计算。冷凝器的冷凝热负荷为

$$Q_1 = G_t(h_2 - h_3) = 0.797 \times (2005 - 625)\,kW = 1099.86kW$$

考虑不利因素，在计算冷凝负荷的基础上增加 1.15 系数，即选配冷凝器的冷凝负荷为 1265kW。结合天山地区的气象条件，选择型号为 CXV—173 蒸发式冷凝器两台，每台名义排热量 744kW。

2）氨虹吸罐的计算。氨虹吸罐与带热虹吸油冷却器的螺杆制冷压缩机组配套使用，选择方法见表 3-62。

表 3-62 氨虹吸罐的选择

氨虹吸罐型号	相匹配压缩机理论排气量之和/(m^3/h)	容积/m^3
HZAP5	5000	0.4
HZAP8	8000	0.58
HZAP10	10000	1.16

选用 HZAP5 氨虹吸罐一台。

3）氨贮液器的计算。

$$V_z = \frac{\varphi}{\beta} v \sum M_t = \frac{0.5 \times 1.69 \times 10^{-3} \times 0.797 \times 3600}{0.7} m^3 = 3.464m^3$$

考虑项目建设地区较偏僻，故酌情增加其容积，选用 ZA—4.5 氨贮液器一台。

4）集油器。机房总装机容量为 3 台 ×306kW/台时，选配 JYA—325 型一台。

5）空气分离器。按 GB 50072—2010《冷库设计规范》6.3.10 的规定，大、中型冷库制冷系统中的不凝性气体应通过不凝性气体分离器进行排放，故选择 ZKF—1 型空气分离器一台。

6）紧急泄氨器。按 GB 50072—2010《冷库设计规范》6.4.15 的规定，制冷系统宜装设紧急泄氨器的原则，选择 JXA—159 型紧急泄氨器一台。

7）冷却物冷藏间冷风机的选择。冷却物冷藏间采用吊顶式冷风机作为冷却设备，采用水冲霜方式。计算时国产冷风机的热流密度一般取 116W/m^2，故各冷间冷风机的冷却面积见表 3-63。

表 3-63 各冷间冷风机的冷却面积

冷 间 编 号	各冷间冷却设备负荷 Q_s/W	冷风机单位面积冷负荷 q_s/(W/m^2)	冷却面积 A_s/m^2
NO01(NO31)	44466.054	116	383.33
NO02(NO32)	45810.836	116	394.92
NO03(NO33)	43087.103	116	371.44

（续）

冷间编号	各冷间冷却设备负荷 Q_s/W	冷风机单位面积冷负荷 q_s/(W/m^2)	冷却面积 A_s/m^2
NO04(NO34)	43087.103	116	371.44
NO05(NO35)	45810.836	116	394.92
NO06(NO36)	44466.054	116	383.33
NO07(NO13)(NO19)(NO25)	43857.241	116	378.08
NO08(NO14)(NO20)(NO26)	44770.628	116	385.95
NO09(NO15)(NO21)(NO27)	42396.890	116	365.49
NO10(NO16)(NO22)(NO28)	42396.890	116	365.49
NO11(NO17)(NO23)(NO29)	44770.628	116	385.95
NO12(NO18)(NO24)(NO30)	43857.241	116	378.08

结合表3-63各冷间冷风机冷却面积的计算结果，综合考虑每库选择DAA50C38—185型冷风机两台，每台冷风机冷却面积185m^2，基本满足使用要求。

冷风机的风量校核 $V=\beta Q_s=0.6\times45810.836\text{m}^3/\text{h}=27486.5\text{m}^3/\text{h}$

DAA50C38—185型冷风机每台风量为20900m^3/h，两台为41800m^3/h，满足要求。

8）氨泵的选择。氨泵的流量 q_V 为

$$q_V=n_x q_z v_z=(5\sim6)\times0.797\times3600\times1.534\times10^{-3}\text{m}^3/\text{h}=22.02\sim26.40\text{m}^3/\text{h}$$

氨泵的扬程如下：

a. 本设计中，氨泵至蒸发器之间供液管路的阻力损失 Δp_1 即为氨泵出口到NO06冷间冷风机进液口的全部阻力损失。此供液管道的长度及阻力件当量长度见表3-64。

表3-64 氨泵出口到NO06冷间冷风机供液管道长度及阻力件的当量长度

计算名称	计算结果/m
直管长度：	
D38×2.5	$L_1=0.8$
D45×3.0	$L_2=21.25$
D57×3.0	$L_3=25.74$
D76×3.5	$L_4=88.69$
D89×4.0	$L_5=2.5$

（续）

计算名称	计算结果/m
阀件的当量长度： 截止阀 DN40 电磁阀 DN40 过滤器 DN40 截止阀 DN50 止回阀 DN50 截止阀 DN70 截止阀 DN80	$L_6 = nAd = 1 \times 300 \times 0.039 = 11.7$ $L_7 = nAd = 1 \times 300 \times 0.039 = 11.7$ $L_8 = nAd = 1 \times 80 \times 0.039 = 3.12$ $L_9 = nAd = 1 \times 300 \times 0.051 = 15.3$ $L_{10} = nAd = 1 \times 80 \times 0.051 = 4.08$ $L_{11} = nAd = 1 \times 300 \times 0.069 = 20.7$ $L_{12} = nAd = 1 \times 300 \times 0.081 = 24.3$
弯头的当量长度： D38×2.5 的 90°弯头 1 个 D45×3.0 的 90°弯头 3 个 D57×3.0 的 90°弯头 2 个 D76×3.5 的 90°弯头 7 个 D89×4.0 的 90°弯头 3 个	$L_{13} = nAd = 1 \times 40 \times 0.033 = 1.32$ $L_{14} = nAd = 3 \times 40 \times 0.039 = 4.68$ $L_{15} = nAd = 2 \times 40 \times 0.051 = 4.08$ $L_{16} = nAd = 7 \times 40 \times 0.069 = 19.32$ $L_{17} = nAd = 3 \times 40 \times 0.081 = 9.72$
管道缩径的当量长度： D76 缩径到 D57 1 个 D57 缩径到 D45 1 个 D45 缩径到 D38 1 个	$L_{18} = nAd = 1 \times 7 \times 0.069 = 0.483$ $L_{19} = nAd = 1 \times 7 \times 0.051 = 0.357$ $L_{20} = nAd = 1 \times 7 \times 0.039 = 0.273$
管道三通的当量长度： D57 到 D89 的三通 1 个 D89 到 D108 的三通 1 个 D108 到 D76 的三通 1 个	$L_{21} = nAd = 1 \times 60 \times 0.051 = 3.06$ $L_{22} = nAd = 1 \times 60 \times 0.081 = 4.86$ $L_{23} = nAd = 1 \times 60 \times 0.1 = 6.00$
	$\sum L = 284.033$

由于 D76×3.5 所对应的当量长度数量最多，为简化计算，内径采用 $d = 69\text{mm}$，氨液的密度取 650kg/m^3，流速 0.8m/s，查表 3-37 得摩擦阻力系数 $\lambda = 0.035$。供液管道的阻力损失 Δp_1 为

$$\Delta p_1 = \lambda \frac{L}{d} \cdot \frac{\rho\omega^2}{2} = 0.035 \times \frac{284.033}{0.069} \times \frac{650 \times 0.8^2}{2}\text{Pa} = 29967.54\text{Pa}$$

b. 本设计中，氨泵中心至最高蒸发器的液柱高 $H = 7.9\text{m}$，则氨泵中心至最高蒸发器进液口的液柱相应的压力 Δp_2 为

$$\Delta p_2 = \rho g H = 650 \times 9.8 \times 7.9\text{Pa} = 50323\text{Pa}$$

c. 蒸发器关闭阀前应保持 $0.98 \times 10^5\text{Pa}$ 的剩余压力，以调节各蒸发器的流量。

在选择氨泵前还应考虑安全余量取 1.1，故氨泵的扬程相对应的压力 $p_p = 1.1 \times (0.29967 + 0.50323 + 0.98) \times 10^5\text{Pa} = 1.41 \times 10^5\text{Pa}$。由样本选用 40P—40 型氨泵 8 台（4 用 4 备），每台流量为 $1.57 \times 10^{-3}\text{m}^3/\text{s}$（$5.65\text{m}^3/\text{h}$），扬程相对应的压力 $2.04 \times 10^5\text{Pa}$（即扬程 32m）。

9）低压循环贮液器的计算。本设计拟采用两台卧式桶氨泵组合装置，分别负责 NO01 ~ NO18 冷间和 NO19 ~ NO36 冷间设备，蒸发器供液方式为下进上出。冷却设备注氨量最大一间蒸发器的体积 V'_q 是 NO01 ~ NO18 冷间中 36 台冷风机的容积之和，即 57.5L/台 ×36 台 = 2070L = 2.07m³；回气管容积：NO01 ~ NO18 冷间的回气管 D57 共 54m，容积为 54 ×3.14 × 0.0512/4m³ = 0.11m³，D76 共 74.58m，容积为 74.58 × 3.14 × 0.0692/4m³ = 0.279m³，D89 共 37.45m，容积为 37.45 ×3.14 ×0.0812/4m³ = 0.193m³，D108 共 71.32m，容积为71.32 × 3.14 ×0.12/4m³ = 0.57m³，D133 共 74.85m，容积为 74.85 ×3.14 ×0.1232/4m³ = 0.889m³，D159 共 40.65m，容积为 40.65 ×3.14 ×0.1492/4m³ = 0.709m³，D219 共 29.68m，容积为 29.68 ×3.14 ×0.2072/4m³ = 0.999m³，回气管总容积为（0.11 + 0.279 + 0.193 + 0.57 + 0.889 + 0.709 + 0.999）m³ = 3.749m³；本设计氨泵流量为 $3.472\times10^{-3}\text{m}^3/\text{s}$，$t_b$ 取 720s。

则卧式低压循环贮液器的容积应为

$$V_d=\frac{1}{0.7}(0.2V'_q+0.6V_h+t_bV_b)=\frac{1}{0.7}\times(0.2\times2.07+0.6\times3.749+720\times3.472\times10^{-3})\text{m}^3$$

$$=7.377\text{m}^3$$

低压循环贮液器的筒身直径应满足流速不大于规定值（立式不大于 0.5m/s，卧式不大于 0.8m/s）的要求，因此低压循环贮液器最小的直径为

$$d_d=0.0188\sqrt{\frac{\lambda V}{\omega_d\xi_d n_d}}=0.0188\sqrt{\frac{0.75\times3\times574}{0.8\times0.3\times2}}\text{m}=0.975\text{m}$$

选 ZWB8—6.25 ×40 型卧式桶氨泵组合装置两台，每台装置容积 8m³，直径为 1600mm，配置氨泵 4 台。

该制冷系统主要设备见表 3-65。

表 3-65 主要设备汇总表

序号	设备名称	规格型号	单位	数量	备注
1	螺杆式制冷压缩机组	HLG16ⅢA	台	3	配置电动机功率 110kW
2	蒸发式冷凝器	CXV—173	台	2	每台排热量 744kW
3	氨虹吸罐	HZAP5	台	1	
4	氨贮液器	ZA—4.5	台	1	
5	卧式桶泵机组	ZWB8—6.25 ×40	台	2	
6	吊顶式冷风机	DAA50C38—185	台	2	
7	集油器	JYA—325	台	1	
8	空气分离器	ZKF—1	台	1	
9	紧急泄氨器	JXA—159	台	1	

3. 制冷系统管道的管径计算

（1）冷间供液、回气管道（以 NO01 ~ NO06 冷间为例说明） 每个冷间的冷却设备负荷为42396.890 ~ 45810.836W，按照附录 F 氨单相流吸气管、排气管和液体管负荷量查得，NO05、NO06 两冷间的供液管管径为 D45 × 2.5（在 40 ~ 50 可以使用），NO03 ~ NO06 四冷间的供液管管径为 D50 × 3，NO01 ~ NO06 六冷间的供液管管径为 D76 × 3.5。按照附录 G 氨两相流吸气管负荷量查得 NO06 冷间的回气管管径为 D76 × 3.5，NO05、NO06 两冷间的回气管管径为 D89 × 4，NO03 ~ NO06 四冷间的回气管管径为 D108 × 4，NO01 ~ NO06 六冷间的回气管管径为 D133 × 5，其余各冷间类同。

（2）制冷机房管道

1）吸气总管。按制冷设备总负荷 $\sum Q_s = 1581.65\text{kW}$，蒸发温度 -10℃，冷凝温度 32℃，吸气管当量长度为 80m，饱和温度降为 1℃计算。

查表 3-44 冷凝温度修正系数，在冷凝温度 32℃时修正系数为 0.992，则修正后的负荷量为 0.992 × 1581.65 = 1569kW。查附录 E，在 $\Delta t = 1$℃，饱和吸气温度 -5 ~ -20℃，钢管公称直径 150mm 时，吸气管负荷 $Q_b = 1313.4\text{kW}$，钢管公称直径 200mm 时，吸气管负荷 $Q_b = 2695\text{kW}$。换算成当量直径在 80m 工况下的负荷。钢管公称直径为 150mm 时 $Q = Q_b\left(\frac{L_b \cdot \Delta t}{L \cdot \Delta t_b}\right)^{0.55} = 1313.4\left(\frac{100 \times 1}{80 \times 1}\right)^{0.55}\ \text{kW} = 1484.9\text{kW}$

钢管公称直径为 200mm 时，$Q = Q_b\left(\frac{L_b \cdot \Delta t}{L \cdot \Delta t_b}\right)^{0.55} = 2695\left(\frac{100 \times 1}{80 \times 1}\right)^{0.55}\ \text{kW} = 3046.9\text{kW}$

故吸气管管径选用钢管公称直径 200mm。

2）排气总管。按冷凝负荷 $Q_1 = 1178\text{kW}$，冷凝温度 32℃，吸气管当量长度为 50m，饱和温度降为 0.5℃计算。

查表 3-44 冷凝温度修正系数，在冷凝温度 32℃时修正系数为 1.05，则修正后的负荷量为 1.05 × 1178kW = 1236.9kW。附录 F 的工况条件是在当量直径 100m、$\Delta t = 2$℃，而实际工况是在 $\Delta t = 0.5$℃，所以查表前应修正。由修正的 $Q = Q_b\left(\frac{L_b \cdot \Delta t}{L \cdot \Delta t_b}\right)^{0.55} = 1236.9\left(\frac{100 \times 0.5}{50 \times 2}\right)^{0.55}\ \text{kW} = 844.83\text{kW}$，$\Delta t = 0.5$℃，当量直径 50m，查附录 F 钢管公称直径 100mm 时，排气管负荷 $Q_1 = 2121\text{kW}$，故排气管管径选用钢管公称直径 100mm。

3）冷凝器至贮液器管道。按总管长度小于 30m 考虑，总负荷 $Q_1 = 1178\text{kW}$，查附录 F 得钢管公称直径为 80mm（也可结合设备来选择）。

4）其他管道。放油管采用 D25，放空气管采用 D25，平衡管采用 D25，安全管采用 D38。

3.5.3 设计图样

设计图样分别见本章后示例 1 “库尔勒某集团 9000t 高温冷库制冷系统设计” 中图 1（JFL01）制冷系统设计说明；图 2（JFL02）图例、图样目录及主要设备表；图 3（JFL03）氨机房制冷系统原理图；图 4（JFL04）氨机房制冷系统轴测图；图 5（JFL05）氨机房设备基础位置、工艺平面图；图 6（JFL06）蒸发式冷凝器基础位置、工艺平面图；图 7（JFL07）氨机房剖面图（一）；图 8（JFL08）氨机房剖面图（二）；图 9（JFL09）库房制冷系统原理图；图 10（JFL10）冷却物冷藏间制冷系统轴测图；图 11（JFL11）冷却物冷藏间制冷工艺平面图。

3.6 本章要点

本章主要阐述库房冷负荷计算、冷库制冷系统方案的制定、制冷机及其设备的选型设计、氨制冷管道设计与设备布置等主要内容，需了解及掌握的内容如下：

1）在库房冷负荷计算中，了解及掌握冷间生产能力和贮藏吨位的计算、冷间热流量计算参数的确定、冷间热流量的计算、冷却设备及机械负荷的汇总。

2）在冷库制冷系统方案的制定时，了解及掌握制冷系统供液方式、制冷系统蒸发温度回路方案、制冷系统的安全保护方案、制冷系统自控方案、制冷压缩机的配置方案、冷凝器的配置方案、冷间冷却设备的配置方案、蒸发器部分管道的配置方案、低压调节站的配置方案等。

3）在制冷机及其设备的选型设计时，了解及掌握制冷压缩机选型的一般原则、制冷系统工作参数的确定、活塞式及螺杆式制冷压缩机的选型计算及其他设备（如冷凝器、蒸发器、中间冷却器、油分离器、高压贮液器、氨液分离器、低压循环贮液器、氨泵、空气分离器、集油器等）的选择等。

4）在氨制冷管道设计与设备布置中，了解及掌握氨管径确定的原则、管道设计的要求、管径确定方法、机房与设备间布置要求、冷间冷却设备布置要求等。

最后给出了冷库制冷工程设计示例，以帮助读者进一步熟悉和掌握冷冻冷藏制冷系统各设计环节的内容和方法，掌握其设计方法和要点。

示例1 库尔勒某集团9000t高温冷库制冷系统设计

制冷系统

一、设计依据

1. 本设计依据GB 50072—2010《冷库设计规范》及建设单位的具体要求进行设计，室外计算参数参照库尔勒地区气象资料。

2. 设计参数：

夏季室外计算温度30℃

夏季通风计算温度30℃

夏季室外平均湿球计算温度21.6℃

夏季室外计算相对湿度40%

夏季通风计算相对湿度30%

冷凝温度$t_c = 32$℃

蒸发温度$t_0 = -10$℃

冷间设计温度(0±1)℃

3. 生产指标：冷却物冷藏间（高温库）冷藏能力9000t。

二、冷库概况

该冷库建筑面积约7400m^2，穿堂建筑面积1615m^2，站台建筑面积2315m^2，设计储藏能力9000t。共分为36个冷间，每冷间进货量按其储藏量的8%计算为20t，36间每日进货量总计为720t。库内冷却设备为空气冷却器，每间2台，型号为DAA50C/38—185，其冷风直接送至冷间各个部位。

三、氨压缩机及辅助设备的选用

1. 压缩机的选用：-10℃制冷系统选用3台HLG16ⅢA热虹吸螺杆制冷压缩机，每台制冷机在35℃/-10℃条件下，产冷量为350kW，3台合计1050kW，能够满足冷负荷的要求。

2. 辅助设备的选用：选用2台卧式桶氨泵组合装置ZWB8—6.25×40，配置4台40p—40屏蔽氨泵；2台CXV—173型蒸发式冷凝器；1台ZA—4.5高压贮液器等辅助设备。

四、制冷系统简介

1. 制冷系统：制冷系统以液氨为制冷剂，蒸发温度-10℃，采用单级蒸气压缩制冷循环。

2. 供液方式：采用氨泵强制供液系统。从高压贮液器出来的高压液体经低压循环贮液器上的电磁主阀、节流阀，变为低压液体进入低压循环贮液器内，然后由氨泵直接送到液体分配站，分配到各个冷间内的冷风机蒸发制冷，蒸发后的低温气体经气体分配站返回低压循环贮液器内进行气液分离，分离后的低压气体被压缩机吸入，经制冷机压缩变为高压气体，进入蒸发式冷凝器冷凝，冷凝后的高压液体进入高压贮液器贮存使用。

3. 冷却物冷却间（高温库）的除霜方法：冷却物冷却间采用DAA50C/38-185吊顶冷风机，设有水除霜和电加热除霜两种方法。正常情况下使用水除霜，在冷风机霜层较厚时，采用电加热和水相结合的除霜方法。除霜后的液体返回卧式桶组合装置内。

五、自动控制及安全保护

1. 为减轻查库压力，本设计采用库温巡回检测，冷间温度的变化可在制冷机房直接观察，为校对温度的准确性，仍需在冷间设置玻璃水银温度计。

2. 氨压缩机安全保护：有高低压保护、断水保护、油压保护等。

3. 氨泵回路自动控制程序和保护装置：

(1)液位控制：每台低压循环贮液器设置两套UQK—40浮球液位控制器，其中一套控制ZCL—32YB电磁主阀的启闭，使低压循环贮液器保持35%的正常液位（液位降至35% -30mm时电磁主阀开启供液，液位升至35% +30mm时电磁主阀关闭停止供液）；另一套起安全保护作用，当低压循环贮液器液位升至70%时就发出报警信号，并使氨泵作报警停泵，操作人员应及时处理，当冷间温度达到要求时人工指令停泵。

(2)氨泵的安全保护：CWK—11差压控制器防止氨泵空转遭受破坏，保护氨泵在上述情况下运转，差压控制器调至0~50kPa，时间继电器调至8~10s，在此时间内达不到调定压力，则证明氨泵没有上液自动停泵（铃响和灯显示），人工排除故障后再重新起动氨泵；ZZRN—50Y止回阀的作用是防止液体倒流而使氨泵倒转；ZZRP—32自动旁通阀（此阀压力调

示例1图1

设计说明

至 30kPa)，当氨泵出口液体过剩、压头过高、上液压力超过 30kPa 时，将液体经自动旁通阀旁通至低压循环贮液器，以保护冷间正常降温。

六、氨制冷系统检验及试验

1. 射线照相检验：管道焊缝的射线照相检验采用抽样检验，抽样比例不得低于 5%，质量不得低于Ⅲ级。

2. 压力试验：高压侧应进行 2.3MPa(表压)、中压侧应进行 1.8MPa(表压)的气体压力试验。试验时，应逐步缓慢增加压力，当压力升至试验压力的 50% 时，如未发现异状或泄漏，继续按试验压力的 10% 逐级升压，每级稳定 3min，直至试验压力。稳压 10min，再将压力降至设计压力，停压时间应根据查漏工作需要而定，以发泡剂检验不泄漏为合格。

3. 气密性试验：高压侧应进行 2.0MPa(表压)、中压侧应进行 1.5MPa(表压)的气密性试验。保压 10min 后，用肥皂水或其他发泡剂抹在焊缝、法兰等连接处，检查无泄漏为合格。

4. 抽真空试验：当系统内剩余压力小于 5.333kPa(40mmHg)时，保持 24h，系统压力无变化为合格。

5. 冲氨试验：冲氨试验压力为 0.2MPa(表压)，采用酚酞试纸进行试漏，系统无泄漏为合格。

七、安装注意事项

1. 安装工作开始前，下列资料应齐全：机组及辅助设备产品、阀门和仪表出厂合格证及使用说明书等。

2. 土建做好吊点、预留洞等的预埋及预留工作。

3. 管道及设备保温：

(1)设备及管道保温必须按 GB/T 4272—2008《设备及管道绝热技术通则》及 GB/T 8175—2008《设备及管道绝热设计导则》的有关规定执行。设备及管束、管道保温采用聚氨酯发泡保温，融霜管道保温采用石棉，明露管道保温外保护层均采用 0.35mm 彩钢板，设备保温外保护层均采用 0.5mm 彩钢板。保温厚度见下表。低压循环贮液器、中间冷却器、排液筒的保温层厚度均不少于 125mm，融霜热氨管保温层为 75mm 厚的石棉。

管径/mm	18 ~ 32	38 ~ 76	89 ~ 159	219 ~ 325
厚度/mm	60	70	80	100

(2)管道穿冷库和机房外墙、冷库楼板时，保温层必须贯穿不能间断，保温管道与洞、孔之间的空隙用聚氨酯发泡填实。

(3)保温管道与支架、设备与基础之间必须垫上硬杂木。

(4)管道保护层外只标示工质流向的箭头。

4. 制冷系统部分水平管道坡度要求：

管道名称	坡度要求	坡度范围(‰)
氨压缩机至油分离器的排气管	坡向油分器	3 ~ 5
氨压缩机进气管	坡向低压循环贮液器	3 ~ 5
油分器、氨分器与冷凝器的放油管	坡向集油器	2 ~ 3
调节站的供液管	坡向调节站	1 ~ 3

5. 系统水平管道的水平度 2‰，系统竖直管道的垂直度 2‰，系统标高的允许偏差 ±5mm，系统管道长度的偏差 ±5mm。

6. 系统中所有管道内外壁均除锈、排污，管道安装完毕且经试压、试漏合格后，外涂防锈漆、银灰漆各两道。

7. 所有设备尺寸均以生产厂家实物为准，待核实后开始设备施工。

8. 供液装置具有自动供液、液位显示、液位超高报警、氨泵自动保护等措施。

9. 压缩机备有压差、高低压控制，断水保护等措施，其余辅助设备均设有安全阀、压力表等安全保护装置。

10. 制冷工艺中设备及管道的安装应符合 GB 50274—2010《制冷设备、空气分离设备安装工程施工及验收规范》的要求，未尽事宜参照国家有关规范的规定。

专业	学号	指导	工程编号	工程名称	库尔勒某集团 9000t 高温冷库	图名	制冷系统设计说明	图号	JFL01
班级	设计	校核	出图日期	项目名称	制冷机房				

(JFL01)

制冷工程常用管线、管阀及小件设备图例

序号	图例或符号	名　　称	序号	图例或符号	名　　称
1	AR	吸气(回气)管	24		电磁主阀 (气用常开型)
2	AG	排气或热氨管			
3	AL	氨液管	25		内平衡式热力膨胀阀
4	AD	排液管	26		外平衡式热力膨胀阀
5	x AP x	放空气管	27		止回阀
6	y AO y	放油管	28		旁通阀
7	xx AS xx	安全管	29		浮球液位控制器
8	‖ AB ‖	均压管	30		液面指示及控制器
9		变径	31		板式液面计及其阀
10		变径三通	32		浮球阀
11		伸缩弯	33		直通式过滤器
12		管道设备吊支点	34		直角式过滤器
13		安全阀	35		压力表
14		三通阀	36		视液镜
15		三通电磁阀	37		温度计套管
16		止回电磁阀	38		铂电阻
17		直通式截止阀	39		压力棒式温度控制器
18		直角式截止阀	40		压力螺旋式 温度控制器
19		直通式节流阀			
20		直角式节流阀	41		温度调节器
21		电磁阀	42		温度指示仪
22		电磁主阀 (液用常闭型)	43		高低压压力控制器
			44		压力控制器
23		电磁主阀 (气用常闭型)	45		差压控制器

示例1图2

图样目录

序号	图　号	名　称	页　数	备　注
1	JFL01	制冷系统设计说明	1	A2
2	JFL02	图例、图样目录、主要设备表	1	A2
3	JFL03	氨机房制冷系统原理图	1	A2
4	JFL04	氨机房制冷系统轴测图	1	A1
5	JFL05	氨机房设备基础位置、工艺平面图	1	A2
6	JFL06	蒸发式冷凝器基础位置、工艺平面图	1	A2
7	JFL07	氨机房剖面图(一)	1	A2
8	JFL08	氨机房剖面图(二)	1	A2
9	JFL09	库房制冷系统原理图	1	A2
10	JFL10	冷却物冷藏间制冷系统轴测图	1	A2
11	JFL11	冷却物冷藏间制冷工艺平面图	1	A2

主要制冷设备表

序号	设备(材料)名称	规格型号	单位	数量	备　注
1	热虹吸螺杆制冷机组	HLG16ⅢA	台	3	
2	蒸发式冷凝器	CXV—173	台	2	
3	虹吸罐	HZAP5	台	1	
4	高压贮氨器	ZA—4.5	台	1	
5	卧式桶氨泵组合装置	ZWB8—6.25×40	台	2	
6	集油器	JYA—325	台	1	
7	自动空气分离器	ZKF—1	台	1	
8	紧急泄氨器	JX—159	台	1	
9	加氨站		组	1	
10	空气冷却器	DAA50C38—185	台	72	
11	防爆型轴流风机	T35—11N005	台	4	

专业		学号		指导		工程编号		工程名称	库尔勒某集团9000t高温冷库	图名	图例、图样目录及主要设备表	图号	JFL02
班级		设计		校核		出图日期		项目名称	制冷机房				

(JFL02)

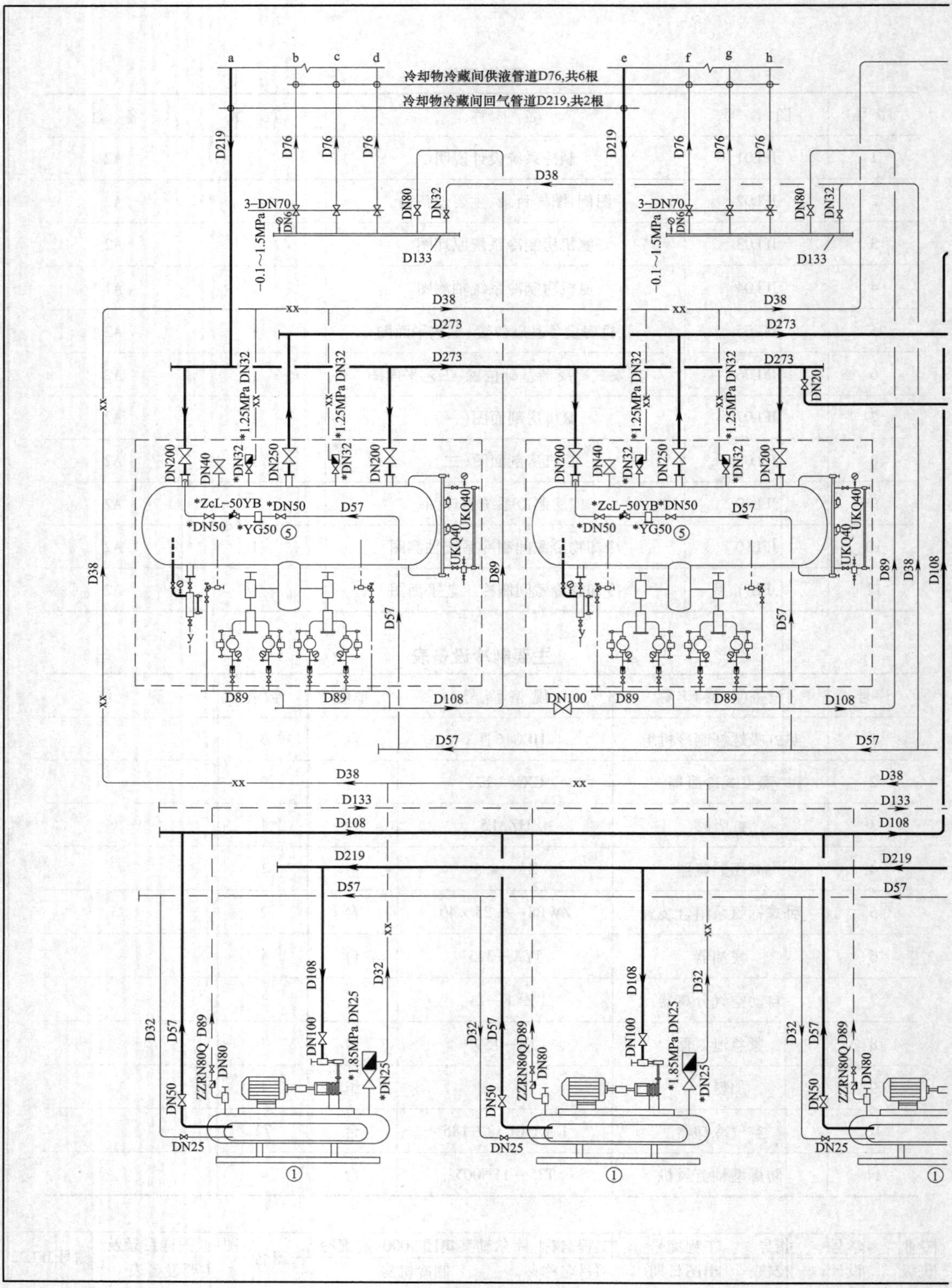
冷却物冷藏间供液管道D76,共6根
冷却物冷藏间回气管道D219,共2根
D219
D76
3-DN70
D133
D38
D273
*1.25MPa DN32
*ZcL-50YB
*DN50
*YG50
D57
UKQ40
D89
D108
DN100
D133
D219
DN25
DN80
ZZRN80Q
*1.85MPa DN25

示例1图3

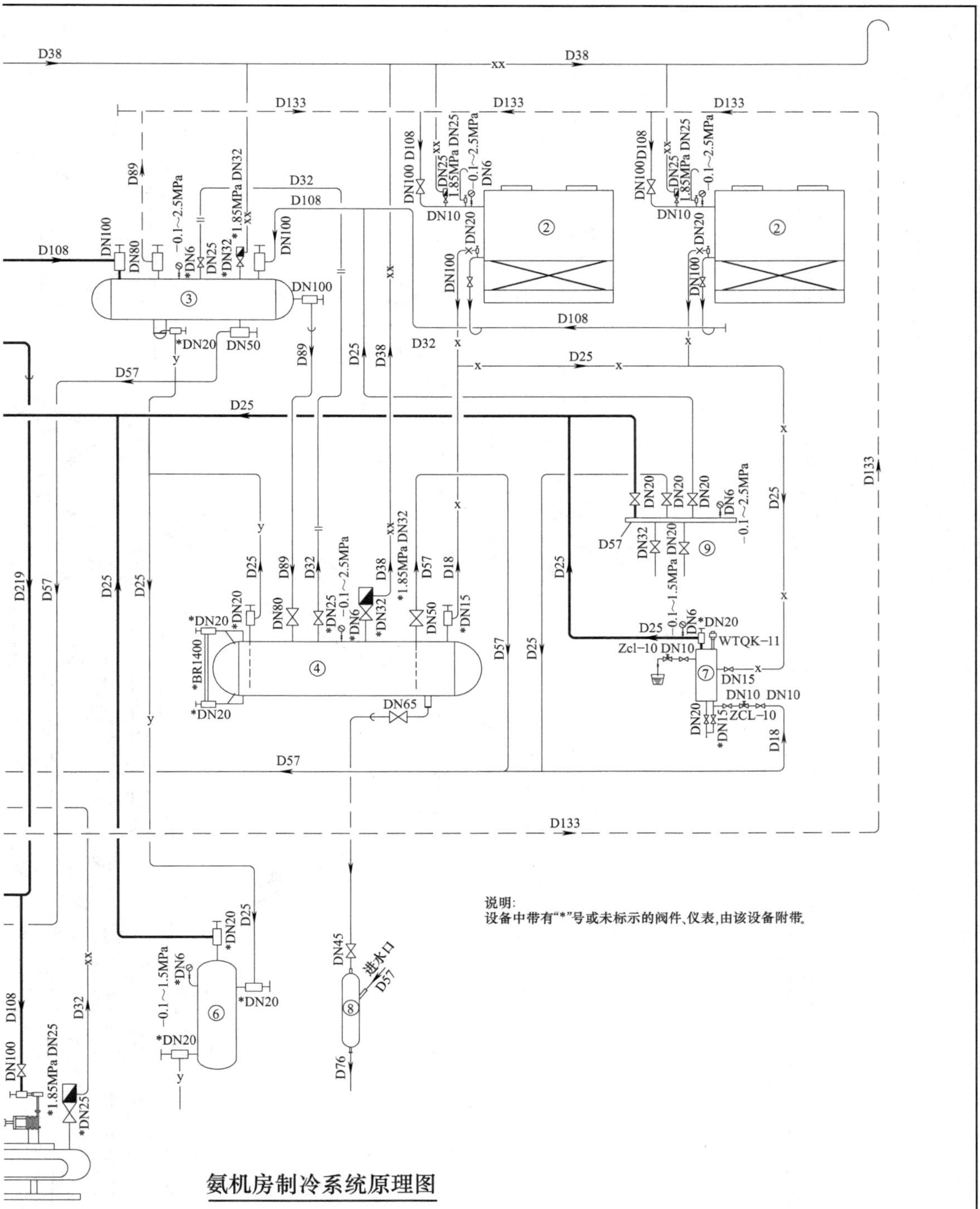

说明:
设备中带有"*"号或未标示的阀件、仪表,由该设备附带。

氨机房制冷系统原理图

专业		学号		指导		工程编号		工程名称	库尔勒某集团9000t高温冷库	图名	氨机房制冷系统原理图	图号	JFL03
班级		设计		校核		出图日期		项目名称	制冷机房				

(JFL03)

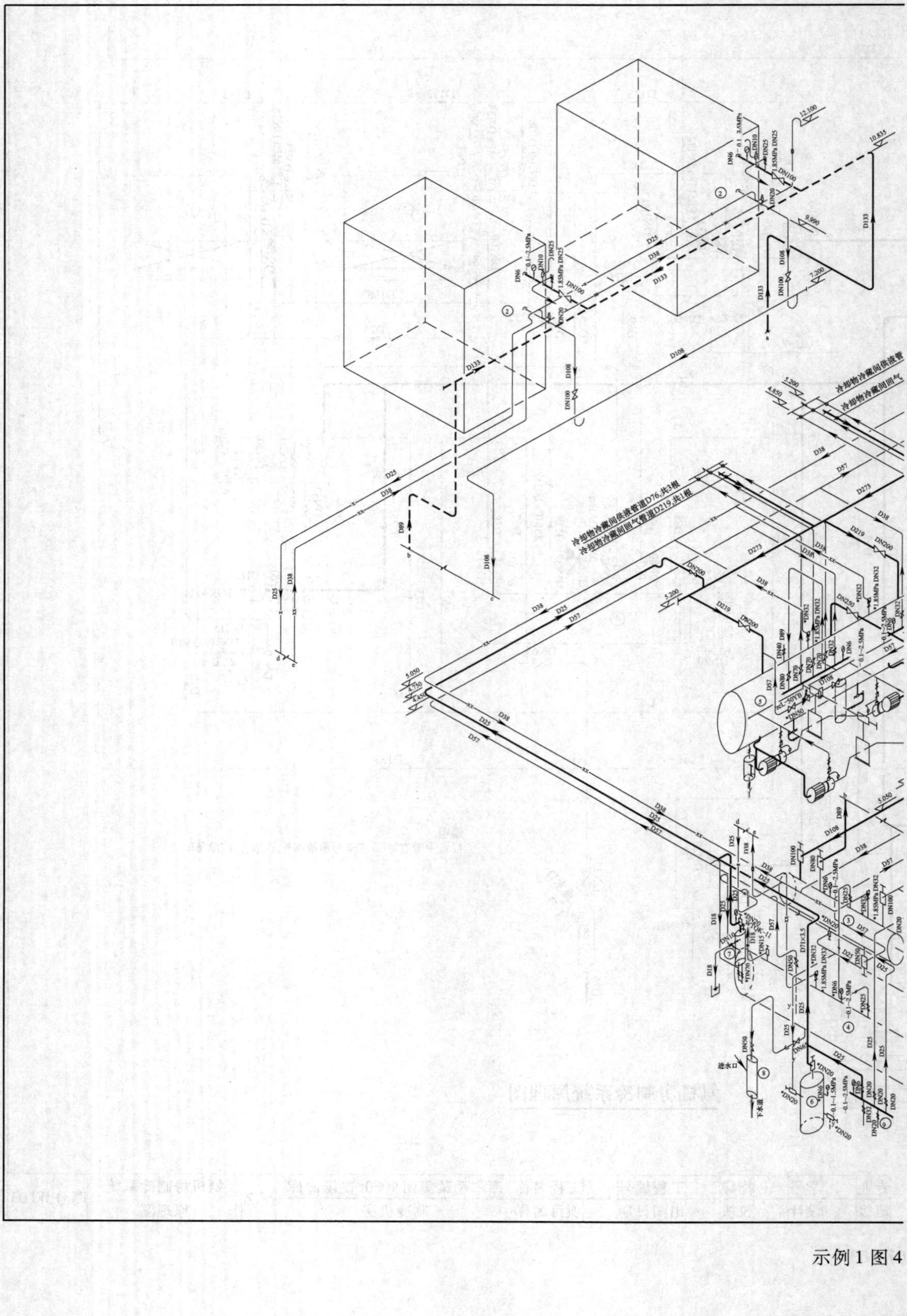

示例 1 图 4

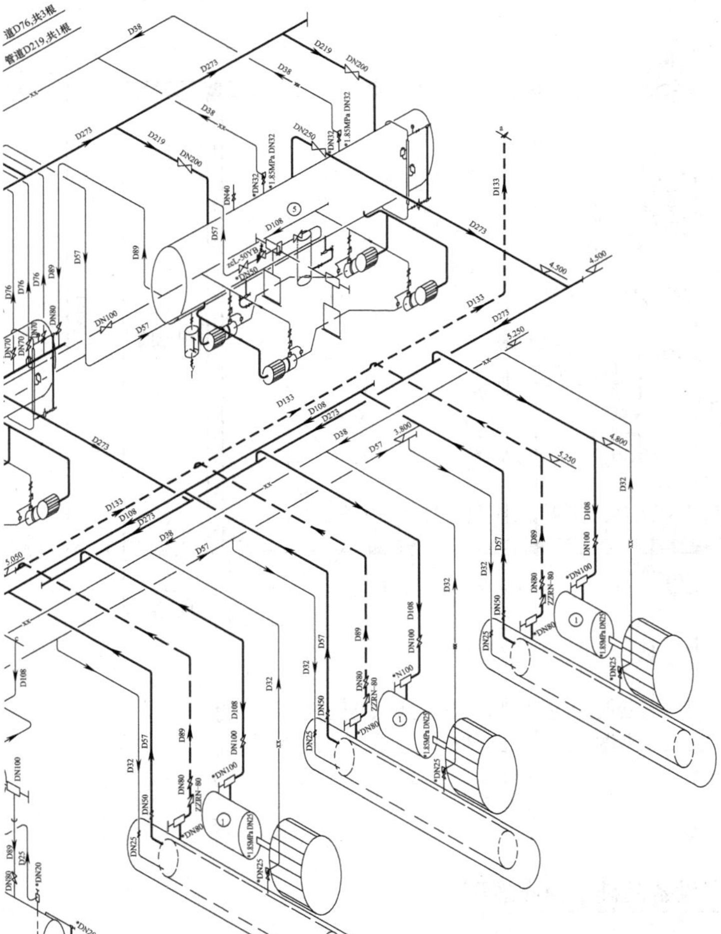

氨机房制冷系统轴测图

专业		学号		指导		工程编号		工程名称	库尔勒某集团 9000t 高温冷库	图名	氨机房制冷系统轴测图	图号	JFL04
班级		设计		校核		出图日期		项目名称	制冷机房				

(JFL04)

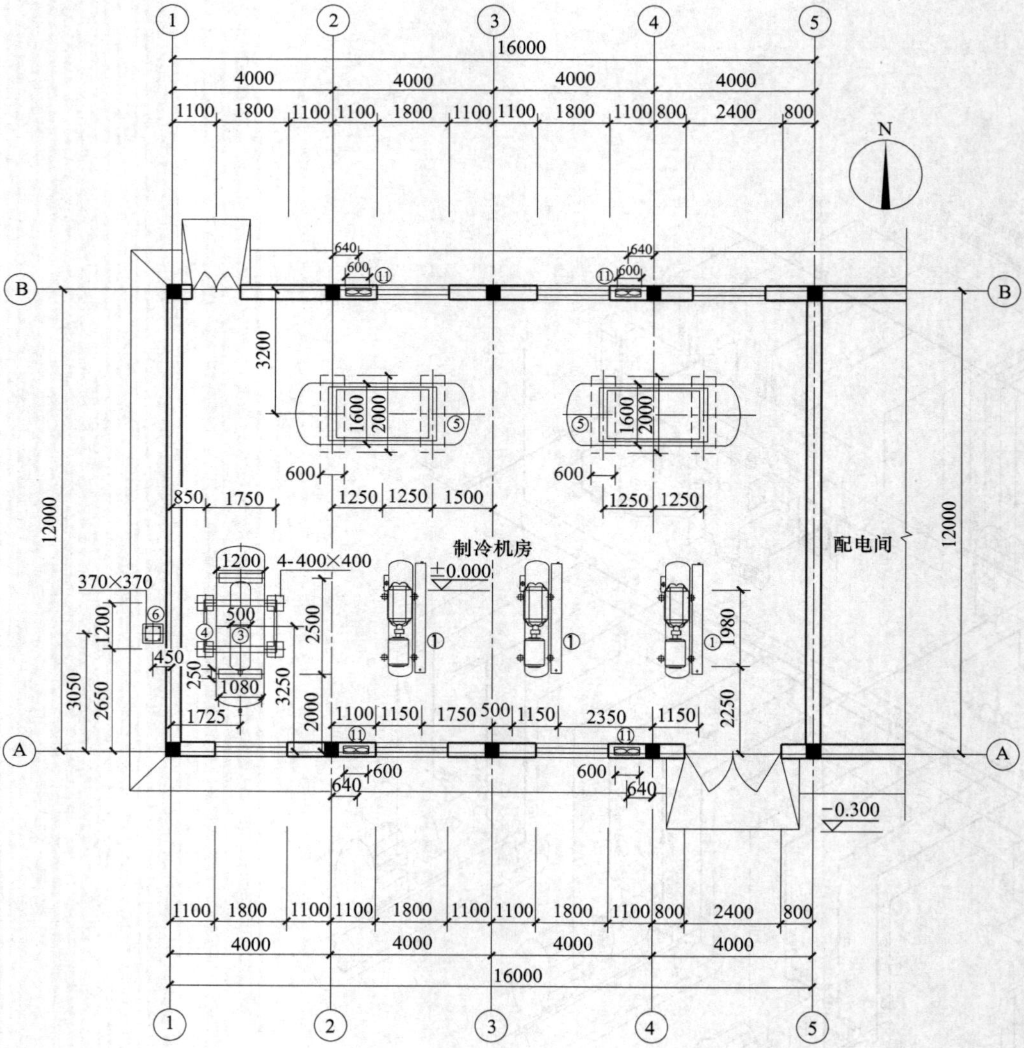

氨机房设备基础平面布置图 1:100

示例 1 图 5

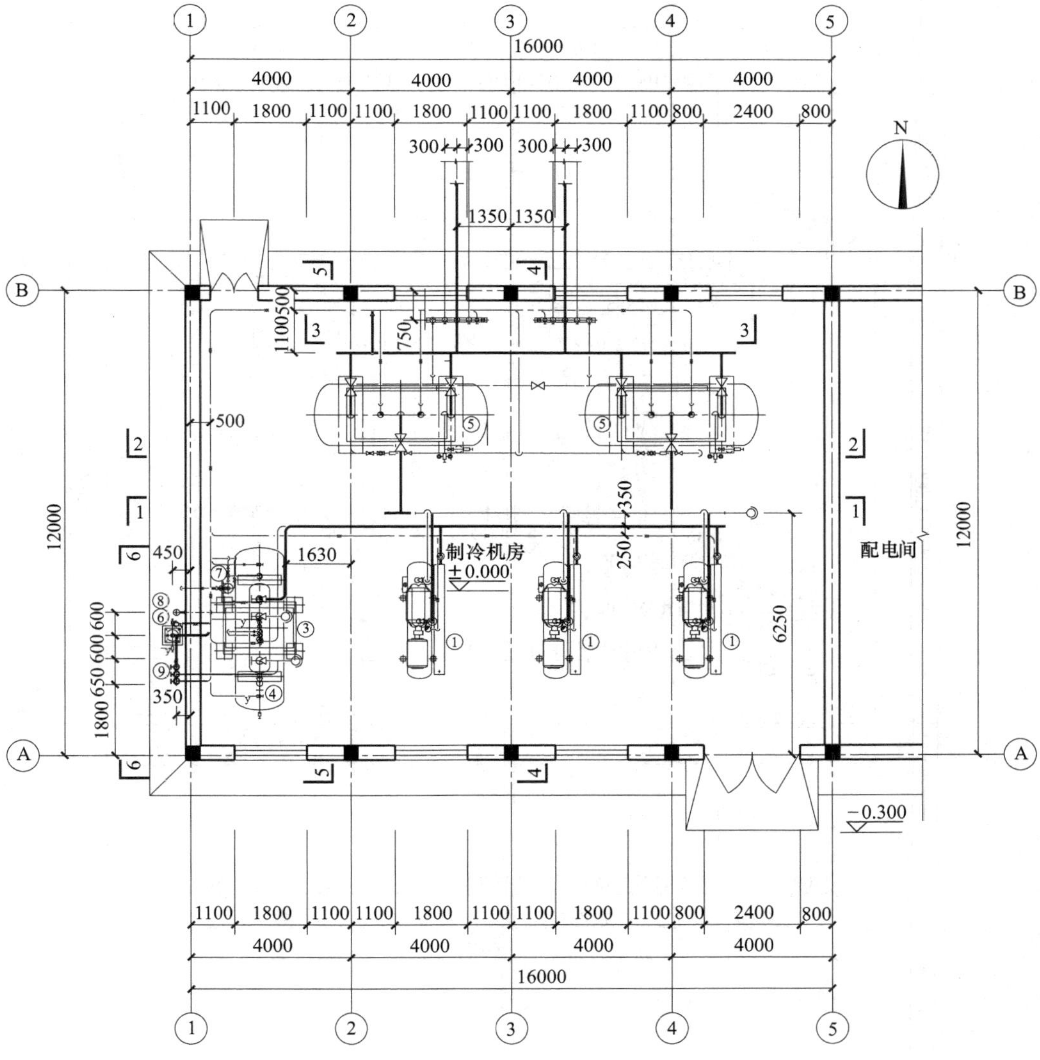

氨机房制冷工艺平面图 1:100

专业		学号		指导		工程编号		工程名称	库尔勒某集团 9000t 高温冷库	图名	氨机房设备基础位置、工艺平面图	图号	JFL05
班级		设计		校核		出图日期		项目名称	制冷机房				

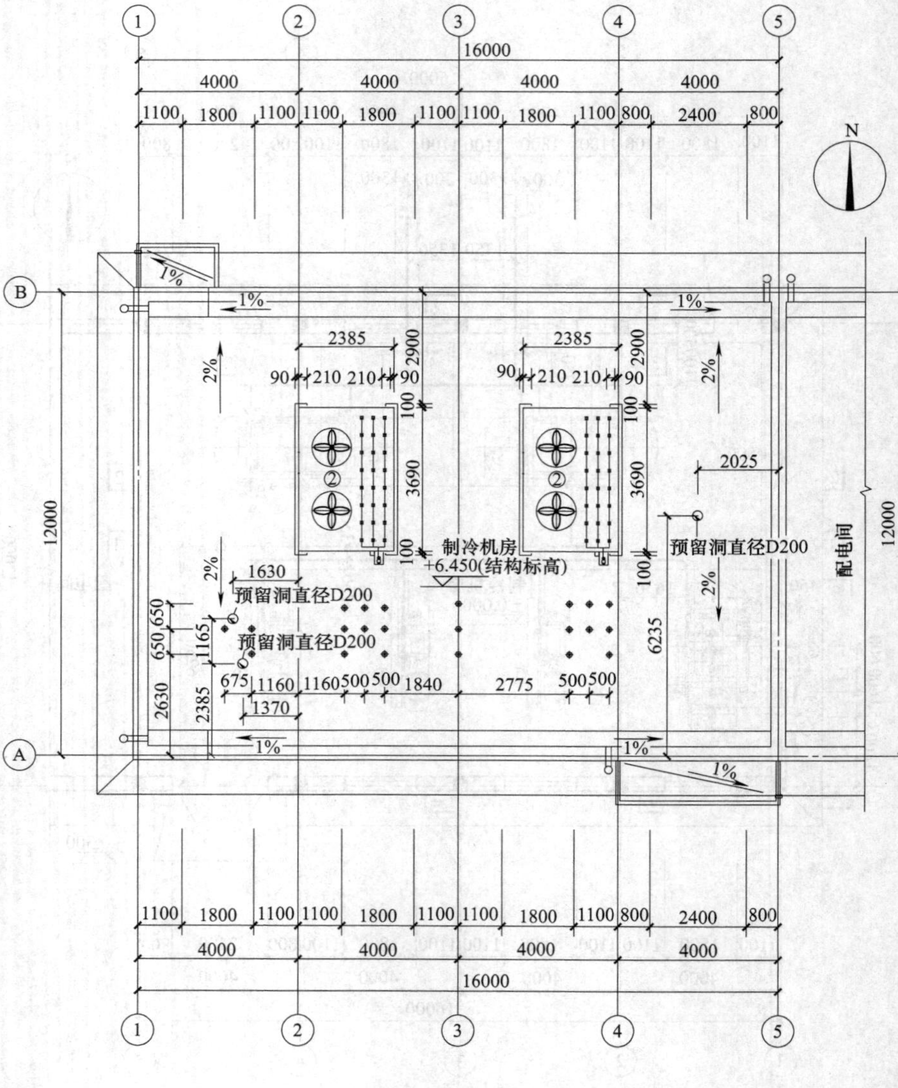

机房屋顶蒸发式冷凝器平面布置图 1:100

示例1图6

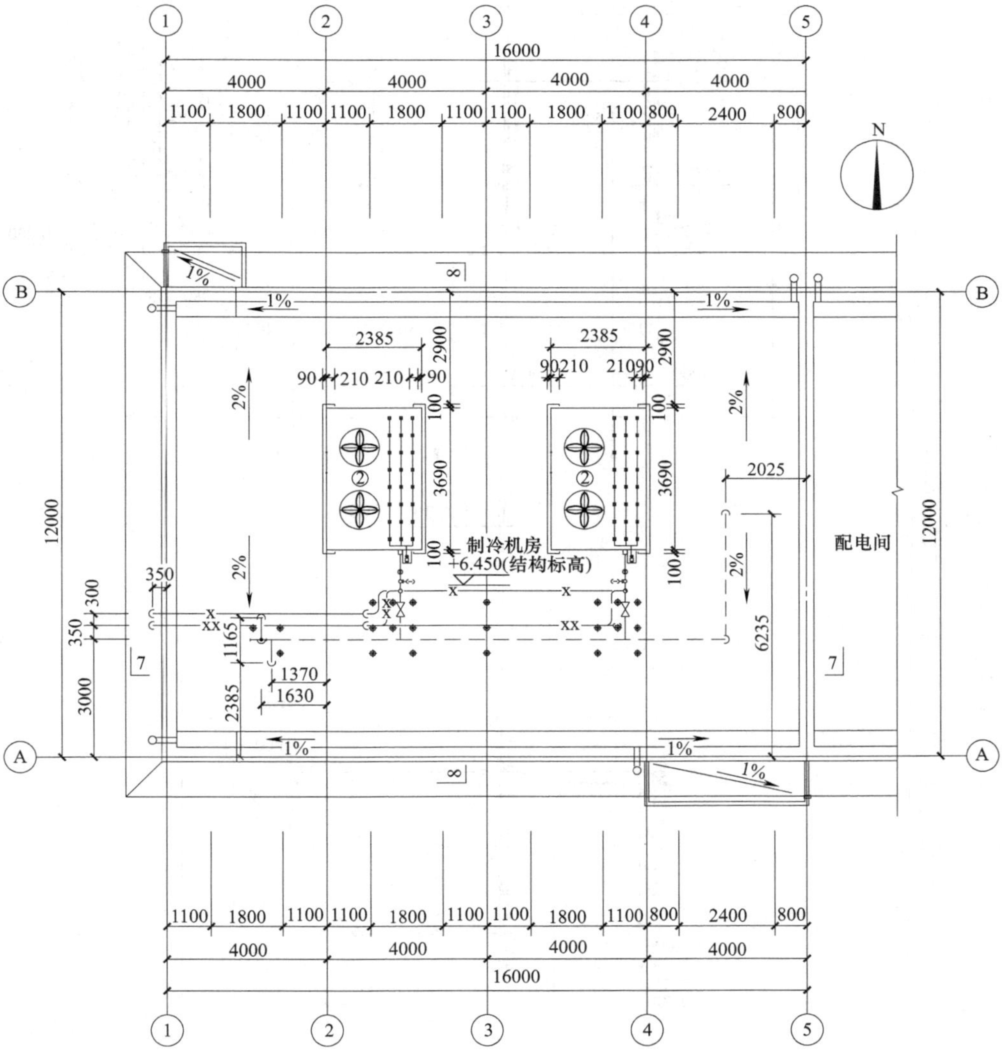

机房屋顶蒸发式冷凝器工艺管道平面图 1:100

专业		学号		指导		工程编号		工程名称	库尔勒某集团 9000t 高温冷库	图名	蒸发式冷凝器基础位置、工艺平面图	图号	JFL06
班级		设计		校核		出图日期		项目名称	制冷机房				

(JFL06)

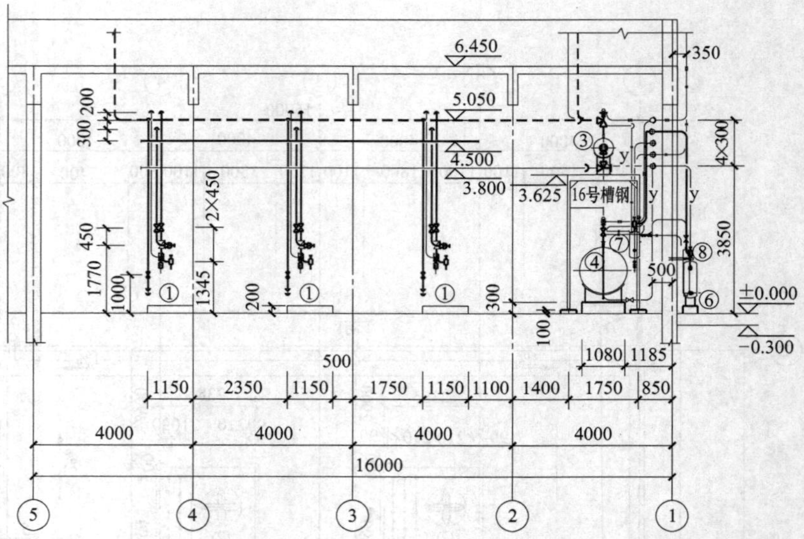

1—1剖面 1:100

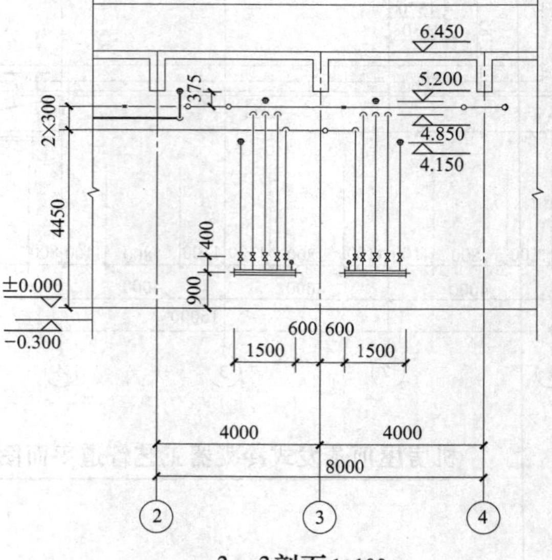

3—3剖面 1:100

示例1图7

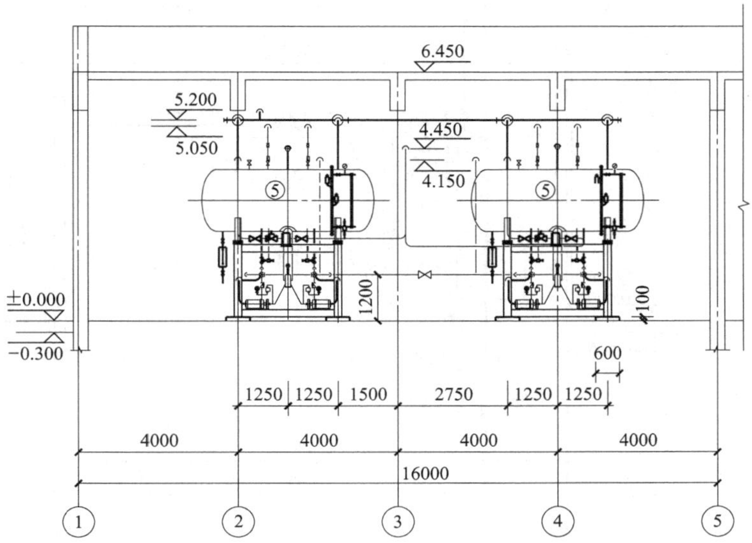

2—2剖面 1:100

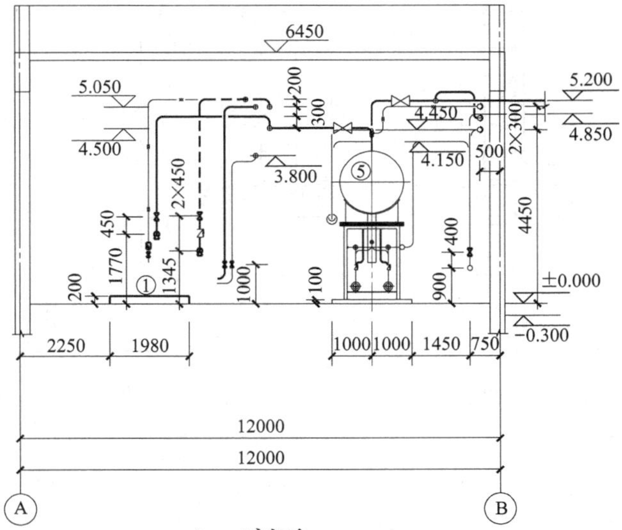

4—4剖面 1:100

专业		学号		指导		工程编号		工程名称	库尔勒某集团 9000t 高温冷库	图名	氨机房剖面图(一)	图号	JFL07
班级		设计		校核		出图日期		项目名称	制冷机房				

(JFL07)

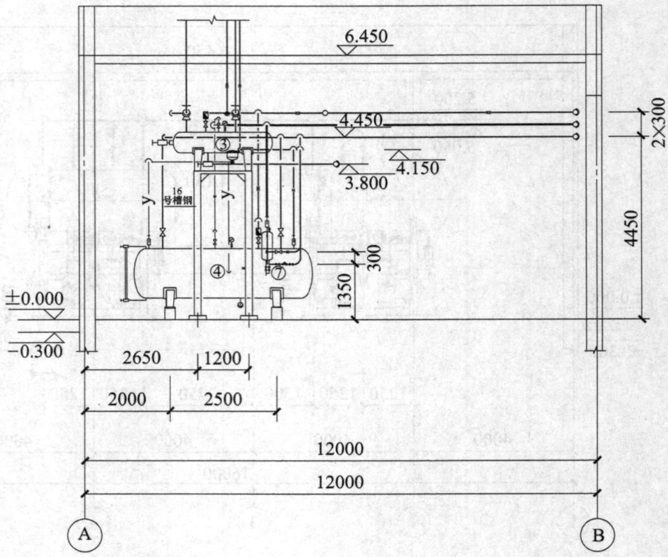

5—5剖面 1:100

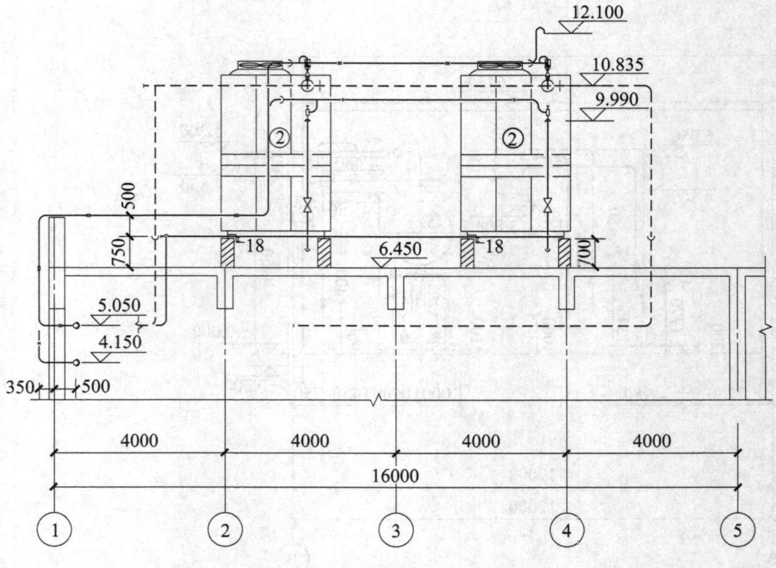

7—7剖面 1:100

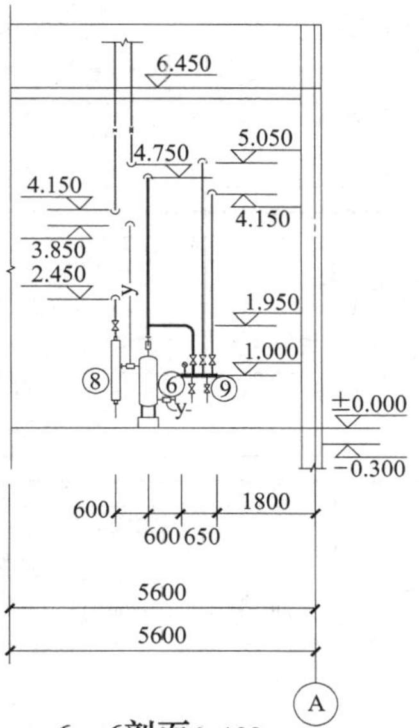

6—6剖面1:100

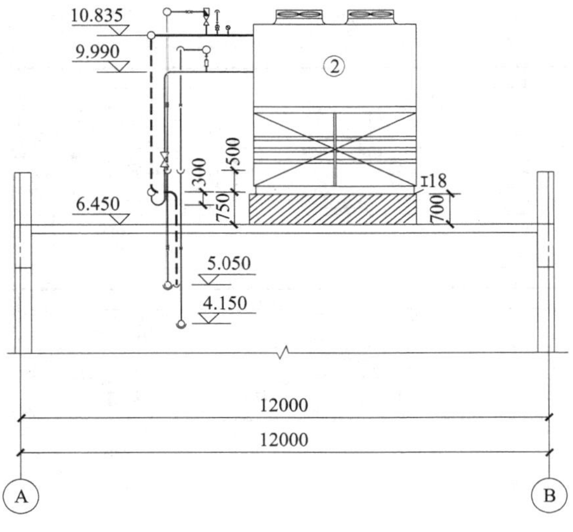

8—8剖面 1:100

专业		学号		指导		工程编号		工程名称	库尔勒某集团 9000t 高温冷库	图名	氨机房剖面图(二)	图号	JFL08
班级		设计		校核		出图日期		项目名称	制冷机房				

(JFL08)

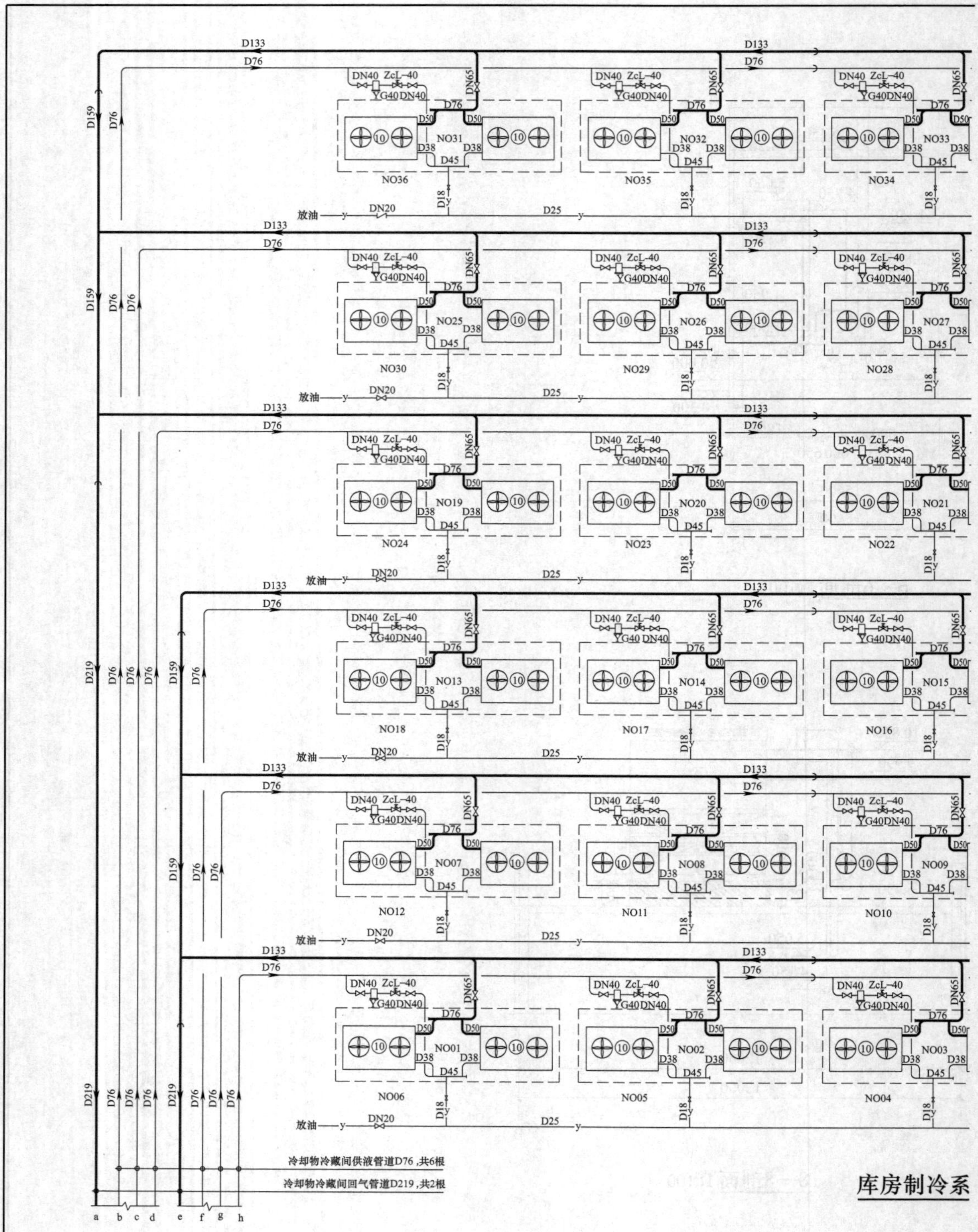
D133
D76
D159
D219
DN40 ZcL-40
YG40DN40
DN65
D50
D38
D45
D18
DN20
D25
放油
NO01
NO02
NO03
NO04
NO05
NO06
NO07
NO08
NO09
NO10
NO11
NO12
NO13
NO14
NO15
NO16
NO17
NO18
NO19
NO20
NO21
NO22
NO23
NO24
NO25
NO26
NO27
NO28
NO29
NO30
NO31
NO32
NO33
NO34
NO35
NO36
冷却物冷藏间供液管道D76，共6根
冷却物冷藏间回气管道D219，共2根
a b c d e f g h
库房制冷系

示例1图9

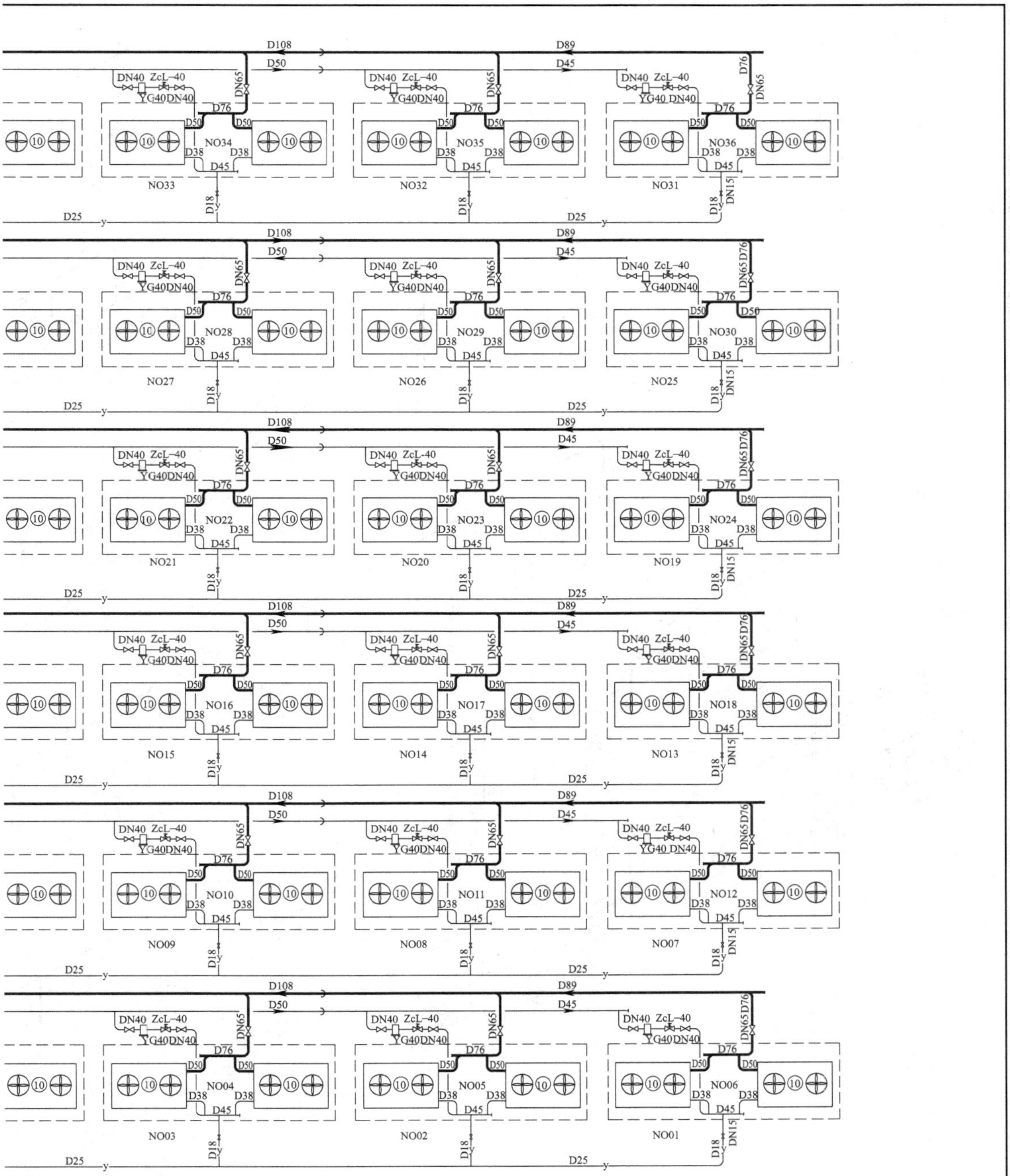

统原理图

专业		学号		指导		工程编号		工程名称	库尔勒某集团 9000t 高温冷库	图名	库房制冷系统原理图	图号	JFL09
班级		设计		校核		出图日期		项目名称	冷库				

(JFL09)

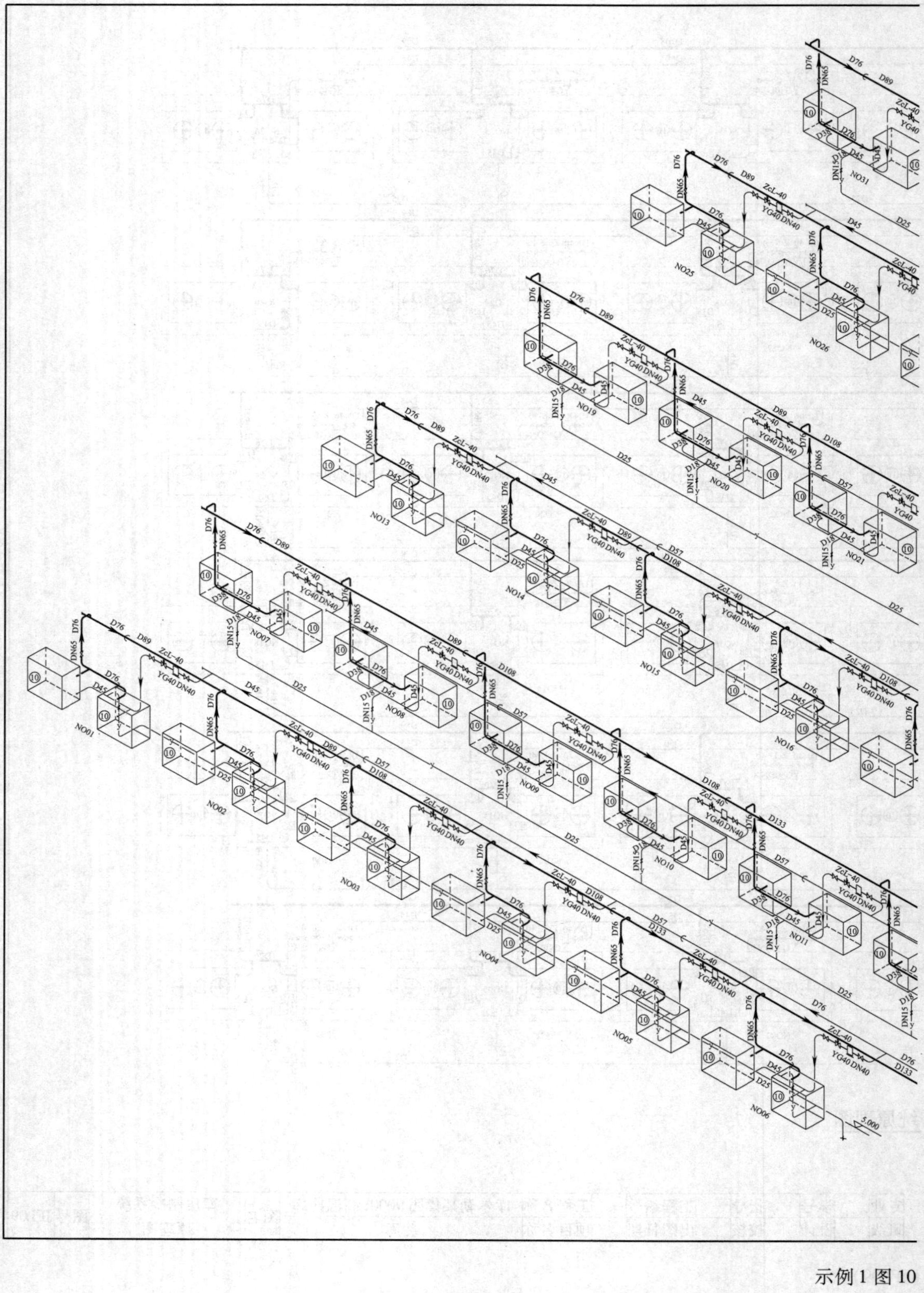
NO01
NO02
NO03
NO04
NO05
NO06
NO07
NO08
NO09
NO10
NO11
NO13
NO14
NO15
NO16
NO19
NO20
NO21
NO25
NO26
NO31
D76
D89
DN65
ZcL-40
YG40 DN40
D45
D25
D38
D18
DN15
D57
D108
D133
5.000

示例 1 图 10

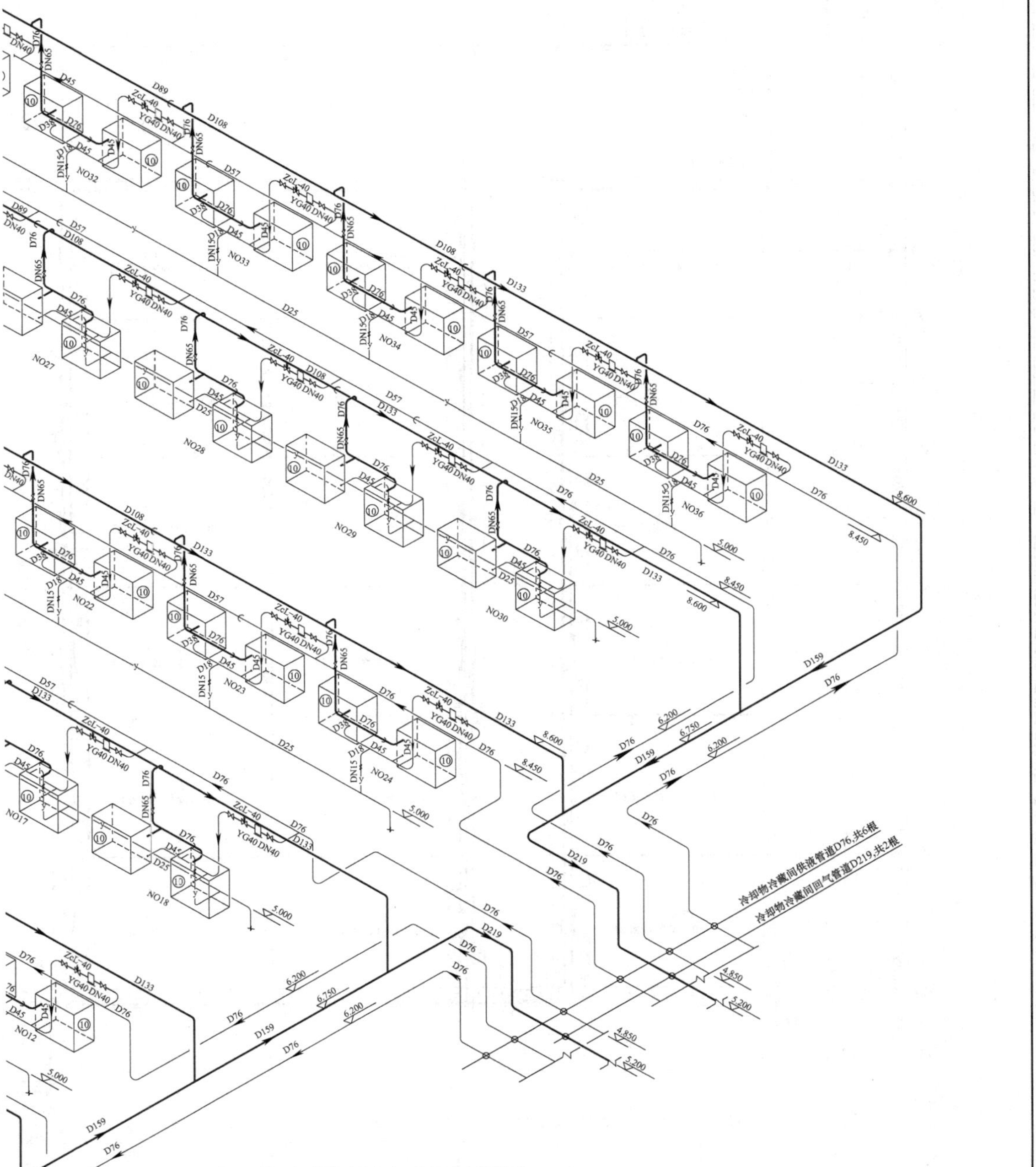

冷却物冷藏间制冷系统轴测图

专业		学号		指导		工程编号		工程名称	库尔勒某集团 9000t 高温冷库	图名	冷却物冷藏间制冷系统轴测图	图号	JFL10
班级		设计		校核		出图日期		项目名称	冷库				

（JFL10）

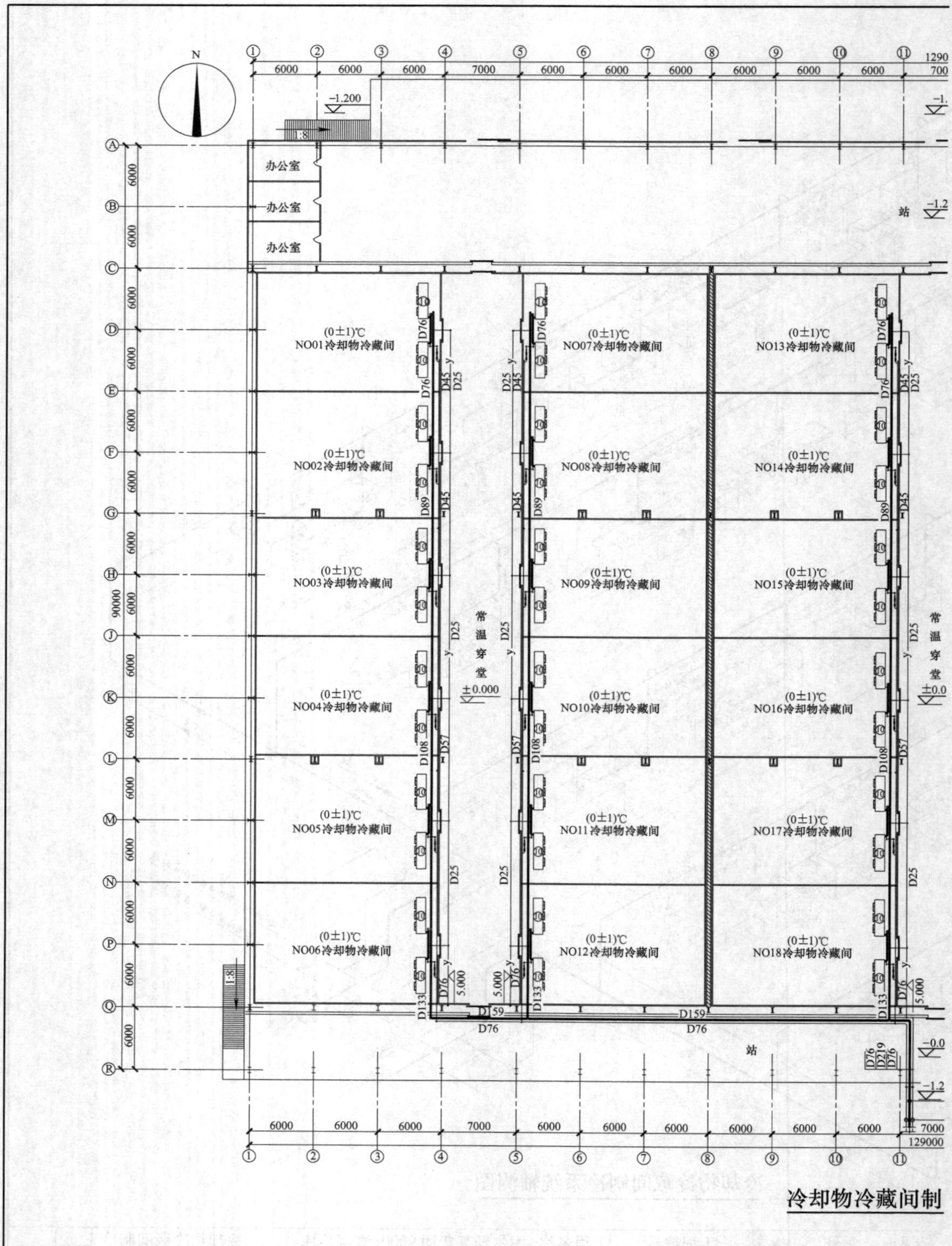
N
-1.200
1:8
办公室
办公室
办公室
站
(0±1)℃
NO01冷却物冷藏间
(0±1)℃
NO02冷却物冷藏间
(0±1)℃
NO03冷却物冷藏间
(0±1)℃
NO04冷却物冷藏间
(0±1)℃
NO05冷却物冷藏间
(0±1)℃
NO06冷却物冷藏间
(0±1)℃
NO07冷却物冷藏间
(0±1)℃
NO08冷却物冷藏间
(0±1)℃
NO09冷却物冷藏间
(0±1)℃
NO10冷却物冷藏间
(0±1)℃
NO11冷却物冷藏间
(0±1)℃
NO12冷却物冷藏间
(0±1)℃
NO13冷却物冷藏间
(0±1)℃
NO14冷却物冷藏间
(0±1)℃
NO15冷却物冷藏间
(0±1)℃
NO16冷却物冷藏间
(0±1)℃
NO17冷却物冷藏间
(0±1)℃
NO18冷却物冷藏间
常温穿堂
±0.000
D76 D45 D25 D89 D108 D57 D133 D59 D159 D219
5.000
-0.0
-1.2
6000 6000 6000 7000 6000 6000 6000 6000 6000 6000 7000
90000
129000
冷却物冷藏间制

示例 1 图 11

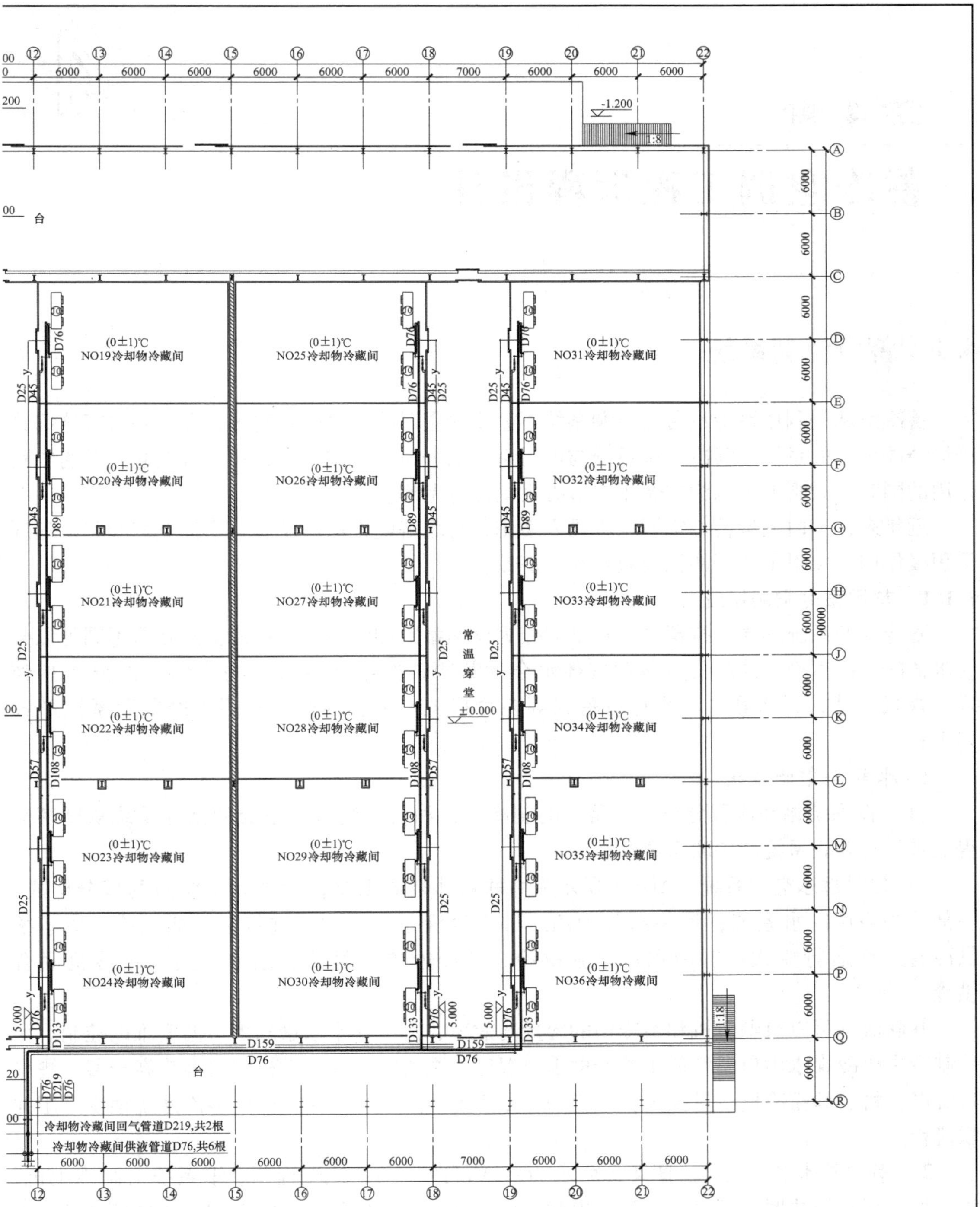

冷工艺平面图 1:300

专业	学号	指导	工程编号	工程名称	库尔勒某集团9000t高温冷库	图名	冷却物冷藏间制冷工艺平面图	图号	JFL11
班级	设计	校核	出图日期	项目名称	冷库				

(JFL11)

4

第4章

蓄冷空调工程课程设计

4.1 蓄冷空调系统

蓄冷空调是利用蓄冷设备在空调系统不需要冷量时将冷量贮存起来，在需要时将这部分冷量释放出来的系统。蓄冷空调系统与电力系统的分时电价相结合，在宏观上起到平衡电网作用的同时，微观上可以为空调用户节省大量运行费用。

近年来，国内大量蓄冷空调工程投入使用，对缓解电力供需矛盾、平抑电网峰谷差起到了积极作用，取得了很好的社会效益和经济效益。

4.1.1 常用蓄冷空调系统

蓄冷空调系统形式，按蓄冷方式不同分为显热蓄冷和潜热蓄冷；按蓄冷介质不同可以分为水蓄冷、冰蓄冷、共晶盐蓄冷和气体水合物蓄冷；按蓄冷装置结构不同可以分为盘管式、板式、球式、冰晶式和冰片滑落式等多种形式。在实践中，常用蓄冷空调系统形式如下：

1. 冰蓄冷空调系统

（1）按系统循环流程分类　冰蓄冷的制冷主机和蓄冰装置所组成的循环系统从循环流程上讲只有并联系统和串联系统两类。

1）并联蓄冰空调系统。图4-1所示为并联蓄冰空调系统流程图。系统由两部分构成，一部分为空调冷水系统；另一部分为乙二醇水溶液系统，它可进行蓄冷或供冷。该系统供冷有三种运行模式：制冷主机单独供冷、蓄冷槽单独供冷、制冷主机与蓄冷槽联合供冷。

并联流程可以兼顾主机和蓄冷槽的容量与效率，但冷媒水水量和出口温度难以控制。如果制冷主机冷媒水出口温度低于蓄冷槽出口温度，主机能耗高。主机出口温度高于蓄冷槽出口温度，将引起蓄冷槽冷量损失，蓄冷槽容量不能得到充分利用，因此蓄冷系统很少采用并联流程。

2）串联蓄冰空调系统。图4-2所示为串联蓄冰空调系统流程图。该系统由制冷主机、蓄冷槽、板式换热器以及泵、阀门等串联组成，利用温度较低的乙二醇溶液通过板式换热器冷却空调冷媒水。

该系统除蓄冰工况外，也可以有制冷主机单独供冷、蓄冷槽单独供冷、制冷主机与蓄冷槽联合供冷等几种运行工况。

另外，根据串联系统中制冷主机与蓄冷槽的前后位置，可以分为主机上游和蓄冷槽上游

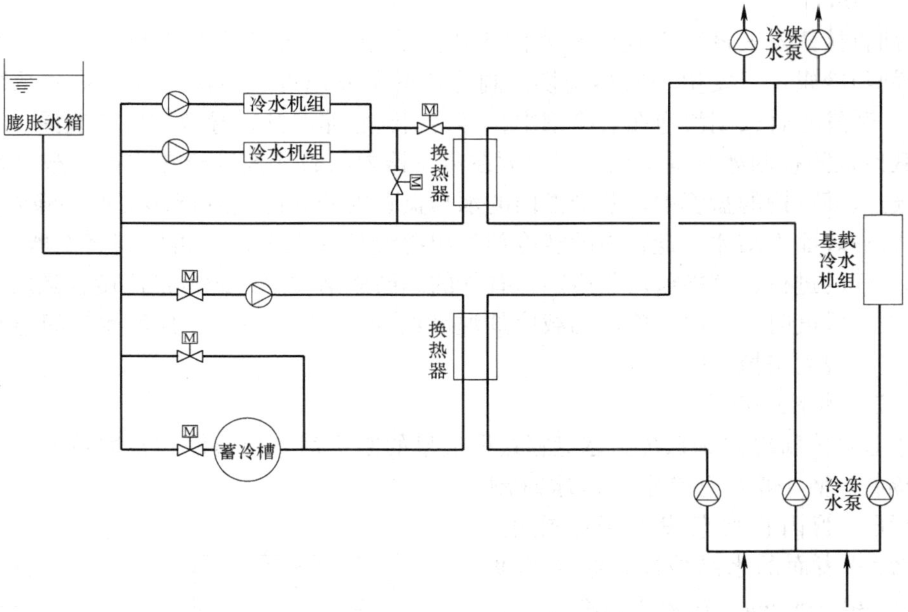

图 4-1 并联蓄冰空调系统流程图

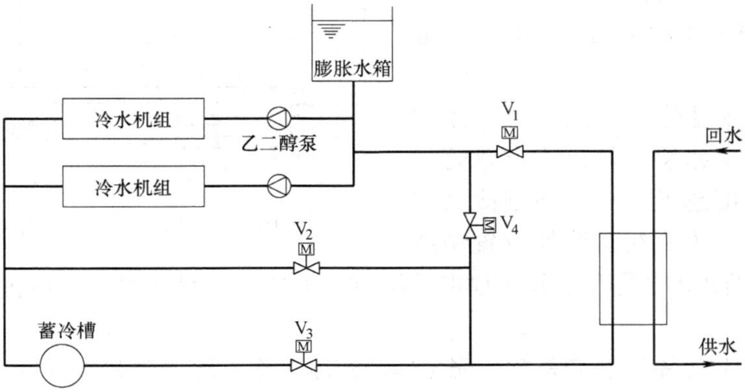

图 4-2 串联蓄冰空调系统流程图

两种情况。对于主机上游系统，制冷主机出水温度较高，蓄冷槽进出水温度较低，其主机运行效率高，能耗低；但是蓄冷槽融冰温差小，放冷速度小，蓄冷槽空间不能得到充分利用，它适合于舒适性空调使用。而蓄冷槽上游系统的主机运行效率低，能耗高；但是蓄冷槽放冷速度大，冷槽空间可以得到充分利用，它适合于工艺制冷和低温制冷。

（2）按冷媒分类 根据冷媒的不同，冰蓄冷空调系统可以分为制冷剂直接蒸发制冰和利用载冷剂（盐水、乙二醇水溶液）间接冷却制冰两种形式。

1）制冷剂直接蒸发制冰空调系统。制冷剂经压缩机压缩并冷凝成液体后，经过膨胀阀进入蓄冷槽盘管蒸发，蓄冷槽内的贮水与盘管内的制冷剂热交换后降温，0℃时开始在盘管外表面结冰，蒸发后的气态制冷剂回流到压缩机。随着蓄冰过程的进行，冰越结越厚，其蒸发温度也会有所降低，冷水机组的效率将会下降。因此，直接蒸发蓄冰系统的冰层厚度一般控制在30～50mm。

制冷剂直接蒸发式蓄冰方式以蓄冰槽代替蒸发器，节省了蒸发器的费用。在蓄冰过程中，制冷剂与冷媒水只发生一次热交换，制冷剂的蒸发温度较载冷剂间接蓄冰系统有所提高。但是，蒸发盘管长期浸泡在蓄冷槽中，容易引起管路腐蚀，导致制冷剂泄漏。

2）载冷剂间接制冰空调系统。制冷剂在蒸发器内与载冷剂进行热交换，载冷剂被降温后，由泵送入蓄冷槽的盘管中，蓄冷槽内的水与盘管内的载冷剂进行热交换，降温到0℃后开始在盘管外表面上结冰。盘管内的载冷剂放出冷量后逐渐升温，再回到蒸发器换热降温。随着蓄冰过程的进行，蓄冷槽内载冷剂盘管外的冰层逐渐增厚，载冷剂温度也随之下降，待冰层达到设计厚度时，进出蓄冷槽的载冷剂温度约为－6℃/－3℃，其蓄冰时间通常也是根据载冷剂出口温度来控制的。

（3）按蓄冰形式分类

1）冰盘管式蓄冷空调系统。冰盘管式是最早的制冷剂直接蒸发式蓄冰系统。蓄冷槽内放置制冷剂盘管，槽内充满水。蓄冰时制冷剂在金属盘管内直接蒸发并吸收热量，将金属盘管外表面的水结成冰，结冰厚度一般控制在40～60mm。在融冰放冷时，则使空调系统的回水送入蓄冷槽，与金属盘管外的冰接触融合，融冰后水温下降至1～3℃，然后通过泵送至空调负荷端使用，如图4-3所示。

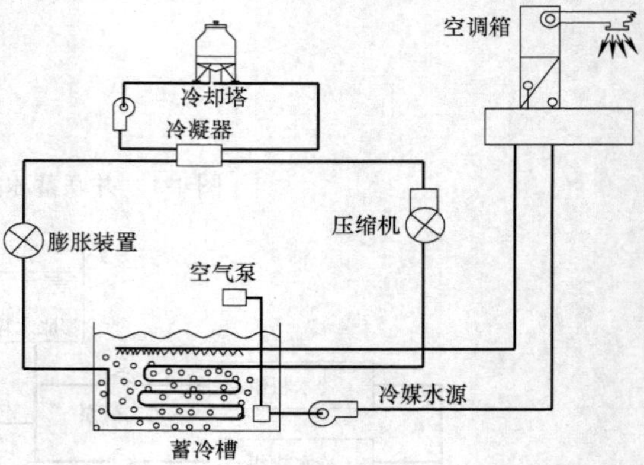

图4-3　冰盘管式蓄冷空调系统流程图

蓄冰时，水在盘管上逐渐结冰，冰层沿径向向外扩展。冰层越厚，要求盘管内制冷剂的蒸发温度越低，从而使制冷系统的效率大为降低，故需在盘管外设置结冰厚度传感器，以监控冰的厚度。结冰厚度检测方法通常有机械接触式、电极式、水位差式、电阻式。

2）完全冻结式冰蓄冷空调系统。完全冻结式冰蓄冷系统大多数由标准化的蓄冷筒或蓄冷槽并联构成，蓄冷槽里装有很多细的塑胶质盘管，盘管里通载冷剂，管外充满水，水和载冷剂之间通过管壁进行热交换。

由于完全冻结式冰蓄冷系统融冰时，最靠近管壁的冰首先融化，故为内融冰方式，因此蓄冷空调内不需预留空间做冷水区。该系统具有较高的制冰率，工作时蓄冷槽内的水静止不动，根据塑料管内载冷剂的温度变化进行制冰、融冰的控制，故不需要结冰厚度控制器和空气搅拌器，这样就减少了系统发生故障的机会。

完全冻结式冰蓄冷系统的蓄冰容量控制可采用时间控制、制冷剂回水温度控制、液位控制三种方式或者三种方式中的两种方式组合控制，其中，时间控制是必须采用的一种基本控制方式。

3）密封件式冰蓄冷空调系统。密封件式蓄冷系统与完全冻结式冰蓄冷系统工作原理大致相同，也是以低温载冷剂作为传热介质，只是载冷剂在外，冰冻结在密封件内。由于水结冰时约有9%的体积膨胀，因此，为防止冰形成后体积增大对密封件壳体的破坏，通常要在密封件壳体上或密封件内预留膨胀空间。密封件蓄冷槽的形状一般有卧式圆筒形、立式钢制密封槽、长方体形混凝土槽等。密封件由高密度聚乙烯材料制成，常见的冰蓄冷密封件有圆球形密封件、长方形密封件、哑铃形密封件、单金属芯冰球和双金属芯冰球。

密封件式蓄冷系统的蓄冰容量控制也可采用时间控制、制冷剂回水温度控制、液位控制三种方式或者三种方式中的两种方式组合控制。

4）制冰滑落式蓄冷空调系统。制冰滑落式蓄冷空调系统工作流程为：冰水供应管路在蒸发器上方喷淋到蒸发器表面上，再落入到蓄冷槽里，部分冷水流过蒸发器板表面时，受到制冷剂的冷却，而冻结在其表面上。当冰层在蒸发器上冻结至相当厚度之后，即被除下来放入蓄冷槽里。除冰的方法一般采用制冷剂热气除霜，即由压缩机出口段引入高温高压气态制冷剂进入蒸发器里，利用加热的方法使蒸发器表面的冰融化，冰块从蒸发器表面上脱落，落入其下部放置的蓄冷槽。由于该方法的结冰厚度较薄，故制冷主机的蒸发温度可相应提高，制冰时制冷机容量与效率均提高。

制冰滑落式蓄冷空调系统的蓄冷槽通常位于制冷主机的下方，制出的冰块依靠重力落入下放的蓄冷槽中。由于蓄冷槽本身有一定的深度，故此方式易造成冰块堆叠不均匀。解决方法是在蓄冷槽上方制冰主机落冰处加装一螺杆输送机构，使落冰分配到蓄冷槽的各个角落，提高蓄冷槽空间利用率。

制冰滑落式蓄冷空调系统的操作运行特性与蓄冷槽里冰的数量无关，由于片状冰具有较大的表面积，因此该蓄冷系统可获得较高的释冷速率。通常情况下可保持释冷温度为1～2℃，直至蓄冷槽里的冰有80%～90%被融化。由于其释冷速率快，因而特别适合于尖峰用冷，而且可用温差大的冷媒水供应低温空调系统。

2. 水蓄冷空调系统

水蓄冷是利用水的显热进行冷量贮存，通常就是利用4～7℃的低温水进行蓄冷。由于水蓄冷的容量和效率取决于蓄冷槽的供、回水温差，以及供、回水温度的有效分层间隔，因此，应该尽量提高空调回水温度，以充分利用蓄冷槽的体积。一般蓄冷温差为8℃时，所需蓄冷体积为0.118m^2/(kW·h)；若温差为11℃，则所需蓄冷体积可以降低到0.086m^2/(kW·h)。

在水蓄冷技术中，关键问题是蓄冷槽的结构形式应能防止所蓄冷水与回流温水的混合。为实现这一目的，目前常用自然分层蓄冷、多槽式蓄冷、迷宫式蓄冷和隔膜式蓄冷等方法。其中，自然分层蓄冷方法简单、有效，是保证水蓄冷系统最为经济高效的方法。

（1）自然分层蓄冷　水的密度与温度有关，温度越低，密度越大，直到4℃；水温低至4℃，则密度减小，直至冻结。因此，4～6℃的冷水稳定积聚在蓄冷槽的最低部位，而13℃以上的回水积聚在蓄冷槽的较高部位。所谓分层，就是利用密度的影响将热水与冷水分开。为此要在上部热区和下部冷区之间创造和保持一个斜温层（温度剧变层），依靠稳定的斜温层阻止下部的冷水与上部的热水混合。

图4-4所示为蓄冷槽和斜温层内温度变化示意图。在蓄冷槽内设置了上下两个均匀分配水流散流器。在自然分层的水蓄冷槽中，斜温层是一个影响冷热分层和蓄冷槽蓄冷效果的重要因素。蓄冷槽贮存期内斜温层的变化是衡量蓄冷槽蓄冷效果的主要指标。一般希望斜温层厚度为0.3～1.0m。

为了防止水的流入和流出对贮存冷水的影响，在自然分层蓄冷槽中需要通过散流器从槽

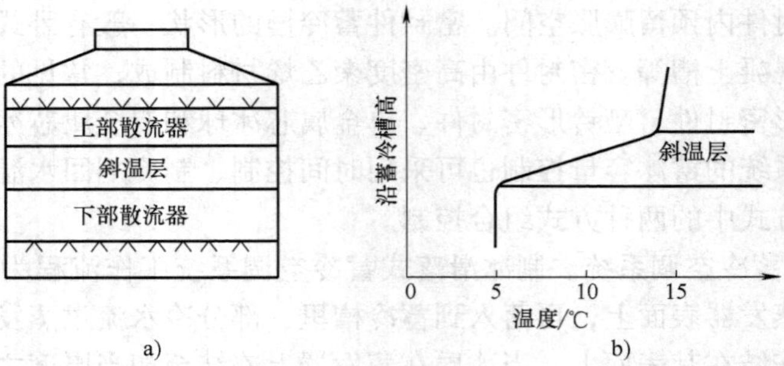

图 4-4 蓄冷槽和斜温层内温度变化示意图

a）自然分层蓄冷槽 b）斜温层

中取水和向槽中送水。水流散流器可使水缓慢地流入蓄冷槽和从蓄冷槽中流出，以减少湍流和扰动。

图 4-5 所示为自然分层水蓄冷系统原理图。系统组成是在常规的制冷系统中加入蓄冷槽，在蓄冷循环时，制冷机组送来的冷水由底部散流器进入蓄冷槽，温水则从顶部排出，槽中水量保持不变。在放冷循环中，水流动方向相反，冷水由底部送至负荷端，回流温水从顶部散流器进入蓄冷槽。若设计合理，蓄冷效率可以达到 85%~95%。

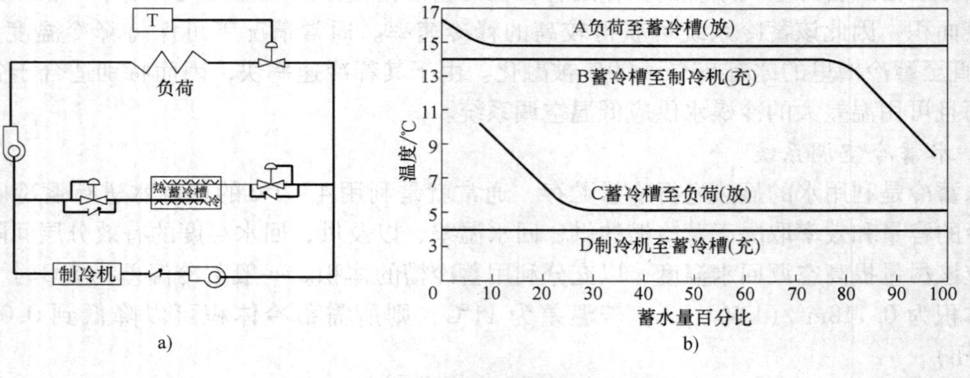

图 4-5 自然分层水蓄冷系统原理图

a）水蓄冷系统流程图 b）水蓄冷系统特性曲线

另一种自然分层蓄冷方法是隔板式分层蓄冷，其系统流程图如图 4-6 所示。该方法是将一个大蓄冷槽用隔板分隔成几个相互连通的分格，形成蓄冷槽串联形式。

（2）迷宫式蓄冷　迷宫式蓄冷采用隔板将大蓄冷槽分成很多个单元，水流按照设计的路线依次流过每个单元格。迷宫法能较好地防止冷温水混合，但在蓄冷和放冷过程中，水交替地从顶部和底部进入单元格，每两个相邻的单元格中就有一个是温水从底部进入或冷水从顶部进入，这样容易造成冷温水混合。另外，若水流速过高，则蓄冷槽内会形成旋涡，导致冷温水混合；若水流速过低，在单元格内形成死区，使其空间不能充分利用，降低蓄冷系统容量。

（3）多槽式蓄冷　在系统中设置了多个蓄冷槽，将冷水和温水分别贮存在不同的蓄冷槽内，并保证在蓄冷和放冷开始时有一个槽是空的。利用设置的空槽实现冷温水分离，从而保证送至负荷的冷水温度不变。多槽系统要求的阀门较多，其系统的管路和控制比较复杂，初投资和运行维护费用较高。

（4）隔膜式蓄冷　在蓄冷槽的内部安装一个可以活动的柔性隔膜或一个可移动的刚性隔板，将蓄冷槽分成分别贮存冷、温水的两个空间，从而实现冷、温水的分离。为了减少温水对冷水的影响，一般冷水放在下部。通常，隔膜用橡胶布制成，可以垂直放置，但主要是水平方向布置，这样即使出现破损，也能靠自然分层原理限制温冷水混合。

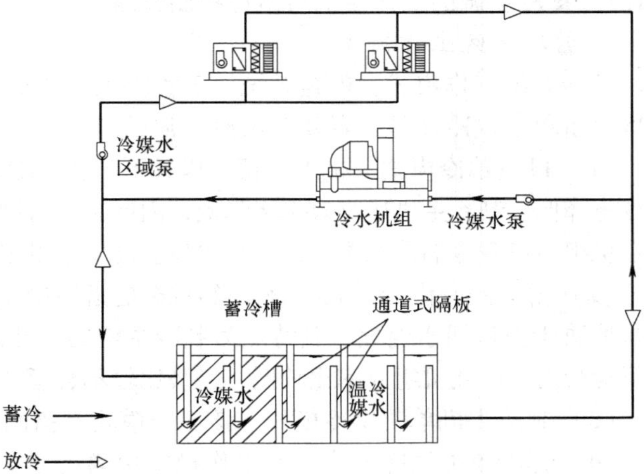

图 4-6　隔板式分层蓄冷系统原理图

3. 共晶盐蓄冷空调系统

共晶盐是由水、无机盐及添加剂调配而成的混合物，它无毒、不燃烧，其相变温度大于0℃。共晶盐蓄冷系统的基本组成与水蓄冷相同，采用常规空调冷水机组作为制冷主机，但蓄冷槽内采用共晶盐作为蓄冷材料，利用封闭在塑料容器内的共晶盐相变潜热进行蓄冷（共晶盐可以在较高的温度下进行相变）。蓄冷时，从制冷机出来的冷媒水流过蓄冷槽内的共晶盐塑料容器，使塑料容器内的共晶盐冻结进行蓄冷。空调启用时，将从空调负荷端流回的冷媒水送入蓄冷槽，塑料容器内的共晶盐融化，将水温降低，再送回空调负荷端继续使用。

共晶盐蓄冷空调系统可以按全部蓄冷和部分蓄冷策略运行。根据共晶盐蓄冷槽和冷水机组在蓄冷系统中的相对位置关系，可以分为冷水机组位于上游的布置形式和冷水机组位于下游的布置形式。

图 4-7 所示分别为冷水机组位于上游的共晶盐蓄冷系统和冷水机组位于下游的共晶盐蓄冷系统。由于冷媒水系统一般为开式系统，水泵的扬程必须考虑高度差，在蓄冷槽的入口和出口分别加装稳压阀和止回阀。蓄冷槽出口增压泵采用变流量调节方式，采用稳压阀作为系统静压控制，在泵出口设止回阀，防止系统内的水倒流入蓄冷槽。

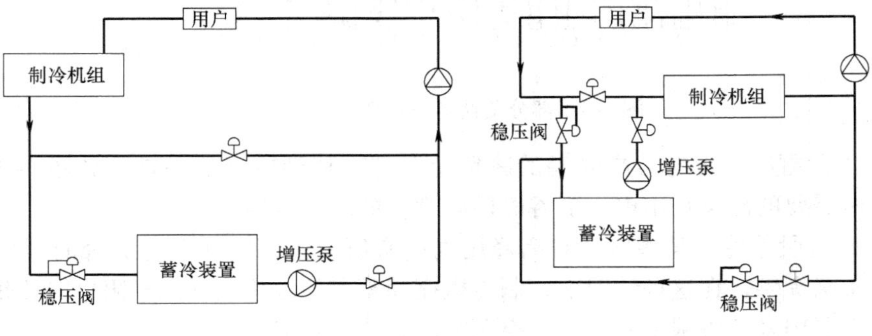

a)　b)

图 4-7　共晶盐蓄冷系统

a）冷水机组位于上游的共晶盐蓄冷系统　b）冷水机组位于下游的共晶盐蓄冷系统

4.1.2 蓄冷空调的工作模式与运行控制策略

1. 蓄冷系统工作模式

蓄冷系统工作模式，就是系统处于蓄冷工况还是放冷工况，在放冷工况下是制冷主机或蓄冷设备单独供冷还是二者联合供冷。常见工作模式如下：

（1）机组蓄冷模式　机组在蓄冷模式下工作，随着机组在蓄冷工况下运行，载冷剂出口温度将降低，制冷主机运行效率将降低，因此必须对制冷主机运行实施监控，监控的办法就是设定机组出口载冷剂最低温度，一旦出口温度低于设定值，则关闭制冷主机，停止充冷。

（2）蓄冷同时供冷模式　该工作模式是指制冷主机供冷和蓄冷同时进行，供冷载冷剂流量取决于空调回水温度。其特点为制冷主机的供冷是在蓄冷工况下运行的，也就是在低效率下运行的，因此机组效率比较低，经济比较不合理，这时可以设计基载主机满足供冷要求。

（3）制冷主机单独供冷模式　该工作模式是指制冷主机供冷，而蓄冷槽不供冷。

（4）释冷单独供冷模式　此工作模式由蓄冷槽单独供冷，机组停运，这种模式运行费用最低，然而初投资最大。

（5）联合供冷模式　制冷主机和蓄冷槽同时进行供冷，从而满足冷负荷较高时的供冷量。根据供冷情况可以分为机组优先（制冷主机预冷载冷剂，然后蓄冷设备将载冷剂冷却到设定温度）和蓄冷槽优先两种方式。

2. 蓄冷空调的运行策略

运行策略是蓄冷系统以负荷特点为基础，按电费结构等条件，对系统的蓄冷容量、蓄冷模式、释冷模式和供冷模式作出最优的运行安排。

根据空调系统冷负荷分布情况或电价结构情况将蓄冷空调运行策略分成下列三种形式：

（1）部分负荷蓄冷　部分负荷蓄冷是全天所需要的冷量部分由蓄冷装置供给，如图4-8所示，夜间用低谷电使制冷机蓄冷，补充电力高峰时所需要的冷量。

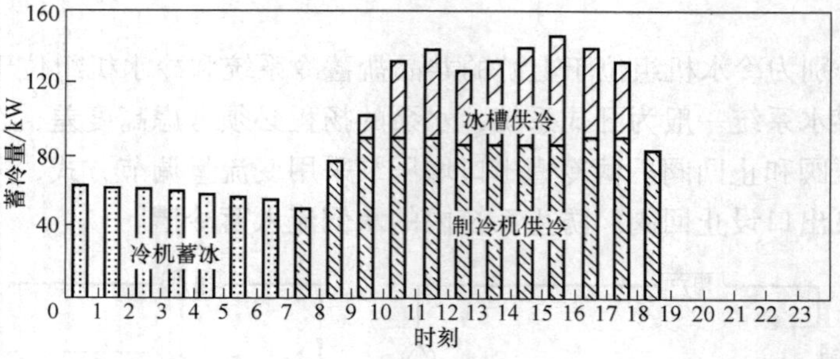

图4-8　部分负荷蓄冷负荷分布示意图

（2）全负荷蓄冷　将电力高峰期的冷负荷全部转移到电力低谷期，如图4-9所示，全天空调时段所需要的冷量均由电力低谷时段所蓄存的冷量供给。

（3）部分时段蓄冷　某些地区对高峰用电量有所限制，这样电力高峰时段的冷量就需要由蓄冷设备来提供，在这种情况下，制冷机夜间蓄存的冷量全部用于限电时段供冷。蓄冷设备的设置主要用来解决限电时段内的空调需求，如图4-10所示。

3. 蓄冷系统的控制策略

蓄冷系统的控制策略主要包括机组优先供冷策略和蓄冷槽优先供冷策略，不足部分互为补充。合理确定控制策略对主机容量、冷槽容量的确定以及控制方式的选择具有重要意义。

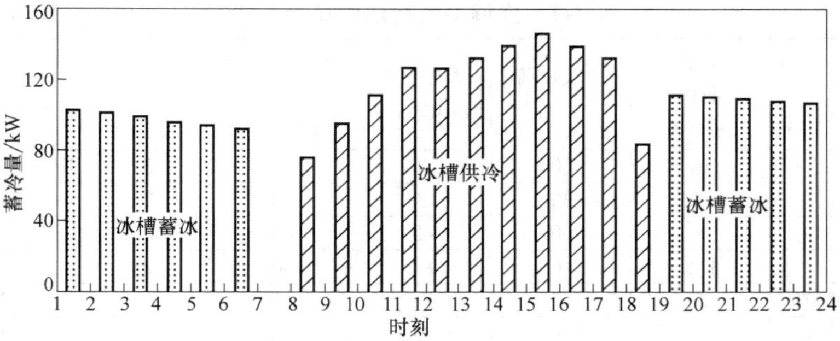

图 4-9　全负荷蓄冷负荷分布示意图

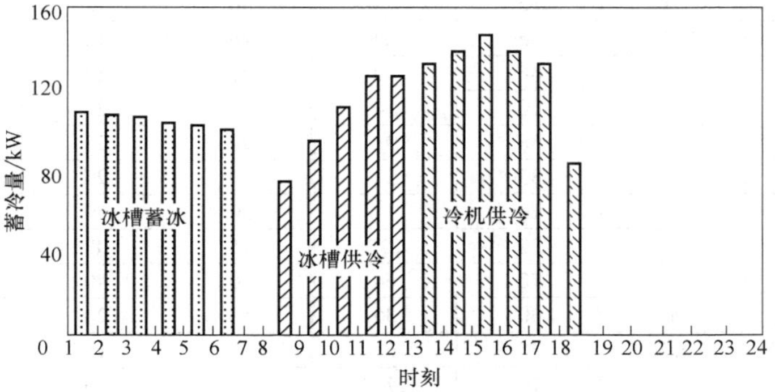

图 4-10　部分时段蓄冷负荷分布图

（1）机组优先控制策略　机组优先控制策略是在空调负荷大于制冷主机容量时，先运行制冷主机，不足部分由蓄冷装置提供补充，在空调负荷低于制冷容量时仅运行制冷主机。这种策略的制冷主机始终处于工作状态，蓄冰槽处于旁通回路。这种控制策略的蓄冰槽容量较小，可以减小蓄冰槽的冷量在存储转换过程中的冷量损失，但是控制系统比较复杂。

（2）蓄冷优先控制策略　蓄冷优先供冷控制策略是在空调负荷低于蓄冷容量时，先由蓄冷槽承担负荷；当空调负荷大于蓄冷容量时，再运行制冷主机补充。

4.2　蓄冷空调系统冷负荷计算

常规空调是根据某一时间的最大冷负荷来选择冷水机组和空调设备，而蓄冷空调必须计算出建筑物设计日逐时冷负荷，来确定蓄冷量和冷水机组。设计日逐时冷负荷计算，可采用简约计算法或动态计算法。蓄冷空调的动态冷负荷逐时计算方法与常规空调类似，不再赘述。

4.2.1　简约计算法

在初步设计时，可以采用系数或平均法，根据峰值负荷估算典型设计日逐时冷负荷或典型设计日日总冷负荷。

1. 系数法

为快捷方便地计算出设计日逐时冷负荷，可将表 4-1 常用建筑物冷负荷法估算冷指标与表4-2 中建筑物冷负荷逐时系数相乘，并将建筑物同一时段不同功能和性质的建筑物冷负荷相加，即可获得建筑物设计日逐时冷负荷。表 4-1 是空调冷负荷法估算冷指标，只要根据建筑物的用途和功能、新风量、照明负荷、室内人数、空调面积，即可计算出建筑物的瞬时最大冷负荷。

表 4-1　空调冷负荷法估算冷指标　　(单位：W/m² 空调面积)

建筑类型及房间名称		空调建筑面积 /(m²/人)	建筑负荷 /(W/m²)	人体负荷 /(W/m²)	照明及设备负荷 /(W/m²)	新风量 /[m³/(P·h)]	新风负荷 /(W/m²)	总负荷 /(W/m²)
旅游宾馆	客房	16	60	7	20	25	27	114
	宴会厅	1.25	30	134	30	25	216	410
	小会议室	3	60	43	40	25	92	235
	大会议室	1.5	40	88	40	25	190	358
	健身房、保龄球馆	5	35	87	20	60	130	272
	舞厅	3	20	97	20	33	119	256
科研、办公楼		5	40	28	40	20	43	151
商场	底层	1.0	35	160	40	12	130	365
	二层	1.25	35	128	40	12	104	307
	≥三层	2	40	80	40	12	65	225
图书馆阅览室		10	50	14	30	25	27	121
展览厅陈列室		4	58	31	20	25	68	177
会堂报告厅		2	35	58	40	25	136	269
公寓、住宅		10	70	14	20	50	54	158
影剧院	观众厅	0.5	30	228	15	8	174	447
	休息厅	2	70	64	20	40	216	370
	化妆室	4	40	35	50	20	55	180
体育馆	比赛馆(看台)	2.5	35	65	40	15	65	205
	休息厅	5	70	27.5	20	40	86	203
	贵宾厅	8	58	17	30	50	68	173

表 4-2　建筑物冷负荷逐时系数

时刻	写字楼	宾馆	商场	餐厅	咖啡馆	夜总会	保龄球馆
1:00		0.16					
2:00		0.16					
3:00		0.25					
4:00		0.25					
5:00		0.25					
6:00		0.50					
7:00	0.31	0.59					
8:00	0.43	0.67	0.40	0.34	0.32		
9:00	0.70	0.67	0.50	0.40	0.37		
10:00	0.89	0.75	0.76	0.54	0.48		0.30
11:00	0.91	0.84	0.80	0.72	0.70		0.38
12:00	0.86	0.90	0.88	0.91	0.86	0.40	0.48
13:00	0.86	1.00	0.94	1.00	0.97	0.40	0.62
14:00	0.89	1.00	0.96	0.98	1.00	0.40	0.76
15:00	1.00	0.92	1.00	0.86	1.00	0.41	0.80
16:00	1.00	0.84	0.96	0.72	0.96	0.47	0.84
17:00	0.90	0.84	0.85	0.62	0.87	0.60	0.84
18:00	0.57	0.74	0.80	0.61	0.81	0.76	0.86
19:00	0.31	0.74	0.64	0.65	0.75	0.89	0.93
20:00	0.22	0.50	0.50	0.69	0.65	1.00	1.00
21:00	0.18	0.50	0.40	0.61	0.48	0.92	0.98
22:00	0.18	0.33				0.87	0.85
23:00		0.16				0.78	0.48
24:00		0.16				0.71	0.30

2. 平均法

日总冷负荷可按下式计算，即

$$Q = \sum q_i = nmq_{max} = nq_{pj} \tag{4-1}$$

式中　Q——日总冷负荷（kW・h）；

q_i——i 时刻空调冷负荷（kW）；

q_{max}——峰值小时冷负荷（kW）；

q_{pj}——日平均冷负荷（kW）；

n——典型设计日空调运行小时数（h）；

m——平均负荷系数，等于日平均冷负荷与峰值小时冷负荷之比。

4.2.2　各类建筑物逐时冷负荷分布

空调逐时冷负荷分布图是不同的，主要表现在：

1）冷负荷循环周期。冷负荷一般常以日为循环周期，还有以特定天数和不定天数为循环周期的，如教堂、体育馆等。

2）冷负荷持续时间。有些建筑物（如宾馆、医院、三班制工厂）冷负荷持续时间是一整天；商场、办公楼等在某一段时间不要求供冷负荷；而餐厅、体育馆只在特定时间内有供冷负荷。相关建筑物冷负荷持续时间见表4-3。

3）设计日平均负荷系数。设计日平均负荷系数是指设计日平均小时负荷与最大小时负荷之比，见表4-3。

表4-3　有关建筑物的平均负荷系数及工作时间

建筑物用途	设计日平均负荷系数	工作时间/h
办公楼	0.8～0.93	10
商场	0.75	12～13
宾馆	0.73	24
医院	0.6	24
学校	0.85	9

4.3　蓄冷空调系统制冷机组及蓄冷设备的选型

4.3.1　蓄冷空调用制冷机组的选型

1. 蓄冷制冷机组的选择原则

选择蓄冷空调用制冷机组，应考虑制冷机组的蒸发温度适应蓄冷温度的要求，制冷机组的容量和其调节范围应能满足负荷要求。

1）水蓄冷系统和共晶盐蓄冷系统，通常可选用常规冷水机组，载冷剂为水。

2）冰蓄冷空调系统，需要采用双工况运行的制冷机组，既能在常规空调工况下工作，又能在蓄冰时以制冰工况运行，载冷剂为乙二醇溶液。

3）在选择蓄冷空调系统的制冷机组时，必须确定蓄冰期载冷剂的最低温度。这个最低温度，除与所选定的蓄冰装置类型有关以外，主要还取决于冻结小时数。

4）可用于蓄冷系统的冷水机组类型有活塞式冷水机组、螺杆式冷水机组、三级离心式冷水机组和涡旋式冷水机组。

2. 蓄冷制冷机组容量的确定

确定白天空调用和晚间蓄冷用的压缩机制冷量的依据就是压缩机的工作特性。当分配给晚间所需的压缩机制冷量确定后，系统的蓄冷量实际上已经确定。最佳的压缩机制冷量和蓄冷量的计算，在很大程度上取决于运行策略（全部蓄冷或部分蓄冷）和控制策略（槽优先或制冷主机优先）。

（1）全部蓄冷运行策略时制冷机组容量确定　全部蓄冷运行策略是指设计日（或周）非电力谷段的总冷负荷全部由蓄冷装置供应，制冷主机在此时段不运行。该方案配备的蓄冷装置和制冷主机的容量与其他方案相比最大，初投资最多，但运行费用最节省。

全部蓄冷策略制冷机组容量按下式确定，即

$$R_2=(RH+Q)/(N\eta) \tag{4-2}$$

$$R_1=\eta R_2 \tag{4-3}$$

式中　R_2——制冷机组在空调工况下的制冷量（kW）；

R_1——制冷机组在制冰工况下的制冷量（kW）；

RH——在设计日中建筑物所需的总冷负荷（kJ）；

Q——蓄冷槽热损失（kJ）；

N——夜间制冰用制冷机组运行时间（h）；

η——压缩机容量变化率，即制冷机组在制冰工况时的制冷量与空调工况时的制冷量之比，对螺杆式制冷机组为0.7，对往复活塞式制冷机组为0.65。

（2）部分蓄冷运行策略时制冷机组容量确定　部分蓄冷运行策略仅将设计日非谷段的冷负荷总量转移一部分进行蓄冷，白天制冷主机与蓄冷装置联合供应冷负荷的需要。在实际运行中，设计日负荷按部分蓄冷安排，在过渡季节往往可以按全部蓄冷运行。部分蓄冷分为主机优先和融冰优先两种控制策略。

1）主机优先。采用主机优先的运行策略所需主机及蓄冷槽容量最小。其主机容量按下式确定，即

$$R_2=(RH+Q)/(D+N\eta) \tag{4-4}$$

$$R_1=\eta R_2 \tag{4-5}$$

式中　D——白天使用空调的时间（h）。

2）融冰优先。采用融冰优先的控制策略更能充分利用低谷电力，运行费用最节省。融冰优先主机容量按下式确定，即

$$R_2=Q_{\max}D/(D+N\eta) \tag{4-6}$$

$$R_1=\eta R_2 \tag{4-7}$$

式中　$Q_{\max}$——建筑物高峰设计负荷（kW）。

4.3.2 蓄冷设备选择

1. 蓄冷设备容量的确定

蓄冷设备容量按下式确定，即

$$Q_i=NR_1=NR_2\eta \tag{4-8}$$

式中　Q_i——蓄冷设备蓄冷量（kW·h）。

2. 水蓄冷槽设计

（1）蓄冷槽蓄冷量确定　蓄冷槽蓄冷量计算公式为

$$Q_s=\rho Vc_p\varepsilon\alpha\Delta T \tag{4-9}$$

式中　Q_s——蓄冷槽内可用蓄冷量（kW·h）；

ρ——蓄冷水密度（kg/m^3）；

c_p——水的比定压热容［$kJ/(kg \cdot K)$］；

V——蓄冷槽实际体积（m^3）；

ΔT——放冷时回水温度与蓄冷时进水温度之间的温差（℃）；

ε——蓄冷槽的完善度，考虑混合斜温层等的影响；

α——蓄冷槽的体积利用率，考虑散流器布置和蓄冷槽内其他不可用空间等的影响。

（2）蓄冷槽体积确定　水蓄冷槽的体积为

$$V = \frac{Q_s}{\rho c_p \varepsilon \alpha \Delta T} \tag{4-10}$$

上式中 ΔT 可取10℃，蓄冷槽的完善度 ε 取85%～90%，蓄冷槽体积利用率 α 取95%。

（3）水蓄冷槽结构设计　自然分层蓄冷槽设计考虑的因素主要有形状、安装位置、结构与材料、防水保温等。

1）水蓄冷槽形状。最适合自然分层的蓄冷槽形状是垂直平底圆柱体，圆柱体与其他容器相比，在同样的容量下，面积与容量之比小，其热损失也小，单位冷量的基建投资就低。立方体和长方体的蓄冷槽可以与建筑物一体化，虽然损失较大，但可以节省一个单独的蓄冷槽，以节省投资。

蓄冷槽的高度与直径之比是设计时需要考虑的一个形状参数，一般通过技术经济比较来确定。提高高度与直径之比，有利于提高蓄冷的效率，但在容量相同的情况下增加了蓄冷槽的投资。提高高度与直径之比限制了散流器的长度，给散流器的设计带来一定的难度。

2）水蓄冷槽安装位置。由于水槽的体积较冰蓄冷槽体积大，因此，安装位置也是蓄冷槽设计要考虑的主要因素。若蓄冷槽体积较大，而空间有限，则可在地下或半地下布置蓄冷槽。对于新建项目，蓄冷槽应与建筑物组合成一体以降低初投资，这比单独新建一个蓄冷槽要合算。

蓄冷槽布置尽量靠近制冷机组及冷水泵。这样，既减少了系统的冷损失，又降低了冷水管道输送距离，减少能耗及费用。循环冷水泵不要布置在蓄冷槽的顶部，而应布置在蓄冷槽水位以下的位置，以保证泵的吸入压力。

3）水蓄冷槽结构和材料。常用的蓄冷槽有焊接钢槽、装配式预应力水泥槽和现场浇筑水泥槽。钢槽良好的导热性能会影响蓄冷效率，水泥槽的绝热性能较好，地下布置时热损失不会很大，但水泥槽的绝热性能同时会造成斜温层品质的下降。另外，选择蓄冷材料应考虑初投资、泄漏的可能性、地下布置的可能性和现场的特定条件等因素。

4）水蓄冷槽的防水保温。对蓄冷槽进行保温是提高其蓄冷能力的重要措施。为了减小蓄冷槽的冷损失和防止蓄冷槽表面结露，以及防止温度变化产生的应力而使蓄冷槽损坏，必须对蓄冷槽进行保温。同时，为避免由于吸水而影响保温材料的性能，并防止地下水渗入保温层，槽体的保温及防水必须结合在一起进行。

常用的保温和防水材料的组合形式有如下几种：聚苯乙烯发泡体和灰浆防水材料、聚苯乙烯发泡体和板形防水材料，以及硬质聚氨酯发泡体和防水表面涂层（环氧树脂型防水）。

（4）水蓄冷槽散流器设计　自然分层的蓄冷槽需要用散流器将冷、温水平稳地引入槽中，依靠密度差而不是惯性力产生一个沿槽底或槽顶水平分布的重力流，形成一个使冷、温水混合作用尽量小的斜温层。因此，在自然分层水蓄冷槽设计中，散流器的设计特别重要，好的散流器可以实现较佳的分层效果和稳定的斜温层。

散流器的作用就是通过使水流以密度流的形式缓慢地进入蓄冷槽，减少水流进入蓄冷槽时对贮存水的冲击，减少可能产生的混合作用，减少对斜温层的破坏。

在0~20℃范围内，水的密度差不大，形成的斜温层不太稳定，因此要求通过散流器的进出口水流流速足够小，以免造成对斜温层的扰动破坏。

1）Fr 特征数。

$$Fr = q_V / [gh^3(\rho_i - \rho_a)/\rho_a]^{1/2} \tag{4-11}$$

式中 Fr——散流器进口的弗劳德数；

q_V——散流器单位长度的体积流量［$m^3/(m \cdot s)$］；

g——重力加速度，取9.81m/s^2；

h——散流器最小进口高度（m）；

ρ_i——进口水密度（kg/m^3）；

ρ_a——周围水的密度（kg/m^3）。

对于上部散流器，其进口高度应为其开孔与蓄冷槽液面所需的垂直距离，通常取$Fr=1$。

2）Re 特征数。

$$Re = q_V / \upsilon \tag{4-12}$$

式中 Re——散流器进口雷诺数；

q_V——散流器单位长度水流量［$m^3/(m \cdot s)$］；

υ——进水的运动粘度（m^2/s）。

对于高度小的蓄冷槽，Re 通常取20；对于高度大于5m的蓄冷槽，Re 一般取400~850。

3）散流器的结构形式。散流器应采用对称自动平衡的布置方式。在自然分层水蓄冷槽中，常用的散流器形式主要有水平缝口型散流器、圆盘辐射型散流器、H形散流器和八边形散流器。八边形散流器只适用于圆柱形蓄冷槽，有单八边形和双八边形等形式。

4）散流器布置。冷温水散流器的设置及与之相连的干支管均应尽可能对称布置，在蓄冷槽内分配管相对于与槽的中心轴垂直的水平面作成对称布置，保持在各种负荷下，散流器接管上任意点的压力恒等。另外，必须保证通过散流器开孔的水流速度在0.3~0.6 m/s范围内。孔中心间距应小于2倍的开孔高度，以防止孔间水的混合。

5）散流器的开口长度和开口高度。散流器的开口高度是入口水流离开散流器并形成重力流所占有的垂直距离。对于蓄冷槽下部散流器，开口高度就是蓄冷槽底面与散流器入口开口顶部的距离。在散流器直管上，相邻两个开口间的间距应保证防止重力流在管附近造成混合现象。在管子底部开设圆孔，且开口间距是开口高度的4倍时，混合作用较小。

散流器开口长度为水流进蓄冷槽时开口的有效长度。在H形和八边形散流器中，当直管上开口等间距布置时，有效长度应为所有开口的总长度。

散流器的开口长度 L 和开口高度 h 可按下式来确定，即

$$L = \frac{Q}{Re\upsilon} \tag{4-13}$$

$$h = \frac{(Re\upsilon/Fr)^{2/3}}{g(\rho_1 - \rho_a)/\rho_a} \tag{4-14}$$

6）散流器设计步骤。首先确定蓄冷、放冷温度和入口 Re，根据蓄冷的总设计流量，计算出散流器总长度。再根据 $Fr=1$ 的原则，计算出入口最小开口高度。最后根据散流器开口

流速均匀和分支中流量分配均匀的原则，布置分支结构、开口长度和间距。

设计流量应当是所预定的最大体积流量。对于确定的流量，可以通过调整散流器的有效长度来达到所需的 *Re* 值，然后由确定的流量和散流器开口长度，来确定出所需要的最小开口高度。当简单的散流器形式没有足够的长度来满足 *Re* 值要求，可考虑使用 H 形散流器和八边形散流器。

3. 其他类型蓄冷槽体积计算

其他类型蓄冷槽体积可按下式计算，即

$$V = Q_i b / q \tag{4-15}$$

式中　V——蓄冷槽体积（m^3）；

Q_i——蓄冷设备容量（kW·h）；

b——容积膨胀系数，对于冰蓄冷，$b \approx 1.05 \sim 1.15$；

q——单位蓄冷槽体积蓄冷能力（kW·h/m^3）。

4.3.3　溶液膨胀箱的确定

在蓄冷系统闭式流程上设置溶液膨胀箱，其目的是当溶液温度变化时，可补偿系统中载冷剂体积变化，避免载冷剂的溢出；同时及时排除系统内不凝性气体，有利于系统的正常工作；利用膨胀箱到系统管路的静压液柱，使溶液泵正压工作。

1. 溶液膨胀箱容积确定

（1）闭式膨胀箱容积

$$V_{eb} = \frac{V_s(\rho_1/\rho_2 - 1)}{0.7} \tag{4-16}$$

式中　V_{eb}——闭式膨胀箱有效容积（m^3）；

V_s——在最低温度时，系统中载冷剂体积（m^3）；

ρ_1、ρ_2——在最低、最高温度条件下的载冷剂密度（kg/m^3）。

（2）开式膨胀箱容积

$$V_{ek} = V_s(\rho_1/\rho_2 - 1) \tag{4-17}$$

式中　V_{ek}——开式膨胀箱有效容积（m^3）。

2. 封装冰蓄冷系统溶液膨胀箱容积确定

当在冰球、冰板等封装容器内蓄冰时，如果封装容器内没有预留水在冻结时的膨胀空间，则需依靠封装容器的体积增大而补偿水冻结的体积膨胀。由于冰水相变体积膨胀率约为9%，因此设计时应特别予以注意。

（1）闭式压力式膨胀箱容积

$$V_{eb} = \frac{1.2 \times 0.09 n V_c}{1 - \dfrac{p_1}{p_2}} \tag{4-18}$$

式中　V_c——封装冰蓄冷装置内单元容器体积（m^3）；

n——封装冰蓄冷装置内单元容器数量；

p_1——最低压力（kPa），取系统静压力为35kPa；

p_2——最高压力（kPa）；

1.2——余量系数；

0.09——相变凝固时体积的膨胀系数。

(2) 开式膨胀箱容积

$$V_{ek} = 0.09nV_c \tag{4-19}$$

4.4 蓄冷空调系统设计

4.4.1 蓄冷空调设计基础资料

进行蓄冷空调系统设计时，必需的基础资料有：

(1) 建筑物类型　不同类型建筑物的负荷分布不同。对于负荷比较集中，且负荷发生在用电高峰的建筑物，采用蓄冷系统可以充分利用低电价，因此很适合采用蓄冷空调系统。

(2) 可利用空间　建筑物结构、制冷机位置、放置蓄冷槽的空间大小及位置均影响蓄冷设备的选择，不同的蓄冷设备对放置空间有不同的要求。

(3) 建筑物的使用功能　对新建建筑物，设计人员要收集建筑物围护结构、空调面积、空调机房、水源、电源及内部负荷等详细资料。另外，还应了解建筑物将来的使用状况、设备的运行情况。昼夜负荷较平均的场所，不适合用蓄冷空调系统。

(4) 电价　当地电价政策是决定使用蓄冷空调系统与否的重要因素。峰谷电价差越大，安装蓄冷空调系统越有利。

(5) 原空调系统基本资料　对改扩建项目，应收集原空调系统基本资料。对原来已有空调系统的工程项目，应了解原有空调机房的平面布置及空间情况，原有制冷主机的种类、容量、水泵的流量及扬程；了解相关的送回风系统、管路及电力控制系统，并考虑如何与新系统衔接；了解夏季操作的最大冷负荷、峰谷负荷差、空调使用时间及建筑物功能等；了解原有空调系统的用电情况及电力系统的优惠政策；了解原有空调方式，以便选择蓄冷系统。

4.4.2 蓄冷空调系统设计原则

1. 经济性原则

综合考虑影响初期投资及运行成本的各种因素，蓄冷空调系统中的蓄冷容量越大，初期投资越高，但可以节约更多的运行成本，因而在设计时，必须研究系统的电力增容投资、峰谷电价结构和设备初投资等资料，以达到最佳的经济效益，在降低初投资的同时节约更多运行成本，转移更多的高峰用电。

2. 高效节能原则

依据设计负荷的需求确定系统选型，尽可能减少各种设备装机容量，改善主机工作条件，提高主机效率，充分利用蓄冷系统的优势，尽量减少系统的损耗。

3. 可靠性原则

评价蓄冷系统品质最重要的依据是系统的整体效能及运行可靠性。进行系统设计时，结合蓄冷系统的运行特点，优选各种设备，以期使系统配合合理，同时各种配套设备能经受长期稳定可靠工作的考验，减少对系统的维护，满足寿命要求。

4.4.3 蓄冷空调设计步骤

蓄冷空调系统设计可按以下步骤进行设计：

(1) 可行性分析　在蓄冷空调系统可行性分析中，要考虑的因素包括建筑物使用特点、使用单位意见、设备性能要求、经济效益、可以利用的空间及操作维护等问题。

（2）确定典型设计日的空调冷负荷　在蓄冷空调系统设计中，除了需要知道最大负荷外，还要详细求得每小时的负荷量——逐时空调负荷，以及全天的累计总负荷，以便计算蓄冷量。

（3）选择蓄冷装置的形式　目前，在蓄冷空调工程中应用较多的蓄冷形式是水蓄冷、内融冰、封装冰系统和其他蓄冷系统（包括共晶盐、外融冰、制冰滑落式和冰晶式等）。

（4）确定系统模式　蓄冷空调系统有多种蓄冷模式、运行策略及系统流程安排，这些都需要作出合理选择，才能对设备容量进行确定。

（5）确定制冷主机和蓄冷装置的容量　在系统蓄冷模式、运行策略及流程安排确定后，确定制冷主机和蓄冷装置的容量，并选定和计算蓄冷槽体积。

（6）系统设备的设计及配套　系统设备的设计及配套主要指主机选择、蓄冷槽设计、附属设备的选择等。

（7）经济效益分析　经济效益分析包括初投资费用、运行费用、全年运行电费的计算，计算与常规空调系统相比的投资回收期。

4.4.4 蓄冷空调设计总则

1）在设计与选用蓄冷装置时，蓄冷系统的负荷应按一个供冷周期计算。所选蓄冷装置的蓄存能力和释放能力，应满足空气调节系统逐时负荷要求，并充分利用电网低谷时段。

2）蓄冷空调系统的形式应根据建筑物的负荷特点、规律和蓄冷装置的特性来确定。

3）蓄冷装置的蓄冷特性应保证在电网低谷时段能完成全部预定蓄冷量的蓄存。蓄冷装置的取冷特性不仅应保证能取出足够的冷量，满足空气调节系统的用冷需求，而且在取冷过程中，取冷速率不应有太大的变化，冷水温度应基本稳定。

4）蓄冷空气调节系统在蓄冷的同时，如有一定量的连续空气调节负荷存在，宜专门设置基载冷水机组。

5）蓄冰空调系统供水温度及回水温差，宜满足下列要求：

a. 选用一般内融冰系统时，空气调节供回水宜为7～12℃。

b. 需要大温差供水5～15℃时，宜选用串联蓄冰系统。

c. 采用低温送风系统时，宜选用3～5℃的空气调节供水温度；仅局部有低温送风要求时，可将部分载冷剂直接送至空气调节表冷器。

d. 采用区域供冷时，供回水温度宜为3～13℃。

6）水蓄冷系统设计应符合下列规定：

a. 蓄冷水温不宜低于4℃。

b. 蓄冷混凝土水池容积不宜小于$100m^3$。

7）蓄冷系统有利于均衡电网峰谷负荷，并取得经济效益，但蓄冷系统比常规系统一次投资有所增加，必须进行技术经济比较。空调高峰冷负荷与电网高峰用电时段在时间上可能是重合的，也可能在时间上是错位的。不同步时，应首先转移高峰用电时段的空调冷负荷。

4.4.5 蓄冷空调设计中应注意的一些问题

在蓄冷空调设计时，应注意以下问题：

（1）制冷系统的蒸发温度与结冰厚度　蓄冷空调系统特别是冰蓄冷空调系统，在蓄冷过程中，一般会造成制冷机组蒸发温度的降低。理论上，蒸发温度每降低1℃，制冷机组的平均耗电率增加3%，因此在确定蓄冷系统时，应尽可能地选择蓄冷温度高、换热设备好的蓄冷设备。

对于冰蓄冷系统，影响制冷机组蒸发温度的主要因素是蓄冷设备的结冰厚度。结冰厚度越薄，蓄冷时所需制冷机组的蒸发温度越高，耗电量越少，但是结冰厚度太薄，则蓄冰设备盘管换热面积增加，槽体体积加大。因此，一般应考虑经济的结冰厚度来控制制冷系统的蒸发温度。另外，蓄冷设备盘管的材质也是影响制冷系统蒸发温度的一个因素。

（2）名义蓄冷量和净可利用蓄冷量　名义蓄冷量是指由蓄冷设备生产厂家所定义的蓄冷设备的理论蓄冷量（一般比净可利用蓄冷量大）。

净可利用蓄冷量是指在一给定的蓄冷和释冷循环过程中，蓄冷设备在等于或小于可用供冷温度时所能提供的最大实际蓄冷量。

净可利用蓄冷量占名义蓄冷量的百分比是衡量蓄冷设备的一个重要指标。此值越大，则蓄冷设备的使用率越高。当然该数值受蓄冷系统很多因素的影响，如蓄冷系统的配置、设备的进出口温度等。对于冰蓄冷系统，此值近似为融冰率。对于水蓄冷系统，蓄存效率等于净可利用蓄冷量占名义蓄冷量的百分比，其主要取决于槽体分布管的设计、操作流程、内部传热损失及槽体四周外表面的传热损失等。

（3）制冰率与融冰率　制冰率是指对于冰蓄冷系统来说，当完成一个蓄冷循环时，蓄冰容器内水量中冰所占的比例。此数值可以决定蓄冷槽的体积大小。

融冰率是指在完成一个融冰释冷循环后，蓄冰容器内融化的冰占总结冰量的比例。

通过制冰率的数值可以反映出蓄冰设备单位蓄冷量占用体积的大小，而系统对于蓄冰设备的利用率可以通过融冰率来表示。通常对于同一类型的蓄冷设备，在相同条件下，制冰率和融冰率越大越好。

（4）蓄冷特性和释冷特性　蓄冷系统的蓄冷温度取决于蓄冷速率和蓄冷槽体的状态特性。对于蓄冷时间短的冰蓄冷系统，一般需要较高的蓄冷速率，即需要较低的蓄冷温度蓄冷；反之，若蓄冷速率慢，则蓄冷温度较高。在时间允许的情况下，慢速蓄冷对提高系统的运行效率是有利的。一般情况下，蓄冷设备生产厂家可以提供各种蓄冷速率下最低蓄冷温度值，这样就可以确定制冷机组的最低蒸发温度。

蓄冰式系统在释冷循环过程中，若释冷温度保持不变，则释冷量逐渐减少；当释冷速率保持恒定时，释冷温度会逐渐上升。这对于完全冻结式、封装式蓄冷设备表现比较明显。对于制冰滑落式、盘管式蓄冷设备，回水与冰直接接触融冰，释冷温度相对稳定。

制冷机组、蓄冷设备与末端三者间的特性是相互影响的。确定制冷机组、蓄冷设备和末端的容量大小主要取决于最低蓄冷温度、最高取冷温度与最高使用温度。最低蓄冷温度越低，制冷系统的蒸发温度越低，不利于制冷机组的运行，同时机组的耗电率也比较高。最高的取冷温度越高，蓄冷设备容量越小，所需末端的换热效果越差；反之亦然。

（5）占用空间小，安装灵活　蓄冷设备的占用空间应重点考虑，蓄冷设备的单位可利用蓄冷量所占用体积或占地面积是衡量蓄冷设备的一项重要指标，应优先考虑占地面积小、占用空间少、布置位置灵活的蓄冷设备。

另外，蓄冷设备所需的辅助设备（泵、换热器等）占用空间也应考虑，整个蓄冷系统占用空间越少就越有利。蓄冷设备单位蓄冷量占用体积参见表4-4。

（6）热损失　蓄冷槽体一般每天有1%~5%的能量损失，其大小取决于槽体表面积、传热系数和槽体内外温差。对于设置于室外或屋顶上的蓄冷设备，受太阳辐射影响较大，应详细计算冷损失。

表 4-4 蓄冷设备单位蓄冷量占用体积 （单位：$kW \cdot h/m^3$）

类型		单位蓄冷体积
冰蓄冷	冰盘管式	0.023～0.054
	完全冻结式	0.015～0.023
	制冰滑落式	0.024～0.027
	冰晶式	约 0.034
	封装式	0.019～0.023
水蓄冷		0.089～0.169
共晶盐蓄冷		0.048

（7）安全性和可靠性　通常蓄冷设备维修量很小，但对于冷媒盘管直接蒸发式系统，由于蒸发面积很大，制冷剂量大，蓄冷设备的安全性与可靠性显得十分重要。特别是钢制盘管，应避免盘管在正常使用寿命期间的泄漏现象。而对于制冰滑落式蓄冷设备和冰晶式蓄冷系统转发器的机械维修问题，应予以重视。

（8）蓄冷系统的控制性和操作性　蓄冷系统的控制主要是指在各种条件下，执行各种运行模式控制以及各种安全保护控制。在冰蓄冷载冷剂循环系统的换热器冷媒水侧要有防冻控制，在融冰过程中控制融冰速率，而不使冰融化过快或过慢。控制蓄冷设备的蓄存量，一般可以通过蓄冷设备等进出口温度、蓄冷槽槽体水位高度等方法。

（9）经济性　蓄冷空调系统的经济性主要取决于系统的初投资和运行费用。系统初投资取决于系统设计方式、蓄冷设备种类及与之配套的制冷机组容量大小。蓄冷空调系统的初投资通常比常规空调高，一般情况下，以单位可利用蓄冷量所需的费用来衡量蓄冷设备。对每周一次蓄冷循环的场所，尤其适合采用制冰滑落式蓄冷空调系统。对于大型蓄冷空调系统，采用大型蓄冷水槽经济性显著。

4.4.6 空调蓄冷的经济评价

蓄冷空调的经济优势不在于它局部的经济优势，而是宏观经济效益。也就是说，通常情况下，蓄冷空调并不能节约用户的用电量，它只是能实现用电时段的调整，也就是移峰填谷的作用。所以没有峰谷电费的差价和电力补贴政策，蓄冷空调并不能实现节约投资和运行费用的目的，而电力的移峰填谷对整个社会是有明显效益的，所以在经济评价时，必须考虑这些因素。

1. 经济效益

（1）节省电力的装机　减少最高峰值的电力负荷，也意味着相应的电力调峰装机总量和输配电实施容量的减少。

（2）节约一次能源　虽然冰蓄冷系统的电耗比常规空调的要高，但是调峰电力机组的热效率比非调峰机组的低，因此电力系统的整个供电煤耗降低。

（3）改善制冷机组的运行效率　常规空调的运行负荷是随时变化的，其效率也随负荷的变化而变化。而蓄冷空调可以根据其冷负荷的大小调整运行方式，使机组处在最高效率状态下运行。

（4）蓄冷空调可以扩大现有空调的供冷面积　如果现有的空调只是用于白天供冷，则对想扩大供冷面积的用户，可以通过配置相应负荷的蓄冷设备，充分利用低谷的制冷量，达到不增加机组容量而增加供冷量的目的。

2. 评价范围

蓄冷空调系统比较范围包括蓄冷系统与非蓄冷系统，蓄冷系统与非蓄冷系统中废热回收利用及自然制冷等措施，低温空气处理及送风系统与常规空气处理及送风系统。

3. 评价方法

（1）静态投资回收期　静态投资回收期也称为返本期，是指用投资带来的净收益偿还全部初投资所需的时间。

$$n = (SC - NC)/(NR - SR) \tag{4-20}$$

式中　n——投资回收期；

SC——蓄冷系统的投资；

NC——非蓄冷系统的投资；

SR——蓄冷系统的运行费用；

NR——非蓄冷系统的运行费用。

（2）动态投资回收期　随着资金量的增大，资金的时间因素就成为方案比较中的一个重要内容，考虑资金的时间价值更符合资金的运动规律，也使评价更符合实际情况，即采用动态投资回收期为

$$NC - NR = \frac{i(SC - NC)(1+i)^n}{(1+i)^n - 1} \tag{4-21}$$

式中　i——折现率。

在效益与投资费用的分析和计算中，应注意以下几个问题：

1）效益与投资的计算范围一致。在规定范围内把全部效益和全部投资进行比较，相同部分可以抵消，简化计算。

2）折现率是一个非常重要的因素，对结论会产生很大的影响，因此可以采用行业折现率或社会折现率，但不应低于银行贷款利率。

4. 电力移峰优惠政策的考虑

在非工业用户中实行电力峰谷电价。峰谷电价对蓄冷空调可行性的影响不在于电价的比例，而在于峰谷电价的绝对差价。对于工业用户在两部制电价的基础上实行峰谷电价的，一是收取基本电费，二是电度电费按峰谷电价计费。另外还有一些地区有限电政策，或者收取高额的增容费和用电集资等，这些都有利于蓄冷空调的发展。国外对电力移峰的优惠政策，除了峰谷电价差外，有的还进行一次性补贴，这对蓄冷空调的推广都是有利的。

4.5 工程示例

4.5.1 设计基础资料

1. 工程概况

该工程为大型餐饮、娱乐综合楼宇。建筑总面积 12000m^2，设计日峰值冷负荷为 780RT（1RT＝3.517kW），蓄冰量为 2794RT。由于该工程冷负荷的高峰出现在晚 7 点之后的电力高峰期，并持续 4h，因而采用外融冰形式供冷，以满足持续的高取冰率。此时段的取冰量高达 2292RT，最大限度地转移了高峰用电量，节省大量的运行费用。

2. 主要设计参数

室内、外设计参数分别见表 4-5、表 4-6。

表 4-5 室内设计参数

建筑类型(房间名称)	温度/℃		相对湿度(%)	
	夏季	冬季	夏季	冬季
娱乐	25~27	18~20	40~60	40~50
餐厅	24~27	18~22	55~65	40~50
办公	24~27	20~22	40~55	40~50

表 4-6 室外设计参数

冬季		夏季	
干球温度/℃	9.8	干球温度/℃	33.6
相对湿度/(最冷月月平均,%)	37	湿球温度/℃	26.3
平均风速/(m/s)	2.7	平均风速/(m/s)	2.2
大气压力/kPa	102.57	大气压力/kPa	99.99

4.5.2 蓄冷空调系统设计

1. 夏季蓄冷空调系统冷负荷

设计计算是根据建筑专业图样及房间的使用功能，经与业主深入探讨，考虑餐饮建筑的特点（新风量大、空气含湿量高等）、使用性质，确定使用时间为10：00～23：00。计算结果为：

1）设计日峰值负荷780RT，出现在晚间21：00。

2）设计日总冷负荷6916RT。

典型设计日逐时冷负荷曲线如图4-11所示。根据要求，空调系统在晚间高峰期间将不开启主机，完全依靠蓄冰设备提供建筑物所需要冷量。

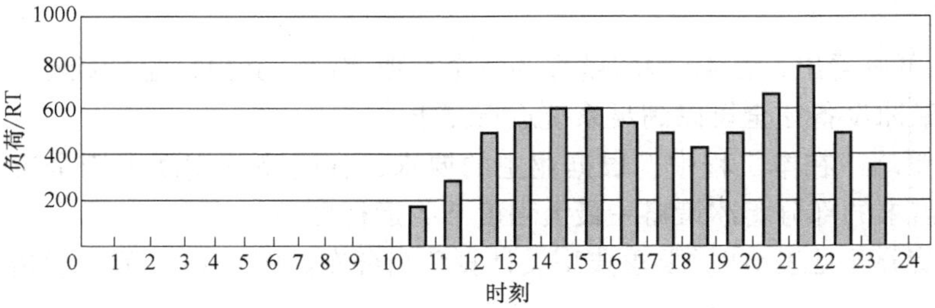

图 4-11 设计日负荷图

2. 运行模式

表4-7为当地各时段的电价，运行模式可随当地电力政策的变化而改变，见表4-8。该系统分时电价政策为：电力贴费650元/(kV·A)，如采用蓄冰系统，减免主机房贴费。

表 4-7 各时段电价

时段	各时段起始时间	电价/[元/(kW·h)]
高峰期	7:00～11:00;19:00～23:00	0.6506
平段期	11:00～19:00	0.4066
低谷段	23:00～7:00	0.1220

表 4-8 不同工况下阀门状态表

工 况	V_1	V_2	V_3	V_4	V_5	V_6
制冷机制冰	关	关	开	关	关	关
制冷机供冷	开	开	关	关	关	关
制冷机与蓄冰槽供冷	开	开	关	开	调节	调节
蓄冰槽供冷	关	关	关	开	调节	开

3. 系统设计

系统双工况水冷螺杆冷水机组，蓄能设备采用内含蓄冰盘管的蓄冰槽。

（1）选择外融冰蓄冷设备 在本工程中要求在晚高峰采用全融冰供冷，由于该建筑在晚间处于营业的高峰期，因此与电力高峰处于同一时段。如采用普通内融冰设备，将不能达到设计使用要求，而外融冰设备恰恰可以满足这种需求。外融冰设备是由水流直接对钢制盘管上的冰进行冲刷换热，因此换热最充分，取冰率高，取水温度最低、最稳定，完全可以满足需求。图 4-12 所示为外融冰取冷曲线。

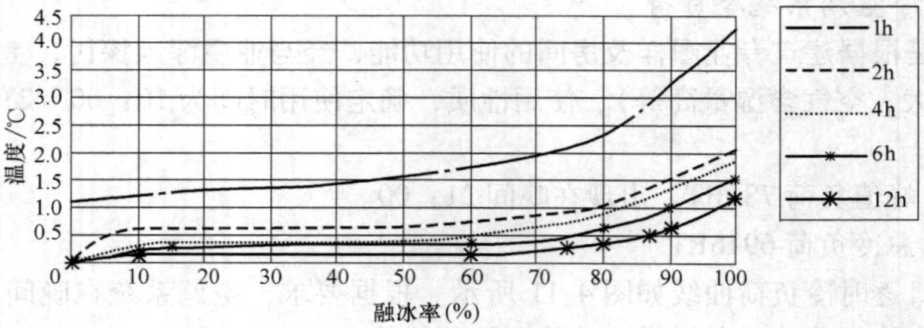

图 4-12 外融冰取冷曲线图

由图 4-12 可以看出，在 4h 内将蓄存的冰全部取完时，其出口温度始终可以保持在 2℃以内，因此外融冰设备完全可以满足系统运行需求。

（2）运行策略 在本工程中，根据业主的要求，在晚高峰期间采用全避峰运行，因此采用限制电量需求的部分蓄冰策略—最大限度节省运行费用。

设计日负荷分配见表 4-9，夏季典型设计日负荷分布如图 4-13 所示，蓄冷系统站房主要设备见表 4-10。

表 4-9 设计日负荷分配表

时 间	总负荷	负荷分配/RT			
		蓄冷主机	蓄冷槽供冷	冷损失	冰槽蓄冷量
0:00	0	0	0	2	362
1:00	0	0	0	2	357
2:00	0	0	0	2	354
3:00	0	0	0	2	349
4:00	0	0	0	2	346

（续）

时 间	总负荷	负荷分配/RT			
		蓄冷主机	蓄冷槽供冷	冷损失	冰槽蓄冷量
5:00	0	0	0	2	343
6:00	0	0	0	2	360
7:00	0	0	0	2	0
8:00	0	0	0	2	0
9:00	167	167	0	2	0
10:00	284	284	0	2	0
11:00	497	497	0	2	0
12:00	537	504	33	2	0
13:00	598	504	94	2	0
14:00	607	504	103	2	0
15:00	532	504	28	2	0
16:00	481	481	0	2	0
17:00	425	425	0	2	0
18:00	496	252	244	2	0
19:00	662	0	662	2	0
20:00	780	0	780	2	0
21:00	502	0	502	2	0
22:00	348	0	348	2	0
23:00	0	0	0	2	371
总计/(RT·h)	6916	4122	2794	48	2842

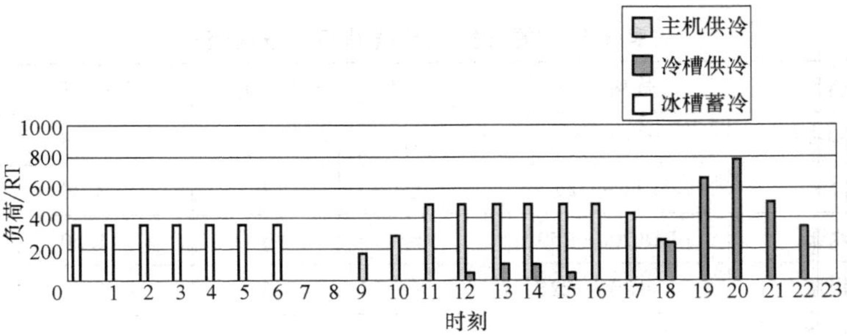

图4-13 设计日负荷分布图

表4-10 蓄冷系统站房主要设备

序号	设备名称	规格型号	单位	数量	备 注
1	双工况制冷机	RTHB300L	台	2	空调工况263RT，制冷工况170RT，装机容量175kW
2	冷却塔	KLN—225	台	2	冷却水量225m^3/h，装机容量5.5kW
3	冷却水泵	KQL200—250	台	3	流量250m^3/h，扬程27m，装机容量30kW

（续）

序号	设备名称	规格型号	单位	数量	备　注
4	冷媒水泵	KQL200—225	台	3	流量 $200m^3/h$，扬程 32m，装机容量 27.5kW
5	乙二醇泵	KQL150—250	台	3	流量 $170m^3/h$，扬程 20m，装机容量 22kW
6	蓄冰设备	RH—ICTW400	台	7	蓄冰量 400RT·h
7	板式换热器	MX15—BFGL	台	1	换热量 550RT
8	乙二醇		吨	5	含量 100%
9	自控系统		套	1	蓄冰系统专用

4. 自控系统

本工程的自控系统对蓄冷系统优化控制的实现主要包括三个部分：中央站台后优化控制软件、中央前台显示检测软件及现场控制。

（1）中央站台后优化控制软件　优化控制软件为蓄冰控制系统的核心，它负责在线预测及负荷优化分配，并实时地把重要的控制信息如模式（蓄冰、冰供、冷供、联供）及开机台数（1 台、2 台）送给前台程序及现场控制机。

（2）中央前台显示检测软件　中央前台程序提供蓄冰控制系统的图形界面，并有打印报表、历史数据等多项功能，同时前台程序负责图形界面的显示。

（3）现场控制　现场控制机接收中央优化控制软件发来的重要信息，自动控制制冷机、阀、泵等的开关。在优化控制软件未启动的情况下，现场控制机接收前台控制软件发来的控制指令。

蓄冰系统现场控制机的控制目标：在供冷时间段是空调回水（或供水）温度值，在蓄冰时间段则是蓄冰量的多少。

5. 主要经济指标

蓄冷空调系统站房设备投资见表 4-11，同建筑物的常规空调系统站房设备投资见表 4-12，蓄冷站房和常规站房设备投资比较见表 4-13。

表 4-11　蓄冷空调系统站房设备投资

序号	设备名称	规格型号	单　位	数　量	单价/万元	合价/万元
1	双工况制冷机	RTHB300L	台	2	74.50	149.00
2	冷却塔	KLN—225	台	2	8.30	16.60
3	冷却水泵	KQL200—250	台	3	1.50	4.50
4	冷媒水泵	KQL200—225	台	3	1.35	4.05
5	乙二醇泵	KQL150—250	台	3	1.65	4.95
6	蓄冰设备	RH—ICTW400	台	7	18.00	126.00
7	板式换热器	MX15—BFGL	台	1	27.80	27.80
8	乙二醇		吨	5	0.75	3.75
9	自控系统		套	1	27.50	27.50
10	变频系统				9.60	9.60
总　计						373.75

表 4-12 常规空调系统站房设备投资

序号	设备名称	规格型号	单 位	数 量	单价/万元	合价/万元
1	双工况制冷机	RTHB300L	台	3	74.50	223.50
2	冷却塔	KLN—225	台	3	8.30	24.90
3	冷却水泵	KQL200—250	台	3	1.50	4.50
4	冷媒水泵	KQL200—225	台	3	1.35	4.05
5	自控系统		套	1	27.50	27.50
6	变频系统				9.60	9.60
总 计						294.05

表 4-13 蓄冷站房和常规站房设备投资比较 （单位：万元）

投资运行及回收时间	蓄 冰 系 统	常 规 系 统	蓄冰-常规
设备投资	374.75	294.05	+79.70
电力投资	减免	50.00	-50.00
运行费用	27.50	39.70	-12.20
回收年限			3 年

4.5.3 设计图样

本工程设计图样分别见示例2“北京市某综合楼蓄冷站制冷系统设计”图1（XL01）蓄冷站设计及安装说明；图2（XL02）图样目录、图例及主要设备表；图3（XL03）蓄冷站制冷系统流程图；图4（XL04）冰蓄冷系统自控原理图；图5（XL05）蓄冷机房设备平面布置图；图6（XL06）蓄冷机房管道平面图；图7（XL07）蓄冷站制冷系统轴测图。

4.6 本章要点

本章主要阐述蓄冷空调系统、蓄冷空调系统冷负荷计算、蓄冷空调系统制冷机组及蓄冷设备的选型、蓄冷空调系统设计等主要内容，需了解及掌握的内容如下：

1）在蓄冷空调系统中，了解及掌握常用蓄冷空调系统，如冰蓄冷空调系统中的冰盘管式蓄冷空调系统、密封件式冰蓄冷空调系统、完全冻结式冰蓄冷空调系统，水蓄冷空调系统中的自然分层蓄冷、迷宫式蓄冷、多槽式蓄冷、隔膜式蓄冷及共晶盐蓄冷空调系统；蓄冷系统常见工作流程及其特点；蓄冷空调的工作模式与运行控制策略。

2）在蓄冷空调系统冷负荷计算中，了解及掌握用简约计算法计算典型设计日逐时冷负荷或典型设计日总冷负荷。

3）在蓄冷空调系统制冷机组及蓄冷设备的选型中，了解及掌握蓄冷空调用制冷机组的选型原则、蓄冷制冷机组容量的确定、蓄冷设备的选择、溶液膨胀箱的确定等内容。

4）在蓄冷空调系统设计中，了解及掌握蓄冷空调设计基础资料、蓄冷空调系统设计的原则、蓄冷空调设计步骤等内容。

最后给出了蓄冷空调设计实例，以帮助读者进一步熟悉和掌握蓄冷空调系统各设计环节的内容和方法，掌握其设计方法和要点。

示例2 北京市某综合楼蓄冷站制冷系统设计

蓄冷站设计

一、工程概况

本项目为北京市某综合楼蓄冷空调系统制冷机房的工程设计。总建筑面积为12000m^2，地上高度为40.5m，主要分为商场、餐厅、办公室；地下室为机房、水泵房、配电室等，层高4.8m。设计日峰值冷负荷为780RT，蓄冰量为2794RT，机房设在本楼地下一层。

二、设计依据

1. GB 50019—2003《采暖通风与空气调节设计规范》。

2. GB 50189—2005《公共建筑节能设计标准》。

3. 业主对设计提出的有关要求。

三、设计说明

1. 选择型号为RTHB300L的两台螺杆式双工况冷水机组，单机空调工况冷量263RT，制冰工况冷量170RT，满足空调负荷要求。冷水机组布置在大楼负一层的机房内。

2. 按照冷却塔—冷水机组一对一原则，设置型号为KLN—225逆流式冷却塔2台，该冷却塔布置在大楼的顶层屋面。

3. 按照冷却泵—冷水机组—冷却塔一对一原则，设置型号为KQL200—250的冷却水泵3台（2用1备），冷却水供回水温度为32℃/37℃。同时冷却水采用综合水处理器杀菌，灭藻、防锈。

4. 冷媒水系统为一次泵系统，按冷媒水泵—冷水机组一对一原则设置型号为KQL200—225的冷媒水循环泵3台（2用1备），冷媒水供回水温度为7℃/12℃。

5. 冷热水系统由密闭式膨胀罐及补水泵定压补水，补水经全自动软水器软化处理。

6. 冷媒水供回水总管及由热交换器来的热水供回水总管均接到分、集水器上，并从分、集水分别引出到不同区域的冷（热）水供回水支管。

四、施工说明

1. 设备到货且校核其尺寸无误后，方可施工设备基础。基础施工时，应按设备的要求预留地脚螺栓孔。

2. 机房内管道公称直径小于或等于DN50的采用镀锌钢管，公称直径大于DN50的采用无缝钢管。无缝钢管规格详见GB/T 8163—2008《输送流体用无缝钢管》。

示例2图1

及安装说明

3. 冷却水管道不保温，其余水管均保温，保温采用 PVC 难燃橡胶保温管材（难燃 B1 级）。冷热水管保温厚度见下表。所有保温缝隙处都要求用专用胶水粘接严格，不得存在漏气现象，且冷媒水管与支吊架之间应做经过防腐处理的木垫块，具体做法详见《建筑设备施工安装通用图集》(2005 版)。

管道直径/mm	≤50	70 ~ 150	200 ~ 300	≥300
保温厚度/mm	20	25	30	40

4. 管道穿墙及楼板处应加套管，待管道安装完毕后予以堵严。

5. 机房内管道高位处设置放气，低位处设置泄水。

6. 管道安装未说明之处，如管道支吊架间距、管道焊接等项，均应按 GB 50242—2002《建筑给水排水及采暖工程施工质量验收规范》实施。

7. 防腐：非镀锌钢管表面除锈后，明装管道再刷银粉两道；镀锌钢管表面缺损处，刷防锈漆一道，银粉两道。

8. 机房内的水管均应作流向标志和介质种类标志。所有管道阀门均应挂牌，牌上注明是某系统的供、排水阀等类型。

9. 冲洗：管道应分段冲洗，至排水清、净为合格。

10. 系统试压：冷媒水系统的试验压力为 1.5MPa，冷却水系统的试验压力为 0.9MPa。

11. 设备试运转及系统调试应在保证设备及管道安装以及接线正确无误的基础上才能进行，所有调试仪表均应精确可靠。

12. 冷水机组的清洗、安装、试漏、加油、充加制冷剂、调试等事宜，应严格按照制造厂提供的产品使用说明书进行，同时还应遵守 GB 50274—2010《制冷设备、空气分离设备安装工程及验收规范》以及其他有关标准、规范中的相关规定。

专业		学号		指导		工程编号		工程名称	某综合楼蓄冷空调系统	图名	蓄冷站设计及安装说明	图号	XL01
班级		设计		校核		出图日期		项目名称	蓄冷站房				

(XL01)

图样目录

序号	图　号	名　称	页　数	备　注
1	XL01	蓄冷站设计及安装说明	1	A3
2	XL02	图样目录、图例及主要设备表	1	A3
3	XL03	蓄冷站制冷系统流程图	1	A2
4	XL04	冰蓄冷系统自控原理图	1	A2
5	XL05	蓄冷机房设备平面布置图	1	A3
6	XL06	蓄冷机房管道平面图	1	A3
7	XL07	蓄冷站制冷系统轴测图	1	A2

图例

符　号	名　称	符　号	名　称
LQ1	出机组冷却水管		截止阀
LQ2	进机组冷却水管	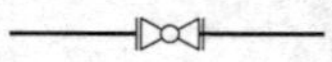	球阀
L1	冷媒水供水管		手动调节阀
L2	冷媒水回水管		塑料阀
YL1	乙二醇供水管	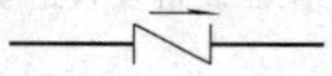	止回阀
YL2	乙二醇供水管		电动水泵
S	自来水管		压力表
Y	溢水管		温度计
P	膨胀管		除污器
	变径管	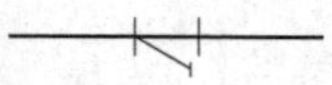	水过滤器
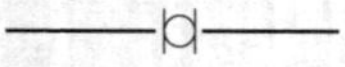	软接头	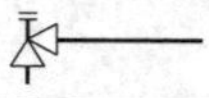	密闭式弹簧安全阀
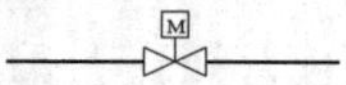	电磁阀	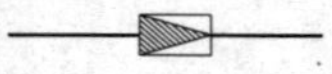	流量计
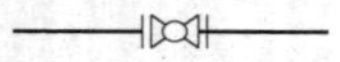	蝶阀	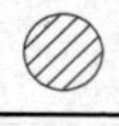	地漏
	闸阀		

示例 2 图 2

蓄冷站房主要设备表

序号	设备名称	规格型号	单位	数量	备注
1	双工况制冷机组	RTHB300L	台	2	单机空调工况冷量263RT,制冰工况冷量170RT,电动机功率175kW
2	逆流式冷却塔	KLN-225	台	2	冷却水量225t/h,电动机功率5.5kW
3	冷却水泵	KQL200-250	台	3	流量250t/h,扬程27m,电动机功率30kW,2用1备
4	冷冻水泵	KQL200-225	台	3	流量200t/h,扬程32m,电动机功率27.5kW,2用1备
5	乙二醇泵	KQL150-250	台	3	流量170t/h,扬程20m,电动机功率22kW,2用1备
6	蓄冰设备	RH-ICTW400	台	7	单台蓄冰量400RT·h
7	板式换热器	MX15-BFGL	台	1	单台换热量550RT
8	乙二醇膨胀水箱		台	1	有效容积0.5m^3
9	乙二醇储液箱		台	2	有效容积1.0m^3
10	乙二醇补水泵	50KDLD3	台	1	$Q=12.6$t/h,$H=37.5$m,$N=3$kW(1用1备)
11	分水器	ϕ700×8,长1700mm	组	1	
12	集水器	ϕ700×8,长1700mm	组	1	

专业	学号	指导	工程编号	工程名称	某综合楼蓄冷空调系统	图名	图样目录、图例及主要设备表	图号	XL02
班级	设计	校核	出图日期	项目名称	蓄冷站房				

(XL02)

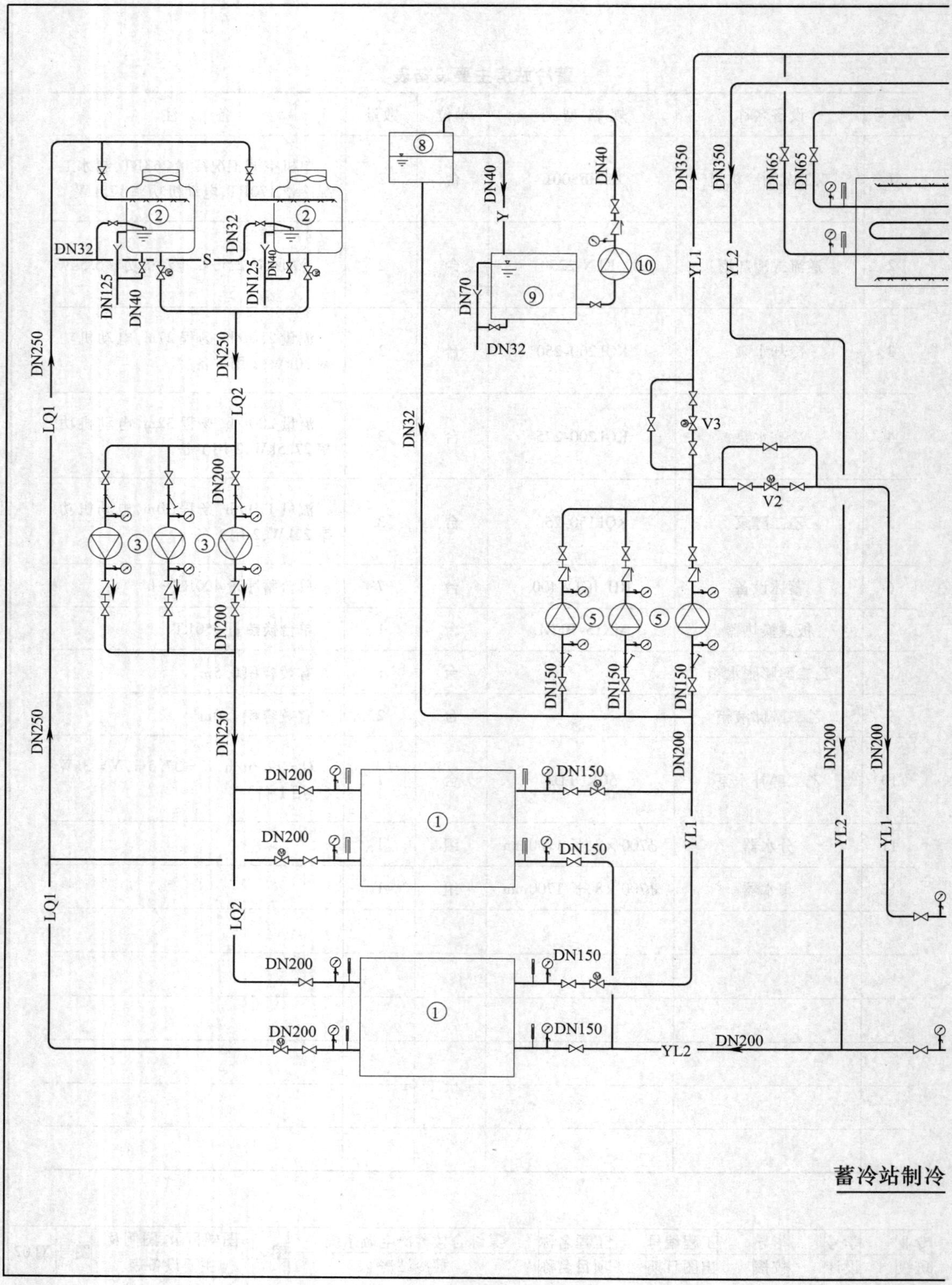
DN32
S
DN32
DN125
DN40
DN125
DN40
DN250
LQ1
DN250
LQ2
DN200
DN200
DN250
DN250
DN200
DN200
DN150
DN200
DN150
DN200
DN150
DN200
DN150
LQ1
LQ2
YL2
DN200
DN40
Y
DN40
DN70
DN32
DN32
DN150
DN150
DN150
DN200
YL1
V3
V2
DN350
DN350
YL1
YL2
DN65
DN65
DN200
DN200
YL2
YL1
蓄冷站制冷

示例2图3

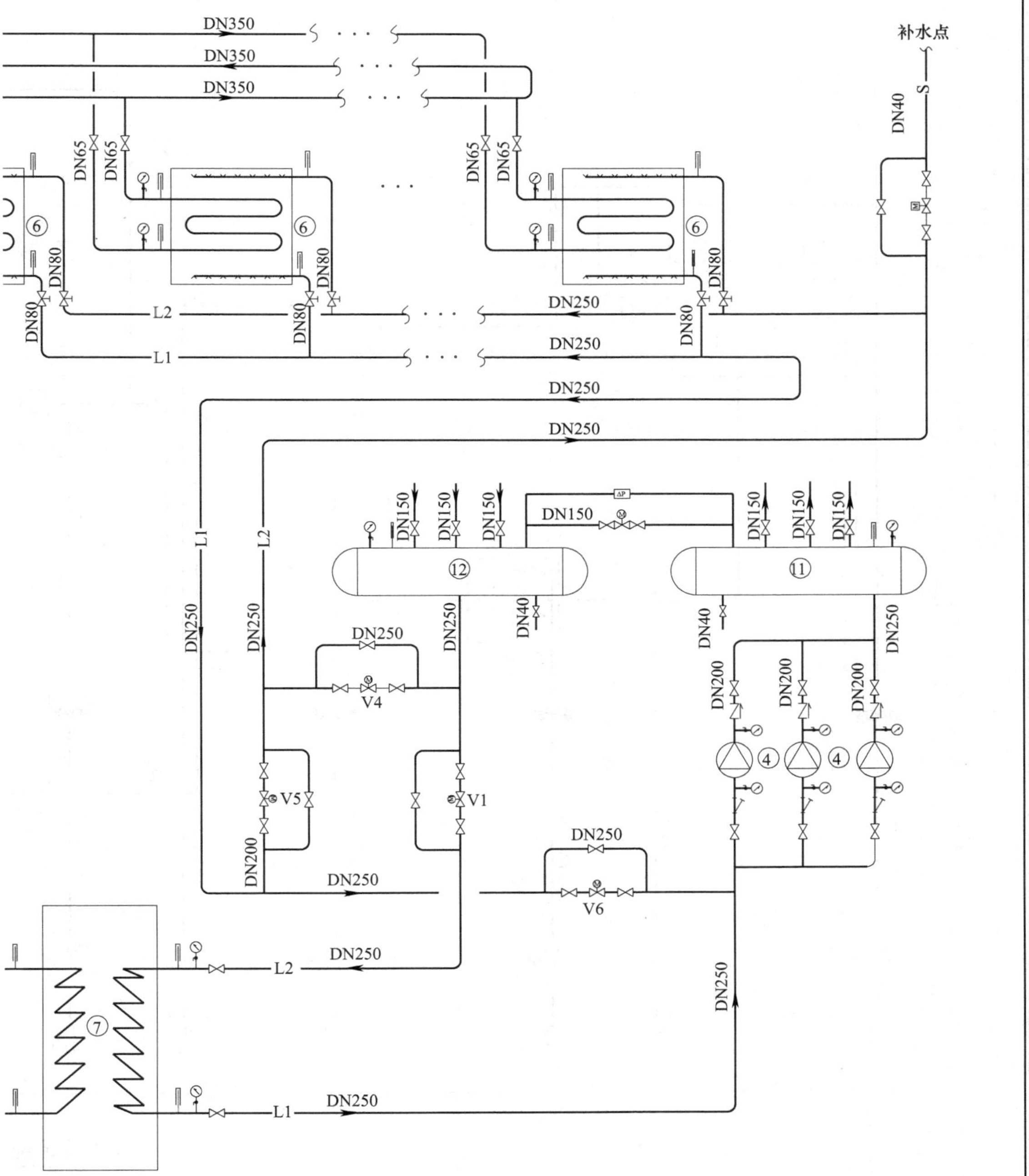

系统流程图

专业		学号		指导		工程编号		工程名称	某综合楼蓄冷空调系统	图名	蓄冷站制冷系统流程图	图号	XL03
班级		设计		校核		出图日期		项目名称	蓄冷站房				

(XL03)

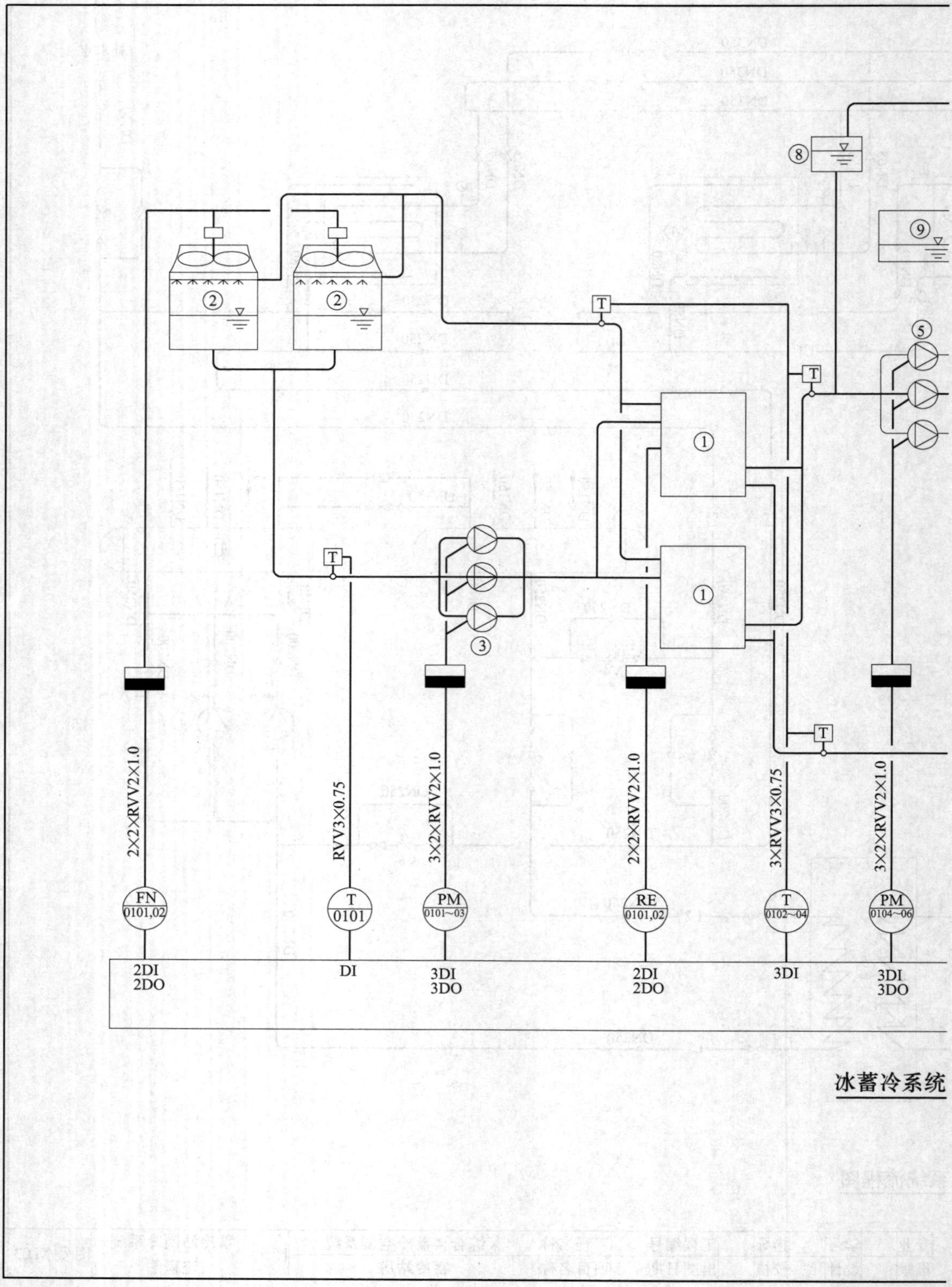

⑧
⑨
②
②
⑤
T
T
T
T
①
①
③
2×2×RVV2×1.0
RVV3×0.75
3×2×RVV2×1.0
2×2×RVV2×1.0
3×RVV3×0.75
3×2×RVV2×1.0
FN 0101,02
T 0101
PM 0101~03
RE 0101,02
T 0102~04
PM 0104~06
2DI 2DO
DI
3DI 3DO
2DI 2DO
3DI
3DI 3DO
冰蓄冷系统

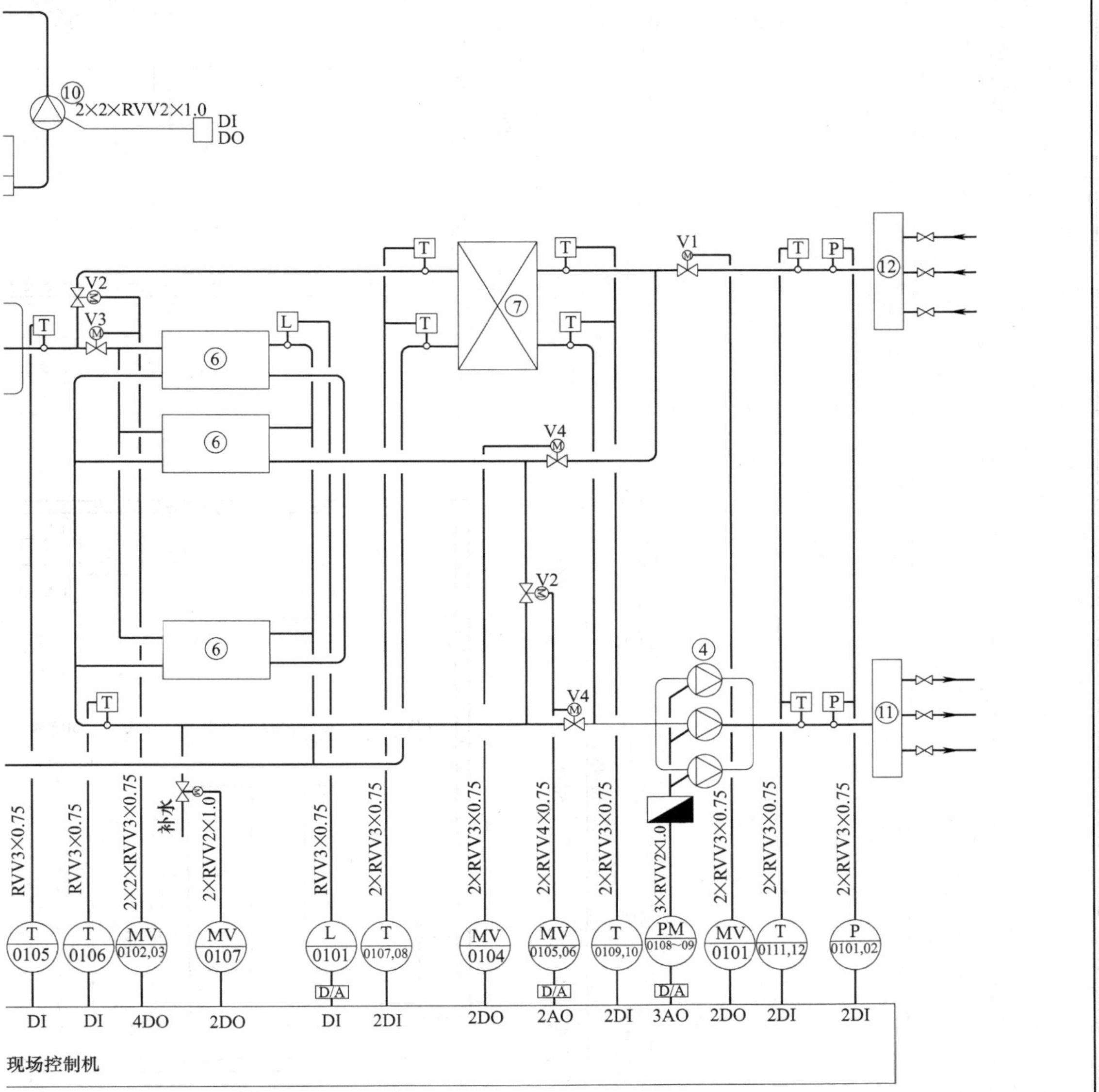

自控原理图

专业		学号		指导		工程编号		工程名称	某综合楼蓄冷空调系统	图名	冰蓄冷系统自控原理图	图号	XL04
班级		设计		校核		出图日期		项目名称	蓄冷站房				

（XL04）

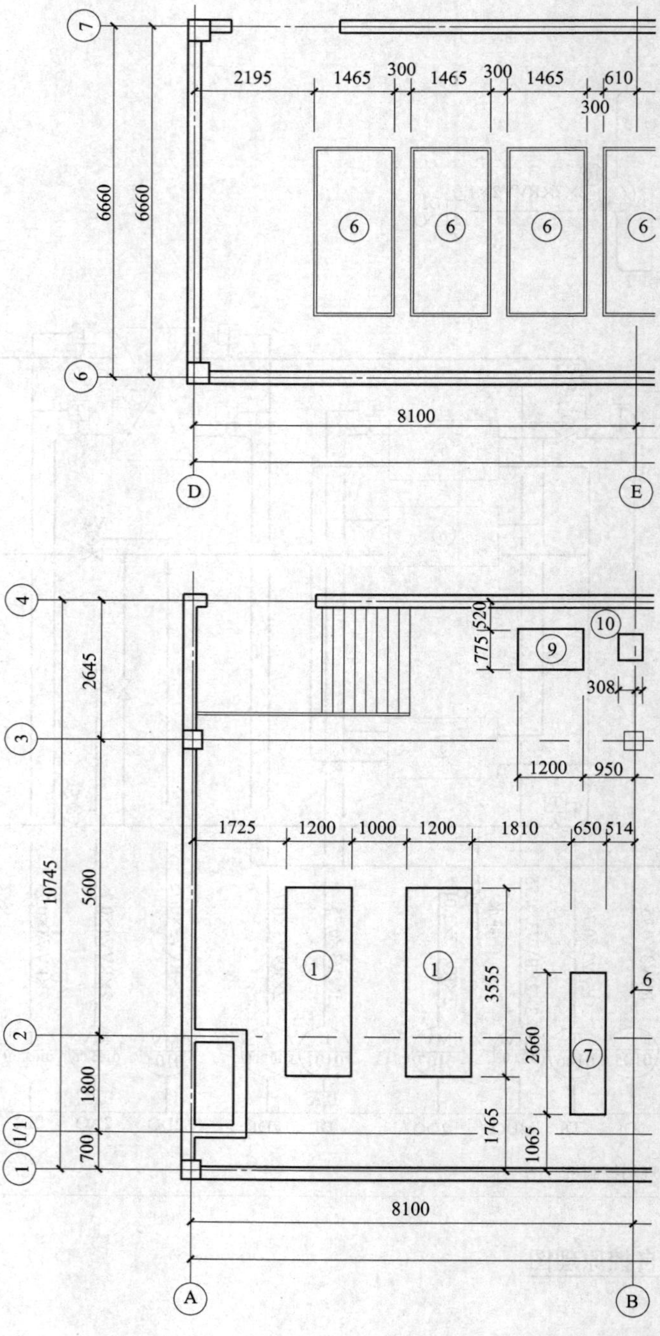

蓄冷机房设备平面

示例 2 图 5

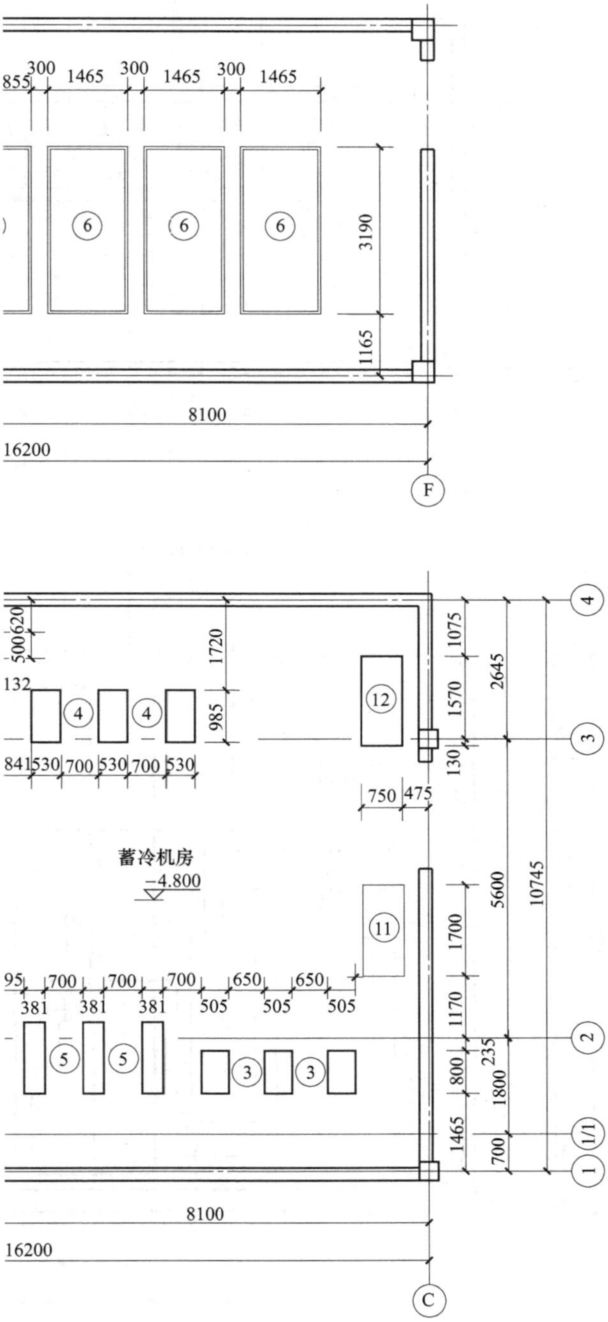

布置图 1:100

专业		学号		指导		工程编号		工程名称	某综合楼蓄冷空调系统	图名	蓄冷机房设备平面布置图	图号	XL05
班级		设计		校核		出图日期		项目名称	蓄冷站房				

(XL05)

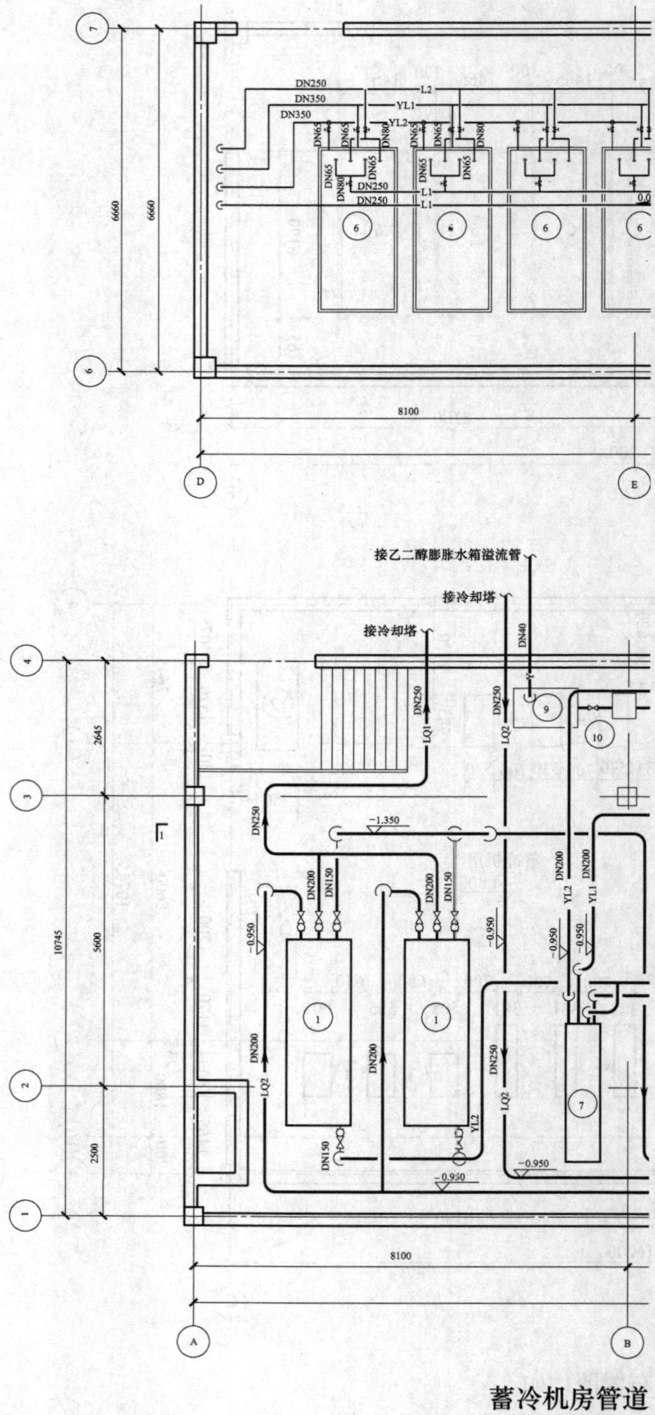

蓄冷机房管道

示例2图6

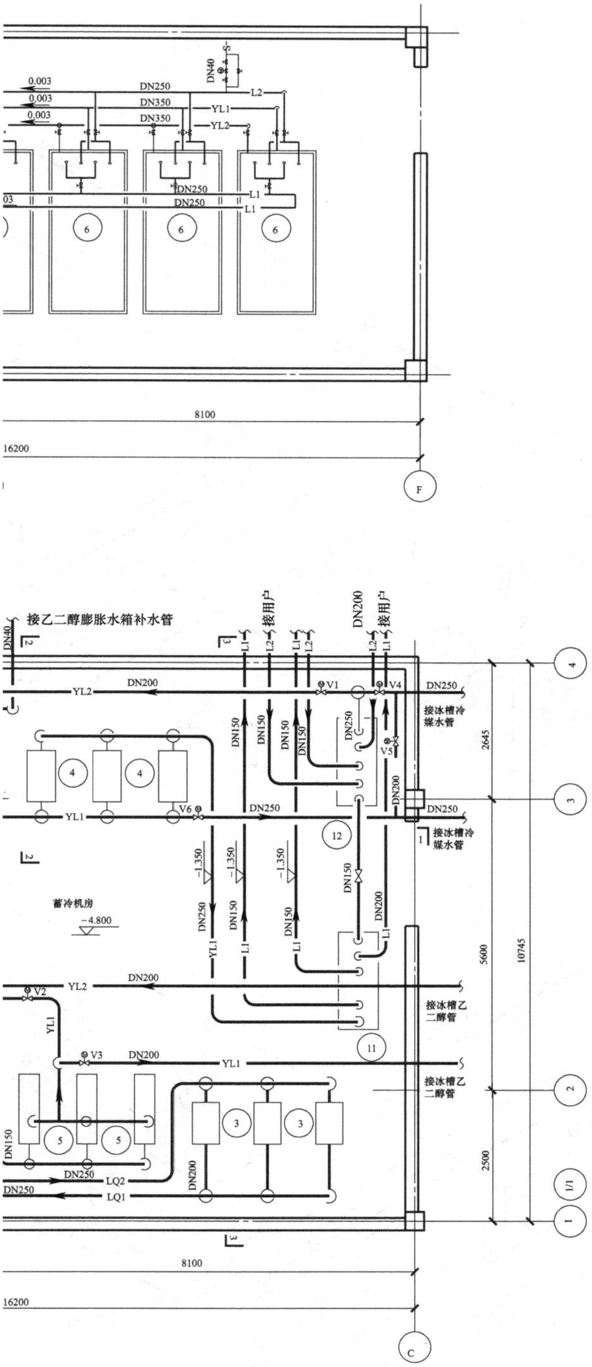

平面图 1:100

专业		学号		指导		工程编号		工程名称	某综合楼蓄冷空调系统	图名	蓄冷机房管道平面图	图号	XL06
班级		设计		校核		出图日期		项目名称	蓄冷站房				

(XL06)

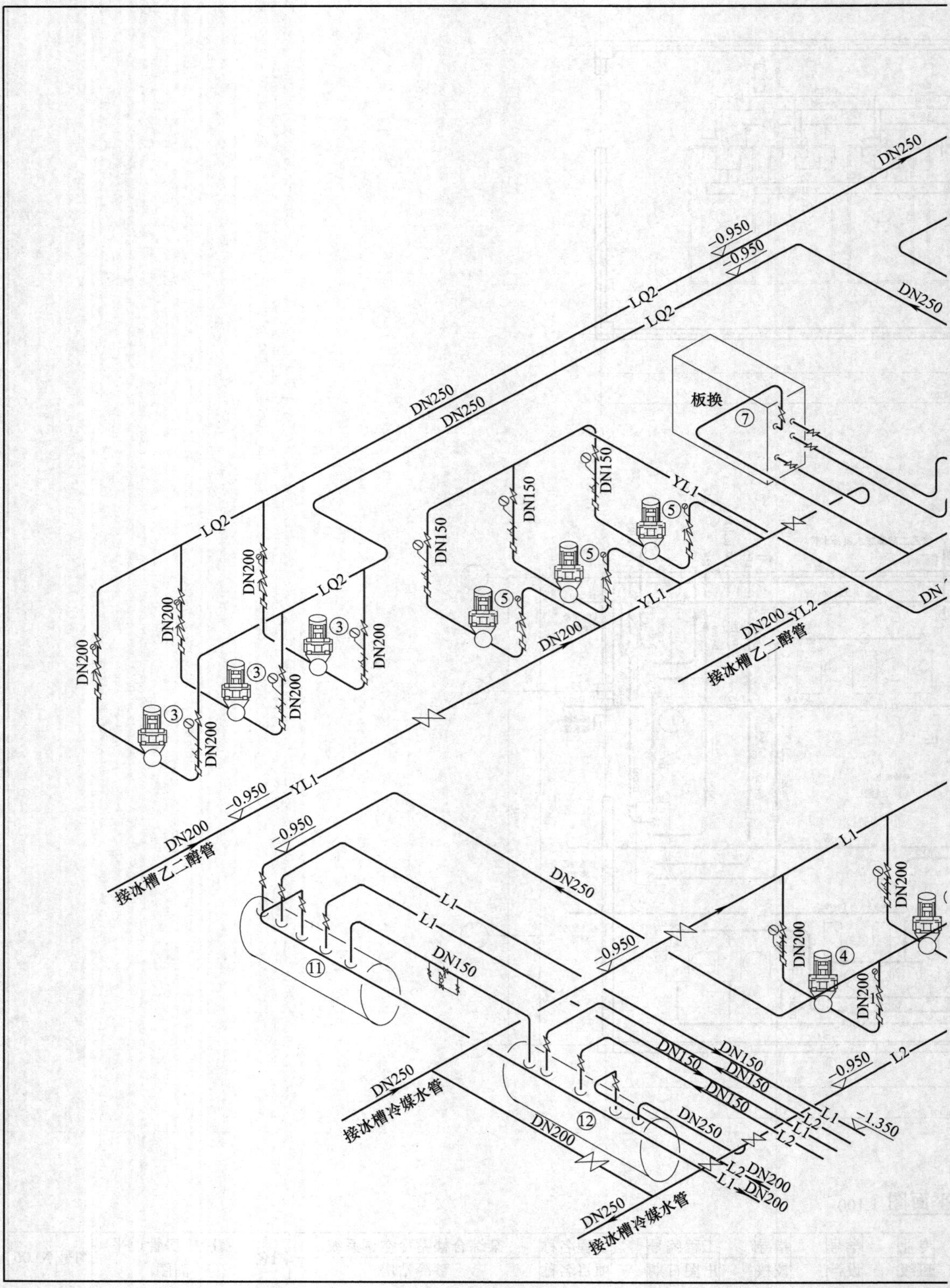
DN250
-0.950
-0.950
DN250
LQ2
LQ2
DN250
DN250
板换
⑦
DN150
DN150
DN150
YL1
LQ2
DN200
LQ2
DN200
DN200
DN200
DN200
DN200
YL1
DN200
DN200 YL2
接冰槽乙二醇管
-0.950
YL1
DN200
接冰槽乙二醇管
-0.950
DN250
L1
L1
DN150
⑪
-0.950
L1
DN200
DN200
DN200
DN250
接冰槽冷媒水管
DN200
⑫
DN150
DN150
DN150
DN150
DN250
L1
L2
L1
L2
-0.950
L2
-1.350
DN200
DN200
DN250
接冰槽冷媒水管

示例2图7

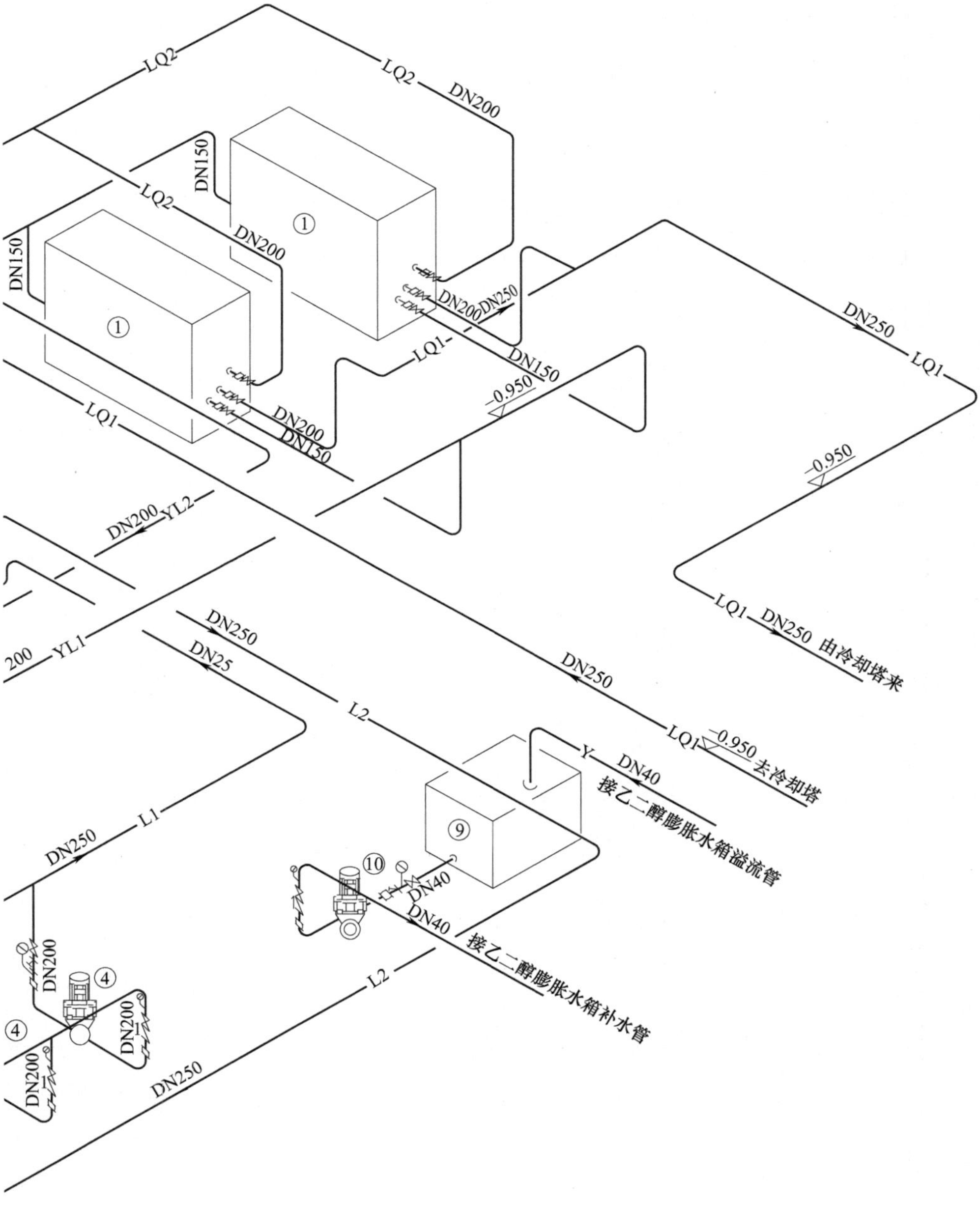

蓄冷站制冷系统轴测图

专业		学号		指导		工程编号		工程名称	某综合楼蓄冷空调系统	图名	蓄冷站制冷系统轴测图	图号	XL07
班级		设计		校核		出图日期		项目名称	蓄冷站房				

(XL07)

第2篇

冷(热)源工程课程设计

第5章

冷（热）源工程课程设计导论

5.1 冷（热）源形式的选择原则

冷热源作为集中空调系统的主要设备，无论其造价还是能耗，在集中空调系统总造价和总能耗中均占有较大的比例，所以合理选择空调冷热源设备，合理设计冷热源设备的外部循环系统，不仅可以提高集中空调系统的使用效果，更会直接降低集中空调系统的初投资，同时提高系统运行的经济性，减少空调系统的能源消耗。

目前市场上供应的空调冷热源的形式、种类较多，除第4章的冰蓄冷冷源和第7章的集中热源外，冷水机组、冷（热）水机组是集中空调最常用的冷热源。按照制冷原理的不同，冷（热）水机组可以分为蒸气压缩式冷水、冷（热）水机组和吸收式冷（热）水机组，前者以电能为驱动力，分为单冷型冷水机组和热泵型冷（热）水机组；后者以热能为驱动力，称为吸收式冷（热）水机组。

在进行各种冷（热）水机组系统的设计之前，必须在上述众多的空调冷热源形式中，合理选择空调冷热源形式。选择时必须综合考虑国家、地方的能源政策，当地的能源特点、价格，建筑功能及冷热负荷特点，遵循 GB 50019—2003《采暖通风与空气调节设计规范》、GB 50176—1993《民用建筑热工设计规范》、GB 50189—2005《公共建筑节能设计标准》等，因此，这是一个技术、经济之间的综合比较工程。

在选择、论证空调冷热源时，遵循的原则、规范有：

（1）按照《采暖通风与空气调节设计规范》第7.1.1节第1条　热源应优先采用城市、区域供热或工厂余热。高度集中的热源能效高，便于管理，也有利于环保，为国家能源政策所鼓励。

（2）按照《采暖通风与空气调节设计规范》第7.1.1节第2条　具有城市燃气供应的地区，尤其是在实行分季计价、价格低廉的地区，可以采用燃气锅炉、燃气冷（热）水机组进行供热、供冷。利用直燃型溴化锂吸收式冷温水机组能调节燃气的季节负荷，均衡电力负荷峰谷，改善环境质量。

（3）按照《采暖通风与空气调节设计规范》第7.1.1节第3条　当无上述热源和气源时，可以采用燃煤、燃油锅炉供热，电动压缩式冷水机组供冷，或燃油溴化锂吸收式冷（热）水机组供冷、供热。

（4）按照《采暖通风与空气调节设计规范》第7.1.1节第4条　具备多种能源的大型建筑，可采用复合能源供冷、供热。在影响能源价格因素较多，很难确定某种能源最经济时，配置不同能源的机组是最稳妥的方案，尤其针对一些智能化建筑。

（5）按照《采暖通风与空气调节设计规范》第 7.1.1 节第 5 条　夏热冬冷地区、干旱缺水地区的中、小型建筑，可以采用空气源热泵或地下埋管式地源热泵冷（热）水机组供冷、供热。

空气源热泵不需要设置室内机房，它的冷、热量较适应该地区建筑物的冷、热负荷比例，故广泛应用于一般舒适性空调系统。由于空气源热泵机组的性能系数较水冷型机组低很多，单台机组的容量不大，台数过多难以布置在屋面上。此外，它难以满足冬季同时供冷、供热的需要，故不宜应用在大型建筑中。

土壤源热泵系统需要有可靠的土壤结构、土壤热工特性等设计资料来支持，我国目前处于研究应用阶段。

（6）按照《采暖通风与空气调节设计规范》第 7.1.1 节第 6 条　当有天然水等资源可利用时，可采用水源热泵冷(热)水机组供冷、供热。

水源热泵是利用地下水、江、河、湖水或工业余热为热源。采用此系统时，应注意水源的利用和排放需获得主管部门的核准。水源热泵空调系统是利用水源热泵机组的一种形式，尤其适用于需同时供冷、供热的建筑物。当水源水温高于上限值时，利用冷却塔来排热；当系统水温低于下限值时，需由供热设备向系统供热；当系统中供冷机组的排热量等于供热机组的需热量时，系统达到最佳节能状态。水源热泵空调系统的优点是：机组分散布置，可减小空间需求，设计施工简便，机组能耗可单独计量；缺点是：机组数量多，对维修、降低噪声要求高，不宜使用新风，压缩机一般为涡旋型，性能系数较集中式冷水机组低。

（7）按照《采暖通风与空气调节设计规范》第 7.1.1 节第 8 条　在执行分时电价、峰谷电价差较大的地区，利用低谷电价时段蓄冷(热)能明显节电及节省投资时，可采用蓄冷(热)系统供冷(热)。

在选择空调冷(热)源时，除考虑以上规范、条文外，还应考虑以下因素：

1）具体工程的能源背景。

2）机组的能耗。冷、热源的能耗一般要占到整个空调工程能耗的 55% ~65%。因此，冷水机组的能耗是设备选型的重要因素。GB 19577—2004《冷水机组能效限定值及能源效率等级》中规定蒸气压缩式冷水机组性能系数的实测值不得低于表 5-1 的规定值能耗性能指标。

表 5-1　蒸气压缩式冷水机组的能源效率的规定值

冷水机组类型	额定制冷量(CC)/kW	COP 值
风冷式或蒸发冷却式	$CC \leqslant 50$	2.40
	$CC > 50$	2.60
水冷式	$CC \leqslant 528$	3.80
	$528 < CC \leqslant 1163$	4.00
	$CC > 1163$	4.20

3）运行管理及使用寿命。运行管理及使用寿命包括自动化程度、故障率和部件更换周期及机组寿命等。

4）环境保护要求。环境保护要求包括所用工质、噪声对周围环境和大气环境的影响等。

5）设备价格。选择技术性能优良的设备，其价格必须能被业主所接受。

5.2 冷（热）源工程课程设计的基本内容

5.2.1 电动压缩式冷水机组系统的设计内容

电动压缩式冷水机组系统的工程设计内容包括电动压缩式冷水机组负荷的确定，电动压缩式冷水机组类型、型号、台数的确定，机房设计与设备布置，冷却水系统设计，空调冷热水及冷凝水系统设计等。

电动压缩式冷水机组负荷的确定主要叙述在方案设计时，依据空调建筑所处地理位置、功能、面积等资料，对冷负荷指标进行估算；电动压缩式冷水机组类型、型号、台数的确定主要叙述常用的活塞式、螺杆式、离心式等冷水机组的性能、设备特点及其选择等内容；机房设计与设备布置主要叙述机房内设备的布置原则，机房设备的隔振与降噪，设备、管道的保温等内容；冷却水系统设计主要叙述冷却水系统设计原则、冷却塔的选择与布置、冷却水管路设计、冷却塔的配管布置、水泵的配管布置、冷却水泵台数和型号的选择、冷却水系统补水量的确定等内容；空调冷热水及冷凝水系统设计主要叙述空调冷热水系统设计原则、空调冷媒水系统管路设计（限于机房内）、冷媒水泵台数和型号的选择等内容；最后给出电动压缩式冷水机组系统工程设计示例。

5.2.2 热泵型冷（热）水机组系统的设计内容

热泵型冷（热）水机组系统工程设计主要内容包括热泵型冷（热）水机组负荷的确定，热泵冷(热)水机组类型、型号、台数的确定，水源热泵冷（热）水机组各种水系统的设计，地源热泵冷（热）水机组各种水系统的设计等。

热泵型冷（热）水机组负荷的确定主要叙述冷（热）负荷的确定方法；热泵冷（热）水机组类型、型号、台数的确定主要叙述风冷热泵、水源热泵、地源热泵的特点及适用条件，根据当地气象、水源条件及国家能源和环保政策来选择热泵型冷（热）水机组的类型、系统形式，确定型号和台数；水源热泵冷（热）水机组各种水系统的设计主要叙述地下水换热系统勘察，确定地下水换热系统的形式，确定所需地下水的总水量，确定地下水井的数量与位置、空调冷热水及冷凝水系统设计、辅助设备的选择等；地源热泵冷（热）水机组各种水系统的设计主要叙述地埋管换热系统勘察，确定地埋管换热器的布置形式，地埋管管材、规格及传热介质，确定地埋管换热器长度，确定钻孔数量及间距、水力计算及其泵的选择；最后给出热泵型冷（热）水机组系统工程设计示例。

5.2.3 吸收式冷（热）水机组系统的设计内容

吸收式冷（热）水机组系统工程设计主要内容包括吸收式冷（热）水机组负荷的确定，吸收式冷（热）水机组类型、型号、台数的确定，吸收式冷（热）水机组冷却水系统设计，燃气、燃油等外部系统的设计，吸收式冷（热）水机组的布置和机房设计等。

吸收式冷（热）水机组负荷的确定主要叙述空调制冷系统设计负荷及制冷机组负荷的

确定；吸收式冷（热）水机组类型、型号、台数的确定主要叙述蒸汽型、热水型、直燃型溴化锂吸收式冷（热）水机组特点及适用条件；吸收式冷（热）水机组冷却水系统设计主要叙述溴化锂吸收式机组的冷却水系统、冷却塔的设计选型；燃气、燃油等外部系统的设计主要叙述燃油系统的设计、燃气系统设计、排烟系统设计；吸收式冷（热）水机组的布置和机房设计主要叙述吸收式冷（热）水机组机房位置选择及技术要求，吸收式冷（热）水机组机房内设备的布置原则、机房的通风要求；最后给出吸收式冷（热）水机组系统工程设计示例。

5.3 冷（热）源工程课程设计的要求

冷（热）源工程课程设计是在学生学完“空调用制冷技术”、“热泵技术”、“空调工程”、“通风工程”（或“暖通空调”）等专业课程的基础上，综合运用所学知识进行建筑空调冷（热）源工程设计的训练，是培养学生创新能力和主观能动性的重要教学环节。

本教学环节的目的在于熟悉工程设计的基本思路、方法及步骤，训练工程制图的技能，学习如何应用相关的原则、规范和标准完成设计任务，使学生在理论与实际应用结合上，在处理实际问题、增强动手能力、提高团队意识和运用计算机技术能力等方面有一个较为明显的提高。

5.3.1 课程设计基本要求及设计步骤

1. 基本要求

1）认真考勤，每天保证不少于8h的学习时间。

2）每组学生的方案设计要有所不同，设计说明书要每人一份。

3）施工图每人一套，并采用计算机绘制。

4）所有工作要按时完成。

2. 设计步骤

冷（热）负荷计算是空调工程课程设计的内容之一，故建筑物的冷（热）负荷作为设计条件要在任务书中给出，如果没有给出，可以根据建筑面积和冷（热）负荷指标进行估算。在已知冷（热）负荷大小的情况下，空调冷（热）源工程课程设计可按下列步骤进行：

1）在充分了解设计任务的基础上，收集与设计相关的资料，包括建筑特点、各空调房间功能、使用特点、负荷特性、当地气象条件、水源条件、城市热源状况、当地能源及电力、环境污染状况、建筑附近区域废热源情况、市场上冷（热）源设备供应及其性价比、冷（热）源系统的辅助设备及管材的供应及其性价比等。

2）认真学习国家的相关标准和设计规范，进行初步方案设计。初步方案包括确定冷（热）源形式、冷却方式、冷（热）水系统形式、补水定压方式等。

3）根据空调冷热负荷大小、特点及设计规范选择空调冷（热）源设备的型号、规格和数量。

4）根据空调冷（热）源设备的选择结果及相关原则、规范选择冷（热）源系统各种辅助设备的类型、规格和数量。

5）根据设备的选择情况和相关原则、规范进行设备布置，完成各种水系统的设计和计算，选择水泵的型号和台数。

6）选择冷（热）水管道、设备的保温材料并确定其厚度。

7）编制设计说明书。

8）按要求完成施工图的设计。

注意在设计和制图的每一步，必须做到有据可依，有规范可查。

3. 课程各教学环节和各章（节）学时分配

课程设计按2周时间进行，具体进度安排见表5-2。

表5-2 各章（节）学时分配

序号	内容	时间
1	制定制冷方案，选择冷水机组、冷媒水泵、冷却水泵、冷却塔、补水定压设备、集分水器等设备	2d
2	画出系统流程图	1.5d
3	对冷媒水系统进行部分阻力计算	0.5d
4	对冷却水系统进行阻力计算	0.5d
5	对补水定压系统进行部分阻力计算	0.5d
6	绘制冷源工程施工图	4d
7	计算说明书	1d

5.3.2 课程设计的考核方法及成绩评定标准

1. 考核内容

课程设计结束时，要求学生上交课程设计说明书和图样（含系统原理图、机房设备布置平面图各一张，部分剖面图等），参加课程设计答辩。

2. 成绩评定办法

课程设计设计成绩按五分制（优、良、中、及格或不及格）确定。

成绩由平时考勤、设计报告成绩和书面答辩成绩三部分组成，平时考勤成绩占20%，设计报告成绩占60%，答辩成绩占20%。

5.4 冷（热）源工程设计图样的绘制及设计文件的编制

5.4.1 施工图的绘制

工程图样被认为是“工程技术人员的语言”，工程师的设计结果以施工图的形式告诉施工技术人员，所以图样是否规范、正确，直接影响到工程技术人员之间的沟通。施工图设计必须符合国家颁布的相关规范、标准等。

对空调冷热源工程设计而言，主要图样一般包括首页设计说明（包括机房设计及施工说明、图例、设备明细表和图样目录等），剖面图，系统流程图，设备、管线平面布置图等。

冷热源设备平面布置图应根据需要增大比例，使图面能够将设计内容表达清楚，应绘出冷热源设备、循环水泵、冷却水泵、水箱等的轮廓位置，并标注设备编号，设备和基础距离墙、柱或轴线的尺寸，绘出连接设备的管路位置、走向、尺寸、标高，标出设备各种仪表、阀门、柔性短管、过滤器、管道附件的位置。

剖面图用来表达复杂管道的相对关系及竖向位置关系，应该在平面图上设备、管路的上下位置关系表达不清的地方进行剖面。剖面图上应标明设备、设备基础、管道和附件的竖向位置、竖向尺寸和标高，同时还应标注设备和附件的编号等。

冷热源系统包括冷热源设备、辅助设备、连接管路及附件、调节控制仪表和元件等，连接关系较为复杂，设计中应绘制详细的系统流程图。系统图绘制可不按比例，布局原则是力求表达清楚，避免管线交叉。系统流程图上应绘制出设备、阀门、控制仪表、配件的前后关系，标注出介质流向、管径（有坡度要求时也应标明）及设备编号。绘制系统图时特别要注意与平面图相符，并与首页中的图例相符。

5.4.2 设计说明书的编制要求

设计说明书必须包括以下内容：

（1）工程概况　工程概况介绍所设计工程的建筑特点、各空调房间功能、使用特点、负荷特性、当地气象条件、水源条件、城市热源情况、当地能源及电力、环境污染状况等。

（2）设计范围　设计范围是指主要根据设计任务书的要求和相关资料，明确空调冷热源工程课程设计的基本内容、设计的深度和广度。

（3）空调冷热源形式的确定　根据工程特点、负荷特点、使用要求、当地气象条件、水源条件、城市热源情况、当地能源及电力、环境污染状况等，结合国家规范和地区规定，充分论述所选择冷热源的形式及原因。

（4）冷（热）源设备及其辅助设备的规格、台数的选择　说明空调冷（热）源设备及其辅助设备的选择计算方法、依据及选择结果，选择结果包括所选设备的型号、台数、主要性能参数和外形尺寸等，最好列表给出。

（5）设备布置　说明所选冷（热）源设备、辅助设备的布置原则，并画出机房平面布置草图。

（6）水系统的设计和计算　画出水系统草图，说明管径确定方法、计算公式来源和含义，给出最终计算结果。

（7）水泵的型号和台数的选择　说明水泵的选择原则和结果（型号、台数）。

（8）冷（热）水管道、设备保温材料的选择及其厚度的确定　说明冷（热）水管道、设备保温材料及其厚度的选择原则和结果。

（9）设计总结　总结所完成设计的亮点和不足，自己的收获和对今后学习的展望。

5.5 本章要点

本章主要阐述集中空调冷（热）源的形式和选择原则，电制冷冷水机组、热泵型冷（热）水机组、吸收式冷（热）水机组为主的冷（热）源系统主要设计内容，另外对冷（热）源工程课程设计的基本要求、设计步骤和成绩评定细则，对冷（热）系统原理图、冷（热）设备管道安装平面图、剖面图等图样的画法规定、深度要求及设计文件的编制作了详细的叙述。

6

第6章 冷（热）源工程课程设计

6.1 电动压缩式冷水机组系统的工程设计

电动压缩式冷水机组是指消耗电能的压缩式冷水机组，包括活塞式冷水机组、螺杆式冷水机组和离心式冷水机组，不同的冷水机组具有各自的特点及适用范围。在考虑甲方投资、建筑物用途、建筑物空调负荷及全年冷负荷的分布规律、空调系统的调节、当地水源条件等因素，结合各种冷水机组的性能、适用条件作出合理选择。

6.1.1 电动压缩式冷水机组负荷的确定

《采暖通风与空气调节设计规范》第6.2.15条规定：空气调节系统的夏季冷负荷，应根据所服务空气调节区的同时使用情况、空气调节系统的类型及调节方式，按各空气调节区逐时冷负荷的综合最大值或各空气调节区夏季冷负荷的累计值确定，并应计入各项有关的附加冷负荷。

《采暖通风与空气调节设计规范》第7.1.5条规定：电动压缩式冷水机组的总装机容量，应按上述第6.2.15条计算的冷负荷选定，不另附加。

而单独进行空调冷源工程课程设计时，由于时间短，冷负荷值应该作为已知条件给出，即空调冷（热）源工程课程设计的内容应该是为给出负荷的空调系统配置冷（热）源。若课程设计的已知条件中没有给出冷负荷，则应该说明空调建筑所处地理位置、功能、面积等资料，按照表6-1所给出的建筑物冷负荷估算指标进行估算。

表6-1 建筑物冷负荷估算指标 （单位：W/m^2）

序号	建筑物类型及房间名称	冷负荷指标	序号	建筑物类型及房间名称	冷负荷指标
1	旅游旅馆：客房标准间	80～110	17	一般手术室	100～150
2	酒吧、咖啡厅	100～180	18	医院：洁净手术室	300～500
3	西餐厅	160～200	19	X光、CT室，B超诊室	120～150
4	中餐厅、宴会厅	180～350	20	商店：营业厅	150～250
5	商店、小卖部	100～160	21	影剧院：观众席	180～350
6	中厅、接待	90～120	22	休息厅（允许吸烟）	90～120
7	小会议室（允许少量吸烟）	200～300	23	化妆室	90～120
8	大会议室（不允许吸烟）	180～280	24	体育馆：比赛馆	120～250
9	理发、美容室	120～180	25	观众休息区（允许吸烟）	300～400
10	健身房、保龄球馆	100～200	26	贵宾室	100～200
11	弹子房	90～120	27	展览厅、陈列室	130～200
12	室内游泳池	200～350	28	会堂、办公厅	150～200
13	舞厅（交谊舞）	250～350	29	图书阅览室	75～100
14	舞厅（迪斯科）	250～350	30	科研、办公室	90～140
15	办公室	90～120	31	公寓、住宅	80～90
16	医院、高级病房	80～110	32	餐馆	200～350

由表6-1中数据可知，冷负荷估算指标范围较宽，以此估算出的冷负荷与具体建筑物的准确冷负荷有较大偏差，所以，在空调工程施工图设计或毕业设计中，建筑物的冷负荷要按照规定的方法计算出来，冷负荷估算只用于空调工程初步设计。

6.1.2 电动压缩式冷水机组类型、型号、台数的确定

1. 冷水机组的类型

作为中央空调冷源的活塞式、螺杆式、离心式冷水机组的性能比较见表6-2。

表6-2 各种电动压缩式冷水机组的性能比较

<table>
<tr><th colspan="3">冷水机组类型</th><th>离心冷水机组</th><th>螺杆冷水机组</th><th>活塞冷水机组</th></tr>
<tr><td rowspan="7">标准工况与循环类别</td><td colspan="2">执行国家的行业标准</td><td>GB/T 18430.1—2007</td><td>GB/T 18430.1—2007</td><td>GB/T 18430.1—2007</td></tr>
<tr><td rowspan="2">标准(名义)工况</td><td>夏季供冷</td><td colspan="3">冷水出水温度7℃，环境温度35℃</td></tr>
<tr><td>冬季供热</td><td colspan="3">热水出水温度45℃，环境温度7℃</td></tr>
<tr><td colspan="2">制冷循环类别</td><td colspan="3">蒸气压缩式制冷循环</td></tr>
<tr><td colspan="2">压缩机使用能源</td><td colspan="3">电力</td></tr>
<tr><td colspan="2">压缩制冷剂蒸气的原理</td><td>回转离心式</td><td>回转容积式</td><td>往复容积式</td></tr>
<tr><td colspan="2">使用的制冷剂</td><td>R22、R123、R134a</td><td>R22、R717</td><td>R22、R717</td></tr>
<tr><td rowspan="5">机组特性指标</td><td colspan="2">国产单机制冷量范围/kW</td><td>703～4222</td><td>115～2200</td><td>116～930</td></tr>
<tr><td colspan="2">转动件转速范围/(r/min)</td><td>4800～8490</td><td>2960</td><td>≤1800</td></tr>
<tr><td colspan="2">机组噪声和振动</td><td>较低</td><td>较高</td><td>最高</td></tr>
<tr><td colspan="2">冷量调节方式</td><td>进口导叶及扩压器宽度</td><td>滑阀机构</td><td>改变工作缸数</td></tr>
<tr><td colspan="2">变工况适应能力</td><td>较好</td><td>最好</td><td>较好</td></tr>
<tr><td rowspan="11">生产制造和运行指标</td><td colspan="2">加工精度和加工成本</td><td>最高</td><td>较高</td><td>较低</td></tr>
<tr><td colspan="2">对加工设备要求</td><td>专用机床</td><td>专用机床</td><td>普通机床</td></tr>
<tr><td colspan="2">压缩机带液工作</td><td>不允许</td><td>可少量带液</td><td>不允许</td></tr>
<tr><td colspan="2">制冷剂中带油程度(有无油分离器)</td><td>不带油(有油分离器)</td><td>较多(有高效油分离器)</td><td>少量(有油分离器)</td></tr>
<tr><td colspan="2">油中带制冷剂</td><td>不允许</td><td>少量允许</td><td>允许</td></tr>
<tr><td colspan="2">对润滑油要求</td><td>最高</td><td>较高</td><td>较高</td></tr>
<tr><td colspan="2" rowspan="3">制冷剂泄漏方式及制冷剂压力等级</td><td>R22 高压、漏出</td><td rowspan="3">高压、漏出</td><td rowspan="3">高压、漏出</td></tr>
<tr><td>R134a 中压、漏出</td></tr>
<tr><td>R123 真空、空气渗入</td></tr>
<tr><td colspan="2">机组易损件多少</td><td>最少</td><td>较少</td><td>较多</td></tr>
<tr><td colspan="2">机组维护管理难易</td><td>较易</td><td>最易</td><td>较易</td></tr>
<tr><td rowspan="4">产品选型技术经济指标</td><td colspan="2">最佳使用制冷剂范围/kW</td><td>≥580</td><td>≤1160</td><td>≤580</td></tr>
<tr><td colspan="2">一次能源能效比 OEER①</td><td>1.26(最佳)</td><td>1.16(较佳)</td><td>1.12(较差)</td></tr>
<tr><td colspan="2">二次能源能效比 EER②/(kW/kW)</td><td>4.4(最佳)</td><td>4.0(较佳)</td><td>3.4(较差)</td></tr>
<tr><td colspan="2">冷/热供应方式</td><td>热回收离心式</td><td>螺杆式热泵</td><td>活塞式热泵</td></tr>
</table>

（续）

	冷水机组类型	离心冷水机组	螺杆冷水机组	活塞冷水机组
产品选型技术经济指标	机组运行可靠性统计	较高	较高	较低
	无故障运行周期	最长	较长	较短
	机组使用寿命③	最长	较长	较短
	国产产品单价比/(元/kW)	较低	较高(进口压缩机)	较高(进口压缩机)
	运行费用④(年、月计)	较低	较高	较高

① 数据取自井上宇市《空气调节手册》。

② 数据参照陆耀庆主编《实用供热空调设计手册》。

③“机组使用寿命”的定义是：用户所使用的产品在不更换主要零（部）件的情况下，能够确保正常运行，并确保使用性能指标要求，所能维持的最长使用周期。产品的正常检修在允许之列。

④ 年供冷运行周期统计为3000h。

GB/T 18430.1—2007 规定了蒸气压缩循环冷水（热泵）机组的名义工况、部分负荷工况及机组设计温度/流量条件，分别见表6-3、表6-4 和表6-5。冷水（热泵）机组的性能比较要采用名义工况，机组应在规定的设计温度/流量条件下进行正常工作。表6-6 所示为冷水（热泵）机组的变工况性能的温度范围。

表6-3　蒸气压缩循环冷水（热泵）机组的名义工况

项目	使用侧			热源侧(或放热侧)				
	冷、热水			水冷式	风冷式		蒸发冷却式	
	水流量/[m³/(h·kW)]	出口水温/℃	进口水温/℃	水流量/[m³/(h·kW)]	干球温度/℃	湿球温度/℃	干球温度/℃	湿球温度/℃
制冷	0.172	7	30	0.215	35	—	—	24
热泵制热		45	15	0.314	7	6		—

表6-4　蒸气压缩循环冷水（热泵）机组的部分负荷工况

名　称		部分负荷规定工况：综合部分负荷性能系数 *IPLV*	部分负荷规定工况：非标准部分负荷性能系数 *NPLV*
蒸发器	100%负荷出水温度/℃	7	选定的出水温度
	0%负荷出水温度/℃		同100%负荷的出水温度
	流量/[m³/(h·kW)]	0.172	选定的流量
	污垢系数/(m²·℃/kW)	0.018	指定的污垢系数
水冷式冷凝器	100%负荷进水温度/℃	30	指定的出水温度
	75%负荷进水温度/℃	26	①
	25%负荷进水温度/℃	23	
	25%负荷进水温度/℃	19	19
	流量/[m³/(h·kW)]	0.215	选定的流量
	污垢系数/(m²·℃/kW)	0.044	指定的污垢系数

（续）

名　称		部分负荷规定工况	
		综合部分负荷性能系数 *IPLV*	非标准部分负荷性能系数 *NPLV*
风冷式冷凝器	100%负荷干球温度/℃	35	—
	75%负荷干球温度/℃	31.5	
	25%负荷干球温度/℃	28	
	25%负荷干球温度/℃	24.5	
	污垢系数/(m^2·℃/kW)	0	

① 75%和50%负荷的进水温度必须在15.5℃至选定的100%负荷进水温度之间按负荷百分比线性变化，保留一位小数。

表6-5　蒸气压缩循环冷水（热泵）机组的设计温度/流量条件

项目		使用侧		热源侧(或放热侧)					
		冷、热水		水冷式		风冷式		蒸发冷却式	
		水流量/[m^3/(h·kW)]	出口水温/℃	进口水温/℃	水流量/[m^3/(h·kW)]	干球温度/℃	湿球温度/℃	干球温度/℃	湿球温度/℃
制冷	名义工况	0.172	7	30	0.215	35	—	—	24
	最大负荷工况		15	33		43			27①
	低温工况		5	19		21			15.5②
制热	名义工况	0.172	45	15	0.314	7	6		—
	最大负荷工况		50	21		21	15.5		
	融霜工况		45	—	—	2	1		

① 补水温度为32℃。
② 补水温度为15℃。

表6-6　蒸气压缩循环冷水（热泵）机组的变工况性能温度范围　（单位：℃）

项目		使用侧		热源侧(或放热侧)					
		冷、热水		水冷式		风冷式		蒸发冷却式	
		进口水温	出口水温	进口水温	出口水温	干球温度	湿球温度	干球温度	湿球温度
热泵	制冷	—	5～15	19～33	—	21～43	—	—	15.5～27
	制热		40～50	15～21		-7～21			—

（1）活塞式冷水机组　活塞式冷水机组主要由活塞式制冷压缩机、冷凝器、蒸发器、热力膨胀阀组成制冷系统，并配有自动能量调节机构和自动安全保护装置。其中压缩机常采用70、100、125系列，70系列为半封闭式制冷压缩机，100、125系列的为开启式制冷压缩机。制冷介质为R22，冷凝器可以采用风冷式或水冷式，蒸发器采用干式壳管式，蒸发器出口冷媒水温度为7℃，制冷量范围为35～930kW。另外，模块式冷水机组的压缩机也常采用活塞式，也属于活塞式冷水机组。常见的中央空调用普通型活塞式冷水机组的分类和设备特点见表6-7。

表 6-7 中央空调用普通型活塞式冷水机组的分类和设备特点

冷凝器冷却方式	水冷活塞式冷水机组		风冷活塞式冷水机组
压缩机密封方式	开启式活塞式	半封闭式活塞式	全封闭式活塞式
制冷压缩机系列	100、125 系列	70 系列	进口全封闭式系列
制冷剂	R22		
冷凝器形式	水冷卧式壳管式冷凝器		风冷式冷凝器
蒸发器形式	卧式壳管式蒸发器		
过滤器	氟利昂干燥过滤器(直通式或直角式)		
热力膨胀阀	外平衡式膨胀阀、电子膨胀阀		

模块化活塞式冷水机组是近年来发展起来的一种新型活塞式冷水机组，有水冷和风冷之分。每个模块由一台或两台全封闭活塞式制冷压缩机、水冷板式冷凝器或风冷式冷凝器、板式蒸发器及控制系统组成一个（制冷量为65kW）或两个（制冷量为130kW）独立的制冷回路，根据用户所需总冷量大小决定模块化活塞式冷水机组的模块组成个数。它与普通型活塞式冷水机组相比，具有以下特点：

1）结构紧凑，外形尺寸小，节省空间，安装简单，费用低。每个模块的重量约为同容量普通型活塞冷水机组的1/3，所需机房空间只有普通型机组的40%左右，占地面积只有普通机组的50%，节省安装费用。可在室内、走廊，甚至室外安装，特别适合于改建或有可能扩建的工程。

2）设计选用方便，组合灵活。由于每个模块都是一个或两个完全独立的制冷系统，所以很容易通过选用适当数量的模块单元就可以实现与设计总冷量的准确匹配。另外，模块化冷水机组还可与常规机组组合运行，模块化机组用于部分负荷运行，常规机组用于满负荷运行，这样，不仅可延长常规机组的工作寿命，而且还可以在低负荷下保持高效率运行，降低总能耗。

3）调节方便，智能化程度高。机组自动检测负荷的变化，随时调整投入运行的模块数和制冷回路数，使机组始终高效运行，节约电力，其年运行费用比普通型活塞式冷水机组节约20%～25%。

4）运行可靠，维修保养简单。微机控制可使各个制冷回路按步进方式顺序运行，可以在运行中进行局部检修，因而提高了整个机组的运行可靠性。系统简单，寿命长，其维护保养费较普通型机组少60%左右。

5）传热效果好，采用板式换热器，传热温差小，传热效率高，机组效率也得以提高，体积小。

6）起动电流小。机组采用逐台顺序起动，起动时对周围电网的冲击影响小，配电设备容量小。

7）机组初投资费用大。

中央空调用模块化活塞式冷水机组的设备特点和使用条件见表6-8。

（2）螺杆式冷水机组　螺杆式冷水机组按其结构的不同，有单螺杆和双螺杆之分，中央空调用螺杆式冷水机组主要采用双螺杆压缩机；按压缩机的密封方式不同，有开启式、半封闭式和全封闭式；按制冷剂的不同，有 R717 和 R22、R134a 等，蒸发器分别采用满液式壳管式蒸发器和干式壳管式蒸发器，民用中央空调一般选用 R22、R134a 的螺杆式冷水机组；按冷凝器冷却介质的不同，有风冷式和水冷式之分。中央空调用螺杆式冷水机组的分类、设备特点和使用条件见表 6-9。

表 6-8　中央空调用模块化活塞式冷水机组设备特点和使用条件

冷凝器冷却方式	模块化水冷活塞式冷水机组	模块化风冷活塞式冷水机组
压缩机形式	全封闭型活塞式制冷压缩机	
制冷剂	R22	
单机制冷量范围/kW	130~1690(每单元模块 2×65=130)	55~1932(每单元模块 55)
标准设计工况	冷水出水温度 7℃,冷水进、出水温差 5.6℃ 冷却水出水温度 35℃,冷却水进、出水温差 5.6℃	冷水出水温度 7℃,冷媒水进、出水温差 5.6℃ 室外进风温度 35℃
机组使用范围	冷水出水温度 5~8℃ 冷却水出水温度 34~40℃	冷水出水温度 5~8℃ 室外进风温度≤40℃
冷凝器形式	水冷式不锈钢板式换热器	风冷式翅片 V 形换热器
蒸发器形式	不锈钢板式换热器	
单元壳体面板组成	电源接线箱、仪表盘、计算机操作键、V 形管接头、单元外壳等	

表 6-9　中央空调用螺杆式冷水机组的分类、设备特点和使用条件

冷凝器冷却方式	水冷螺杆式冷水机组		风冷螺杆式冷水机组 半封闭式螺杆式 制冷压缩机螺杆式
压缩机密封方式	开启式螺杆式	半封闭式螺杆式	
螺杆转子名义直径	100、125、160、200、250(国产)		进口半封闭式
制冷剂	R22	R22、R134a	
单机制冷量范围/kW	115~2200		230~693
标准设计工况	冷媒水出水温度 7℃,冷媒水进、出水温差 5℃ 冷却水出水温度 32℃,冷却水进、出水温差 5℃		媒水出水温度 7℃ 室外环境温度 35℃
机组使用条件	媒水出水温度 7~12℃ 冷却水出水温度 22~37℃		冷媒水出水温度 7℃ 室外环境温度≤40℃
冷凝器形式	水冷卧式壳管式冷凝器		风冷式冷凝器(铜管套铝翅片)
蒸发器形式	满液式壳管式蒸发器	干式壳管式蒸发器	
过滤器	氟利昂干燥过滤器(直通式或直角式)		
热力膨胀阀	外平衡式膨胀阀		
容量调节范围(%)	15~100	100、75、50、25	

螺杆式冷水机组结构紧凑，尺寸小，运行可靠性高，易损件较少，技术性能稳定，管理维护简单，在中央空调用冷水机组产品选型方面，备受重视，冷量范围为 110~2326kW，在中等左右的冷量场合具有较大优势。

（3）离心式冷水机组　离心式冷水机组是由离心式压缩机组、满液式卧式壳管式蒸发器、水冷式卧式壳管式冷凝器、节流装置、压缩机入口能量调节机构、抽气回收装置、润滑油系统、安全保护装置、主电动机喷液蒸发冷却系统、油回收装置及微机控制系统等组成的一个完整的制冷装置，并共用一个底座。中央空调用国产离心式冷水机组的单机制冷量范围为 703 ~4222kW，国外该机组单机制冷量可达 28000kW。其冷凝器常采用高效螺纹形低肋片管或高效齿形传热管，蒸发器采用高效多孔蒸发传热管，节流机构采用线性浮球阀或节流膨胀孔板，使离心式冷水机组的性能提高，尺寸减小。其中，压缩机有开启式和封闭式之分；按压缩机级数不同，有一级、两级和多级之分；蒸发器和冷凝器可以放在一个筒体内，称为单筒式，蒸发器和冷凝器也可以各置一个筒内，称为双筒式；按冷凝器冷却方式不同，可以有水冷式、风冷式、蒸发冷凝式之分；按能量利用方式不同，有单冷型、热泵型和热回收型之分；按制冷剂种类的不同，有 R22 型、R123 型和 R134a 型。常见离心式冷水机组的分类形式见表 6-10。

离心式冷水机组的最大优点是单机制冷量大，大冷量下能效比高，使用寿命长，能量调节范围宽（10% ~100%），在大、中型中央空调系统用冷源的设备选型中，占有较大优势。

表 6-10 常见离心式冷水机组的分类形式

部件形式及参数	R134a 离心式冷水机组		R22 离心式冷水机组	R123 离心式冷水机组	
系列型号	19XR		19XL	LSBLXR	CVHG(G)
制冷剂	R134a		R22	R123	
制冷剂压力等级	中压		高压	低压	
单机制冷量范围 /kW	19XR	2100 ~2813	1055 ~2100	703 ~4222	1407 ~2623
	PEH	1407 ~4503			
压缩机叶轮级数	1		1	1 或 2	3
压缩机密封形式	半封闭式				
换热器总体形式	双筒式		双筒式		单筒式
蒸发器形式	满液式卧式壳管式				
冷凝器形式	水冷式卧式壳管式				

2. 冷水机组的型号、台数的确定

GB 50019—2003《采暖通风与空气调节设计规范》第 7. 1. 6 条规定：电动压缩式冷水机组台数及单机制冷量的选择，应满足空气调节负荷变化规律及部分负荷运行的调节要求，一般不宜少于两台；当小型工程仅设一台时，应选择调节性能优良的机型。

《采暖通风与空气调节设计规范》第 7. 1. 7 条规定：选择电动压缩式冷水机组时，其制冷剂必须符合有关环保要求，采用过渡制冷剂时，其使用年限不得超过中国禁用时间表的规定。

《采暖通风与空气调节设计规范》第 7. 2. 1 条规定：电动压缩式冷水机组的机型，宜按表 6-11 内的制冷量范围，经过性能价格比进行选择。

表 6-11 水冷式冷水机组选型范围

单机名义工况制冷量/kW	冷水机组机型
≤116	活塞式、涡旋式
116 ~700	活塞式
	螺杆式
700 ~1054	螺杆式
1054 ~1758	螺杆式
	离心式
≥1758	离心式

《采暖通风与空气调节设计规范》第 7. 2. 2 条规定：水冷、风冷式冷水机组的选型，应采用名义工况制冷性能系数（*COP*）较高的产品。制冷性能系数（*COP*）应同时考虑满负荷与部分负荷因素。

电动压缩式冷水（热泵）机组，在额定制冷工况和规定条件下，性能系数（*COP*）不应低于表 6-12 的规定。

表 6-12 冷水（热泵）机组制冷性能系数

类型		额定制冷量/kW	性能系数/(kW/kW)
水冷	活塞式/涡旋式	<528 528~1163 >1163	3.8 4.0 4.2
	螺杆式	<528 528~1163 >1163	4.1 4.3 4.6
	离心式	<528 528~1163 >1163	4.4 4.7 5.1
风冷式或蒸发式	活塞式/涡旋式	≤50 >50	2.4 2.6
	螺杆式	≤50 >50	2.6 2.8

《采暖通风与空气调节设计规范》第 7. 2. 3 条规定：在有工艺用氨制冷的冷库和工业等建筑，其空气调节系统采用氨制冷机房提供冷源时，必须符合下列条件：

1）应采用水/空气间接供冷方式，不得采用氨直接膨胀空气冷却器的送风系统。

2）氨制冷机房及管路系统设计应符合国家现行标准 GB 50072—2010《冷库设计规范》的规定。

《采暖通风与空气调节设计规范》第 7. 2. 4 条规定：采用氨冷水机组提供冷源时，应符合下列条件：

1）氨制冷机房单独设置且远离建筑群。

2）采用安全性、密封性能良好的整体式氨冷水机组。

3）氨冷水机组排氨口排气管，其出口应高于周围 50m 范围内最高建筑物屋脊 5m。

4）设置紧急泄氨装置。当发生事故时，能将机组氨液排入水池或下水道。

综合考虑以上规范、要求，结合各种电动压缩式冷水机组的性能特点、当地气象、水源条件及国家能源和环保政策，选择出适宜的冷水机组。同时，应特别注意以下几点：

1）对于大型集中空调系统的冷源，应选用结构紧凑、占地面积小及压缩机、冷凝器、蒸发器和自控元件等都组装在同一框架上的冷水机组。

2）冷水机组一般选择 2~4 台，中小型规模选用 2 台，较大型可选用 3 台，特大型可选用 4 台。机组之间要考虑其互为备用和切换使用的可能性。大型规模的同一站房内可以采用不同类型、不同容量的机组搭配使用的组合式方案，以节约能耗。并联运行的机组中至少应选择一台自动化程度较高、调节性能好、能保证部分负荷下能高效运行的机组。选择活塞式冷水机组时，宜优先选用多机头自动联控的冷水机组。

3）选择电动式冷水机组一要考虑其对环境的污染、产生的噪声与振动等因素，要满足周围环境的要求；二要考虑制冷剂对大气臭氧层的破坏程度和产生温室效应的大小，特别要注意制冷剂的禁用时间表。

4）无专用机房位置或空调改、扩建工程可考虑选用模块式冷水机组。

5）尽可能选用国产机组。我国制冷设备产业近十多年来得到了飞速的发展，绝大多数产品的性能已接近国际先进水平。特别是中、小型冷水机组，完全可以和进口产品媲美，且价格上有着无可比拟的优势。因此，在同等条件下，应优先选用国产冷水机组。

在确定了冷水机组的形式后，再按照6.1.1节确定的电动压缩式冷水机组的冷负荷，最终确定冷水机组的型号和台数。

6.1.3 机房设计与设备布置

大型建筑的机房一般应充分利用建筑物的地下室。按照《采暖通风与空气调节设计规范》第7.8.1条的规定，机房应设置在空气调节负荷的中心。机房内应有良好的通风设施，地下室机房应设置机械通风，必要时设置事故通风，控制室应设空气调节装置。机房内值班采暖温度不应低于16℃。测量仪表集中处应设局部照明，机房设计还应符合建筑防火设计规范。

机房是布置冷热源设备和其他辅助设备的专用房间，通常由主机房、水泵房、控制室、值班室、维修室等几部分组成。

主机房用于布置冷热源主机，有时将小型换热设备（用城市外网蒸汽作为热源时用到的汽-水换热器）及调节阀站、大型组合式空气处理器等也布置在主机房内。

水泵房用于布置冷媒水泵、冷却水泵、热水泵等。

控制室用于操作人员值班、管理机组。

机房位置和尺寸在土建设计时就已经确定，如何在机房内合理布置冷热源设备及其辅助设备，不仅关系到机房面积的利用率，还影响到系统流程的通畅性、设备的工作效率、检修维护工作等，所以要根据具体情况，认真完成机房内设备的布置。

1. 机房内设备的布置原则

机房内设备布置和管道连接应符合工艺流程，并应考虑便于安装、操作和维修。按照《采暖通风与空气调节设计规范》第7.8.2条的规定，机房内设备布置应符合以下要求：

1）机组与墙之间的净距离不小于1m。

2）机组与机组或其他设备之间的净距离不小于1.2m。

3）留有不小于蒸发器、冷凝器或低温发生器长度的维修距离。

4）机组与其上方管道、烟道或电缆桥架的净距离不小于1m。

5）机房主要通道的宽度不小于1.5m。

6）电动式冷水机组突出部分到配电盘的通道宽度，不应小于1.5m。多台冷水机组之间的距离应为1.5~2m（控制盘在侧面时距离应大些，控制盘在端部时距离应小些）。其蒸发器、冷凝器的一端应留有足够的检修空间，确定前应充分熟悉所选冷水机组的技术资料，其长度按各厂家要求确定。

布置冷水机组时，温度计、压力表及其他测量仪表应设置在便于观察的地方，阀门高度一般离地1.2~1.5m，高于此高度，应设工作平台。

在机房内布置设备时，应同时考虑设备的隔振、降噪，设备、管道和附件的防腐、保温等要求。

2. 机房设备的隔振与降噪

机房内冷热源设备、水泵等动力设备均应设置基础隔振装置，防止和减少设备振动对环境的影响。一般通过在设备基础与支撑结构之间设置弹性元件来实现。当设备转速小于或等于1500r/min时，宜选用弹簧隔振器；设备转速大于1500r/min时，选用橡胶等弹塑性材料的隔振垫或橡胶隔振器。另外，为减少振动沿着管路的传递，冷水机组、水泵、风机等设备的流体进出口，宜采用软管同系统管道相连。当消声与隔振要求较高时，管道与支架间应设置弹性垫。管道穿过结构处的缝隙应采用弹塑性材料填充。此外，机房通风应选用低噪声通风机，位于生活区的机房通风系统应设置消声装置。

3. 设备、管道的保温

机房设备、管道及附件的保温可以有效地减少冷（热）损失，提高设备、系统效率，节约能耗。需要保温的部位包括：冷（热）介质在生产和输送过程中产生冷（热）损失的设备外壁、管道、阀门及其他附件，防止外壁、外表面产生冷凝水的部位。保温材料的选择应遵循安全、经济和施工维护方便的原则，保温层厚度的确定按照（GB/T 8175—2008）《设备及管道保冷设计导则》中经济厚度或防止表面凝露保冷厚度的方法计算。具体见表6-13和表6-14。

表6-13 空气调节供冷管道最小保温厚度（介质温度≥5℃） （单位：mm）

保冷位置	保温材料							
	柔性泡沫橡塑管壳、板				玻璃棉管壳			
	Ⅰ类地区		Ⅱ类地区		Ⅰ类地区		Ⅱ类地区	
	管径	厚度	管径	厚度	管径	厚度	管径	厚度
房间吊顶内	DN15～DN25 DN32～DN80 ≥DN100	13 15 19	DN15～DN25 DN32～DN80 ≥DN100	19 22 25	DN15～DN40 ≥DN50	20 25	DN15～DN40 DN50～DN150 ≥DN200	20 25 30
地下室机房内	DN15～DN25 DN32～DN80 ≥DN100	19 22 25	DN15～DN25 DN32～DN80 ≥DN100	25 28 32	DN15～DN40 ≥DN50	25 30	DN15～DN40 DN50～DN150 ≥DN200	25 30 35
室外	DN15～DN25 DN32～DN80 ≥DN100	25 28 32	DN15～DN25 DN32～DN80 ≥DN100	32 36 40	DN15～DN40 ≥DN50	30 35	DN15～DN40 DN50～DN150 ≥DN200	30 35 40

表6-14 空气调节凝结水管防凝露保温厚度 （单位：mm）

保冷位置	材料			
	柔性泡沫橡塑管壳		玻璃棉管壳	
	Ⅰ类地区	Ⅱ类地区	Ⅰ类地区	Ⅱ类地区
在空调房间吊顶内	6	9	10	10
在非空调房间内	9	13	10	15

6.1.4 冷却水系统设计

水冷式冷水机组冷凝器中制冷剂的凝结散热靠冷却水带走，以维持冷水机组在设定的冷凝压力下运行，所以冷却水系统的合理设计是保证冷水机组长期高效运行的基本条件。由于冷却水量非常大，应充分考虑节约能量和水资源，降低冷水机组运行费用。按照《采暖通风与空气调节设计规范》第7.7.1条的规定，水冷式冷水机组的冷却水应循环使用，选用冷却塔作为冷却水的循环处理设备。目前冷却塔的类型很多，产品大致分以下几种：

1）按外形不同分为圆形塔和方形塔。

2）按空气流动方向与淋水方向不同分为逆流塔和横流塔。

3）按冷却水进、出口温差不同分为标准型、中温型和高温型（工业用）。

4）按集水盘深度不同可以分为标准型和深水盘型。

5）按冷却水是否与空气接触分为开式和闭式。

根据使用条件不同，各种冷却塔在实际中都有应用，选用时要考虑以下规定：

1. 冷却水系统设计原则

《采暖通风与空气调节设计规范》第7.7.2条规定：冷水机组的冷却水进口温度不宜高于33℃，冷却水进口最低温度应按冷水机组的要求来确定，电动式冷水机组不宜低于15.5℃，全年运行的冷却水系统，宜对冷却水的进水温度采取调节措施。冷却水进出口温差应按冷水机组的要求来确定，电动压缩式冷水机组宜取5℃。

《采暖通风与空气调节设计规范》第7.7.3条规定：冷却水的水质应符合国家现行标准GB 50050—2007《工业循环冷却水处理设计规范》及有关产品对水质的要求，并采取以下措施：

1）应设置稳定冷却水系统水质的有效水质控制装置。

2）水泵或冷水机组的入口管道上应设置过滤器或除污器。

3）当开式冷却水系统不能满足制冷设备的水质要求时，宜采用闭式冷却塔或设置中间换热器。

《采暖通风与空气调节设计规范》第7.7.4条规定：除采用分散设置的水冷整体式空气调节器或小型户式冷水机组等，可以合用冷却水系统外，冷却水泵台数和流量应与冷水机组相对应；冷却水泵的扬程应能满足冷却塔的进水压力需求。

《采暖通风与空气调节设计规范》第7.7.5条规定：多台冷水机组冷却水泵之间共用集管连接时，每台冷水机组入口或出口管道上宜设电动阀，电动阀宜与对应运行的冷水机组和冷却水泵连锁。

《采暖通风与空气调节设计规范》第7.7.6条规定：冷却塔的选用和设置应符合下列要求：

1）冷却塔的出口水温、进出口水温差和循环水量，在夏季空气调节室外计算湿球温度条件下，应满足冷水机组的要求。

2）进出口水压有要求的冷却塔的台数，应与冷却水泵的台数相对应。

3）供暖室外计算温度在0℃以下的地区，冬季运行的冷却塔应采取防冻措施。

4）冷却塔设置位置应通风良好，远离高温或有害气体，并应避免飘逸水对周围环境的影响。

5）冷却塔的噪声标准和噪声控制，应符合《采暖通风与空气调节设计规范》第9章的有关要求。

6）冷却塔的材质应符合防火要求。

《采暖通风与空气调节设计规范》第7.7.7条规定：当多台开式冷却塔并联运行，且不设集水箱时，应使各台冷却塔和水泵之间管段的压力损失大致相同，在冷却塔之间宜设平衡管或在各台冷却塔底部设置公共连通水槽。

《采暖通风与空气调节设计规范》第7.7.8条规定：除横流式等进水口无余压要求的冷却塔外，多台冷却水泵和冷却塔之间通过共用集管连接时，应在每台冷却塔进水管上设置电动阀，当无集水箱或连通水槽时，每台冷却塔的出水管上也应设置电动阀，电动阀宜与对应的冷却水泵连锁。

《采暖通风与空气调节设计规范》第7.7.9条规定：开式系统冷却水补水量应按系统的蒸发损失、飘逸损失、排污泄漏损失之和计算。不设集水箱的系统，应在冷却塔底盘处补水；设置集水箱的系统，应在集水箱处补水。

《采暖通风与空气调节设计规范》第7.7.10条规定：间歇运行的开式冷却水系统，冷却塔底盘或集水箱的有效存水容积，应大于湿润冷却塔填料等部件所需水量，以及停泵时靠重力流入的管道等的水容量。

《采暖通风与空气调节设计规范》第7.7.11条规定：当冷却塔设置在高层或多层建筑的屋顶时，冷却水集水箱不宜设置在底层。

2. 冷却塔的选择与布置

冷却塔选型须根据建筑物功能、周围环境条件、场地限制与平面布局等诸多因素综合考虑。对于冷却塔形式和规格的选用还要考虑当地气象条件、冷却水量、冷却塔进出水温、水质以及噪声、散热、水雾对周边环境的影响，最后经过技术经济比较确定。在选择时特别要注意：由于冷却塔的性能主要取决于室外空气的湿球温度，因此冷却塔产品的名义参数都是在规定的空气湿球温度下的数据，如果设计参数与规定的湿球温度不符，则要全面查看冷却塔产品的技术资料，一般生产厂家的产品技术资料中都附有冷却塔的性能曲线或变工况产品性能表，方便设计者根据实际设计条件对冷却塔性能参数进行修正。由于对于既定的冷却塔，温差越大，处理的冷却水量越小，所以选择冷却塔时还要注意冷水机组的工作条件要求的冷却水进、出口温差是否与冷却塔的性能参数一致，不一致也要进行修正。

当多台冷水机组并联运行时，通常采用冷却塔与冷水机组一一对应的运行方式来选择冷却塔的台数，也就是说，冷却塔台数与所选用冷水机组台数一致，只要每台冷却塔的冷却水流量、进出口温差满足对应冷水机组的要求即可，一般按照冷水机组需要的冷却水量，放大10%～20%作为安全余量选择冷却塔。当然也要避免所选冷却塔的容量太大，因为若太大，一方面会引起冷水机组运行工况的变化，另一方面会导致冷却水泵和冷却塔风机能耗的大幅度增加。在众多的冷却塔产品中，电动压缩式冷水机组的冷却水系统宜选用普通、逆流式冷却塔（进出口温差5℃），当处理水量在300m^3/h以上时，宜选用多风机方形冷却塔，便于实现多风机控制。由于冷却塔的安置场所一般远离污染区，所以常选用开式冷却塔。在遵循相关规定、原则的基础上，考核各种冷却塔产品的性能，结合所选择的冷水机组台数、冷却水流量和温差要求，选择出适宜的冷却塔形式、型号和台数。

冷却塔的设置除满足相关规范要求外，还应遵循以下原则：

1）为节约占地面积和减少冷却塔对周围环境的影响，通常应将冷却塔布置在裙楼或主楼的屋顶上，冷水机组与冷却水泵布置在地下室或室内机房。

2）为保证冷却塔好的传热传质条件，冷却塔应设置在空气流通、进出口无障碍的场所。有时为了建筑外观而需设围挡时，也必须保持足够的进风面积（入口净风速应小于2m/s）。

3）在考虑与建筑协调的情况下，冷却塔的布置应充分考虑噪声及飘水对周围环境的影响，如紧挨住宅和对噪声要求较严的地方，应考虑消声和隔声措施。

4）布置冷却塔时，应注意防止进风和排风之间形成短路的可能性，同时应避免多个塔之间相互干扰。

5）冷却塔宜单排布置，当必须多排布置时，长轴位于同一直线上的相邻塔排净距离不小于4m，长轴不在同一直线上、相互平行布置的塔排之间的净距离不小于塔的进风口高度的4倍。每排的长度与宽度之比不宜大于5:1。

6）冷却塔进风口侧与相邻建筑的净距离不应小于冷却塔进风口高度的2倍，周围进风的冷却塔之间的净距离不应小于冷却塔进风口高度的4倍。只有这样，才能保证进风口沿高度风速分布均匀，以确保必需的进风量。

7）冷却塔周边与塔顶应留有检修通道和管道安装位置，通道净宽不宜小于1m。

8）冷却塔不应布置在热源、废气和油烟排放口附近。

9）冷却塔设置在屋顶或裙楼房顶上时，应校核结构承压强度。并应设置在专用基础上，不得直接设置在屋面上。

3. 冷却水管路设计

冷却水管路设计是在冷水机组、冷却塔、冷却水泵等设备位置确定的情况下，进一步确定设备之间的连接方式和管道附件，确定各管段长度。冷却水管直径，一般即取冷水机组或冷却塔的配管直径，在此基础上按照空调水系统设计方法确定冷却水管阻力，为冷却水泵的选择提供依据。

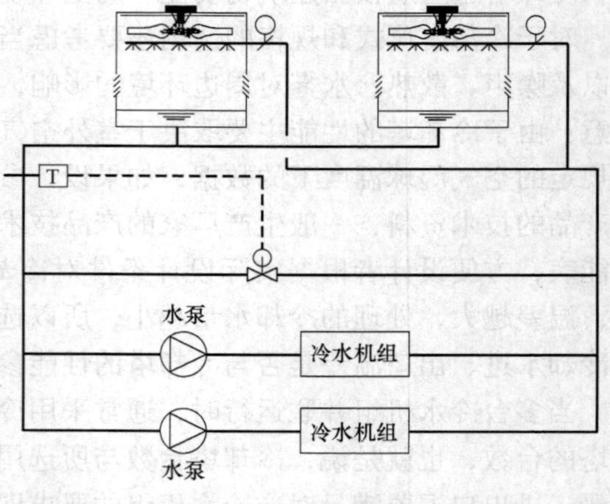

图6-1 冷却水泵与冷水机组的连接方式（一）

（1）冷却塔的配管布置 对于冷却水泵、冷却塔、冷水机组一一对应的冷却水系统，在管道连接时，冷却水泵可以采用与冷水机组一一对应的连接方式，如图6-1所示；也可以采用冷却水泵与冷水机组单独并联后通过总管连接的方式，如图6-2所示。考虑到冷却塔通常远离机房，因而一般采用后一种方式，即冷却塔全部并联后通过冷却水总管连至机房的方式。

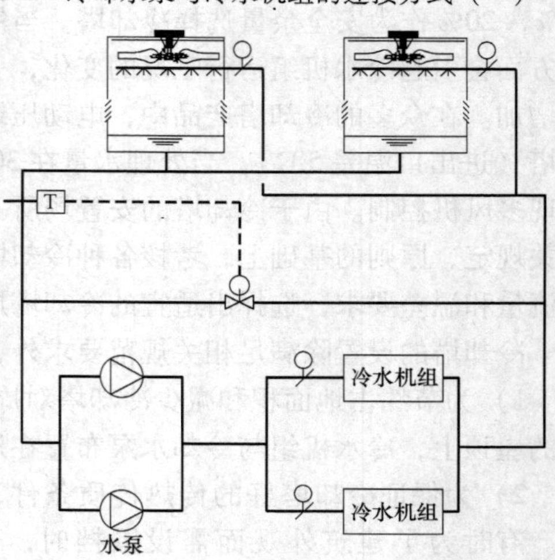

图6-2 冷却水泵与冷水机组的连接方式（二）

另外，考虑到冷水机组可能在部分负荷下工作，为避免冷却水温太低，通常要在冷却水系统设计时考虑冷却水温的调节措施。具体措施有：

1）当每组冷却塔有多台风机时（如方形冷却塔），通过冷却塔的回水温度来控制风机的运行台数。

2）当每组冷却塔只有一台风机时，则采用

在冷却水供、回水管路上设旁通阀，通过冷却塔的回水温度调节旁通量，保证进冷水机组的冷却水温度不变。

3）冷却塔采用变频风机，根据冷却水回水温度调节风机转速。

当多台冷却塔并联运行时，为避免并联管路阻力不平衡，水量分配不均匀，以致水池发生泄漏现象，各进水管上要设置阀门，调节进水量；同时在冷却塔的水池底部之间要设置均压管，均压管直径与进水干管直径相同。此外，为使各冷却塔出水量均衡，出水干管宜采用比进水干管大两号的集管，并用45°弯管与冷却塔出水管相连，如图6-3所示。冷却塔底部的配管连接如图6-4所示。

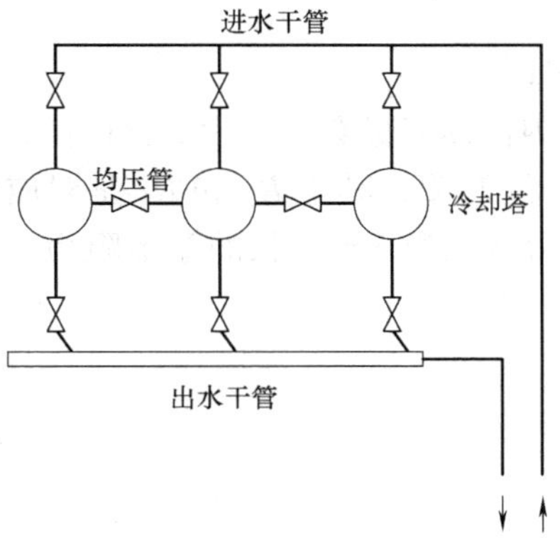

图6-3 多台冷却塔并联布置示意图

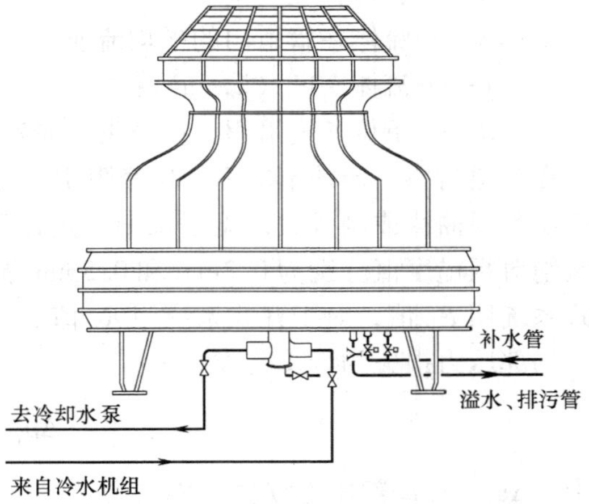

图6-4 冷却塔底部的配管连接示意图

(2) 水泵的配管布置 离心水泵的配管布置如图6-5所示。为降低和减弱水泵的振动和噪声传递，在水泵的吸入管和压出管上应安装软性连接管。

水泵压出管上的止回阀可防止水泵突然断电时水倒流使水泵叶轮损坏。多台水泵并联运行时，压出管上的止回阀还可以防止不运行水泵倒流现象的发生。一般有普通的止回阀（如旋片式、升降式等）和防水性能较好的缓闭式止回阀。对于冷却水系统，如果水箱设置在水泵标高以下，宜采用缓闭式止回阀。

为便于水泵在不运行时不用排空系统内的存水就能进行检修，在水泵的吸入管和压出管上应分别设置进口阀和出口阀，以作关断使用。进口阀是常开的，最好采用廉价的、流动阻力小的闸阀，不作调节使用。出口阀需要有良好的调节性能，对于空调水系统，一般采用截止阀或蝶阀。

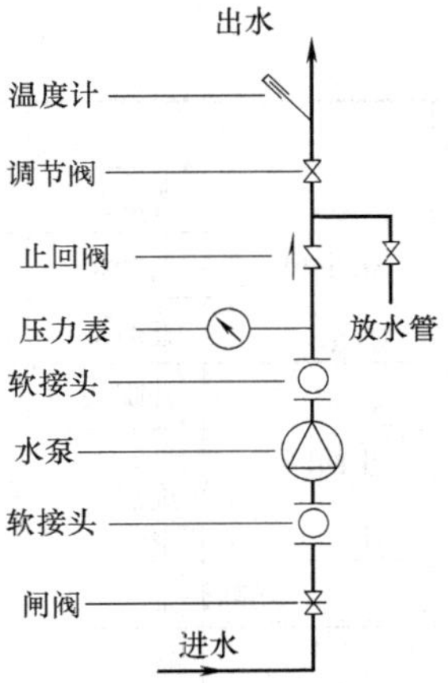

图6-5 离心水泵的配管布置

为便于管道的清洗和污水排空，当止回阀安装在立管上时，其下游侧要安装放水管。

此外，水泵的压出管上还应安装有压力表和温度计，以利检测。注意压力表、温度计应安装在便于观察和维修的位置上。如果水泵从低位水箱吸水，在吸水管上还应安装真空表。

按照以上设计原则和措施，结合具体工程特点，在冷水机组、冷却塔位置确定的情况下，绘制冷却水系统草图，确定各管段长度。冷却水管直径一般即取冷水机组或冷却塔的配管直径，按照以下方法计算冷却水管的阻力。

空调水系统的阻力包括沿程摩擦损失和局部压力损失。沿程摩擦损失的计算公式为

$$\Delta p_{\mathrm{m}} = \lambda \frac{l}{d} \frac{\rho v^2}{2} = Rl \tag{6-1}$$

式中 Δp_{m}——沿程摩擦损失（Pa）；

λ——沿程摩擦因数；

d——管径（m）；

l——管道长度（m）；

v——流体在管道内的平均流速（m/s）；

ρ——流体密度（kg/m^3）；

R——单位长度沿程摩擦损失，简称比摩阻（Pa/m）。

在管道材料一定的情况下，比摩阻主要与管径和管内流体流量有关。为简化计算，将比摩阻绘制成曲线或制成表，见附录 H。其计算条件为水温 20℃，其中 R_1 和 R_2 是对应管内当量绝对粗糙度值分别为 0.2mm 和 0.5mm 条件下计算得到的每 1m 管长的摩擦阻力。对于闭式系统用 R_1 值，对于开式系统用 R_2 值。

局部压力损失的计算公式为

$$\Delta p_{\mathrm{j}} = \zeta \frac{\rho v^2}{2} \tag{6-2}$$

式中 Δp_{j}——局部压力损失（Pa）；

ζ——局部阻力系数。

部分管件及阀门的局部阻力系数见表 6-15，三通的局部阻力系数见表 6-16。

表 6-15 部分管件及阀门的局部阻力系数

<table>
<tr><th>序号</th><th colspan="2">名称</th><th colspan="8">局部阻力系数 ζ</th></tr>
<tr><td rowspan="3">1</td><td rowspan="3">截止阀</td><td>普通型</td><td colspan="8">4.3～6.1</td></tr>
<tr><td>斜柄型</td><td colspan="8">2.5</td></tr>
<tr><td>直通型</td><td colspan="8">0.6</td></tr>
<tr><td rowspan="3">2</td><td rowspan="3">止回阀</td><td>升降型</td><td colspan="8">7.5</td></tr>
<tr><td rowspan="2">旋启式</td><td colspan="2">DN</td><td colspan="2">150</td><td colspan="2">200</td><td>250</td><td>300</td></tr>
<tr><td colspan="2">ζ</td><td colspan="2">6.5</td><td colspan="2">5.5</td><td>4.5</td><td>3.5</td></tr>
<tr><td>3</td><td colspan="2">蝶阀</td><td colspan="8">0.1～0.3</td></tr>
<tr><td rowspan="2">4</td><td colspan="2" rowspan="2">闸阀</td><td>DN</td><td>15</td><td>20～50</td><td>80</td><td>100</td><td>150</td><td>200～250</td><td>300～450</td></tr>
<tr><td>ζ</td><td>1.5</td><td>0.5</td><td>0.4</td><td>0.2</td><td>0.1</td><td>0.08</td><td>0.07</td></tr>
<tr><td>5</td><td colspan="2">旋塞阀</td><td colspan="8">0.05</td></tr>
<tr><td rowspan="2">6</td><td rowspan="2">变径管</td><td>缩小</td><td colspan="8">0.10</td></tr>
<tr><td>扩大</td><td colspan="8">0.30</td></tr>
<tr><td rowspan="2">7</td><td rowspan="2">普通弯头</td><td>90°</td><td colspan="8">0.30</td></tr>
<tr><td>45°</td><td colspan="8">0.15</td></tr>
</table>

（续）

序号	名称		局部阻力系数ζ								
8	焊接弯头		DN	80	100	150	200	250	300		
			ζ(90°)	0.51	0.63	0.72	0.72	0.87	0.78		
			ζ(45°)	0.26	0.32	0.36	0.36	0.44	0.39		
9	弯管90°，R为曲率半径，d为管径		d/R	0.5	1.0	1.5	2.0	3.0	4.0	5.0	
			ζ	1.2	0.8	0.6	0.48	0.36	0.30	0.29	
10	水箱接管	进水口	1.0								
		出水口	0.5								
11	过滤器		2.0～3.0								
12	除污器		4.0～6.0								
13	吸水底阀		DN	40	50	80	100	150	200	250	300
			ζ(有底阀)	12	10	8.5	7	6	5.2	4.4	3.7
			ζ(无底阀)	2.0～3.0							
14	水泵入口		1.0								

表6-16 三通的局部阻力系数

图示	流向	局部阻力系数ζ	图示	流向	局部阻力系数ζ
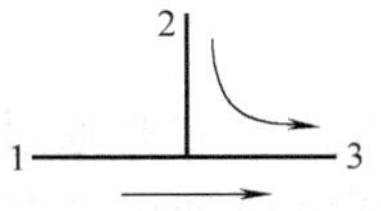	2→3	1.5	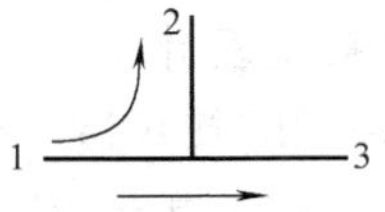	1→3	0.1
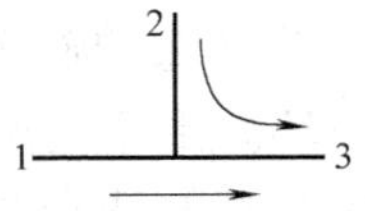	1→3	0.1	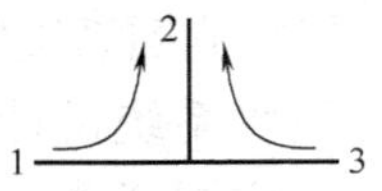	1→2 3→2	1.5
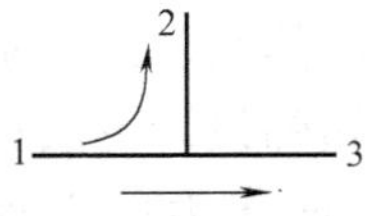	1→2	1.5	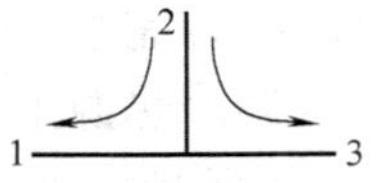	2→1 2→3	3.0

4. 冷却水泵台数和型号的选择

空调冷却水泵常采用单吸单级卧式离心泵。水泵的选择应以节能、噪声低、占地少、振动小、安全可靠、维修方便等因素作为条件来综合考虑。当多台冷水机组并联运行时，通常采用冷却水泵与冷却塔、冷水机组一一对应的运行方式来选择冷却水泵的台数，也就是说，冷却水泵、冷却塔的台数与所选用冷水机组台数一致，每台冷却水泵的流量要满足冷水机组对冷却水量的要求，扬程要保证能克服冷却水系统管路和设备的阻力，并提供开式冷却塔布水装置要求的余压。

冷却水泵流量的计算公式为

$$q'_V = kq_V \tag{6-3}$$

冷却水泵扬程的计算公式为

$$H = k(h_1 + h_2 + h_3 + h) \tag{6-4}$$

式中 q'_V——要求的冷却水泵的冷却水量（m^3/h）；

q_V——冷水机组要求的冷却水量（m^3/h）；

k——安全系数，$k=1.05\sim1.15$；

H——要求的冷却水泵的扬程（m）；

h_1——冷水机组中冷凝器的水头损失（m）；

h_2——冷却水系统管路及构件的水头损失之和（m）；

h_3——冷却塔布水装置需要的水头（m）；

h——冷却塔集水盘水面至布水装置的垂直高度（m）。

式（6-4）适用于开式冷却塔的冷却水系统。采用闭式冷却塔的冷却水系统，所需的冷却水泵的扬程包括 h_1、h_2 以及冷却塔盘管的水头损失 h_4。

选择冷却水泵时，应考虑其工作点处于高效率下运行，以降低设计装机功率和运行能耗。

由于水泵持续运转时间较长，容易发生磨损、泄漏、效率下降，甚至发生故障，所以在选择冷却水泵时，要考虑备用，一般情况下，选择一台备用泵即可。大型系统冷却水泵台数较多时（大于5~6台），选用2台备用泵。

5. 冷却水系统补水量的确定

冷却水的水量损失包括蒸发损失、飘逸损失、排污损失和泄漏损失。其中，蒸发损失是随空调负荷的变化而变化的，排污损失可以由人来控制。一般情况下，当采用电动式冷水机组时，冷却塔的补水量取冷却水量的1%~2%。

6.1.5 空调冷热水及冷凝水系统设计

大型集中空调系统大多采用间接供冷、供热方式，即冷热源提供的冷量和热量是通过空调冷热水系统源源不断地输送到空调末端空气处理设备，使空调房间的环境达到设计要求的。空调冷热水系统的设计不仅影响到系统的能耗，更影响到系统能否完成冷热量的输送和合理分配的任务，所以空调冷热水系统设计是整个空调工程设计的重要一环。由于时间限制，空调冷热源工程课程设计的主要任务是机房主机的选择与布置、冷热水泵的选择与布置、管路连接等。为使本教材的内容完整，便于读者学习，首先给出空调冷热水及冷凝水系统设计的一般原则，然后给出空调冷热源工程课程设计中机房内冷热水管路的设计方法和冷媒水泵的选择方法。选择冷媒水泵时，水系统最不利环路的管道阻力应该作为已知条件给出。

1. 空调冷热水系统设计原则

《采暖通风与空气调节设计规范》第6.4.1条规定：空气调节冷热水参数应通过技术经济比较后确定，宜采用以下数值：

1）空气调节冷水供水温度：5~9℃，一般为7℃。

2）空气调节冷水供回水温差：5~10℃，一般为5℃。

3）空气调节热水供水温度：40~65℃，一般为60℃。

4）空气调节热水供回水温差：4.2~15℃，一般为10℃。

《采暖通风与空气调节设计规范》第6.4.2条规定：空气调节水系统宜采用闭式循环；当必须采用开式循环时，应设置蓄水箱，蓄水箱的蓄水量宜按系统循环水量的5%~10%确定。

《采暖通风与空气调节设计规范》第6.4.3条规定：全年运行的空气调节系统，仅要求按季节进行供冷和供热转换时，应采用两管制水系统；当建筑物内一些区域需全年供冷时，宜采用冷热源同时使用的分区两管制水系统。当供冷和供热工况交替频繁或同时使用时，可采用四管制水系统。

《采暖通风与空气调节设计规范》第 6.4.4 条规定：中小型工程宜采用一次泵系统，系统较大、阻力较高，且各环路负荷特性或阻力相差悬殊时，宜在空气调节水系统的冷热源侧和负荷侧分别设一次泵和二次泵。

《采暖通风与空气调节设计规范》第 6.4.5 条规定：设置 2 台或 2 台以上冷水机组或循环泵的空气调节水系统，应能适应负荷变化改变系统流量，并宜设置相应的自控设施。

《采暖通风与空气调节设计规范》第 6.4.7 条规定，应按下列原则选用空气调节水循环泵：

1）两管制空气调节水系统，宜分别设置冷水和热水循环泵。当冷水循环泵兼作冬季的热水循环泵使用时，冬、夏季水泵运行的台数及单台水泵的流量、扬程应与系统工况相吻合。

2）一次泵系统的冷水泵以及二次泵系统中一次水泵的台数和流量，应与冷水机组的台数和蒸发器的额定冷水流量相对应。

3）二次泵系统的二次冷水泵台数应按系统的分区和每个分区的流量调节方式确定，每个分区不宜少于 2 台。

4）空气调节热水泵台数应根据供热系统规模和运行调节方式确定，不宜少于 2 台；严寒及寒冷地区，当热水泵不超过 3 台时，其中 1 台宜设置成备用泵。

《采暖通风与空气调节设计规范》第 6.4.8 条规定：多台一次冷水泵之间并联后通过共用集管连接时，每台冷水机组入口或出口管道上宜设电动阀，电动阀宜与对应运行的冷水机组和冷水泵连锁。

《采暖通风与空气调节设计规范》第 6.4.9 条规定：空气调节水系统布置和选择管径时，应减少并联环路之间的压力损失的相对差额，当超过 15% 时，应设置调节装置。

《采暖通风与空气调节设计规范》第 6.4.10 条规定：空气调节水系统的小时泄漏量，宜按系统水容量的 1% 计算。

《采暖通风与空气调节设计规范》第 6.4.11 条规定：空气调节水系统的补水点，宜设置在循环水泵的吸入口处。当补水压力低于补水点压力时，应设置补水泵。空气调节补水泵按下列要求选择和设定：

1）补水泵的扬程应保证补水压力比系统静止时补水点的压力高 30～50kPa。

2）小时流量宜为系统水容量的 5%～10%。

3）严寒及寒冷地区空气调节热水用及冷热水合用的补水泵，宜设置备用泵。

《采暖通风与空气调节设计规范》第 6.4.12 条规定：当设置补水泵时，空气调节水系统应设补水调节水箱；水箱的调节容积应按照水源的供水能力、水处理设备的间断运行时间及补水泵稳定运行等因素确定。

《采暖通风与空气调节设计规范》第 6.4.13 条规定：闭式空气调节水系统的定压和膨胀，应按下列要求设计：

1）定压点宜设在循环水泵的吸入口处，定压点最低压力应使系统最高点压力高于大气压力 5kPa。

2）宜采用高位水箱定压。

3）膨胀管上不应设置阀门。

4）系统的膨胀水量应能够回收。

《采暖通风与空气调节设计规范》第 6.4.14 条规定：当给水硬度较高时，空气调节热水系统的补水宜进行水处理，并应符合设备对水质的要求。

《采暖通风与空气调节设计规范》第 6.4.17 条规定：冷水机组或换热器、循环水泵、补水泵等设备入口管道上，应根据需要设置过滤器或除污器。

空调冷热源工程课程设计应该在遵循以上原则的基础上，结合具体工程中冷水机组的选择情况，进一步完成机房内冷水机组与冷媒水泵连接管路的设计，并了解冷媒水泵的选择方法。

2. 空调冷媒水系统管路设计（限于机房内）

通常情况下，空调冷媒水系统为闭式循环，由冷水机组、冷媒水管路、空调末端装置、调节阀和膨胀水箱（或定压罐补水系统）组成。

按照规范常采用冷媒水泵吸入口作为定压点，如图 6-6 所示。对于高层建筑，为节约膨胀水管的长度，也可以选择回水管的最高点作为定压点来定压，如图 6-7 所示。膨胀水箱的配管布置如图 6-8 所示，膨胀水箱的膨胀管应该接在水泵的吸入管段上，严禁在膨胀管上设置阀门。当膨胀水箱兼用于供冷和供暖两种工况时，为防止冬季供暖时因水箱内水结冰造成箱体结构破坏，常在膨胀水箱上再接出一根循环管。在水系统中，循环管与膨胀管要连接在同一条管路上，其连接点之间应保持一定的距离，使膨胀水箱中的水在两连接点压差的作用下处于缓慢流动的状态，避免结冰现象的出现。

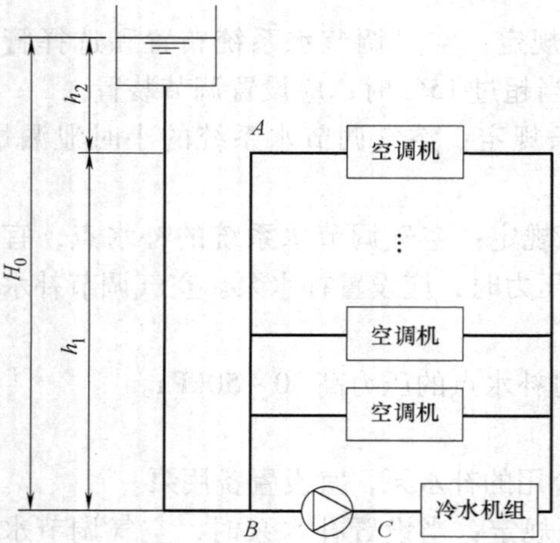

图 6-6 冷媒水泵吸入口定压

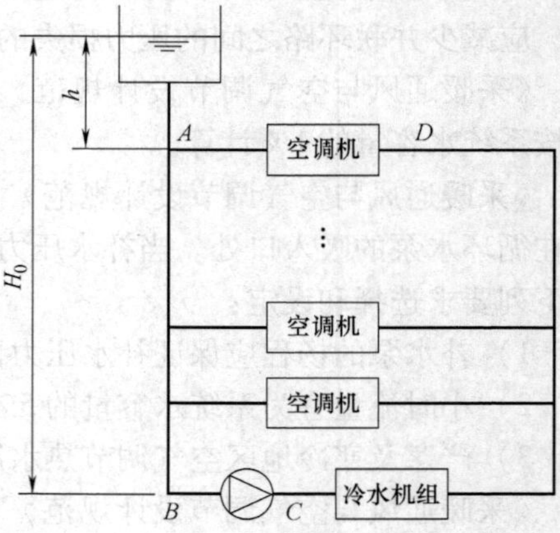

图 6-7 回水管最高点定压

冷水机组一般置于冷媒水泵的出口，对于高层建筑的水系统，为减小冷水机组的承压值，常将冷水机组置于冷媒水泵的吸入管路中。对于多台冷水机组和多台冷媒水泵的冷冻水系统，在管道连接时，采用冷媒水泵与冷水机组独立并联后通过总管连接的方式，即参考图 6-2 中冷却水泵与冷水机组的连接方式。注意应该在每台冷水机组入口或出口管道上设电动阀，电动阀与对应运行的冷水机组和冷媒水泵连锁。冷媒水系统的补水点设在循环冷媒水泵的吸入口，如图 6-9 所示。

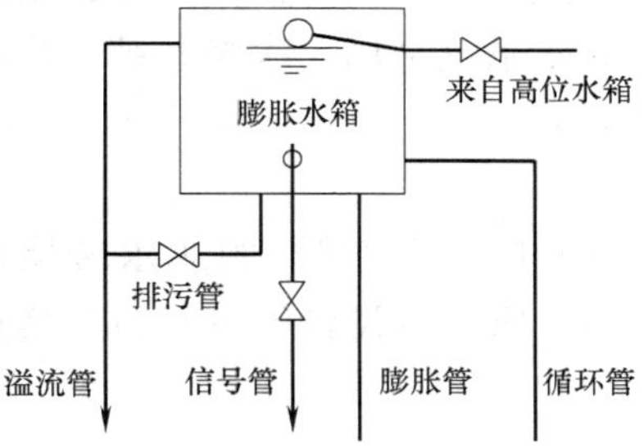

图 6-8 膨胀水箱的配管布置

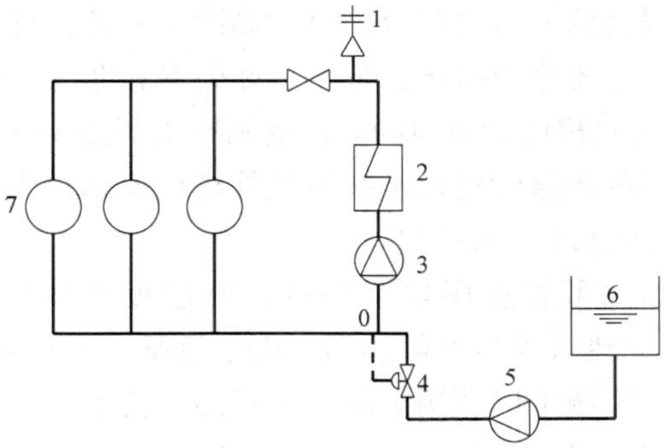

图 6-9 冷媒水系统的补水方式

1—安全阀 2—换热器或冷水机组 3—循环水泵 4—压力调节阀 5—补水泵 6—补给水箱 7—空调用户

3. 冷媒水泵台数和型号的选择

空调冷媒水泵常采用单吸单级离心泵，它的结构形式有立式和卧式两种，立式占地面积较小。冷媒水泵的选择同样应以节能、噪声低、占地少、振动小、安全可靠、维修方便等因素作为条件来综合考虑。按照“一次泵系统的冷水泵以及二次泵系统中一次水泵的台数和流量，应与冷水机组的台数和蒸发器的额定冷水流量相对应”的规范要求，一次泵系统冷媒水泵的台数和二次泵系统中一次水泵的台数与冷水机组的台数相等。冷媒水泵流量与对应冷水机组的流量相等，同时要考虑冷媒水泵的备用。冷媒水泵的选择同冷却水泵的选择一样，根据所需流量和扬程来选择。但因为冷媒水系统为闭式系统，故所需冷媒水泵扬程的计算与冷却水泵所需扬程的计算稍有不同。冷媒水泵的流量和扬程计算公式为

$$q'_V = kq_V \tag{6-5}$$

$$H = k(h_1 + h_2 + h_3) \tag{6-6}$$

式中 q'_V——要求的冷媒水泵的流量（m^3/h）；

q_V——冷水机组要求的冷媒水流量（m^3/h）；

k——安全系数，$k = 1.05 \sim 1.15$；

H——要求的冷媒水泵的扬程（m）；

h_1——冷水机组中蒸发器的水头损失（m）；

h_2——冷媒水系统最不利环路管路及构件的水头损失之和（m）；

h_3——冷媒水系统最不利环路管路末端空气处理设备的水头损失（m）。

作为冷热源工程课程设计，不进行冷媒水管路系统的完整设计和末端设备的选择，所以式（6-6）中的冷媒水系统最不利环路管路及构件的水头损失之和 h_2 以及冷媒水系统最不利环路管路末端空气处理设备的水头损失 h_3 也无法确定，这时可以在设计条件中给出用户端最不利环路的总水头损失（$h_2 + h_3$），再结合所选择的冷水机组的蒸发器的水头损失大小及冷水机组要求的冷媒水流量大小，计算出冷媒水泵所需扬程和冷媒水流量，从而选择冷冻水泵的型号。

6.1.6 工程示例

1. 工程概况

本工程为西安市某综合楼空调制冷站系统设计。总建筑面积为 13000m^2，建筑地上高度为 36.5m，主要分为商场、餐厅、办公室和客房；地下室为机房、水泵房、配电室等，层高 4.2m。空调面积约为 10000m^2，空调冷负荷为 1100kW。冷媒水系统采用一次泵系统，冷媒水系统最不利环路管路及末端空气处理设备的总阻力为 250kPa。

2. 冷热源形式的确定

空调热源可以选用城市热网，通过板式换热器将集中供热 90℃/70℃ 的热水转换成 50℃/60℃ 的热水供冬季供热用。由于没给出空调冬季热负荷，所以本设计不进行板式换热器的选择。冷源可以选用电动压缩式冷水机组。

3. 冷水机组形式、型号和台数的确定

该工程空调冷负荷为中等范围，所以不适宜选用风冷式冷水机组。另外在该冷量范围内，螺杆式冷水机组的性能优于离心式冷水机组，所以选用螺杆式冷水机组。又考虑到冷水机组的台数不宜太多，故选用 2 台螺杆式冷水机组，产品型号为 HXC165，名义制冷量每台为 580kW，选用 2 台就可以满足给定的 1100kW 空调冷负荷的要求。该型号冷水机组的技术参数见表 6-17。

表 6-17　HXC165 水冷开启式螺杆式冷水机组的技术性能参数

型　号		HXC	165
名义制冷量		kW	580
压缩机	冷量调节挡数		6
	最小冷量	%	19
蒸发器	进水温度	℃	12
	出水温度	℃	7
	流量	m^3/h	100
	水压降	kPa	50
	进出口径	mm	125
冷凝器	进水温度	℃	32
	出水温度	℃	37
	流量	m^3/h	120
	水压降	kPa	60
	进出口径	mm	125
电动机	电源	380V-3ph-50Hz	
	输入功率	kW	128
	额定工况电流	A	224
	起动电流	A	327
HFC-134a 充注量		kg	111
外形尺寸	长	mm	3535
	宽	mm	950
	高	mm	1875
机组质量		kg	2650
运行质量		kg	2960

4. 冷却水系统设计

（1）冷却塔形式、型号和台数的确定 按照冷却塔与冷水机组一对一的原则，选择 2 台冷却塔。根据 HXC165 螺杆式冷水机组的技术性能参数，所需冷却水量为 120m^3/h，所以选用 2 台 LBCM – LN 系列低噪声逆流圆形冷却塔，型号为 LBCM – LN – 150，在室外湿球温度 27℃时，每台冷却塔的冷却水量为 138m^3/h，满足要求。LBCM – LN – 150 型冷却塔的技术参数见表 6-18。

表 6-18 LBCM – LN – 150 型冷却塔的技术参数

型 号		LBCM	150
标准水量（供水 32℃，回水 37℃）	WB28℃	m^3/h	135
	WB27℃		155
送风装置	电动机	kW	3.7
	风机叶片直径	mm	2360
外形尺寸	高度	mm	4140
	外径	mm	3770
配管尺寸	热水入管	mm	125
	冷水出管	mm	125
	排水管	mm	50
	溢水管	mm	50
	补水管	mm	32
质量	净重	kg	1150
	运行质量	kg	3740
冷却塔塔体扬程	h	m	3.7

（2）冷却水管路系统设计及冷却水泵的选择 冷水机组、冷却水泵布置在地下室机房内，冷却塔布置在建筑屋顶上。来自冷却塔的冷却水经过冷却水泵送入冷水机组内，吸收冷凝器散出的热量后被送回冷却塔，在冷却塔中与空气进行热、湿交换再被冷却，继续供冷水机组使用，如此循环往复。冷却水系统流程图如图 6-10 所示。

每台冷却水泵流量为

$$q'_V = kq_V = 1.05 \times 120\text{m}^3/\text{h} = 126\text{m}^3/\text{h}$$

冷水机组、冷却塔、冷却水泵的配管直径为 125mm，支管流量为 126m^3/h，流速为 2.85m/s，配管总长度约为 30m。冷却水总管直径为 200mm，总管流量为 252m^3/h，总管内流速为 2.23m/s，冷却水总管总长约 50m。按管内流速和管径查附录 H 的水管比摩阻表，可得冷却水配管的比摩阻为 931Pa/m，冷却水总管的比摩阻为 292Pa/m。冷却水管路沿程阻力为

$$p_f = (30 \times 931 + 50 \times 292)/(1000 \times 9.8)\ \text{mH}_2\text{O} = 4.3\text{mH}_2\text{O}\ (43\text{kPa})$$

按冷水机组、冷却塔、冷却水泵一对一原则，配管上管道附件包括闸阀 5 个，蝶阀（水泵出口调节阀）1 个，止回阀 1 个，90°弯头 11 个，过滤器 1 个，除污器 1 个，合流直角三通 3 个，分流直角三通 3 个；冷却水总管 90°弯头 9 个，查常用管件局部阻力系数表，配管局部阻力系数之和 $\sum\zeta = 31.6$，总管局部阻力系数之和 $\sum\zeta = 6.5$。由此可以计算出管道

局部阻力之和，即

$$p_j = \left(31.6\times\frac{2.85^2}{2\times9.8}+6.5\times\frac{2.23^2}{2\times9.8}\right)\mathrm{mH_2O} = 14.7\mathrm{mH_2O}(147\mathrm{kPa})$$

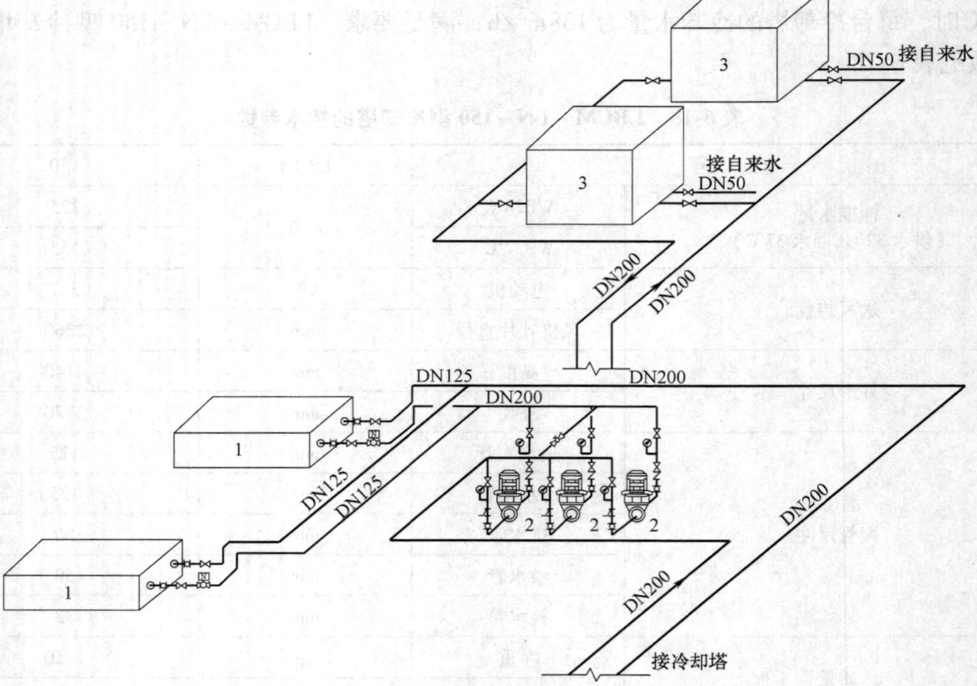

图6-10　冷却水系统流程图

1—冷水机组　2—冷却水泵　3—冷却塔

冷却水系统管道总阻力为 $p_2 = p_f + p_j = 19.0\mathrm{mH_2O}$。根据所选冷水机组参数，冷凝器的压降为 $p_1 = 60\mathrm{kPa} = 6.1\mathrm{mH_2O}$。按表6-18中所选冷却塔的塔体扬程3.7m即等于式（6-4）中的 h_3、h 之和。所需冷却水泵的扬程为

$$H = k(h_1 + h_2 + h_3 + h) = 1.05\times(6.1+20.5+3.7)\mathrm{m} = 30.3\mathrm{m}\ (296\mathrm{kPa})$$

根据冷却水泵所需的流量和扬程，选择KDL系列单吸单级立式管道离心泵3台，型号为KDL125-150，2用1备。冷却水泵的具体参数见表6-19。

表6-19　KDL125－150冷却水泵技术参数

型　号		KDL125－150
流量	m^3/h	150
扬程	m	32
效率	%	78
转速	r/min	2900
电动机功率	kW	22
必需汽蚀余量$(NPSH)_r$	m	4
质量	kg	265

5. 冷媒水系统设计（机房部分）

机房内冷媒水系统草图如图 6-11 所示。按照运行过程中冷媒水泵与冷水机组一一对应，且水泵要考虑备用的原则，选择 3 台冷媒水泵为宜，2 用 1 备。根据所选冷水机组蒸发器的冷媒水流量，所需每台冷媒水泵的流量为

$$q'_V = kq_V = 1.05 \times 100\mathrm{m^3/h} = 105\mathrm{m^3/h}$$

根据设计条件给出的冷冻水系统最不利环路管路及末端空气处理设备总阻力为 $25\mathrm{mH_2O}$ 和所选冷水机组 50kPa 的流动阻力，所需冷媒水泵的扬程为

$$H = k(h_1 + h_2 + h_3) = 1.05 \times \left(\frac{50 \times 1000}{1000 \times 9.8} + 25\right)\mathrm{m} = 31.6\mathrm{m}$$

根据冷媒水泵所需的流量和扬程，选择 KDL 系列单吸单级立式管道离心泵 3 台，型号为 KDL125－120。

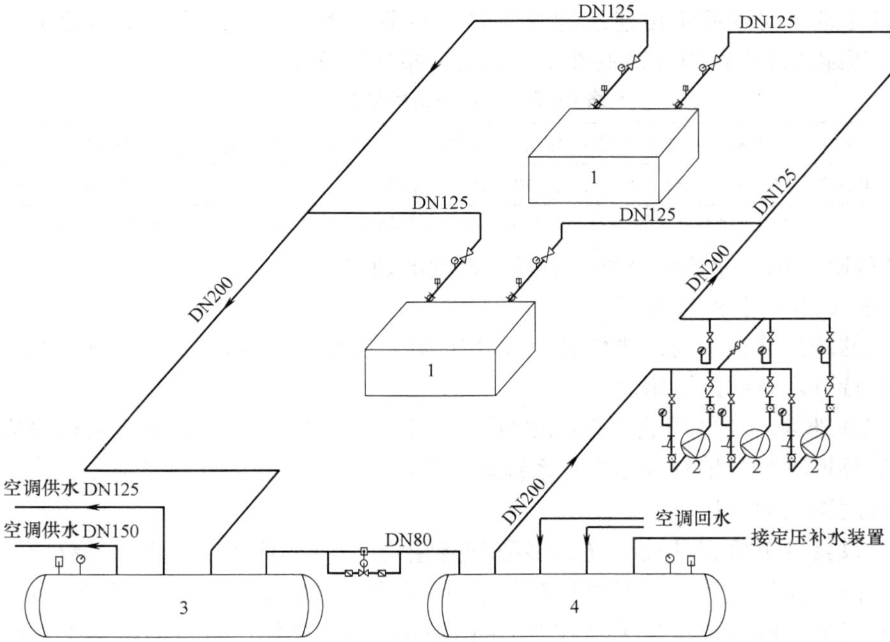

图 6-11　机房内冷媒水系统图

1—冷水机组　2—冷媒水泵　3—分水器　4—集水器

6. 设计图样

本工程设计图样分别见本章后示例 3 “西安市某综合楼空调制冷站系统设计” 图 1（KTL01）冷冻站设计及安装说明；图 2（KTL02）图样目录、图例及主要设备表；图 3（KTL03）冷冻站制冷系统流程图；图 4（KTL04）冷冻站房管道平面图；图 5（KTL05）屋顶冷却塔管道平面图；图 6（KTL06）冷冻站制冷系统轴测图。

7. 设计总结

本设计是为一大中型规模的建筑中央空调配置冷热源的工程设计。因为建筑地处西安，夏季冷负荷中等偏上范围，而在冬季一般有城市热网可以选择作为空调热源。设计原始资料中没有给出空调热负荷，所以本设计没有进行板式换热器的选择。根据给出的原始资料和相

关规范标准，本设计选择了2台中等冷量的螺杆式冷水机组作为空调冷源，单机名义制冷量为580kW。为制冷系统还选择、配置了2台逆流式中温冷却塔、3台立式离心冷却水泵（其中1台为备用）。由于给定冷媒水系统为一次泵系统，所以也选择了3台立式离心冷媒水泵（其中1台为备用）以完成冷媒水的循环。最后根据相关管路、设备的设计、施工及验收规范，完成了空调冷源机房的施工图设计，包括机房设计与施工说明，冷源系统流程图，机房设备、管路平面布置图以及机房设备、管路系统轴测图。

6.2 热泵型冷（热）水机组系统工程设计

6.2.1 热泵型冷（热）水机组负荷的确定

建筑物空调冷（热）负荷是暖通空调工程设计的基本依据。在热泵选择、设备选型及热泵系统设计之前，必须确定出建筑物冷（热）负荷的大小。建筑物冷负荷的确定方法见6.1.1中电动压缩式冷水机组负荷的确定。热负荷指标估算见表6-20。

表6-20 热负荷指标估算

建筑物类型	住宅	办公楼	医院、幼儿园	旅馆	图书馆	商店	单层住宅	食堂、餐厅	影剧院	大礼堂、体育馆
热指标/(W/m^2)	45～70	60～80	65～80	60～70	45～75	65～75	80～105	115～140	90～115	115～160

注：总建筑面积大、外围护结构热工性能好、窗户面积小，采用较小指标；反之，则采用较大的指标。

6.2.2 热泵型冷（热）水机组类型、型号、台数的确定

1. 热泵冷（热）水机组类型

根据热泵的低位热源不同，热泵系统可以分为空气源热泵、水源热泵和地源热泵。三种热泵系统各有特点及不同的适用性。

（1）空气源热泵　空气源热泵系统以环境空气作为低位热源，系统组成相对简单，适用范围广，对环境不会产生有害影响，系统运行和维护方便，目前在热负荷不太大的住宅和商业建筑中使用得较为广泛。

空气源热泵具有单机容量较小（大多数制冷量为3.5～105kW）、性能系数低、机组变工况能力要求高、在低温环境下工作时需要定期除霜等缺点，目前主要适用于室外空调计算温度在－10℃以上的地区和建筑面积10000～15000m^{2}以下规模、单位面积冬季热负荷不太大的建筑，对于长江以南而冬季相对湿度不太高的地区尤为适用。对于夏季冷负荷较小而冬季热负荷较大的地区，或夏季冷负荷很大而冬季热负荷很小的地区不宜单独使用。

（2）水源热泵　水源热泵是以地下水（深井水、泉水、地下热水等）或地表水（河川水、湖水、海水等）作为热泵的低位热源，分为地下水源热泵和地表水源热泵。地下水源热泵系统是利用带潜水泵的抽水井将地下水取出后，直接进入热泵机组或利用板式换热器和建筑内循环水进行小温差换热，之后利用回灌井将地下水回灌地下。地表水源热泵系统是水面以下敷设了多重并联塑料管组成的换热器，换热器中的流体和地表水进行热量交换，然后连接到建筑物的水环路中。

水源热泵与地埋管地源热泵相比，具有换热性能好、换热系统简单、能耗低、性能系数高的优点，在地下水丰富或地表水水源良好的地方，适宜采用。应用水源热泵前，必须对水源的状况进行实地调查，包括地下水源是否存在、水量是否充足、场地是否适合打井和回灌等。当有不同水源可供选择时，应通过技术经济分析比较，择优确定。另外，水源热泵若利

用地下水，必须要考虑地下水的回灌，并避免对地下水的污染。目前，地下水源热泵系统在我国北方一些地区，如山东、河南、辽宁、黑龙江、河北、湖北等地，得到了广泛的应用。

（3）地源热泵　地源热泵通常指地埋管地源热泵，它是以地球表面浅层的土壤（通常小于400m深）作为低位热源。地源热泵系统中包括一个敷设于地下的土壤耦合地热换热器（一般称为地埋管换热器）。夏季空调时，室内的余热经过热泵转移后，通过地埋管换热器释放于土壤中，同时蓄存热量，以备冬季采暖用；冬季供暖时，通过地埋管换热器从土壤中取热，经过热泵提升后，供给采暖用户，同时，在土壤中蓄存冷量，以备夏季空调用。

地表浅层地热资源的温度一年四季相对稳定，冬季比环境空气温度高，夏季比环境温度低，是最好的冷、热源。地源热泵系统比传统的空调运行效率高，节能效果显著，而且冬、夏季从土壤中取出（或放入）的热量可以分别在夏、冬季得到补偿，对环境没有不良影响，也不受水源条件的限制，运行费用低，可靠性高。其缺点是初投资较高，地埋管换热器的换热性能受土壤性质影响较大，换热量大时，埋管换热器的占地面积较大。

确定热泵形式，需要考虑多方面因素。包括可用地下水含量、可用地表水水量和规模、现场土地面积、潜在热回收能力、建筑物高度和规模、机房面积和当地规划要求等。

《采暖通风与空气调节设计规范》7.1.1 第 5 条规定：夏热冬冷地区、干旱缺水地区的中、小型建筑，可以采用空气源热泵或地下埋管式地源热泵冷（热）水机组供冷、供热。

《采暖通风与空气调节设计规范》7.1.1 第 6 条规定：当有天然水等资源可利用时，可采用水源热泵冷（热）水机组供冷、供热。

《公共建筑节能设计标准》第 5.4.1 条规定：具有天然水资源或地热源可供利用时，空气调节与采暖系统的冷、热源宜采用水（地）源热泵供冷、供热技术。

考虑到目前地下水源热泵和地埋管地源热泵的应用较为普遍，本书将重点介绍这两种热泵系统的基本设计方法。

2. 热泵机组型号、台数的确定

热泵机组的选型应符合以下规范、要求：

《公共建筑节能设计标准》第 5.4.11 条规定：冷水（热泵）机组的单台容量及台数的选择，应能适应空气调节负荷全年变化规律，满足季节及部分负荷要求。当空气调节冷负荷大于528kW 时，不宜少于 2 台。

《地源热泵系统工程技术规范》第 7.1.2 条规定：水源热泵机组性能应符合现行国家标准 GB/T 19409—2003《水源热泵机组》的相关规定，运行参数的要求如下：

水环热泵系统：20～40℃（制冷），15～30℃（制热）；

地下水热泵系统：10～25℃（制冷），10～25℃（制热）；

地埋管热泵系统：10～40℃（制冷），－5～25℃（制热）。

《地源热泵系统工程技术规范》第 7.1.3 条规定：水源热泵机组应具备能量调节功能，且其蒸发器出口应设防冻保护装置。当水温达到设定值时，水源热泵机组应能减载或停机。用于供热时，水源热泵机组应保证足够的流量，以防止机组出口端结冰。

《地源热泵系统工程技术规范》第 7.1.4 条规定：水源热泵机组及末端设备应按实际运行参数选型。

在大中型公共建筑中，热泵型冷（热）水机组的台数和容量的选择，应根据冷（热）负荷大小及变化规律而定，单台机组制冷量的大小应合理搭配，当单机容量调节下限的制冷量大于建筑物的最小负荷时，可选1台适合最小负荷的冷（热）水机组。

在热泵型冷（热）水机组的空调系统中，常采用风机盘管来处理室内空气。因此，应根据空调系统总冷负荷，查热泵型冷（热）水机组样本上的特性曲线或性能表（不同负荷侧进水温度和不同源侧进水温度下的供冷量），使冷量和出水温度符合设计要求，进而确定机组的型号。确定步骤如下：

1）确定热泵机组运行的基本参数，即机组负荷侧进水温度、水源侧水温。

2）热泵机组的总制冷量应满足空调系统总冷负荷。

3）选定机组类型后，根据机组水量应满足所有风机盘管的总水量来确定机组的水量范围，再由水量和制冷量的范围预选机组的型号和台数。

4）根据热泵机组的实际运行工况和样本中机组特性曲线（或性能表），确定热泵机组的制冷量、制热量、输入功率等性能参数。将修正后的总制冷量及显热制冷量，与计算总制冷量和显热制冷量相比较，如其差值小于10%左右，则认定所选的热泵机组是合适的。也可以采用有些公司提供的计算机程序热泵型冷（热）水机组进行选型。

6.2.3 水源热泵冷（热）水机组各种水系统的设计

地下水源热泵空调系统在我国应用较为普遍，其典型系统流程如图6-12所示。该系统由地下水换热系统、水源热泵机组、热媒（或冷媒）管路系统和空调末端系统组成。地下水换热系统是地下水源热泵空调系统所特有的，其功能是将地下水中的低位能（10～25℃）输送给水源热泵机组，作为机组低位热源（或热汇）。

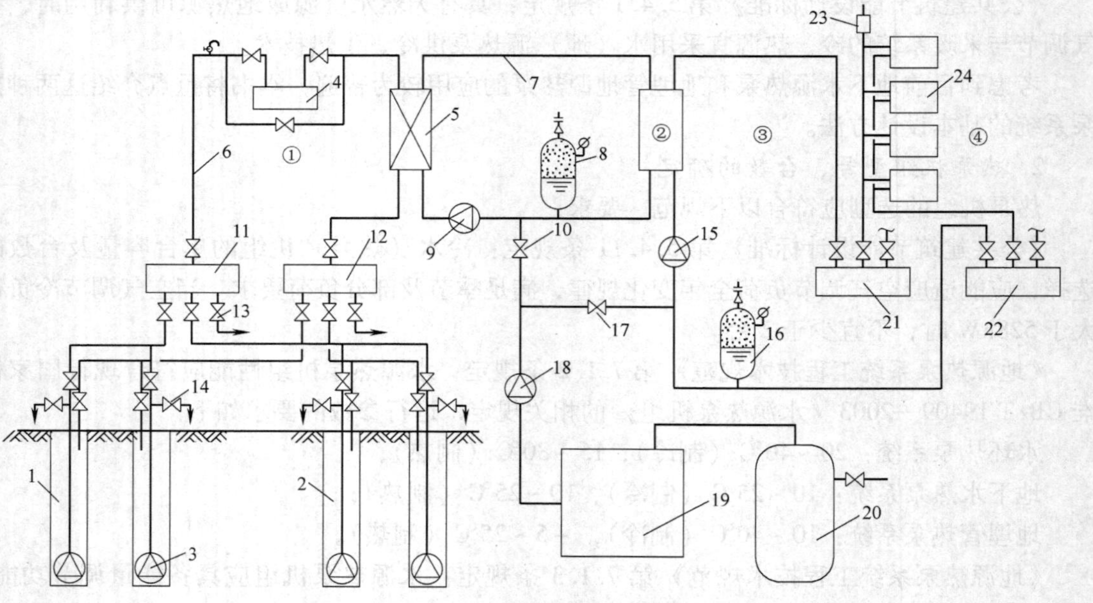

图6-12 集中式地下水源热泵空调系统图

①—地下水换热系统 ②—水源热泵机组 ③—热媒（或冷媒）管路系统 ④—空调末端系统

1—生产井群 2—回灌井群 3—井泵（或潜水泵） 4—除砂设备 5—板式换热器 6—一次水（地下水）环路系统 7—二次水环路系统 8—二次水管路定压装置 9—二次水循环泵 10—二次水环路补水阀 11—生产井转换阀门组 12—回水井转换阀门组 13—排污与泄水阀 14—排污与回扬阀门 15—热媒（或冷媒）循环泵 16—热媒（或冷媒）管路系统定压装置 17—热媒（或冷媒）管路系统补水阀 18—补给水泵 19—补给水箱 20—水处理设备 21—分水缸 22—集水缸 23—放气装置 24—风机盘管

1. 地下水换热系统勘察

《地源热泵系统工程技术规范》第 3. 3. 1 条规定：地下水地源热泵系统方案设计前，应根据地源热泵系统对水量、水温和水质的要求，对工程场区的水文地质条件进行勘察。

按照《地源热泵系统工程技术规范》第 3. 3. 2 条规定，地下水换热系统勘察应包括下列内容：①地下水类型；②含水层岩性、分布、埋深及厚度；③含水层的富水性和渗透性；④地下水流方向、速度和水力坡度；⑤地下水水温及其分布；⑥地下水水质；⑦地下水水位动态变化。

在地下水换热系统勘察过程中，应注意以下几个问题：

1）工程勘察可参照（GB 50027—2001）《供水水文地质勘察规范》和（GB 50296—1999）《供水管井技术规范》进行。

2）当地下水系统给出的建筑物面积小于 2800m^2 时，应当设一个勘测井，对于更大的建筑物则至少应设两个勘测井。

3）设置勘测井时，应考虑到它能够作地下水源热泵的抽水井使用。

4）要由地质专家参与或监督钻孔工作和所有的取样与试验工作，撰写水文地质勘察报告。

冷热源课程设计过程中，要完成地下水换热系统的勘察工作是不现实的，因此地下水水文地质资料应该是作为已知条件给出的。但是，地下水换热系统勘察工作是设计地下水源热泵空调系统的基础，是一项十分重要的工作。

2. 确定地下水换热系统的形式

地下水换热系统的形式很多，根据抽水井和回灌井的位置不同，可分为同井回灌系统和异井回灌系统两种。每种系统又可根据地下水是否直接供给水源热泵机组，分为直接供水系统（也称开式环路地下水系统）和间接供水系统（也称闭式环路地下水系统）。图 6-13 和图 6-14 分别给出了直接供水系统和间接供水系统的示意图。

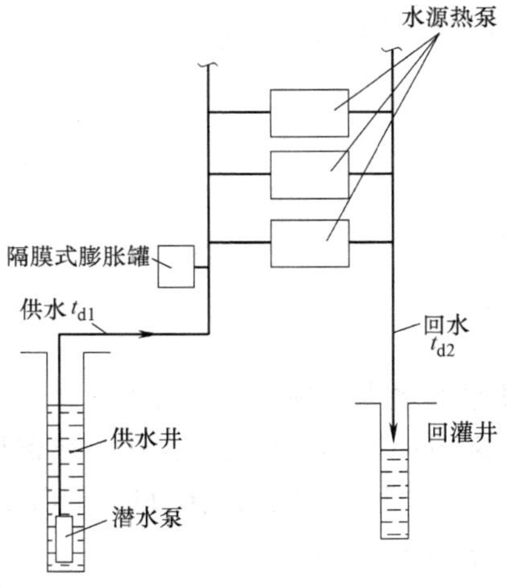

图 6-13 开式环路地下水系统示意图

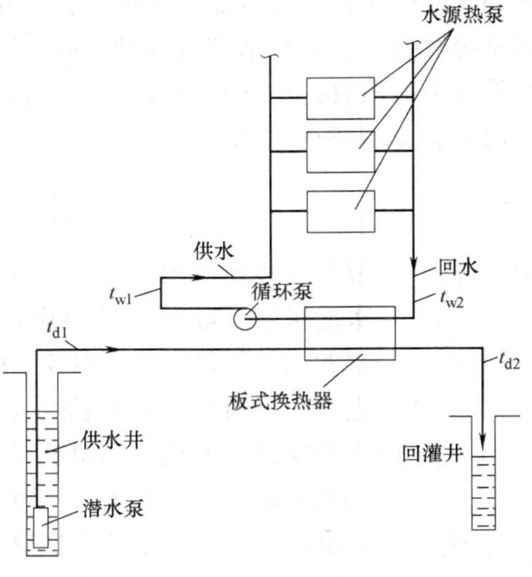

图 6-14 闭式环路地下水系统示意图

按照《采暖通风与空气调节设计规范》第 7. 3. 3 条的规定，水源热泵机组采用地下水、地表水时，应符合以下原则：

1）机组所需水源的总水量应按冷（热）负荷、水源温度、机组和板式换热器性能综合确定。

2）水源供水应充足稳定，满足所选机组供冷、供热时对水温和水质的要求，当水源的水质不能满足要求时，应相应采取有效的过滤、沉淀、灭藻、阻垢、除垢和防腐等措施。

3）采用集中设置的机组时，应根据水源水质条件确定水源直接进入机组换热或另设板式换热器间接换热；采用分散小型单元式机组时，应设板式换热器间接换热。

根据《采暖通风与空气调节设计规范》第7.3.3条条文说明，采用间接供水，可保证机组不受水源水质不好的影响，减少维修费用和延长使用寿命，尤其是采用小型分散式系统时，必须采用间接式供水。当采用大、中型机组，集中设置在机房时，可视水源水质情况确定。如果水质符合标准，不需采取处理措施时，可采用直接供水。关于水质，在目前还未设有机组产品标准的情况下，可参照下列要求：pH值为6.5～8.5，CaO浓度小于200mg/L，矿化度小于3g/L，Cl^-小于100mg/L，SO_4^{2-}小于200mg/L，Fe^{2+}小于1mg/L，H_2S浓度小于0.5mg/L，含砂量小于1/200000。

直接供水系统能让地下水的热量得到充分利用，但地下水的品质直接影响到水源热泵机组的寿命；间接供水系统可以用廉价的板式换热器保护昂贵的水源热泵机组，但由于存在换热温差，不能充分利用地下水的热量和温度。因此，当采用集中设置的机组时，如果当地地下水水量充足，水温和水质满足水源热泵机组的使用要求并具有较高的稳定水位，且建筑物高度较低，可采用直接供水系统。如果地下水水质不能满足水源热泵机组的使用要求，或者建筑物高度较高，采用直接供水系统时井泵能耗大时，可采用间接供水系统。

3. 确定所需的地下水总水量

冬季和夏季所需要的地下水总水量，实际上应和系统的供水方式（间接供水、直接供水）、水源热泵机组的性能、地下水温度及建筑物空调的冷、热负荷等因素相关。一些国外品牌的水源热泵机组可以提供专用计算机选型软件，输入相关参数后，即可迅速得到相应的水流量等数据。在初步估算流量时，可采用下面两个公式计算出夏季、冬季地下水流量，取较大值作为所需要的地下水流量，这也是板式换热器一次水侧循环水流量。

（1）夏季供冷时的水流量

$$q_{V,c} = \frac{3600Q_1}{\rho c_p(t_2 - t_1)} \tag{6-7}$$

式中 $q_{V,c}$——夏季供冷所需地下水量（m^3/h）；

ρ——水的密度（kg/m^3），可取$\rho = 1000kg/m^3$；

c_p——水的比定压热容，可取4.19kJ/(kg·℃)；

t_1——进入换热器的地下水温度（℃），可通过地下水水文地质勘察获得；

t_2——离开换热器的地下水温度（℃），t_2 = 建筑物环路回水温度 t_{w2} − 换热器回水侧逼近温差（一般在1～3℃范围内），t_{w2}按下面介绍的式（6-11）计算；

Q_1——夏季设计工况下换热器换热量（kW），可按下式计算，即

$$Q_1 = Q_c\left(1 + \frac{1}{COP_c}\right) \tag{6-8}$$

式中 Q_c——夏季建筑物设计最大冷负荷（kW）；

COP_c——冷凝器最大进液温度（可取37～40.6℃）下水源热泵机组的制冷性能系数。

（2）冬季供热时的水流量

$$q_{V,h}=\frac{3600Q_2}{\rho c_p(t_2-t_1)} \tag{6-9}$$

式中 $q_{V,h}$——冬季供热所需地下水量（m^3/h）；

t_1——进入换热器的地下水温度（℃）；

t_2——离开换热器的地下水温度（℃），t_2 = 建筑物环路回水温度 t_{w2} + 换热器回水侧逼近温差（一般在1～3℃范围内），t_{w2}按下面介绍的式（6-12）计算；

Q_2——冬季设计工况下换热器换热量（kW），可按下式计算，即

$$Q_2=Q_h\left(1-\frac{1}{COP_h}\right) \tag{6-10}$$

式中 Q_h——冬季建筑物设计热负荷（kW）；

COP_h——蒸发器最小进液温度（可取－2～5℃）下水源热泵机组的制热性能系数。

在式（6-7）、式（6-9）中，进入换热器的地下水温度 t_1 可以通过地下水水文地质勘察获得，在课程设计时可参考表6-21列出的国内部分城市地下水温概略值。

表6-21 国内部分城市地下水温概略值

城市	地下水水温/℃	备注	城市	地下水水温/℃	备注
北京	13～14		西安	16～18	70～130m深处
沈阳	8～12		兰州	11	
哈尔滨	6		宝鸡	16～17.5	
齐齐哈尔	6～7.5	60～110m深处	银川	11.3	低限值
鞍山	12～13		乌鲁木齐	8	低限值
呼和浩特	8～9	110m以下	武汉	18～20	
郑州	18	浅层井60～130m	南昌	20	井深20～25m
石家庄	16	110m以下	南宁	17～18	
济南	18		上海	17.8	
青岛	18.4	月平均最高值	成都	18	18～20m深处
太原	15		贵阳	18	

注：表中大部分数据由各城市自来水公司提供。

在闭式系统中，建筑物环路回水温度即为循环水侧板式换热器的进水温度，可由式（6-11）、式（6-12）计算。

1）制冷时

$$t_{w2}=t_{w1}+\frac{3600Q_1}{\rho c_p q_V C_F} \tag{6-11}$$

式中 t_{w2}——循环水侧板式换热器的进水温度（℃）；

t_{w1}——夏季设计工况下热泵的进水温度（℃）；

C_F——在循环中使用防冻液时的修正系数，可按 $C_F=\frac{(\rho_{c_p})_{防冻液}}{(\rho_{c_p})_{水}}$ 确定；

q_V——设计循环水体积流量（m^3/h）。

2）供热时

$$t_{w2} = t_{w1} - \frac{3600Q_2}{\rho c_p q_V C_F} \tag{6-12}$$

式中 t_{w2}——循环水侧板式换热器的进水温度（℃）；

t_{w1}——冬季设计工况下热泵的进水温度（℃）。

4. 确定地下水井的数量与位置

地下水井统称为热源井，它包括抽水井和回灌井，是地下水换热系统的重要组成部分。抽水井和回灌井的设计一般由水文地质工作者完成。根据实地勘察的数据，定出每口井的小时出水量。由项目所需的总水量和每口井的出水量，确定井的数量，并布置井群的位置。

《采暖通风与空气调节设计规范》第 7.3.4 条规定：水源热泵机组采用地下水为水源时，应采用闭式系统；对地下水应采取可靠的回灌措施，回灌水不得对地下水资源造成污染。

《地源热泵系统工程技术规范》第 5.1.1 条规定：地下水换热系统应根据水文地质勘察资料进行设计。必须采取可靠回灌措施，确保置换冷量或热量后的地下水全部回灌到同一含水层，并不得对地下水资源造成浪费及污染。系统投入运行后，应对抽水量、回灌量及其水质进行定期监测。

《地源热泵系统工程技术规范》第 5.1.2 条规定：地下水的持续出水量应满足地源热泵系统最大吸热量或释热量的要求。

《地源热泵系统工程技术规范》第 5.1.3 条规定：地下水供水管、回灌管不得与市政管道连接。

《地源热泵系统工程技术规范》第 5.2.1 条规定：热源井的设计单位应具有水文地质勘察资质。

《地源热泵系统工程技术规范》第 5.2.2 条规定：热源井设计应符合现行国家标准（GB 50296—1999）《供水管井技术规范》的相关规定，并应包括下列内容：

1）热源井抽水量和回灌量、水温和水质。

2）热源井数量、井位分布及取水层位。

3）井管配置及管材选用，抽灌设备选择。

4）井身结构、填砾位置、滤料规格及止水材料。

5）抽水试验和回灌试验要求及措施。

6）井口装置及附属设施。

《地源热泵系统工程技术规范》第 5.2.4 条规定：抽水井与回灌井宜能相互转换，其间应设排气装置。抽水管和回灌管上均应设置水样采集口及监测口。

《地源热泵系统工程技术规范》第 5.2.5 条规定：热源井数目应满足持续出水量和完全回灌的需求。

《地源热泵系统工程技术规范》第 5.2.6 条规定：热源井位的设置应避开有污染的地面或地层。热源井井口应严格封闭，井内装置应使用对地下水无污染的材料。

《地源热泵系统工程技术规范》第 5.2.7 条规定：热源井井口处应设检查井。井口之上若有构筑物，应留有检修用的足够高度或在构筑物上留有检修口。

《地源热泵系统工程技术规范》第 5.2.8 条规定：地下水换热系统应根据水源水质条件采用直接或间接系统；水系统宜采用变流量设计；地下水供水管道宜保温。

5. 空调冷热水及冷凝水系统设计

热泵型冷（热）水机组系统既能在夏季为空调系统供应冷水，也能在冬季供应热水。对于集中型的热泵型冷（热）水机组系统，通常通过水路上阀门的切换来实现制热、制冷工况的转换。在机房系统中，夏季地下水流经主机的冷凝器，空调用冷水流经主机蒸发器；冬季地下水流经主机蒸发器，空调用热水流经主机冷凝器。因此，空调冷热水系统上应设有冬、夏季节的功能转换阀门，并在转换阀门上做出明显标识。热泵型冷（热）水机组系统和电动压缩式冷水机组系统的空调冷热水及冷凝水设计方法相同。

6. 辅助设备的选择

（1）板式换热器　板式换热器是在闭式地下水源热泵空调系统使用的设备，其作用是将地下水和建筑物内的循环水分开，避免地下水对热泵机组和管道造成腐蚀。板式换热器中是地下水（一次水）和二次水进行热量交换。地下水从抽水井中取出后，进入板式换热器，换热后再返回到回灌井中。二次水和地下水进行热交换后，进入热泵机组，如此不断地循环流动。

根据计算出的地下水流量、建筑物内循环水流量、地下水温度、建筑物内循环水温度、现场勘测得到的地下水参数和工作压力等，选择板式换热器的具体型号。目前很多板式换热器供应商使用计算机程序选择换热器。

板式换热器在设计选型中主要注意以下几点：

1）当井水的矿化度小于350mg/L，含砂量小于1/1000000时，地下水系统中可不设置换热器，井水可以直接进入热泵机组。

2）当井水的矿化度为350～500mg/L时，可以采用不锈钢的板式换热器。当井水的矿化度大于500mg/L时，则应安装抗腐蚀性强的钛合金板式换热器。

3）应根据板式换热器的工作压力、流体的压力降和传热系数来选择板式换热器的波纹形式。

4）板间平均流速为0.2～0.8m/s。

5）设计中，可采用厂家使用的专用计算机软件来选择板式换热器。如估算时，对于水-水板式换热器，当板间流速为0.3～0.5m/s时，总传热系数概略值为3000～7000W/(m^2·℃)。

6）为了使板式换热器在系统中高效运行，井水侧（一次水回路）和循环水侧（二次水回路）的流量和工作参数必须很好地匹配，否则，换热器不能在高效下运行。

（2）除砂器　除砂器是用来清除地下水、地表水中固体颗粒的专用设备。当水源水中含砂量较高时，可在水源水管路系统中加装旋流除砂器，降低水中含砂量，避免机组和设备遭受磨损和堵塞。如果工程场地面积较大，也可修建沉淀池除砂。

除砂器主要依据处理水的流量选型。除砂器应安装在供水管网的主干管道并固定在支座上，进水管和出水管之间需加旁通管。管理人员应根据水中含砂量的多少定期除砂排污。

（3）电子水处理仪

在水源热泵中央空调系统运行过程中，当水温在50℃左右时，水中的钙镁离子容易析出结垢，影响换热效果。通常要加装电子水处理仪，其外形如图6-15所示。

电子水处理仪应装在水系统的主干水管上，安装时应设旁通阀。电子水处理仪的型号通常依照水的流量来选择，具体可参照产品样本说明。

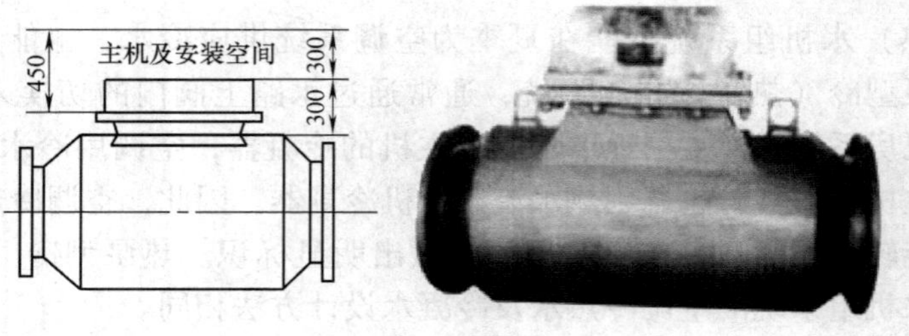

图 6-15　电子水处理仪

6.2.4　地源热泵冷（热）水机组各种水系统的设计

地源热泵由水源热泵机组、地热能交换系统、建筑物内系统和控制系统组成，其中，地热能交换系统的设计和性能是影响地源热泵系统运行效果的重要因素。地热能交换系统主要由地埋管换热器组成，它是一种埋设在地下的闭式循环管路。传热介质在埋管内流动，通过管壁与岩土体进行热交换。

1. 地埋管换热系统勘察

与水源热泵系统一样，设计前的地质勘察是一项非常重要的工作。

《地源热泵系统工程技术规范》第 3.2.1 条规定：地埋管地源热泵系统方案设计前，应对工程场区内岩土体地质条件进行勘察。

《地源热泵系统工程技术规范》第 3.2.2 条规定：地埋管换热系统勘察应包括下列内容：① 岩土层的结构；② 岩土体热物性；③ 岩土体温度；④ 地下水静水位、水温、水质及分布；⑤ 地下水径流方向、速度；⑥ 冻土层厚度。

《地源热泵系统工程技术规范》第 4.1.1 条规定：地埋管换热系统设计前，应根据工程勘察结果评估地埋管换热系统实施的可行性及经济性。

采用水平地埋管换热器时，地埋管换热系统勘察采用槽探、坑探或钻探进行。槽探是为了了解构造线和破碎带宽度、地层和岩性界限及其延伸方向等在地表挖掘探槽的工程勘察技术。探槽应根据场地形状确定，探槽的深度一般超过埋管深度 1m。采用竖直地埋管换热器时，地埋管换热系统勘察采用钻探进行。钻探方案应根据场地大小确定，勘探孔深度应比钻孔至少深 5m。

岩土体热物性指岩土体的热物性参数，包括岩土体热导率、密度及比热容等。若埋管区域已具有权威部门认可的热物性参数，可直接采用已有数据，否则应进行岩土体热导率、密度及比热容等热物性测定。

岩土体的其他特性对地埋管换热器施工进度和初投资有很大影响。坚硬的岩土体将增加施工难度及初投资，而松软岩土体的地质变形对地埋管换热器也会产生不利影响。为此，工程勘察完成后，应对地埋管换热系统实施可行性及经济性评估。

《地源热泵系统工程技术规范》第 4.3.1 条规定：地埋管换热系统设计前应明确埋管区域内各种地下管线的种类、位置及深度，预留未来地下管线所需的埋管空间及埋管区域进出重型设备的车道位置。

2. 确定地埋管换热器布置形式

《采暖通风与空气调节设计规范》第 7.3.5 条规定：采用地下埋管换热器和地表水盘管

换热器的地源热泵时，其埋管和盘管的形式、规格与长度，应按冷（热）负荷、土地面积、土壤结构、土壤温度、水体温度的变化规律和机组性能等因素确定。

（1）埋管方式 《地源热泵系统工程技术规范》第4.3.4条规定：地埋管换热器应根据可使用地面面积、工程勘察结果及挖掘成本等因素确定埋管方式。

地埋管换热器有水平和竖直两种埋管方式。水平埋管方式的优点是在软土地区造价较低，但传热条件在一定程度上受到外界冬夏气候的影响，而且占地面积大，不太适合中国地少人多的国情。竖直埋管是在若干竖直钻孔中设置地下埋管，这种布置方式具有占地少、工作性能稳定等优点，已成为工程应用的主导形式。当可利用地表面积较大，地表层不是坚硬的岩石，浅层岩土体的温度及热物性受气候、雨水、埋设深度影响较小时，宜采用水平地埋管换热器。否则，宜采用竖直地埋管换热器。水平埋管时根据一条沟中埋管的多少和方式又分为单管、双管、多管和螺旋管等多种形式。图6-16所示为常见的水平地埋管换热器形式，图6-17所示为新近开发的水平地埋管换热器形式。

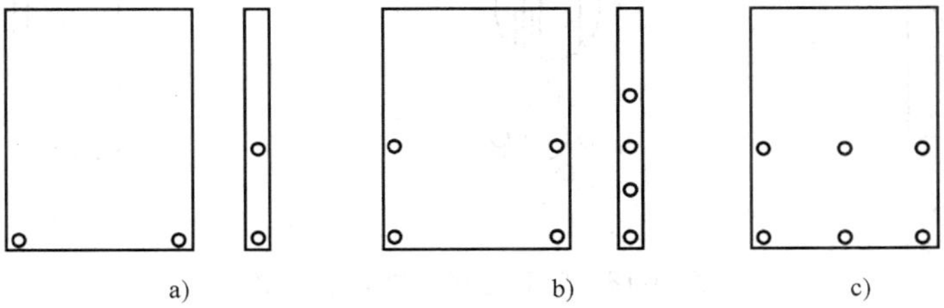

图6-16 几种常见的水平地埋管换热器形式
a）单或双环路 b）双或四环路 c）三或六环路

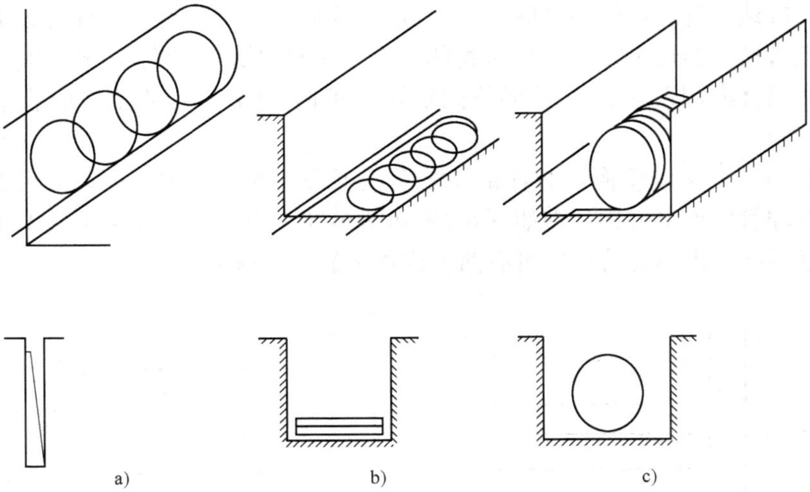

图6-17 几种新近开发的水平地埋管换热器形式
a）垂直排圈式 b）水平排圈式 c）水平螺旋式

竖直地埋管换热器的构造有多种形式，根据在竖直钻孔中布置的埋管形式的不同，竖直地埋管换热器又分为U形地埋管换热器与套管式地埋管换热器，其中，U形地埋管换热器在工程中较常采用。竖直U形埋管就是在钻孔中插入U形管，一个钻孔中可设置一组或两

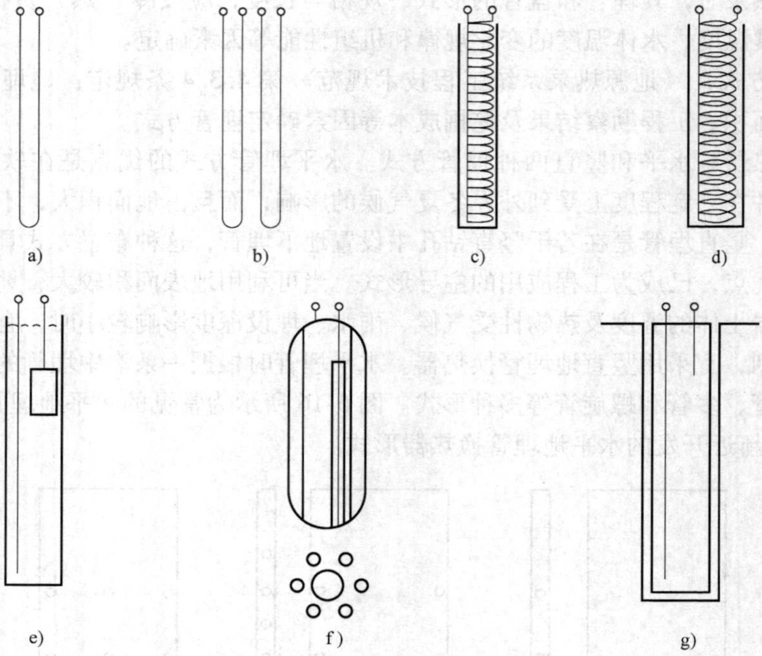

图 6-18 竖直地埋管换热器形式

a）单 U 形管 b）双 U 形管 c）小直径螺旋盘管
d）大直径螺旋盘管 e）立柱状 f）蜘蛛状 g）套管式

组 U 形管，然后用封井材料把钻孔填实。一般地质条件下，多采用单 U 形埋管。对于较坚硬的岩石层，或地下埋管空间不足时，选用双 U 形埋管比较合适。在没有合适的室外用地时，竖直地埋管换热器还可以利用建筑物的混凝土基桩埋设，即将 U 形管捆扎在基桩的钢筋网架上，然后浇灌混凝土，使 U 形管固定在基桩内。图 6-18 所示为竖直地埋管换热器形式。

（2）连接方式 地埋管换热器各钻孔之间既可采用串联方式，也可采用并联方式。水平埋管和垂直埋管的连接方式分别如图 6-19 和图 6-20 所示。在串联系统中只有一个流体通道，而在并联系统中流体在管路中可有两个或更多的流体通道。

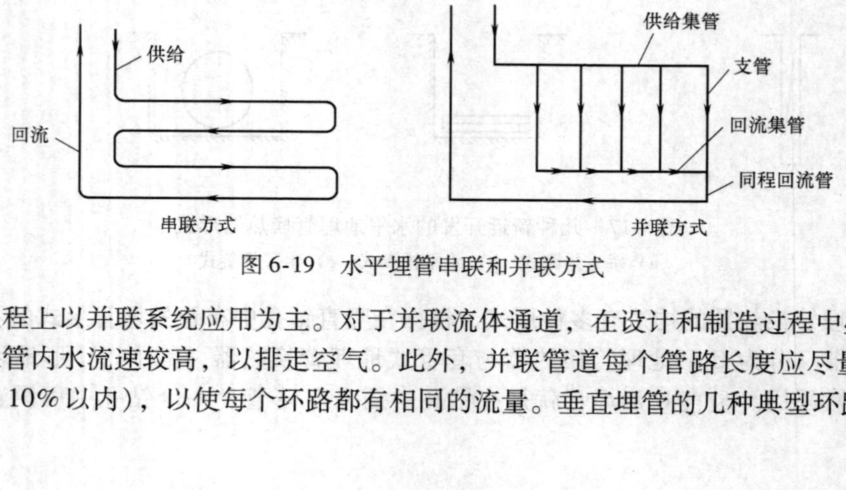

图 6-19 水平埋管串联和并联方式

目前工程上以并联系统应用为主。对于并联流体通道，在设计和制造过程中必须特别注意，应确保管内水流速较高，以排走空气。此外，并联管道每个管路长度应尽量一致（偏差宜控制在 10% 以内），以使每个环路都有相同的流量。垂直埋管的几种典型环路构造如图

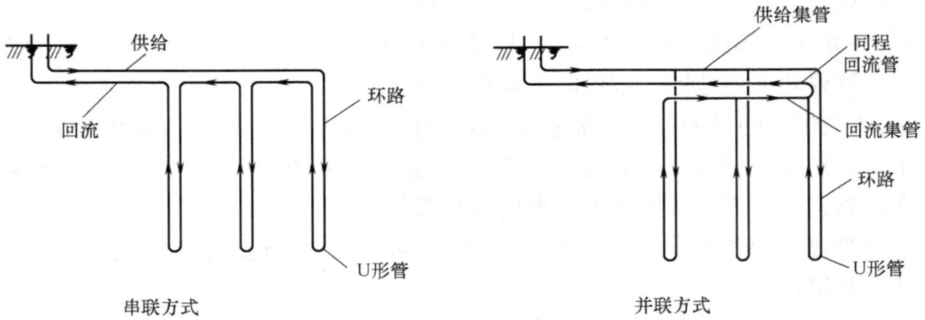

图 6-20 垂直埋管串联和并联方式

6-21 所示。为确保各并联的 U 形埋管进、出口压力基本相同，可使用较大管径的管道作水平集箱连管，提高地下循环管路的水力稳定性。

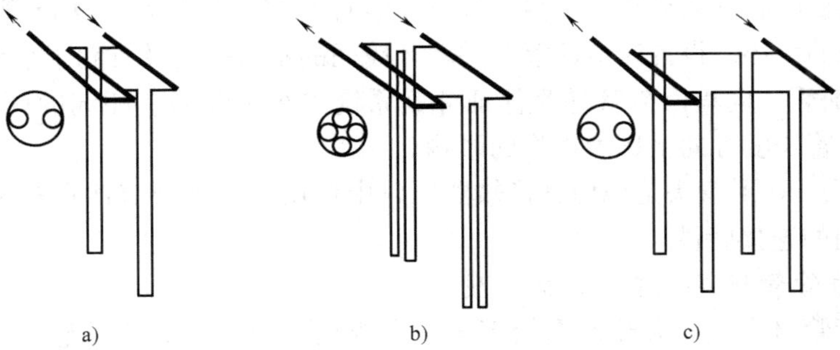

图 6-21 垂直埋管的典型环路构造

a）单 U 形管单竖井环路 b）双 U 形管单竖井环路 c）单 U 形管多竖井环路

（3）同程式和异程式 根据分配管和总管的布置方式不同，有同程式系统和异程式系统。在同程式系统中，流体流过各埋管的流程相同，因此各埋管的流动阻力、流体流量和换热量比较均匀。异程式系统中流体通过各埋管的路程不同，因此各埋管的阻力不相同，导致分配给每个埋管的流体流量也不均衡，使得各埋管的换热量不均匀，不利于发挥各埋管的换热效果。

由于地下埋管多环路难以设置调节阀或平衡阀，难以做到系统各环路的水力平衡，因此在实际工程中采用同程式居多。当布置成同程式，每个并联环路之间流量平衡时，其换热量相同，压降特性有利于提高系统能力。

《地源热泵系统工程技术规范》第 4. 3. 9 条规定：地埋管换热器管内流体应保持湍流流态，水平环路集管坡度宜为 0. 002。

第 4. 3. 9 条规定的目的为确保系统及时排气和加强换热。地埋管换热器内管道推荐流速：双 U 形埋管不宜小于 0. 4m/s，单 U 形埋管不宜小于 0. 6m/s。

《地源热泵系统工程技术规范》第 4. 3. 10 条规定：地埋管环路两端应分别与供、回水环路集管相连接，且宜同程布置。每对供、回水环路集管连接的地埋管环路宜相等。供、回水环路集管的间距不应小于 0. 6m。

《地源热泵系统工程技术规范》第 4. 3. 11 条规定：地埋管换热器安装位置应远离水井

及室外排水设施，并宜靠近机房或以机房为中心设置。

《地源热泵系统工程技术规范》第 4. 3. 12 条规定：地埋管换热系统应设自动充液及泄漏报警系统。需要防冻的地区，应设防冻保护装置。

第 4. 3. 12 条规定的目的在于增加系统的安全性、可靠性。为便于系统充液，一般在分水器或集水器上预留充液管。连接地埋管换热系统的室内送、回液联管上要安装闭式膨胀箱、充放液设施、压力表、温度计等基本仪器与部件。

（4）地埋管换热器组成　由图 6-19 和图 6-20 可以看出，地埋管换热器无论采用哪种环路形式，其主要组成如下：

1）供、回集管。供、回集管是地埋管换热器从热泵机组到并联环路的流体供、回管路，它们输送热泵机组的全部流量。为使管道当量长度的流体压降最小，集管宜采用大直径管子。

2）环路。管道从供给集管到一个孔洞或沟，转入相同孔洞或沟，再接到回流集管。与供、回集管相连接的各并联环路的多少，取决于竖直 U 形埋管与水平连接管路的连接方法、连接管件和系统的大小。设计时应注意各并联环路间的水力平衡及有利于系统排除空气。

3）同程回流管。同程回流管是为保证并联系统中每个环路有相同的压力降而设置的，它用于消除沿集管长度方向上压力损失的影响。

4）U 形弯头。U 形弯头是地埋管换热器回路中使用的一种使流体在孔洞底部或地沟端部产生 180°转向的连接管件。

3. *确定地埋管管材、规格及传热介质*

（1）地埋管管材　《地源热泵系统工程技术规范》第 4. 2. 1 条规定：地埋管及管件应符合设计要求，且应具有质量检验报告和生产厂的合格证。

《地源热泵系统工程技术规范》第 4. 2. 2 条对地埋管管材及管件的规定如下：

1）地埋管应采用化学稳定性好、耐腐蚀、热导率大、流动阻力小的塑料管材及管件，宜采用聚乙烯管（PE80 或 PE100）或聚丁烯管（PB），不宜采用聚氯乙烯（PVC）管。管件与管材应为相同材料。

2）地埋管质量应符合国家现行标准中的各项规定。管材的公称压力及使用温度应满足设计要求，且管材的工程压力不应小于 1. 0MPa。地埋管外径及壁厚可按表 6-22 和表 6-23 选用。聚乙烯（PE）管外径及公称壁厚应符合表 6-22 的规定，聚丁烯（PB）管外径及公称壁厚应符合表 6-23 的规定。

表 6-22　聚乙烯（PE）管外径及公称壁厚　　（单位：mm）

公称外径 d_n	平均外径		公称壁厚/材料等级		
			公称压力		
	最小	最大	1. 0MPa	1. 25MPa	1. 6MPa
20	20. 0	20. 3	—	—	—
25	25. 0	25. 3	—	$2.3^{+0.5}$/PE80	—
32	32. 0	32. 3	—	$3.0^{+0.5}$/PE80	$3.0^{+0.5}$/PE100
40	40. 0	40. 4	—	$3.7^{+0.6}$/PE80	$3.7^{+0.6}$/PE100
50	50. 0	50. 5	—	$4.6^{+0.7}$/PE80	$4.6^{+0.7}$/PE100

（续）

公称外径 d_n	平均外径		公称壁厚/材料等级		
			公称压力		
	最小	最大	1.0MPa	1.25MPa	1.6MPa
63	63.0	63.6	$4.7^{+0.8}$/PE80	$4.7^{+0.8}$/PE100	$5.8^{+0.9}$/PE100
75	75.0	75.7	$4.5^{+0.7}$/PE100	$5.6^{+0.9}$/PE100	$6.8^{+1.1}$/PE100
90	90.0	90.9	$5.4^{+0.9}$/PE100	$6.7^{+1.1}$/PE100	$8.2^{+1.3}$/PE100
110	110.0	111.0	$6.6^{+1.1}$/PE100	$8.1^{+1.3}$/PE100	$10.0^{+1.5}$/PE100
125	125.0	126.2	$7.4^{+1.2}$/PE100	$9.2^{+1.4}$/PE100	$11.4^{+1.8}$/PE100
140	140.0	141.3	$8.3^{+1.3}$/PE100	$10.3^{+1.6}$/PE100	$12.7^{+2.0}$/PE100
160	160.0	161.5	$9.5^{+1.5}$/PE100	$11.8^{+1.8}$/PE100	$14.6^{+2.2}$/PE100
180	180.0	181.7	$10.7^{+1.7}$/PE100	$13.3^{+2.0}$/PE100	$16.4^{+3.2}$/PE100
200	200.0	201.8	$11.9^{+1.8}$/PE100	$14.7^{+2.3}$/PE100	$18.2^{+3.6}$/PE100
225	225.0	227.1	$13.4^{+2.1}$/PE100	$16.6^{+3.3}$/PE100	$20.5^{+4.0}$/PE100
250	250.0	252.3	$14.8^{+2.3}$/PE100	$18.4^{+3.6}$/PE100	$22.7^{+4.5}$/PE100
280	280.0	282.6	$16.6^{+3.3}$/PE100	$20.6^{+4.1}$/PE100	$25.4^{+5.0}$/PE100
315	315.0	317.9	$18.7^{+3.7}$/PE100	$23.2^{+4.6}$/PE100	$28.6^{+5.7}$/PE100
355	355.0	358.2	$21.1^{+4.2}$/PE100	$26.1^{+5.2}$/PE100	$32.2^{+6.4}$/PE100
400	400.0	403.2	$23.7^{+4.7}$/PE100	$29.4^{+5.8}$/PE100	$36.3^{+7.2}$/PE100

表 6-23 聚丁烯（PB）管外径及公称壁厚 （单位：mm）

公称外径 d_n	平均外径		公称壁厚
	最小	最大	
20	20.0	20.3	$1.9^{+0.3}$
25	25.0	25.3	$2.3^{+0.4}$
32	32.0	32.3	$2.9^{+0.4}$
40	40.0	40.4	$3.7^{+0.5}$
50	49.9	50.5	$4.6^{+0.6}$
63	63.0	63.6	$5.8^{+0.7}$
75	75.0	75.7	$6.8^{+0.8}$
90	90.0	90.9	$8.2^{+1.0}$
110	110.0	111.0	$10.0^{+1.1}$
125	125.0	126.2	$11.4^{+1.3}$
140	140.0	141.3	$12.7^{+1.4}$
160	160.0	161.5	$14.6^{+1.6}$

在选用管子时，地下环路尽量选薄壁管，集管宜选厚壁管，以满足结构强度的要求。

（2）选择地埋管管径　选择地埋管管径必须满足以下两个原则：

1）管径应足够大，以减少循环泵的能耗。

2）管径应尽可能小，以使管内流体处于湍流区，这样流体与管内壁之间的换热效果好。

根据上述两项原则，管径大小的选取应基于流体的压力损失和换热性能，选管时对两者进行折中。选管时应以安装成本最低、地埋管换热器中流体流量最小且能保持湍流状态为原则，在可选的管系中选择管子规格。兼顾上述考虑，地埋管管径通常采用DN25～DN50的管子，管内流速应在0.46～1.2m/s范围内，对于大于DN50的管子，管内流速应小于1.8m/s，并应使所有管子的压降小于400Pa/m。

确定地埋管换热器管径时，应根据地埋管换热器的布置和采用的流体特性，检查流体的流速是否能使其流动状态处于湍流流动。具体过程如下：

1）确定换热介质流量 q_V（m^3/h）、地埋管直径及管内径 d_i（m）。

2）计算地埋管的断面面积 A（m^2）。

$$A = \frac{\pi}{4} d_i^2 \tag{6-13}$$

3）计算流体流速 v（m/s）。

$$v = \frac{q_V}{3600A} \tag{6-14}$$

4）计算流体的雷诺数 Re。

$$Re = \frac{\rho v d_i}{\mu} \tag{6-15}$$

式中　μ——管内流体的动力粘度（$N \cdot s/m^2$ 或 $Pa \cdot s$）。

Re 应大于2300，若 Re 小于2300，应重新选择管子规格或重新选择埋管布置，重复以上步骤，确保管内的流体流动处于湍流状态。

（3）传热介质　《地源热泵系统工程技术规范》第4.2.3条规定：传热介质应以水为首选，也可选用符合下列要求的其他介质：

1）安全，腐蚀性弱，与地埋管管材无化学反应。

2）较低的冰点。

3）良好的传热特性，较低的摩擦阻力。

4）易于购买、运输和贮藏。

《地源热泵系统工程技术规范》第4.2.4条规定：在有可能冻结的地区，传热介质应添加防冻剂。防冻剂的类型、浓度及有效期应在充注阀处注明。

《地源热泵系统工程技术规范》第4.2.5条规定：添加防冻剂后传热介质的冰点宜比设计最低运行水温低3～5℃。选择防冻剂时，应同时考虑防冻剂对管道与管件的腐蚀性，防冻剂的安全性、经济性及其对换热的影响。

在我国南方地区，由于地下土壤温度较高，冬季地埋管进水温度在0℃以上，因此多采用水作为工作流体。北方地区，由于地下土壤温度较低，地埋管进水温度一般会低于0℃，因此一般应采用防冻液。

目前应用较多的防冻液主要有：①盐类溶液——氯化钙和氯化钠水溶液；②乙二醇水溶液；③酒精水溶液等。一般来说，盐溶液具有安全、无毒、无污染、导热性能好、价格低、使用寿命长等优点。其缺点是系统有空气存在时，对大部分金属具有腐蚀性。在正确选用管材、部件和系统内空气被排除干净的情况下，盐溶液是一种很好的防冻液。乙二醇水溶液相对安全、无腐蚀性，具有较好的导热性能，价格适中，但使用寿命有限，且有毒。酒精水溶液具有无腐蚀性、较好的导热性、价格适中、使用寿命长等优点。缺点是具有爆炸性和毒性。在使用酒精之前应用水将其稀释，以降低其爆炸的可能性。由于无腐蚀性，作为防冻液很受欢迎。

表6-24列出了三种常用工作介质的物性参数。

表6-24　流体的物性参数

物性参数 \ 流体种类	水(5℃)	20%(质量分数)的 $CaCl_2$ 溶液(−5℃)	20%(质量分数)的乙二醇溶液(−5℃)
密度/(kg/m³)	1000	1190	1025
运动粘度/(m²/s)	1.519×10^{-6}	3.22×10^{-6}	3.73×10^{-6}
热导率/[W/(m·K)]	0.55	0.535	0.49
热扩散率/(m²/s)	1.3×10^{-7}	1.49×10^{-7}	1.24×10^{-7}

4. 确定地埋管换热器长度

《地源热泵系统工程技术规范》第4.3.2条规定：地埋管换热系统设计应进行全年动态负荷计算，最小计算周期宜为1年。计算周期内，地源热泵系统总释热量宜与其总吸热量相平衡。

《地源热泵系统工程技术规范》第4.3.3条规定：地埋管换热器换热量应满足地源热泵系统最大吸热量或释热量的要求。在技术经济合理时，可采用辅助热源或冷却源与地埋管换热器并用的调峰形式。

地源热泵系统最大释热量与建筑设计冷负荷相对应。包括各空调分区内水源热泵机组释放到循环水中的热量（空调负荷和机组压缩机耗功）、循环水在输送过程中得到的热量、水泵释放到循环水中的热量。将上述三项热量相加就可得到供冷工况下释放到循环水的总热量。即

$$最大释热量=\sum[空调分区冷负荷\times(1+1/EER)]+\sum输送过程得到的热量+\sum水泵释放热量$$

地源热泵系统最大吸热量与建筑设计热负荷相对应。包括各空调分区内热泵机组从循环水中的吸热量（空调热负荷，并扣除机组压缩机耗功）、循环水在输送过程失去的热量并扣除水泵释放到循环水中的热量。将上述前两项热量相加并扣除第三项就可得到供热工况下循环水的总吸热量。即

$$最大吸热量=\sum[空调分区热负荷\times(1-1/COP)]+\sum输送过程失热量-\sum水泵释放热量$$

最大吸热量和最大释热量相差不大的工程，应分别计算供热与制冷工况下地埋管换热器的长度，取其大者，确定地埋管换热器；当两者相差较大时，宜通过技术经济比较，采用辅助散热（增加冷却塔）或辅助供热的方式来解决，一方面经济性较好，同时，也可避免因吸热与释热不平衡引起岩土体温度的降低或升高。

《地源热泵系统工程技术规范》第4.3.5条规定：地埋管换热器设计计算宜根据现场实测岩土体及回填料热物性参数，采用专用软件进行。竖直地埋管换热器的设计可按以下方法进行计算。

（1）竖直地埋管换热器的热阻计算

1）传热介质与U形管内壁的表面传热热阻可按下式计算，即

$$R_f = \frac{1}{\pi d_i K} \tag{6-16}$$

式中 R_f——传热介质与U形管内壁的表面传热热阻（$m^2 \cdot K/W$）；

d_i——U形管的内径（m）；

K——传热介质与U形管内壁的表面传热系数［$W/(m^2 \cdot K)$］。

2）U形管的管壁热阻可按下列公式计算，即

$$R_{pe} = \frac{1}{2\pi\lambda_p}\ln\left[\frac{d_e}{d_e-(d_o-d_i)}\right] \tag{6-17}$$

$$d_e = \sqrt{n}d_o \tag{6-18}$$

式中 R_{pe}——U形管的管壁热阻（$m^2 \cdot K/W$）；

λ_p——U形管热导率［$W/(m \cdot K)$］；

d_o——U形管的外径（m）；

d_e——U形管的当量直径（m）；

n——对于单U形管，$n=2$，对于双U形管，$n=4$。

3）钻孔灌浆回填材料的热阻的计算式为

$$R_b = \frac{1}{2\pi\lambda_b}\ln\left(\frac{d_b}{d_e}\right) \tag{6-19}$$

式中 R_b——钻孔灌浆回填材料的热阻（$m^2 \cdot K/W$）；

λ_b——灌浆材料热导率［$W/(m \cdot K)$］；

d_b——钻孔的直径（m）。

4）地层热阻，即从孔壁到无穷远处的热阻的计算式为

对单个钻孔

$$R_s = \frac{1}{2\pi\lambda_s}I\left(\frac{r_b}{2\sqrt{a\tau}}\right) \tag{6-20}$$

$$I(u) = \frac{1}{2}\int_u^{\infty}\frac{e^{-s}}{s}ds \tag{6-21}$$

对多个钻孔

$$R_s = \frac{1}{2\pi\lambda_s}\left[I\left(\frac{r_b}{2\sqrt{a\tau}}\right)+\sum_{i=2}^{N}I\left(\frac{x_i}{2\sqrt{a\tau}}\right)\right] \tag{6-22}$$

式中 R_s——地层热阻（$m \cdot K/W$）；

I——指数积分公式，可按式（6-21）计算；

λ_s——岩土层的平均热导率［$W/(m \cdot K)$］；

a——岩土体的热扩散率（m^2/s）；

r_b——钻孔的半径（m）；

τ——运行时间（s）；

x_i——第 i 个钻孔与所计算钻孔之间的距离（m）。

5）短期连续脉冲负荷引起的附加热阻的计算式为

$$R_{sp}=\frac{1}{2\pi\lambda_s}I\left(\frac{r_b}{2\sqrt{a\tau_p}}\right) \tag{6-23}$$

式中 R_{sp}——短期连续脉冲负荷引起的附加热阻（$m^2 \cdot K/W$）；

τ_p——短期脉冲负荷连续运行的时间，例如可取8h，即28800s。

（2）竖直地埋管换热器的长度计算

1）制冷工况下，竖直地埋管换热器钻孔的长度的计算式为

$$L_c=\frac{1000Q_c[R_f+R_{pe}+R_b+R_sF_c+R_{sp}(1-F_c)]}{(t_{max}-t_\infty)}\left(\frac{EER+1}{EER}\right) \tag{6-24}$$

$$F_c=T_{c1}/T_{c2} \tag{6-25}$$

式中 L_c——制冷工况下，竖直地埋管换热器所需钻孔的总长度（m）；

Q_c——水源热泵机组的额定冷负荷（kW）；

EER——水源热泵机组的制冷性能系数；

t_{max}——制冷工况下，地埋管换热器中传热介质的设计平均温度（℃），通常取37℃；

t_∞——埋管区域岩土体的初始温度（℃）；

F_c——制冷运行份额；

T_{c1}——一个制冷季中水源热泵机组的运行小时数，当运行时间取一个月时，T_{c1}为最热月份水源热泵机组的运行小时数；

T_{c2}——一个制冷季中的小时数，当运行时间取一个月时，T_{c2}为最热月份的小时数。

2）供热工况下，竖直地埋管换热器钻孔的长度的计算式为

$$L_h=\frac{1000Q_h[R_f+R_{pe}+R_b+R_sF_h+R_{sp}(1-F_h)]}{(t_\infty-t_{min})}\left(\frac{COP-1}{COP}\right) \tag{6-26}$$

$$F_h=T_{h1}/T_{h2} \tag{6-27}$$

式中 L_h——供热工况下，竖直地埋管换热器所需钻孔的总长度（m）；

Q_h——水源热泵机组的额定热负荷（kW）；

COP——水源热泵机组的供热性能系数；

t_{min}——供热工况下，地埋管换热器中传热介质的设计平均温度（℃），通常取-2~5℃；

F_h——供热运行份额；

T_{h1}——一个供热季中水源热泵机组的运行小时数，当运行时间取一个月时，T_{h1}为最冷月份水源热泵机组的运行小时数；

T_{h2}——一个供热季中的小时数，当运行时间取一个月时，T_{h2}为最冷月份的小时数。

为同时满足供热和供冷的需要，应取L_h和L_c中的较大者作为设计钻孔总长度。

在实际工程中，也可以利用管材"换热能力"来计算管长。换热能力即单位垂直埋管深度或单位管长的换热量，可参照已有的类似工程所取得的经验数据。在通常的情况下，垂直埋管的单位管长换热量在35~55W/m之间，水平埋管的单位管长换热量为20~40W/m。此时埋管长度可按下列公式计算，即

$$L=\frac{1000Q_{max}}{q_1} \tag{6-28}$$

式中 L——埋管总长（m）；

q_1——每米管长换热量（W/m）；

Q_{max}——夏季向埋管换热器排放的最大热量和冬季从埋管换热器吸收的最大热量中的较大者（kW）。

《地源热泵系统工程技术规范》第4.3.6条规定：地埋管换热器设计计算时，环路集管不应包括在地埋管换热器长度内。

5. 确定钻孔数量及间距

《地源热泵系统工程技术规范》第4.3.7条规定：水平地埋管换热器可不设坡度。最上层埋管顶部应在冻土层以下0.4m，且距地面不宜小于0.8m。

《地源热泵系统工程技术规范》第4.3.8条规定：竖直地埋管换热器埋管深度宜大于20m，钻孔孔径不宜小于0.11m，钻孔间距应满足换热需要，间距宜为3～6m。水平连接管的深度应在冻土层以下0.6m，且距地面不宜小于1.5m。

为避免换热短路，钻孔间距应通过计算确定。岩土体吸、释热量平衡时，宜取小值；反之，宜取大值。

对于单U形管换热系统，钻孔数量可按下式确定，即

$$n=\frac{L}{2H} \tag{6-29}$$

式中 n——钻孔数量（个）；

L——竖直埋管所需钻孔的总长度（m）；

H——钻孔的深度，一般为60～100m。

为了防止埋管之间的热干扰，必须保证埋管之间有一定的间距。该间距的大小与运行状况（如连续运行或间歇运行，间歇运行的开、停机比等）、埋管的布置形式（如单行布置，只有两边有热干扰；多排布置，四面均有热干扰）等有关。对于水平埋管，还应考虑不受外界气候温度的影响。水平埋管间距与埋深如图6-22所示。对于垂直埋管，埋管单排布置工程较小，地源热泵间歇运行，埋管的水平间距可取3.0m；埋管多排布置工程量较大，地源热泵间歇运行，间距可取4.5m；若连续运行（或停机时间较少），间距可取5～6m。从换热角度分析，间距大时热干扰少，对换热有好处，但占地面积大，埋管造价有所增加。

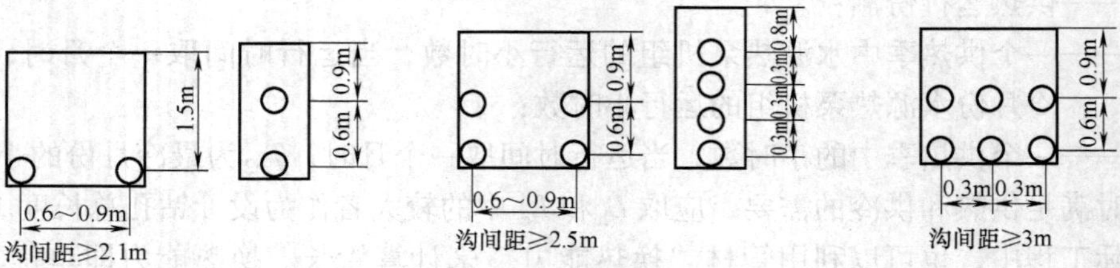

图6-22 水平埋管的典型环路构造

水平埋管管沟与现场障碍物的推荐最小距离见表6-25。垂直埋管钻孔与现场障碍物的推荐最小距离见表6-26。

表6-25 水平埋管管沟与现场障碍物的推荐最小距离

现场障碍物类型	最小距离/m
与其他管沟最小距离	1.5
环路最小埋设深度(以最上端管道为准)	0.6(必须在冻土层以下)

（续）

现场障碍物类型	最小距离/m
与公用设施和其他管路设施的最小距离	1.5
与场地边线、地基、排水沟、化粪池、井、泄湖、厕所、污水坑、饲养场和下水管的最小距离	3.0

表 6-26　垂直埋管钻孔与现场障碍物的推荐最小距离

现场障碍物类型	最小距离/m
与相邻钻孔的最小距离	4.5
与非公共井的最小距离	6.1
与公用设施和其他管路设施的最小距离	3.0
与场地边线、公用设施、地基、排水沟的最小距离	3.0
与化粪池的最小距离	15.3
与公共井、污水坑、泄湖、厕所、饲养场和下水管的最小距离	30.5

不同管径的埋管竖井深度及最小钻孔孔径推荐值见表 6-27。

表 6-27　不同管径的埋管竖井深度及最小钻孔孔径推荐值

管径(内)/mm	20	25	32	40
竖井深度/m	30～60	45～90	75～150	90～180
最小钻孔孔径/mm	75	90	100	120

6. 水力计算

《地源热泵系统工程技术规范》第 4.3.14 条规定：地埋管换热系统设计时应根据实际选用的传热介质的水力特性进行水力计算。

（1）压力损失计算　地埋管管道的压力损失包括沿程阻力和局部阻力。对以水为换热介质的地埋管换热器，管道压力损失计算与常规的管道阻力计算方法相同。对于水以外的其他流体，因其在地埋管换热器内的流动处于湍流状态，其单位管长的沿程阻力可按下式计算，即

$$R = 0.158\rho^{0.75}\mu^{0.25}d_i^{1.25}v^{1.75} \tag{6-30}$$

式中　R——单位管长的摩擦阻力（Pa/m）；

ρ——流体密度（kg/m^3）；

μ——流体粘度（Pa·s）；

d_i——地埋管内径（m）；

v——流体流速（m/s）。

计算管段的沿程阻力损失可按下式计算，即

$$p_m = RL \tag{6-31}$$

式中　p_m——计算管段的沿程阻力损失（Pa）；

L——阀门、管件的当量长度（m）。

计算管段的局部阻力除可以用表 6-15、表 6-16 的局部阻力系数计算外，也可以采用局部元件的当量长度法计算。表 6-28 和表 6-29 中给出了阀门和管件的当量长度。

表 6-28　阀门当量长度表

名义管径		阀门的当量长度/m		
in	mm	球阀	角阀	闸阀
3/8	DN10	5.19	1.83	0.18
1/2	DN12	5.49	2.14	0.21

（续）

名义管径		阀门的当量长度/m		
in	mm	球阀	角阀	闸阀
3/4	DN20	6.71	2.75	0.27
1	DN25	8.85	3.66	0.31
5/4	DN32	11.59	4.58	0.46
3/2	DN40	13.12	5.49	0.55
2	DN50	16.78	7.32	0.70
5/2	DN63	21.05	8.85	0.85
3	DN75	25.62	10.68	0.98
7/2	DN90	30.50	12.51	1.22
4	DN110	36.60	14.34	1.37
5	DN125	42.70	17.69	1.83
6	DN160	51.85	21.35	2.14
8	DN200	67.10	25.93	2.75

表 6-29 管件当量长度表

名义管径		弯头的当量长度/m				T形三通的当量长度/m			
in	mm	90°标准型	90°长半径型	45°标准型	180°标准型	旁流三通	直流三通	直流三通（后缩小1/4）	直流三通（后缩小1/2）
3/8	DN10	0.4	0.3	0.2	0.7	0.8	0.3	0.4	0.4
1/2	DN12	0.5	0.3	0.2	0.8	0.9	0.3	0.4	0.5
3/4	DN20	0.6	0.4	0.3	1.0	1.2	0.4	0.6	0.6
1	DN25	0.8	0.5	0.4	1.3	1.5	0.5	0.7	0.8
5/4	DN32	1.0	0.7	0.5	1.7	2.1	0.7	0.9	1.0
3/2	DN40	1.2	0.8	0.6	1.9	2.4	0.8	1.1	1.2
2	DN50	1.5	1.0	0.8	2.5	3.1	1.0	1.4	1.5
5/2	DN63	1.8	1.3	1.0	3.1	3.7	1.3	1.7	1.8
3	DN75	2.3	1.5	1.2	3.7	4.6	1.5	2.1	2.3
7/2	DN90	2.7	1.8	1.4	4.6	5.5	1.8	2.4	2.7
4	DN110	3.1	2.0	1.6	5.2	6.4	2.0	2.7	3.1
5	DN125	4.0	2.5	2.0	6.4	7.6	2.5	3.7	4.0
6	DN160	4.9	3.1	2.4	7.6	9.2	3.1	4.3	4.9
8	DN200	6.1	4.0	3.1	10.1	12.2	4.0	5.5	6.1

（2）循环泵的选择　地埋管系统中的循环泵，应选择与防冻液兼容的水泵类型。其选择方法与一般中央空调系统中的循环泵选择方法相似，即根据总流量和总压头去选择。当系统较大、阻力较高，且各环路负荷特性相差较大，或压力损失相差悬殊时，可考虑采用二次泵方式。

（3）校核埋管换热器管材承压能力　在地埋管换热器设计工程中，还应校核埋管换热器最下端管道的静压是否在其耐压范围内。《地源热泵系统工程技术规范》第 4.3.16 条规定：地埋管换热系统设计时应考虑地埋管换热器的承压能力，若建筑物内系统压力超过地埋管换热器的承压能力时，应设中间换热器将地埋管换热器与建筑物内系统分开。

对埋管换热器，管路承受的最大压力等于大气压力、最下端管道内介质的重力产生的静压和水泵扬程对应压力的一半的总和，即

$$p = p_b + \rho g \Delta h + 0.5\rho g H \tag{6-32}$$

式中　p——管路承受的最大压力（Pa）；

p_b——建筑物所在的当地大气压（Pa）；

Δh——埋管最低点与闭式循环系统最高点的高度差（m）；

g——当地重力加速度（m/s^2）；

H——水泵扬程（m）。

管路承受的最大压力应小于管材的最大工作压力。如果超过管材的耐压范围，则需换用耐压极限更高的管材或用板式换热器将埋管换热器与建筑物内的水环路分开。

6.2.5 机房设计与设备布置

热泵型冷（热）水机组系统机房的设计方法和内容与电动压缩式冷水机组系统的机房设计方法和内容基本一样（参见 6.1.3 节机房设计与设备布置），在此仅介绍热泵型冷（热）水机组系统机房设计特殊之处。建筑物内系统应根据建筑的特点及使用功能确定水源热泵机组的设置方式及末端空调系统形式。

《地源热泵系统工程技术规范》第 7.1.6 条规定：在水源热泵机组外进行冷、热转换的地源热泵系统应在水系统上设冬、夏季节的功能转换阀，并在转换阀上做出明显标识。地下水或地表水直接流经水源热泵机组的系统应在水系统上预留机组清洗用旁通管。

夏季运行时，空调水进入机组蒸发器，冷源水进入机组冷凝器。冬季运行时，空调水进入机组冷凝器，热源水进入机组蒸发器。冬、夏季节的功能转换阀应性能可靠，严密不漏。

6.2.6 工程示例

1. 工程概况

本工程为陕西省某综合楼空调制冷站系统设计。该综合办公楼地下一层，地上九层，总建筑面积为 10547m^2。其中，地下一层为设备用房、库房，主体一至三层为商场，四至九层为办公室、会议室及多功能厅。空调冷负荷为 780kW，热负荷为 870kW。空调冷媒水系统采用双管制、闭式机械循环，负荷侧变流量，各层系统水平及竖向均为同程式。空调水系统最不利环路管路及末端空气处理设备总阻力为 25mH_2O（250kPa）。

2. 冷（热）源形式的确定

采用水源热泵系统形式。在系统方案设计之前，根据地下水源热泵对水量、水温、水质的要求，对工程场区的水文地质条件进行了勘察。勘察结果符合地下水源热泵系统要求。

3. 热泵机组型号、台数的确定

根据空调冷、热负荷的大小，选用一台标准型满液式水源热泵机组，型号为 LSFBLGR900S，其技术性能参数见表 6-30。

表 6-30 LSFBLGR900S 型水源热泵机组的技术性能参数

型号		LSFBLGR900S
名义制热量/kW		927
名义制冷量/kW		827
压缩机	形式	半封闭螺杆式制冷压缩机
	台数	1
	能量调节范围(%)	25～100
	电源形式	三相制,380V,50Hz
控制系统		PLC 控制,PID 调节,触摸屏全中文显示
制冷剂		R22
制冷剂节流装置		电子膨胀阀
制热输入功率/kW		181
制冷机输入功率/kW		137

（续）

型　号				LSFBLGR900S
蒸发器	形式			满液式
	制热	进出口温度		热源水进口 15℃，出口 6.6℃
		流量/(m^3/h)		75
		压力损失/kPa		35
	制冷	进出口温度		冷水进口 12℃，出口 7℃
		流量/(m^3/h)		142
		压力损失/kPa		70
	接口尺寸/mm			150
	标准承压/MPa			1.0
冷凝器	形式			水冷壳管式
	制热	进出口温度		温水进口 40℃，出口 45.6℃
		流量/(m^3/h)		142
		压力损失/kPa		70
	制冷	进出口温度		冷却水进口 18℃，出口 29℃
		流量/(m^3/h)		75
		压力损失/kPa		35
	接口尺寸/mm			150
	标准承压/MPa			1.0
外形尺寸	长/mm			3880
	宽/mm			1320
	高/mm			1850
机组运输质量/kg				3900
机组运行质量/kg				4150

4. 地下水换热系统设计

对地下水进行水质分析，地下水水温、水质满足直接进入水源热泵机组的要求，本设计采用直接供水系统，地下水直接进入热泵机组，以充分利用地下水的热量。

抽水井和回灌井的设计和施工由甲方委托专业公司进行，本设计仅预留 3 台 25kW 深井泵用电量。

为了避免井水中含砂量对水源侧水系统的阀门、管件、主机等设备及附件造成堵塞磨损，在本工程中，系统管路上安装了旋流式除砂器进行除砂。

5. 空调冷（热）水系统设计（机房部分）

该机组能够提供夏季 7～12℃的冷水，冬季 40～45.6℃的热水。冬、夏季共用一套管路，采用电动阀实现冷、热水的转换。

根据所选热泵机组的技术性能参数可知，空调冷热水流量 142m^3/h，取 1.1 安全系数，水泵所需流量为 156m^3/h。按给定的空调冷热水系统最不利环路管路及末端空气处理设备总阻力为 25mH_2O 和所选热泵机组 70kPa 的流动阻力，所需冷（热）水泵的扬程为

$$H = k(h_1 + h_2 + h_3) = 1.1 \times \left(\frac{70 \times 1000}{1000 \times 9.8} + 25\right)\text{m} = 35.4\text{m}$$

根据冷（热）水泵所需的流量和扬程，选用 3 台型号为 NBG80-65-160 的水泵，2 用 1 备。该水泵的流量为 82m^3/h，扬程为 38m。

空调冷热水系统采用隔膜式落地膨胀水箱来进行补水和定压，并采用全自动软水器对补水水质进行处理。

6. 施工图设计

工程设计图样分别见本章后示例4“陕西某综合楼空调制冷站系统设计”图1（RBL01）冷冻站设计及安装说明；图2（RBL02）图样目录、图例及主要设备表；图3（RBL03）冷冻站热泵系统流程图；图4（RBL04）冷冻站设备平面布置图；图5（RBL05）冷冻站管道平面图；图6（RBL06）冷冻站剖面图；图7（RBL07）设备基础剖面图。

7. 设计总结

本工程是陕西省某综合办公楼中央空调系统冷热源的工程设计。考虑到当地地下水源情况较好，适合开采，确定采用地下水源热泵。根据原始资料和相关规范标准，本设计选择了一台热泵型冷（热）水机组作为空调冷热源，名义制冷量为827kW，名义制热量为927kW。机组能够提供夏季7～12℃的冷水，冬季40～45.6℃的热水。地下水系统采用直接供水系统，用旋流式除砂器对地下水进行除砂。空调冷热水系统冬、夏季共用一套管路，采用电动阀实现冷热水的转换。选择了三台水泵（其中一台为备用）完成冷（热）水的循环，采用落地膨胀水箱来进行补水和定压，并选用全自动软水器对补水水质进行处理。最后根据管路、设备、阀件、控制等有关设计要求，完成了冷冻站的施工图样设计，包括冷冻站设计及安装说明、冷冻站热泵系统流程图、冷冻站设备平面布置图、冷冻站管道平面图、冷冻站剖面图、设备基础剖面图等。

6.3 吸收式冷（热）水机组系统工程设计

吸收式冷（热）水机组是指通过消耗热能来制取冷（热）水的机组，以溴化锂和水组成的二元工质对完成循环，所以常称为“溴冷机”。按照消耗的热源种类的不同，分为蒸气型溴化锂吸收式冷水机组、热水型溴化锂吸收式冷水机组、直燃型溴化锂吸收式冷（热）水机组。不同的吸收式冷（热）水机组具有各自的特点及适用范围，应考虑甲方投资预算、建筑物的空调负荷及全年冷负荷的分布规律、当地能源条件，结合各种冷水机组的性能、适用条件作出合理选择。

6.3.1 吸收式冷（热）水机组负荷的确定

1. 空调系统设计冷负荷 Q_{AC}

空调系统设计冷负荷等于室内负荷、新风负荷、抵消冷量的再热量、风机和水泵机械能转变的热量以及各种输送管道（风管、水管）的散热损失之和，单独进行空调冷热源课程设计时，应作为设计条件给出。

2. 制冷机组负荷的确定

吸收式冷（热）水机组负荷为

$$Q = A_1 A_2 A_3 A_4 Q_{AC} \tag{6-33}$$

式中 Q——吸收式冷（热）水机组负荷（kW）；

Q_{AC}——空调系统设计冷负荷（kW）；

A_1——建筑物的同时使用系数，与建筑物使用性质、功能、等级及经营管理等因素有关，可取0.6～1.0；

A_2——冷损失系数，可取1.05～1.15；

A_3——事故备用量修正系数，当只有2～3台冷水机组，需考虑在高峰负荷期间有一台机组因故障停机时，还可维持75%左右的负荷，即两台机组时 A_3 取1.4，三台机组时 A_3 取1.2，四台机组时 A_3 取1.0；

A_4——考虑设备传热及出力效率降低的系数，由厂家样本提供。

冷（热）水机组的冷（热）负荷，除在计算空调负荷的基础上，增加机组本身和水系统的冷（热）损失（一般为10%~15%）外，还应考虑冷（热）水和冷却水产生的污垢因素，对产冷（热）量进行修正。对直燃机组在制冷的同时制取卫生热水，则制冷量相应降低，需加大高压发生器，这一因素也应考虑。

6.3.2 吸收式冷（热）水机组类型、型号、台数的确定

1. 溴化锂吸收式冷（热）水机组类型

溴化锂吸收式制冷机的分类见表6-31。

表6-31 溴化锂吸收式制冷机的分类

分类方法	机组名称	分类依据
用途	冷水机组	为空调系统或其他所需工艺流程供应冷媒水
	冷热水机组	交替或同时供应冷媒水和热水
	热泵机组	向低温热源吸热，供应热水或蒸汽
驱动热源	蒸汽型	以蒸汽的潜热为驱动热源
	直燃型	以燃料的燃烧热为驱动热源
	热水型	以热水的显热为驱动热源
	余热型	以工业余热为驱动热源
	复合热源型	热水与直燃型复合、热水与蒸汽型复合、蒸汽与直燃型复合
驱动热源的利用方法	单效	驱动热源在机组内被直接利用一次
	双效	驱动热源在机组内被直接和间接地二次利用
	多效	驱动热源在机组内被直接和间接地多次利用
	多级发生	驱动热源在多个压力不同的发生器内依次被直接利用
溶液循环流程	串联	溶液先进入高压发生器，再进入低压发生器，然后流回吸收器
	倒串联	溶液先进入低压发生器，再进入高压发生器，然后流回吸收器
	并联	溶液同时进入高压发生器和低压发生器，然后流回吸收器
	串并联	溶液同时进入高压发生器和低压发生器，流出高压发生器的溶液再进入低压发生器，然后流回吸收器
机组结构	单筒	机组的主要换热器布置在一个筒体内
	双筒	机组的主要换热器布置在两个筒体内
	三筒	机组的主要换热器布置在三个筒体内
	多筒	机组的主要换热器布置在多个筒体内
机组布置	卧式	主要筒体的轴线按水平布置
	立式	主要筒体的轴线按竖直布置

（1）蒸汽型溴化锂吸收式冷（热）水机组　蒸汽型溴化锂吸收式冷（热）水机组的驱动热源为蒸汽的潜热。根据工作蒸汽的品位高低，分为单效和双效两种。单效机组采用0.1MPa（表压）的蒸汽，双效机组采用0.25~0.8MPa（表压）的蒸汽。高压发生器中的溶液直接被驱动热源加热浓缩，产生冷剂蒸汽；低压发生器中的溶液则被来自高压发生器中的冷剂蒸汽加热浓缩。因为驱动热源在机组中被直接和间接地二次利用，故又称为双效机组。蒸汽双效型溴化锂吸收式冷（热）水机组的热力系数（ζ=0.9~1.2）比单效机组大，但结构复杂，金属耗量大，操作维护要求高。它适用于电力供应紧张而又有热源的大型空调系统，以及区域集中的供热供冷系统、热—电联供和汽—电共生系统等。

（2）热水型溴化锂吸收式冷水机组　热水型溴化锂吸收式冷水机组以热水的显热为驱动热源。它可以利用热电厂或热电联产系统提供的热水，实现区域集中供热、供冷或热—电—冷三联产；也可以利用生产工艺过程中的热排水、地热水和太阳能热水制取冷媒水，供冷却工艺过程或空气调节过程使用，一般以单效机为主。

（3）直燃型溴化锂吸收式冷（热）水机组　直燃型溴化锂吸收式冷（热）水机组是以燃气或燃油在高压发生器中直接燃烧产生的高温烟气为驱动热源。在直燃型溴化锂吸收式冷热水机组中，其制冷工况采用双效循环流程，以冷剂蒸气的蒸发制冷，通过溶液的质量分数在吸收和发生过程中的变化，来实现冷剂水的制冷循环。其采暖或制热工况，通常以冷剂蒸气的冷凝热制取热水。通过溶液的质量分数在发生过程和稀释过程中的变化，实现冷剂水的制热循环。

直燃型溴化锂吸收式冷（热）水机组的应用系统，是由高压发生器中的炉膛和烟气换热器、燃烧器及燃料管路、烟道和尾部换热器等构成的驱动热源回路。通常采用以下两种方式构成热水回路：

1）由蒸发器和加热盘管构成热水回路，一般采用热水和冷水同一个回路的结构。

2）由热水器和加热盘管构成专设的热水回路。

直燃型溴化锂吸收式冷（热）水机组有三种运行模式：

1）机组处于制冷或采暖工况。通过转换阀实现工况的转换，交替制取空调所需的冷水或采暖所需的热水，即制冷或采暖专用机的运行模式。大多数冷（热）水机组按制冷或采暖专用机的模式运行。

2）机组在按制冷或采暖工况运行的同时，还可以制取少量生活中使用的热水。

3）机组同时制取空调所需的冷媒水、采暖水和生活所需的热水，即一机三用的运行模式。

2. 溴化锂吸收式冷（热）水机组的选型

为使溴化锂制冷机组运行时具有较高的经济效益，选型时应遵循的规范条文有：

规范 GB 50019—2003 中第 7.4.1 条规定：蒸汽型、热水型溴化锂吸收式冷水机组和直燃型溴化锂吸收式冷（温）水机组的选择，应根据用户具备的加热源种类和参数合理确定。各类机型的加热源参数见表 6-32。

表 6-32　各类机型的加热源参数表

机　　型	加热源种类及参数
直燃机组	天然气、人工煤气、轻柴油、液化石油气
蒸汽双效机组	蒸汽额定压力（表）0.25MPa、0.4MPa、0.6MPa、0.8MPa
热水双效机组	＞140℃热水
蒸汽单效机组	废气（0.10MPa）
热水单效机组	废热（85～140℃热水）

规范 GB 50019—2003 中第 7.4.2 条规定：直燃型溴化锂吸收式冷（温）水机组应优先采用天然气、人工煤气或液化石油气做加热热源。当无上述气源供应时，宜采用轻柴油。

规范 GB 50019—2003 中第 7.4.3 条规定：溴化锂吸收式机组在名义工况下的性能参数，应符合现行国家标准 GB/T 18431—2001《蒸汽和热水型溴化锂吸收式冷水机组》和 GB/T 18362—2008《直燃型溴化锂吸收式冷（温）水机组》的规定。表 6-33 为国家标准中各种溴化锂吸收式冷（温）水机组的性能参数的规定。

表 6-33 溴化锂吸收式冷（温）水机组的性能参数

机型	名义工况		性能参数			
	冷(温)水进出口温度/℃	冷却水进出口温度/℃	蒸汽压力/MPa	单位制冷量蒸汽耗量/[kg/(kW·h)]	性能系数	
					制冷	供热
蒸汽单效机组	12～7	30～35	0.1	2.35	—	—
蒸汽双效机组	18～13	30～35	0.25	1.40	—	—
			0.4		—	—
	12～7		0.6	1.31	—	—
			0.8	1.28	—	—
直燃机组	12～7 温水出口60	30～35	—	—	≥1.10	—
			—	—	—	≥0.90

注：直燃机组的性能系数为：制冷量（供热量）/[加热源消耗量（以低位热值计）+电力消耗量]。

从表6-33可见，双效机组的蒸汽耗量比单效机组少很多。目前，国内主要生产厂家提供的产品均为双效机组。而热水机组仅是单效机组，单效机组存在体积大、效率低的缺点，所以采用较少，如果有合适的废气余热时，也可采用单效机组。

规范GB 50019—2003中第7.4.4条规定，选用直燃型溴化锂吸收式冷（温）水机组时，应符合以下规定：

1）按冷负荷选型，并考虑冷、热负荷与机组供冷、供热量的匹配。

2）当热负荷大于机组供热量时，不应用加大机型的方式增加供热量；当通过技术经济比较合理时，可加大高压发生器和燃烧器，以增加供热量，但增加的供热量不宜大于机组原供热量的50%。

规范GB 50019—2003中第7.4.5条规定：选择溴化锂吸收式机组时，应考虑机组水侧污垢及腐蚀等因素，对供冷（热）量进行修正。

规范GB 50019—2003中第7.4.6条规定：采用供冷（温）水及生活热水三用直燃机时，除应符合本规范第7.4.3条外，尚应符合下列要求：

1）完全满足冷（温）水与生活热水日负荷变化和季节负荷变化的要求，并达到实用、经济、合理的目的。

2）设置与机组配合的控制系统，按冷（温）水与生活热水的负荷需求进行调节。

3）当生活热水负荷大、波动大或使用要求高时，应另设专用热水机组供给生活热水。

规范GB 50019—2003条文说明中，还对以下几条作了具体说明：

1）在7.4.2条说明中，直燃型溴化锂吸收式冷（温）水机组的燃料选择方面规定，天然气是直燃机的最佳能源，在无天然气的地区采用人工煤气或液化石油气。用油时，目前都采用0号轻柴油而不用重柴油，因为重柴油粘度大，必须加热输送。在温暖地区可在重柴油中加入20%～40%轻柴油，输送时可不加热。重柴油对设计、管理都带来不便，因此不宜采用。

2）在7.4.4条说明中，选用直燃型溴化锂吸收式冷（温）水机组的原则方面规定，直燃机组的供热量一般为供冷量的80%（按各生产厂及型号不同，大致在75%～85%），这是标准配置，也是较经济合理的配置，选择标准型当然是最经济合理的，我国多数地区（需要供应生活热水除外）都能满足要求。当热负荷大于机组供热量时，用加大机组型号的方法是不可取的，因为要增加投资，降低机组效率。加大高压发生器和燃烧器虽然可行，但也应有限制，否则会影响机组高、低压发生器的匹配，同样造成低效，导致能耗增加。

3）在7.4.5条说明中，针对溴化锂吸收式冷（温）水机组的冷（热）量修正方面规定，虽然近年来溴化锂吸收式机组在保持真空度、防结垢、防腐等方面采取了多方位有效措施，产品质量大为提高，但真正做好、管理好还是有一定难度的。因为溴化锂吸收式机组由换热器组成，结垢和腐蚀的影响很大。从某些工程运行的情况看，因结垢、腐蚀造成的冷量衰减现象依然存在。至于如何修正，可根据水质及水处理的实际状况确定。

4）在7.4.6条说明中，溴化锂吸收式三用直燃机组的选型要求方面指出，三用机可以有以下几个用途：

a. 夏季：单供冷、供冷及供生活热水。

b. 春秋季：供生活热水。

c. 冬季：采暖、采暖及供生活热水。

直燃机组是价格昂贵的设备，尤其是三用机，要搞好合理匹配，系统控制、提高能源利用率是设计选型的关键。当难以满足生活热水供应要求、影响供冷（温）质量时，即不符合本条和本规范第7.4.3条的要求时，应另设置专用热水机组，提供生活热水。

在综合考虑以上规范的基础上，结合各种溴化锂吸收式冷（热）水机组的性能特点、当地气象、水源条件及国家能源和环保政策，选择出适宜的溴化锂吸收式冷（热）水机组类型。在选择机组台数和工作条件时，特别应注意以下几点：

（1）设备台数　当所需较大制冷量（如大于1160kW）时，选用2～3台制冷机。选用多台机组具有下列优点：

1）低负荷运转时，通过调节运行的台数，既可以满足冷量的需求，又可以节能、节电，降低运转费用。

2）如对不同部门需要供给不同温度的冷水时，2～3台机组可实现分区供冷，这有利于提高制冷机运行的热效率。

3）选用2～3台制冷机时，从机房布置、零部件的互换和检修方便的观点出发，应选用同型号同冷量的制冷机为好。当然，同一单位中不同部门所需制冷量相差较大时，也可选用不同制冷量的制冷机。

（2）蒸汽型机组蒸汽压力的确定　溴化锂制冷机所需的气源可采用热电厂提供的蒸汽，或采用本单位锅炉房供给的蒸汽，也可采用可利用的废热蒸汽等。由于锅炉房提供的蒸汽受锅炉型号、使用年限和负载能力的影响，供汽压力也有不同，一般约为0.1～1.3MPa。为了适应不同的蒸汽压力，各溴化锂制冷机厂在生产常规蒸汽压力0.8MPa的基础上，竞相推出蒸汽压力为0.6MPa、0.4MPa、0.25MPa、0.1MPa等系列的低压型溴化锂制冷机。由于蒸汽压力降低，使得换热器面积增大，从而加大了制冷机整体的体积。

在确定制冷机采用的蒸汽压力时，应首先了解提供制冷机汽源的蒸汽压力值，应使制冷机蒸汽压力低于汽源压力，例如所提供的蒸汽压力为0.4MPa，则应选择蒸汽压力不大于0.4MPa的溴化锂制冷机。

（3）冷媒水出口温度　当空调或生产工艺所需的冷媒水温度高于7℃（最低不低于5℃）时，可选用溴化锂制冷机。而对于需要5℃或低于5℃冷媒水的场合，选用溴化锂制冷机组是不适宜的，因为此时不仅运行热效率低（热力系数低），而且容易出现结晶或冻裂传热管等故障，故应选用活塞、螺杆或离心式压缩制冷机。

溴化锂吸收式冷（热）水机组正常工作需要的外部系统包括冷却水系统、各种热源系统。溴化锂吸收式冷（热）水机组的冷却水系统与电动压缩式冷水机组的冷却水系统有所不同，将专节介绍。满足蒸汽型和热水型冷水机组参数需求的热源管道通过阀门直接和机组相连即可，没有特殊之处。但是相关直燃型溴化锂吸收式冷（热）水机组的外部燃油、燃气系统设计标准和规范较为复杂，所以要专门介绍直燃型溴化锂吸收式冷（热）水机组的外部燃油、燃气系统的设计。

6.3.3 吸收式冷（热）水机组冷却水系统设计

冷媒水系统设计与6.1节类似，这里不再赘述。下面主要介绍溴化锂吸收式机组冷却水系统设计的特殊部分。

1. 溴化锂吸收式机组的冷却水系统

溴化锂吸收式机组以热能为动力，在运行时，它的吸收器和冷凝器都将产生大量的热量。这部分热量必须及时由冷却水带走。机组的冷却负荷比电动制冷机组大1/3左右。为了减少冷却水的消耗量，一般将吸收器和冷凝器用的冷却水串联使用。一种串联方式是冷却水先进入吸收器后进入冷凝器（通常简称为冷却水串联顺流），如图6-23所示，它的优点是吸收效果较好；另一种串联方式是冷却水先进入冷凝器后进入吸收器（通常简称为冷却水串联逆流），其优点是可提高直燃型双效溴化锂吸收式制冷机低压发生器的发生效果。在串联逆流流程中，为了使吸收效果好，在冷凝器出口的冷却水中注入一定量的机外冷却水而后进入吸收器，这样既可使冷凝温度降低，又可使吸收器温度不致过高。若冷却水因地区或条件所限不能保证较好的温度条件时，通常也采用并联法，即冷却水分别进入吸收器和冷凝器。

为了使冷却水泵正常运行，冷却水系统常设有上水箱或下水池。图6-24和图6-25所示分别为采用上水箱和下水池的冷却水循环系统。

冷却塔通常安装在机房（或其他房屋）的屋顶，水箱一般也设在冷却塔旁，而水池则往往建造在泵房的地下。上水箱式与下水池式循环系统相比具有以下优点：

1）可利用相当于机房（或其他房屋）高度的灌注水头，从而可减小水泵的扬程，降低水泵的功率。

2）可节省建造水池的费用，降低了制冷系统的投资。

3）有利于水泵的迅速起动，无需向水泵注水开泵或真空引水开泵。

上水箱可用混凝土或钢板制作，其容积根据冷却水循环量和管道的长度而定，一般取冷却水循环量的3%～5%。冷却水量较小而水泵出口端至冷却塔的管道较长时取上限，反之取下限。

GB 50019—2003《采暖通风与空气调节设计规范》第7.4.7条的规定为：溴化锂吸收式机组的冷却水、补充水的水质要求，直燃型溴化锂吸收式冷（温）水机组的贮油、供油系统，燃气系统等的设计，均应符合国家现行有关标准的规定。

在第7.4.7条的条文说明中，对溴化锂吸收式机组的水质要求及直燃型机组的贮油、供油、燃气系统的设计要求方面指出，吸收式机组对水质的要求较高，必须满足国家现行有关标准的要求，对热水、生活用水及冷却水都应进行处理。以减少和防止对机组换热管的结垢和腐蚀。

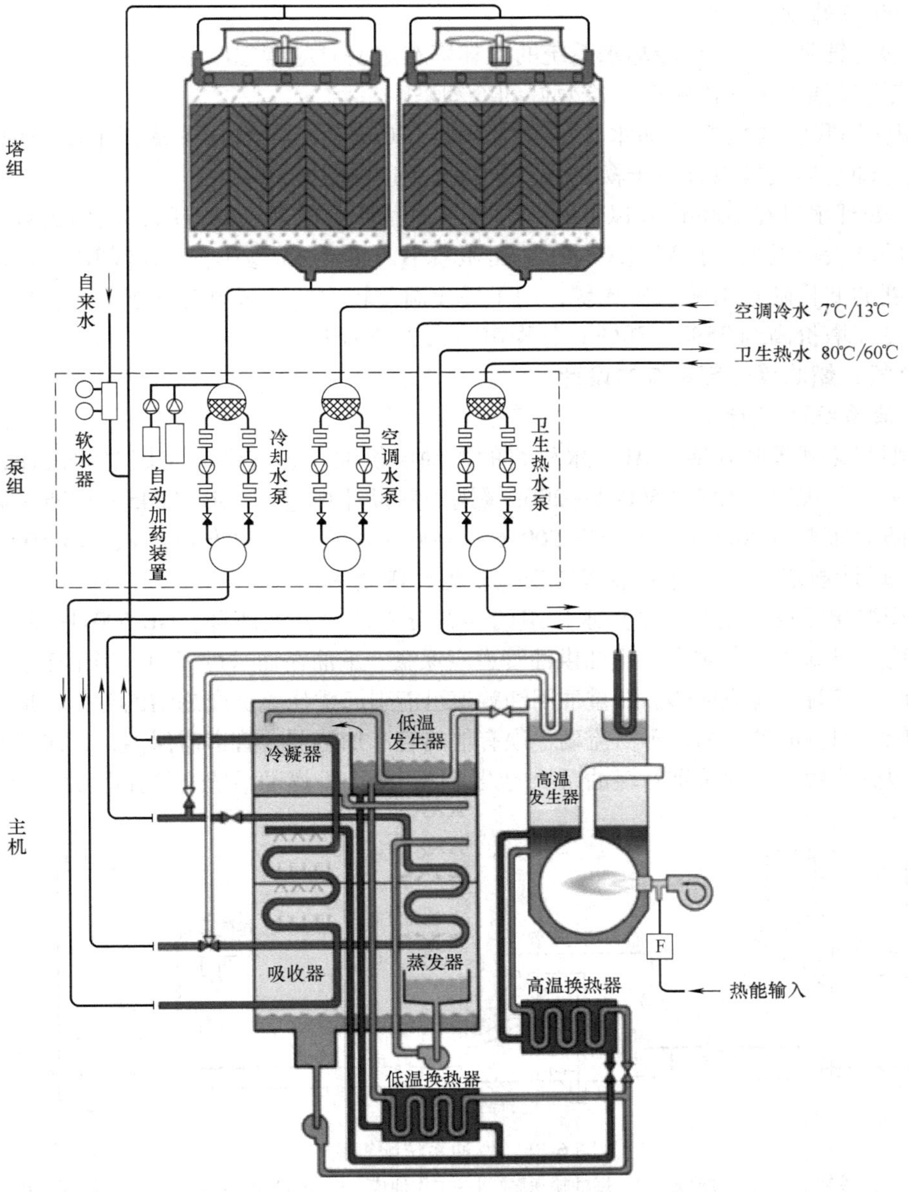

图 6-23 冷却水串联顺流的溴化锂吸收式冷水机组流程

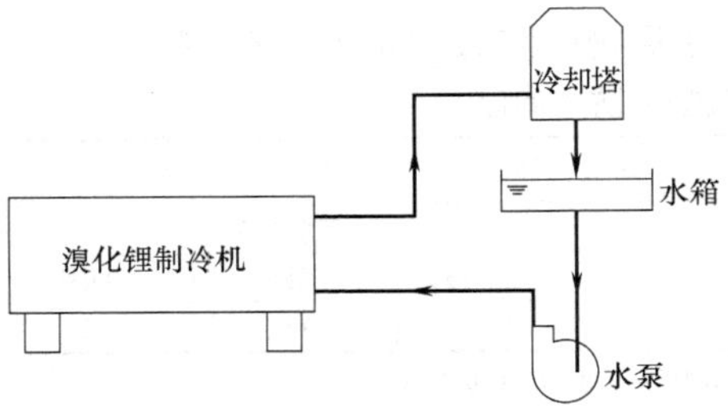

图 6-24 上水箱式冷却水循环系统

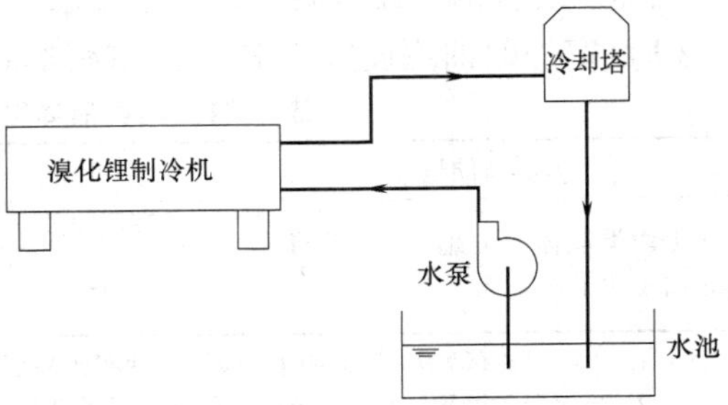

图 6-25 下水池式冷却水循环系统

2. 冷却塔的设计选型

用于溴化锂吸收式机组冷却水系统的冷却塔在选型时应考虑以下问题：

1）应选用温差大、冷幅高、冷效好的冷却塔。

2）溴化锂吸收式机组冷却水量一般为65～620m^3/h，在冷却塔系列中属于中等水量，而逆流式冷却塔热交换效率高于横流式，故多选用逆流式冷却塔。

3）当处理水量在300m^3/h以上时，方形冷却塔可实现多风机控制，风机的数量可随着处理水量的增大而增加。排列组装时占地面积较小，而且方形多风机型冷却塔可随着夏季室外湿球温度的变化随意增减风机数量，用于昼夜温差较大的地区更有利于节能，但方形冷却塔较圆形冷却塔价高约25%～30%，且噪声略大于圆形塔。

6.3.4 燃气、燃油等外部系统的设计

1. 燃油系统的设计

直燃型溴化锂吸收式冷（温）水机组的贮油、供油、燃气供应及烟道的设计，应符合国家现行标准、规范，如GB 50041—2008《锅炉房设计规范》、GB 50045—1995《高层民用建筑设计防火规范（2005版）》、GB 50016—2006《建筑设计防火规范》、GB 50028—2006《城镇燃气设计规范》、《工业企业煤气安全规程》等要求。

直燃型溴化锂吸收式冷（热）水机组的燃料分重油和轻油两种。GB 50041—2008《锅炉房设计规范》第3.2.3条规定，重油供油管道应保温。重油在输送过程中，当由于温度降低不能满足生产要求时，尚应伴热。在重油回油管道可能引起烫伤人员或冻结的部位，应采取隔热或保温措施。因重油粘度高，不易流动，须有伴热管和加热器，管道需保温，系统复杂，管理不便，故很少使用。下面着重对轻油系统的设计作一介绍，燃油系统配管如图6-26所示。

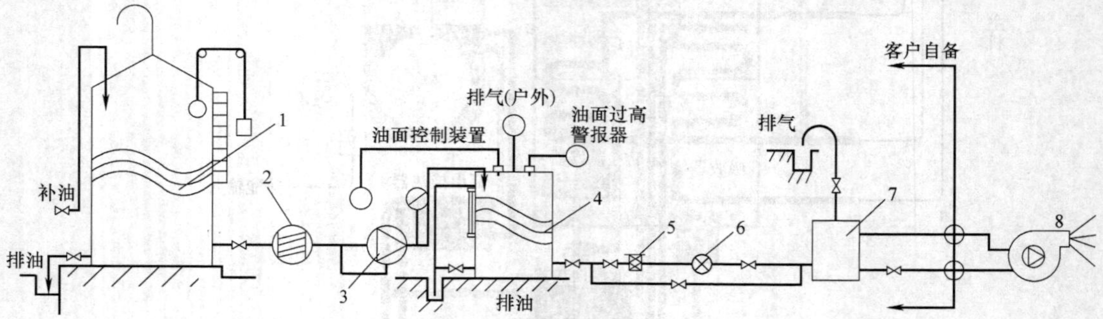

图6-26 燃油系统配管图

1—室外贮油罐 2、5—过滤器 3—燃油输送泵 4—工作油罐 6—流量计 7—空气分离器 8—燃烧器

燃油系统各部件设置要满足以下要求：

（1）室外贮油罐设置要求 贮油罐储量以及它与建筑物的防火间距见表6-34。

表6-34 丙类液体贮油罐与建筑物的防火间距

<table>
<tr><th rowspan="3">名称和储量</th><th colspan="5">防火间距/m</th></tr>
<tr><th rowspan="2">高层建筑</th><th rowspan="2">裙房</th><th colspan="3">多层建筑</th></tr>
<tr><th>一、二级</th><th>三级</th><th>四级</th></tr>
<tr><td>小型丙类液体贮油罐5～7天储量，并不得大于150m^3</td><td>35</td><td>30</td><td>12</td><td>15</td><td>20</td></tr>
</table>

注：1. 当丙类液体贮油罐直埋时，液体贮油罐距高层建筑、裙房的防火间距可减少50%。

2. 当面向贮油罐一面4m范围内的建筑外墙为防火实体墙时，其防火间距可以不限。为减少占地面积，常采用地下直埋式圆柱形金属贮油罐。

（2）室内日用油箱的布置　室内日用油箱也称为中间油箱或运转油箱，一般采用钢板做成密闭式。其上设呼吸管通向室外，油箱内设油位控制器，油位高、低报警装置与供油设备联锁，紧急排油管通到室外存油设施。

GB 50041—2008《锅炉房设计规范》第3.2.20条规定，室内油箱应采用闭式油箱。油箱上应装设直通室外的通气管，通气管上设置阻火器和防雨设施。油箱上不应采用玻璃管式的油位表。

GB 50041—2008《锅炉房设计规范》第3.2.22条规定，锅炉房内油箱的总容量，重油不宜超过 $5m^3$，柴油不应超过 $1m^3$，并严禁把油箱设置在锅炉或省煤器的上方。

（3）供油泵　室外贮油罐的油通过供油泵输送到室内日用油箱。GB 50041—2008《锅炉房设计规范》第3.2.12条规定，集中设置的供油泵应符合下列要求：

1）供油泵的台数不应少于2台。当其中任何1台停止运行时，其余的总容量不应少于锅炉最大计算耗油量和回油量之和。

2）供油泵的扬程不应小于下列各项之和：供油系统的压力降，供油系统的油位差，燃烧前所需的油压，适当的余量。

（4）油管路系统　直燃机房轻油管路系统主要包括输油和供油两部分。通过油泵把室外贮油罐的油送到室内日用油箱，多余的油自流或通过回油泵返回室外贮油罐，此为输油系统。直燃机供油系统由供油泵、油管及回油管组成。直燃机房燃油系统流程如图6-27所示。

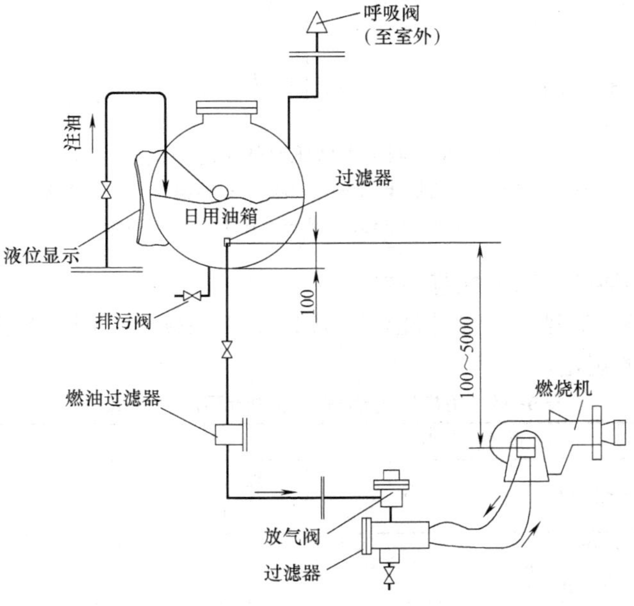

图6-27　直燃机房燃油系统流程

GB 50041—2008《锅炉房设计规范》第13.2.4条规定：通过油加热器及其后管道燃油的流速，不应小于0.7m/s。

GB 50041—2008《锅炉房设计规范》第13.2.5条规定：油管道宜采用顺坡敷设，但接入燃烧器的重油管道不宜坡向燃烧器。柴油管道的坡度不应小于0.3%，重油管道的坡度不应小于0.4%。

油管管径的计算式为

$$d = 18.8\sqrt{q_V/v} \tag{6-34}$$

$$d = 18.8\sqrt{q_m/(\rho v)} \tag{6-35}$$

式中 d——管道内径（mm）；

q_V——体积流量（m^3/h）；

q_m——质量流量（kg/h）；

ρ——油的密度（kg/m^3）；

v——平均流速（m/s），轻油（0 号柴油）系统，泵吸入管宜取 $v \leqslant 1.5m/s$，泵压出管宜取 $v \leqslant 2.5m/s$。

2. 燃气系统设计

直燃机组燃气系统与常规燃气锅炉供气系统相同，可按照现行国家规范 GB 50028—2006《城镇燃气设计规范》、GB 50045—1995《高层民用建筑设计防火规范 2005 年版》、GB 50041—2008《锅炉房设计规范》及相关地方标准来设计。城市中低压燃气供应系统如图 6-28 所示。

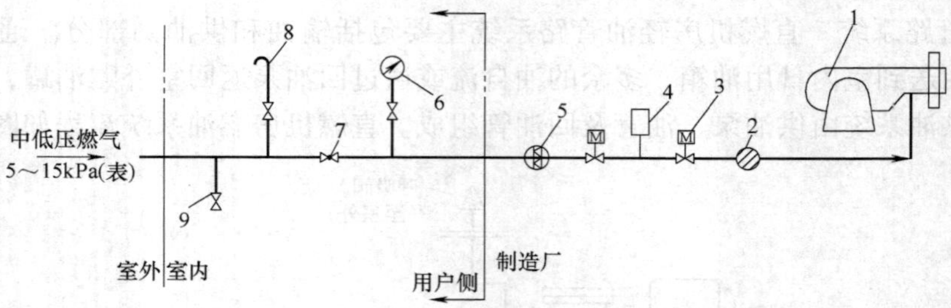

图 6-28 城市中低压燃气供应系统图

1—燃烧器 2—流量计 3—电磁阀 4—检漏仪 5—过滤器
6—压力计 7—球阀 8—放散管 9—排净阀

燃气系统设计必须满足以下规范要求：

GB 50028—2006《城镇燃气设计规范》第 10.2.1 条规定：用户室内燃气管道的最高压力不应大于表 6-35 的规定。

表 6-35 用户室内燃气管道的最高压力（表压） （单位：MPa）

燃气用户		最高压力
工业用户及锅炉房	独立、单层	0.8
	其他	0.4
商业用户		0.2
居民用户（中压进户）		0.1
居民用户（低压进户）		<0.01

注：1. 液化石油气管道的最高压力不应大于 0.14MPa。
2. 螺纹连接的室内燃气管道的最高压力不应大于 0.034MPa。
3. 管道井内燃气管道的最高压力不应大于 0.034MPa。
4. 当进户管道燃气使用户燃具前燃气压力超过燃具最大允许工作压力时，在用户燃气表或燃具前应设燃气调压器。

GB 50028—2006 中第 10.2.2 条规定：燃气供应压力应根据用户设备燃烧器的额定压力及其允许的压力范围确定。用气设备燃烧器的额定压力宜按表 6-36 采用。

表 6-36 用气设备燃烧器的额定压力（表压） （单位：kPa）

燃烧器＼燃气	人工燃气	天然气		液化石油气
		矿井气	天然气、石油伴生气、液化石油气混空气	
低压	1.0	1.0	2.0	2.8 或 5.0
中压	10 或 30	10 或 30	20 或 50	30 或 100

GB 50028—2006 中第 10.2.4 条规定：①低压燃气管道应选用镀锌钢管（热浸镀锌），其质量应符合现行国家标准 GB/T 3091《低压流体输送用焊接钢管》的规定；②中压燃气管道宜选用无缝钢管，其质量应符合现行国家标准 GB/T 8163《输送流体用无缝钢管》的规定，当中压燃气管道的压力不大于 0.6MPa 时，也可选用本条第 1 款规定的焊接钢管。

GB 50028—2006 中第 10.2.9 条规定：室内燃气管道的计算流量的计算式为

$$q_{V\mathrm{h}} = \sum KNq_{V\mathrm{n}} \tag{6-36}$$

式中 $q_{V\mathrm{h}}$——燃气管道的计算流量（m^3/h）；

K——燃具同时工作系数，居民生活用燃具可按 GB 50028—2006《城镇燃气设计规范》的附录确定；

N——同种燃具或成组燃具的数目；

$q_{V\mathrm{n}}$——燃具的额定流量（m^3/h）。

GB 50028—2006 中第 10.2.12 条规定：计算低压燃气管道阻力损失时，对地形高差大或高层建筑立管应考虑因高程差而引起的燃气附加压力。燃气的附加压力计算式为

$$\Delta p_{\mathrm{H}} = 10(\rho_{\mathrm{k}} - \rho_{\mathrm{m}})h \tag{6-37}$$

式中 Δp_{H}——燃气的附加压力（Pa）；

ρ_{k}——空气的密度（kg/m^3）；

ρ_{m}——空气的密度（kg/m^3）；

h——燃气管道终、起点的高程差（m）。

GB 50028—2006 中第 10.2.13 条规定：当由调压站供应低压燃气时，室内低压燃气管道允许的阻力损失，应根据建筑物和室外管道等情况，经技术经济比较后确定。

GB 50028—2006 中第 10.2.19 条规定，燃气引入管的最小公称直径应符合下列要求：①人工煤气和矿井气不应小于 25mm；②天然气不应小于 20mm；③气态液化石油气不应小于 15mm。

GB 50028—2006 中第 10.2.22 条规定，地下室（对液化石油气只允许在地下一层）、半地下室、设备层和地下密闭房间敷设燃气管道时，应符合下列要求：①净高不应小于 2.2m；②应有良好的通风设施，房间换气次数不应小于 6 次/h；③应有固定的防爆照明设备；④应有非燃烧体的实体墙与电话间、变配电室、修理间、储藏室、卧室、休息室隔开；⑤应按本规范第 10.8 节规定设置燃气监控设施；⑥燃气管道应采用焊接或法兰连接，并应符合本规范第 10.2.23 条要求；⑦燃气管道与其他管道一起敷设时，应敷设在其他管道的外侧；⑧地下室内燃气管道末端应设放散管，并应引出地上，放散管的出口位置应保证吹扫放散时的安全和卫生要求。（注：地上密闭房间包括无窗半地下室、地上无窗或窗仅用作采光的密闭房间等。）

GB 50028—2006 中第 10.2.27 条规定：室内水平干管宜明设，当建筑设计有特殊美观要求时可敷设在吊顶上，吊顶上应设通风孔，管道应符合本规范第 10.2.23 条的要求；当吊

顶内设有可能产生明火的电气设备或空调回风管时，燃气干管宜设在与吊顶底平的独立密封Ⅱ型管槽内，管槽底宜采用可卸式活动百叶或带孔板。

GB 50028—2006 中第 10.2.28 条规定：民用建筑室内水平燃气干管不得暗埋在底下土层或地面混凝土内。工业和实验室用的燃气管道可暗埋在混凝土地面内，其燃气管道的引进和引出应设钢套管，钢套管应伸出地面 5 ~ 10cm。钢套管两端应采用柔性的防水材料密封，管道应有防腐绝缘层。

GB 50028—2006 中第 10.2.29 条规定：室内水平干管严禁穿过防火墙。水平干管不宜穿过建筑物的沉降缝。

GB 50028—2006 中第 10.2.32 条规定，室内立管宜明设，也可设在便于安装和检修的管道竖井内，但应符合下列要求：

1）燃气立管可与空气、惰性气体、上下水、热力管道等设在一个共用竖井内，但不得与电线、电气设备或进风管、回风管、排气管、垃圾道等共用一个竖井。

2）竖井内的燃气管道应符合本规范第 10.2.23 条的要求，并尽量不设或少设阀门等附件。竖井内的燃气管道应涂黄色防腐识别漆，燃气管道的最高压力不得大于 0.034MPa。

3）竖井应每隔 2 ~ 3 层做相当于楼板耐火极限的非燃烧体进行防火分隔，但还应设法保证平时竖井内自然通风和火灾时防止产生“烟囱”作用的措施（如分隔板上设小孔或钢管套，顶部设置百叶窗与大气相通和底层防火门进风百叶处应设置防火阀等）。

4）管道竖井的墙体应为耐火极限不低于 1.0h 的不燃烧体，井壁上的检查门应采用丙级防火门。

GB 50028—2006 中第 10.2.35 条规定：室内燃气支管宜明设，敷设在过厅、走道内的管道不宜有接头。当穿过卧室、浴室、阁楼或壁柜时，管道必须采用焊接连接并设在钢套管内。燃气管道严禁引入卧室。

GB 50028—2006 中第 10.2.36 条规定，商业和工业、企业室内暗设燃气支管应符合下列要求：

1）暗埋在楼层地板内。

2）暗封在墙上的管槽内，管槽应设检修门和通风孔。

3）暗封在管沟内，管沟应设盖板，并填充干沙。

4）燃气管道不得暗封在可以渗入腐蚀性介质的管沟中。

5）当暗封燃气管道的管沟与其他管沟相交时，管沟之间应密封，燃气管道应设套管。

GB 50028—2006 中第 10.2.39 条规定：室内燃气管道阀门宜采用球阀。

GB 50028—2006 中第 10.2.40 条规定：室内燃气管道的下列部位应设置阀门：①引入管；②调压器前和燃气表前；③燃具前；④测压计前；⑤放散管起点。

注意：室内燃气管道的立管起点处宜设置阀门。

GB 50028—2006 中第 10.2.41 条规定：工业企业用气车间、锅炉房以及大中型用气设备的燃气管道上应设放散管，放散管管口应高出屋脊 1m 以上，并应采取防止雨雪进入管道和吹洗放散物进入房间的措施。当建筑物位于防雷区之外时，放散管的引线应接地，接地电阻应小于 10Ω。

GB 50028—2006 中第 10.2.42 条规定：室内燃气管道与电气设备、相邻管道之间的净距不应小于表 6-37 的规定。

表 6-37 室内燃气管道与电气设备、相邻管道之间的净距

管道和设备		与燃气管道的净距/cm	
		平行敷设	交叉敷设
电气设备	明装的绝缘电线或电缆	25	10①
	暗装的或放在管道中的绝缘电线	5（从所作的槽或管道的边缘算起）	1
	电压小于1000V的裸露电线的导电部分	100	100
	配电盘或配电箱	30	不允许
相邻管道		应保证燃气管道和相邻管道的安装、安全维护和修理	2

① 当明装电线与燃气管道交叉净距小于10cm时，电线应加绝缘套管，绝缘套管的两端应各伸出燃气管道10cm。

燃气管道管径设计计算可参照燃气流量图进行。燃气流量图如图6-29所示。

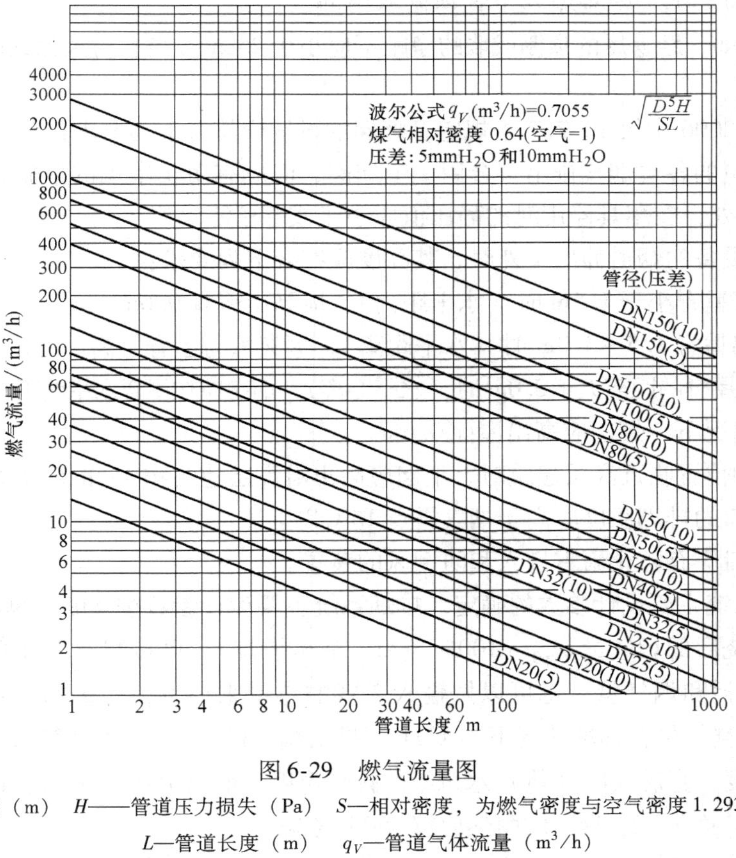

图6-29 燃气流量图

D—管径（m） *H*——管道压力损失（Pa） *S*—相对密度，为燃气密度与空气密度1.293的比值

L—管道长度（m） q_V—管道气体流量（m³/h）

3. 吸收式冷（热）水机组机房排烟系统设计

典型排烟系统如图6-30所示，包括机组排烟筒A、水平烟道B及烟囱C（竖向烟道），如有多台机组合用一个烟囱，则还要在每台机组水平烟道上设置排烟调节阀。

（1）直燃型溴化锂吸收式冷（热）水机组机房排烟设计 直燃型溴化锂吸收式冷

(热)水机组机房排烟设计要符合 GB 50028—2006《城镇燃气设计规范》中有关排烟系统的规定。

GB 50028—2006 中第 10.7.6 条规定，水平烟道的设置应符合下列要求：

1）水平烟道不得通过卧室。

2）居民用气设备的水平烟道长度不宜超过 5m（强制排烟式除外），商业用户用气设备的水平烟道长度不宜超过 6m，工业企业生产用气设备的水平烟道长度应根据现场情况和烟囱抽力确定。

3）水平烟道应有 0.01 坡向用气设备的坡度。

4）多台设备合用一个水平烟道时，应顺烟气流动方向设置导向装置。

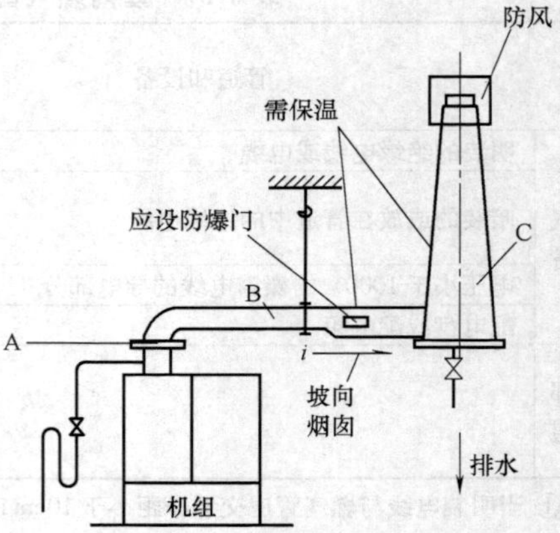

图 6-30 直燃机组的排烟系统图
A—机组排烟筒 B—水平烟道 C—烟囱

5）用气设备的烟道距难燃或不燃顶棚或墙的净距不应小于 5cm，距易燃的顶棚或墙的净距不应小于 25cm（当有防火保证时，其距离可适当减小）。

GB 50028—2006 中第 10.7.7 条规定，烟囱的设置应符合下列要求：

1）住宅建筑的各层烟气排出可合用一个烟囱，但应有防止串烟的措施；多台燃具共用烟囱的烟气进口处，在燃具停用时的静压值应小于或等于零。

2）当用气设备的烟道伸出室外时，其高度应符合下列要求：

a. 当烟囱离屋脊小于 1.5m 时（水平距离），应高出屋脊 0.6m。

b. 当烟囱离屋脊 1.5 ~ 3.0m 时（水平距离），烟囱可与屋脊等高。

c. 当烟囱离屋脊的距离大于 3.0m 时（水平距离），烟囱应在屋脊水平线下 10°的直线下。

d. 在任何情况下，烟囱应高出屋面 0.6m。

e. 当烟囱的位置临近高层建筑时，烟囱应高出沿高层建筑物 45°的阴影线。

3）烟囱出口的排烟温度应高于烟气露点 15℃以上。

4）烟囱出口应有防止雨雪进入和防倒风的装置。

(2) 排烟系统主要设计参数的确定　排烟系统主要设计参数按概略估算法确定。

1）燃料燃烧后的烟气量 q_{Vp0}（100%负荷、完全燃烧）。可按制造厂样本提供的使用某种燃料的燃料消耗和烟气量，也可以按输入燃料的热量来估算，如每输入 42kJ（104kcal）燃料热量，所需空气量在标准状况下为 $15m^3$，排出烟气量为 $18m^3$ 作估算参数。

2）排烟温度。直燃式冷（热）水机组的排烟温度一般为 180 ~ 200℃，计算烟气温度可以确定在 180℃，而烟道、烟囱的耐热应按 350℃考虑。

3）出机组的排烟压力。在 −50 ~ 100Pa 范围内，机房内管路的烟气流速可取 5 ~ 6m/s，而总管与烟囱的管径应根据烟囱的高度产生的抽力来选取。

4）水平烟道上阻力初步估算。可按水平烟道每增加 1m 长度，相当于需增加烟囱高度约 0.6m 估算；水平烟道上每一个 90°曲率半径 $R = (1.0 \sim 1.5)D$ 的弯头，相当于需增加约 1.0 ~ 1.2m 的烟囱高度。

5）概略计算所需烟囱高度

$$h=\left(\frac{|p_0|}{4}+0.6L+1.2n\right)\varepsilon \tag{6-38}$$

式中 $|p_0|$——出机组的排烟压力，又称机组燃烧部分的阻力，由机组生产厂提供，在 -50 ~100Pa 时计算可取绝对值；

L——水平烟道的总长度（m）；

n——水平烟道的局部阻力个数（如弯头数）；

ε——烟囱高度的附加系数，当烟囱高度 $h>40$m 时，$\varepsilon=1.1\sim1.2$，当烟囱高度 $h<40$m 时，$\varepsilon=1.2\sim1.3$，但应控制烟囱抽力的余量小于 50Pa。

6）烟道的断面面积 A

$$A=\frac{\sum q_{V\text{p0}}(t'_{\text{yc}}+273)}{3600u_{\text{p0}}\times273} \tag{6-39}$$

式中 A——烟道的断面面积（m^2）；

$\sum q_{V\text{p0}}$——在标准状态下通过烟道的总烟气量（m^3/h）；

t'_{yc}——烟气入口处温度（℃）；

u_{p0}——烟囱内的排烟流速（m/s），一般取 5 ~6 m/s。

7）一般水平烟道上不设引风机，但当机组出口处保持的负压值（0 ~ -50Pa）加上水平烟道的总阻力超过 300Pa 时，可考虑设引风机。

单台直燃机的烟道、烟囱截面积，可直接按其生产厂家的产品样本给出的排烟口径，定为烟道、烟囱尺寸，但水平方向长度超出 8m 后，每超出 1m 总面积应增大 5%；同种燃料的多台机组共用烟道，其断面可取各支烟道断面之和的 1.2 倍。

烟囱高度推荐经验公式为

$$h=0.6L+1.2n \tag{6-40}$$

式中 L——水平烟道的总长度（m），不宜超过 25m，当 $L>30$m，$n>8$ 时，应适当配置引风机；

n——水平烟道的局部阻力个数（如弯头数），不宜超过 4 个；

h——烟囱的高度（m）。

6.3.5 吸收式冷（热）水机组的布置和机房设计

1. 吸收式冷（热）水机组机房位置及技术要求

各种吸收式冷（热）水机组的机房组成有所不同。

蒸汽型或热水型机组的机房主要包括主机房、水泵房、换热器间、值班室、更衣间等。若采用热网蒸汽或热网热水，应考虑设置计量表具间。表具间的大小和位置应与热力公司商定。

燃油型机组的机房由主机房、水泵房、贮油库、日用油箱、油泵房及值班更衣间等组成。

燃气型机组的机房包括主机房、水泵房、燃气调压站、计量表房、值班室、更衣间等。计量表房应设在地面一层，位置及大小应根据燃气的进户管线与用气量定。

吸收式冷（热）水机组机房位置的选择必须满足以下规定：

1）按照 GB 50028—2006《城镇燃气设计规范》第 10.5.6 条的规定，商业用户中燃气锅炉和冷热水机组（直燃机）的设置应符合下列要求：

a. 机组宜设置在独立的专用房间内。

b. 机组设置在建筑物内时，燃气锅炉房宜布置在建筑物的首层，不应布置在屋顶和地下二层及二层以下；燃气常压锅炉和燃气直燃机可设置在屋顶上距安全出口大于6m 的部位，也可设置在地下二层。

c. 机组不宜设置在人员密集场所的上一层、下一层或贴邻的房间内及主要疏散口的两旁；不应与锅炉和冷（热）水机组无关的甲、乙类及使用可燃液体的丙类危险建筑贴邻。

d. 燃气相对密度（空气等于1）大于或等于0.75 的燃气锅炉和燃气直燃机，不得设置在建筑物地下室和半地下室。

2）按照《采暖通风与空气调节设计规范》第7.8.1 条规定，机房应设置在空气调节负荷的中心。

2. 吸收式冷（热）水机组机房内设备的布置原则

机房内设备布置和管道连接应符合工艺流程，并应便于安装、操作和维修。《采暖通风与空气调节设计规范》第7.8.2 条规定，机房内设备布置应符合以下要求：

1）机组与墙之间的净距离不小于1m。

2）机组与机组或其他设备之间的净距离不小于1.2m。

3）留有不小于蒸发器、冷凝器或低温发生器长度的维修距离。

4）机组与其上方管道、烟道或电缆桥架的净距离不小于1m。

5）机房主要通道的宽度不小于1.5m。

对于溴化锂吸收式制冷机，制冷机的两端必须留有检修时能抽出管束的间距，以便更换热交换器管件之用。两台制冷机之间应留有1.5~2.5m 的净空间距。制冷机顶部距机房屋架下弦高度应留有大于1.5m 的间距。冷媒水泵、冷却水泵、水池均宜设计在靠近机房处。制冷机房中必须留有检修设备和配制溶液的场地。

布置冷水机组时，温度计、压力表及其他测量仪表应设置在便于观察的地方，阀门高度一般离地1.2~1.5m，高于此高度，应设工作平台。

在机房内布置设备时，应同时考虑设备的隔振、降噪，设备、管道和附件的防腐、保温等要求。此部分内容参见相关章节。

3. 机房的通风要求

机房应通风，通风不良将导致机组运转所需空气不足，影响机组正常运转。对于蒸汽或热水机组，机房通风要求与电制冷机组一样，满足事故通风要求即可。但对于直燃型机组来说，机房通风要仔细设计，通风量一方面要满足直燃机燃料燃烧的必需空气量，避免机房出现负压而引起燃烧不良（单位燃料燃烧发热量所需空气量一般取为0.36m^3/kJ）；另一方面要保证机房正常的通风换气次数（3~10 次/h），以防止形成爆炸混合物和因机房潮湿而腐蚀机组。因此，机房应设置可靠的通风装置。一般应设送风系统，其送风量为必需燃烧空气量与通风换气量两部分。直燃机机房送风量为上述两者之和，其他机房则为通风换气量。

直燃型机组机房必须有可靠的通风换气措施，其通风系统设计要求如下：

1）进、排风口的布置。进风口应尽可能地远离有害气体、灰尘和有火花发生的地方，进风口底部一般距室外地面不宜低于2m，而排风口一般应比进风口高。当在同一水平高度时，排风口应布置在下风侧，且离进风口应有较大的距离。

2）室内送、排风口的布置。由于热空气、挥发气体和比空气轻的燃气都容易积聚在机房上部，因此，排风口应设在机房上部，特别是在机组上方位置。送风口的位置应有利于将新风送至人员活动区域，送风气流宜向下。

3）风管穿越防火隔墙、楼板处均应设防火阀。

4）日用油箱间、油泵房应有通风装置。当采用机械通风装置时，其送、排风设备应采用防爆型设备，包括风机和设于该房内的电气开关等设备。若送风机设于单独隔开的通风机房内，且送风干管上设有止回阀，则可采用非防爆型通风机。由于这两个房间的通风系统应24h运行，故一般应与机房中其他通风系统分开设置，以降低投资及运行费用。

5）燃气型机组机房应设有24h通风设施。即使机组不在运行，机房内也应有适当通风，通常采用10次/h（有的地方标准规定为3次/h以上）换气次数。当机组运行时，应注意机房内的压力，保证机组的正常燃烧。这可以通过送、排风机的变频调速或运行台数控制来实现机组运行，送、排风量应通过计算确定，换气次数通常不小于20次/h。

燃气型机组机房的通风系统还应接入防灾中心控制。当机房内发出燃气泄漏报警时，应自动将通风系统切换到事故通风时的高换气次数状态运行，以尽快排除泄出的燃气。为此，直燃机组机房通风系统设计时，应采取以下措施：

1）为保证设有燃气（油）主管的独立管井内的通风效果，可以在该管道井的顶部设置一台24h运行的防爆排风机进行通风。该排风机与管道井底部的进风口防火阀联动。当防火阀关闭时，该风机就停机。

2）室内燃气管道设置在地下室时，通风换气次数应为10次/h，并应设燃气泄漏报警器。

3）室内燃气管道设置在半地下室时，通风换气次数应为6次/h。

4）通风管道应采用不燃材料制作。

6.3.6 工程示例

1. 工程概况

本工程为北京市某综合楼空调制冷站系统设计。总建筑面积为18000m^2，建筑地上高度为54.0m，层高5.4m。主要分为商场、餐厅、办公室和客房。有生活热水需要，空调面积约为15000m^2，空调冷负荷为1918kW。冷媒水系统采用一次泵系统，冷媒水系统最不利环路管路及末端空气处理设备总阻力为35mH_2O（350kPa）。

2. 冷水机组形式、型号和台数的确定

建筑地城市有集中供热，有天然气资源可供利用。所以，根据负荷和能源及客户要求，采用燃气型溴化锂吸收式冷（热）水机组，考虑到冷水机组的台数不宜太多，故选用两台型号为BZ100的直燃型溴化锂吸收式机组。每台机组名义制冷量为1163kW，2台可满足空调冷负荷1918kW的要求。该型号机组的技术参数见表6-38。

表6-38 BZ100溴化锂直燃型机组技术性能参数

型号		BZ100	
名义制冷量		kW	1163
名义供热量		kW	897
卫生热水热量		kW	400
冷水	进水温度	℃	12
	出水温度	℃	7
	流量	m^3/h	143
	水压降	kPa	30
	进出口径	mm	DN150

（续）

型　号			BZ100
卫生热水	进水温度	℃	60
	出水温度	℃	80
	流量	m^3/h	17.2
	水压降	kPa	20
	进出口径	mm	DN65
温水	进水温度	℃	55
	出水温度	℃	65
	流量	m^3/h	77.1
	水压降	kPa	20
	进出口径	mm	DN125
冷却水	进水温度	℃	32
	出水温度	℃	37.5
	流量	m^3/h	244
	水压降	kPa	50
	进出口径	mm	DN200
天然气	入口管径	mm	DN40
烟气	出口管径	mm × mm	350 × 350
电动机	电源	380V-3ph—50Hz	
	输入功率	kW	9.8
天然气耗量	制冷	m^3/h	84.5
	制热	m^3/h	96.1
	卫生热水	m^3/h	42.7
溴化锂溶液充注量		t	3.9
外形尺寸	长	mm	5130
	宽	mm	2390
	高	mm	2500
机组质量		t	14
运行质量		t	16

3. 冷却水系统设计

（1）冷却塔形式、型号和台数的确定　按照冷却塔与冷水机组一一对应的原则，选择 2 台冷却塔。根据 BZ100 溴化锂直燃型机组的技术性能参数，所需冷却水量为 244m^3/h，选用 2 台 DBNL3—250 型逆流圆形冷却塔，在室外湿球温度为 27℃时，每台冷却塔的冷却水量为 283m^3/h，满足要求。DBNL3—250 型逆流圆形冷却塔的技术参数见表 6-39。

（2）冷却水管路系统设计　按照运行过程中冷却水泵与冷水机组一一对应，且水泵要考虑备用的原则，选择 3 台冷却水泵，2 用 1 备。

表 6-39 DBNL3—250 型逆流圆形冷却塔的技术参数表

型号			DBNL3—250
标准水量（供水 31℃，回水 39℃）	WB28℃	m^3/h	250
	WB27℃		283
送风装置	电动机	kW	7.5
	风机叶片直径	mm	2800
外形尺寸	高度	mm	4085
	外径	mm	4342
配管尺寸	热水入管	mm	200
	冷水出管	mm	200
	排水管	mm	50
	溢水管	mm	80
	补水管	mm	32
冷却塔塔体扬程相应的压力		kPa	32.6

冷水机组、冷却水泵布置在专设机房内，冷却塔布置在机房屋顶上。来自冷却塔的冷却水经过冷却水泵送入屋顶水箱，然后进入冷水机组内，吸收冷凝器、吸收器散出的热量后被送回冷却塔，在冷却塔中与空气进行热、湿交换再被冷却，继续供冷水机组使用，如此循环往复。冷却水系统图如图 6-31 所示。

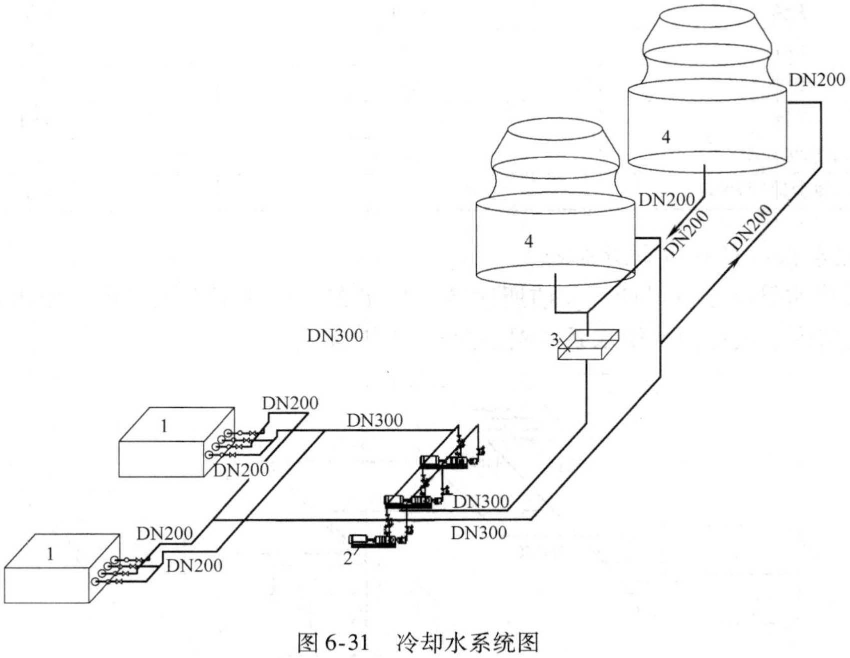

图 6-31 冷却水系统图

1—冷水机组 2—冷却水泵 3—上水箱 4—冷却塔

每台冷却水泵流量为 $q_V' = kq_V = 1.05 \times 244\text{m}^3/\text{h} = 256\text{m}^3/\text{h}$

冷水机组、冷却塔、冷却水泵的配管直径为 200mm，支管流量为 256 m^3/h，流速为

2.85m/s，配管总长度约为35m。冷却水总管直径为300mm，总管流量为512m^3/h，总管内流速为2.01m/s，冷却水总管总长约30m。按管内流速和管径查水管比摩阻图或表，可得冷却水配管的比摩阻为488Pa/m，冷却水总管的比摩阻为145Pa/m。冷却水管路沿程阻力为

$$p_f = [(35 \times 488 + 30 \times 145)/(1000 \times 9.8)]\mathrm{mH_2O} = 2.2\mathrm{mH_2O}(22\mathrm{kPa})$$

按冷水机组、冷却塔、冷却水泵一一对应的回路计算，配管上管道附件包括闸阀5个，蝶阀（水泵出口调节阀）1个，止回阀3个，90°弯头14个，过滤器1个，除污器1个，合流直角三通3个，分流直角三通3个，冷却水总管90°弯头10个，查常用管件局部阻力系数表，配管局部阻力系数之和 $\Sigma\zeta = 41.3$，总管局部阻力系数之和 $\Sigma\zeta = 3$，由此可以计算出管道局部阻力之和。

$$p_j = \left(41.3 \times \frac{2.85^2}{2 \times 9.8} + 3 \times \frac{2.01^2}{2 \times 9.8}\right)\mathrm{mH_2O} = 17.7\ \mathrm{mH_2O}(177\mathrm{kPa})$$

冷却水系统管道总阻力为 $p_2 = 19.9\mathrm{mH_2O}$。根据所选冷水机组参数，冷却水的压降为 $p_1 = 50\mathrm{kPa} = 5.1\mathrm{mH_2O}$。由表6-39知所选冷却塔的塔体扬程相应的压力为32.6kPa，约为3.3$\mathrm{mH_2O}$。所以所需冷却水泵的扬程相应的压力为

$$p_b = k(p_1 + p_2 + p_3 + p) = 1.05 \times (19.9 + 5.1 + 3.3)\mathrm{mH_2O} = 29.7\mathrm{mH_2O}(297\mathrm{kPa})$$

根据冷却水泵所需的流量和扬程，选择型号为IT200—150—315单吸单级立式管道离心泵3台，2用1备。其性能参数见表6-40。

表6-40 IT200—150—315冷却水泵技术参数

型 号		IT200—150—315
流量	m^3/h	250
扬程	m	32
效率	%	82
转速	r/min	1450
电动机功率	kW	40
必需汽蚀余量$(NPSH)_r$	m	3.5

4. 冷媒水系统设计（机房部分）

（1）冷媒水管路系统设计　如前所述冷水机组布置在地下室机房内，冷媒水泵也布置在地下室机房内。机房内冷媒水系统图如图6-32所示。

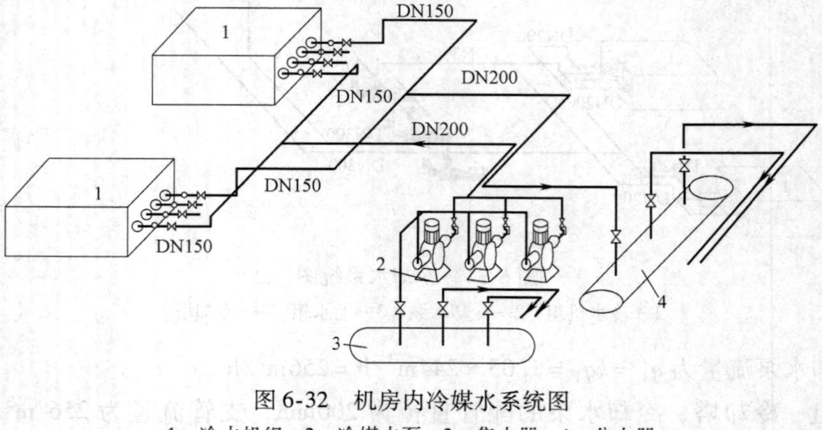

图6-32 机房内冷媒水系统图

1—冷水机组 2—冷媒水泵 3—集水器 4—分水器

（2）冷媒水泵的选择 按照运行过程中冷媒水泵与冷水机组一一对应且水泵要考虑备用的原则，选择3台冷媒水泵，2用1备。根据所选冷水机组蒸发器的冷媒水流量，所需每台冷媒水泵的流量为

$$q'_V = kq_V = 1.05 \times 143\mathrm{m^3/h} = 150.15\mathrm{m^3/h}$$

根据假定的冷媒水系统最不利环路管路及末端空气处理设备总阻力为35mH_2O和所选冷水机组30kPa的流动阻力，所需冷媒水泵的扬程相应的压力为

$$p = k(p_1 + p_2 + p_3) = 1.05 \times \left(\frac{30 \times 1000}{1000 \times 9.8} + 35\right)\mathrm{mH_2O} = 40.0\mathrm{mH_2O}，扬程\ H = 40\mathrm{m}$$

根据冷媒水泵所需的流量和扬程，选择型号IT150—125—315的单吸单级离心泵3台，2用1备。其性能参数见表6-41。

表6-41 IT150—125—315冷媒水泵技术参数

型号		IT150—125—315
流量	m^3/h	165
扬程	m	42
效率	%	75
转速	r/min	1450
电动机功率	kW	35
必需汽蚀余量$(NPSH)_r$	m	2.8

（3）分、集水器的选择 确定分、集水器管径的原则是使水通过集管时的流速控制在0.5～0.8m/s之内。

$$A = Q/v = (300 \div 3600 \div 0.8)\mathrm{m^2} = 0.104\mathrm{m^2}$$

$$D = \sqrt{\frac{4A}{3.14}}\mathrm{m} = 0.36\mathrm{m}$$

所以选DN400的分、集水器，长度经计算为1500mm。

5. 燃气系统设计（机房部分）

燃气系统设计可根据厂家样本选择管道或附件。当样本未给出燃气接管管径时，可根据燃气流量、限定流速进行设计。根据本工程实际，选取与机组参数一致的燃气管道。其管径查BZ100溴化锂直燃型机组技术性能参数表，取为DN40。机组的燃气配管图如图6-33所示。

因该直燃机组机房台数较少，故采用有关经验及估算数据计算烟囱高度、烟道、烟囱截面积。机房内排烟系统草图如图6-34所示。

查厂家产品样本给出的排烟口径为350mm×350mm，可得支烟道2管径为350mm×350mm（水平方向长度9.0m）。水平烟道3的截面积A计算式为

$$A = 2 \times 1.2 \times 350 \times 350 \times 1.05\mathrm{mm^2} = 308700\mathrm{mm^2}$$

所以，其水平烟道管径为560mm×560mm。烟囱出口内径为630mm。

烟囱高度 $h = 0.6L + 1.2n = (0.6 \times 9 + 1.2 \times 2)\mathrm{m} = 7.8\mathrm{m}$

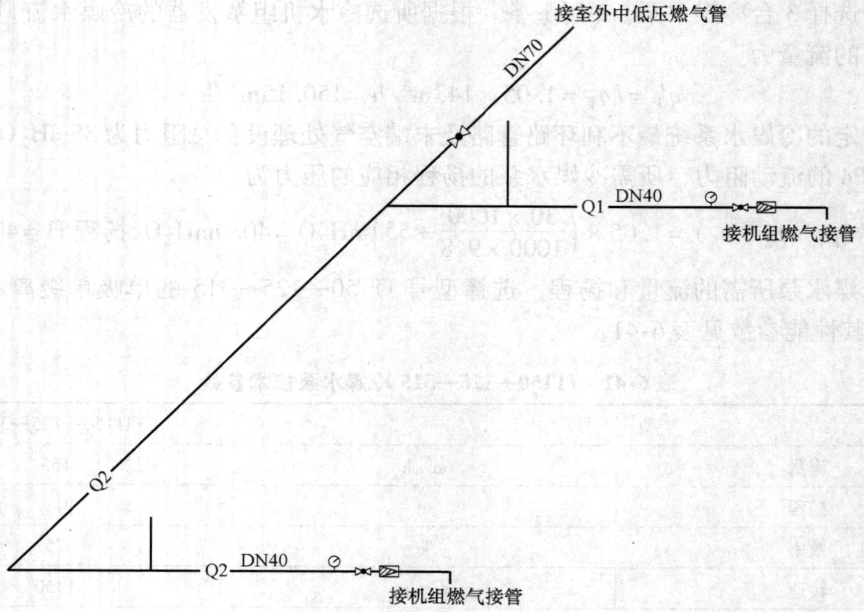

图 6-33 燃气配管图

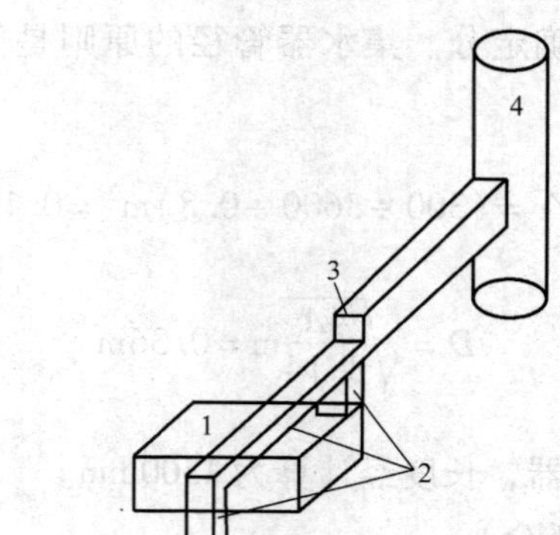

图 6-34 机房内排烟系统图

1—冷水机组 2—支烟道

3—水平烟道 4—烟囱

6. 吸收式冷（热）水机组机房通风系统设计

每输入 42kJ 燃料热量，所需空气量在标准状况下约为 $15m^3$，根据机组天然气消耗量 $84.5m^3/h$，天然气热值 $8600kcal/m^3$，计算可得满足直燃机组燃料燃烧的必需空气量为 $1090m^3/h$，房间体积为 $1641m^3$。换气次数取 3 次，计算可得直燃机机房送风量为 $6013m^3/h$。

根据机房送风量，选择T35—11—2.8轴流风机3台，其性能参数见表6-42。将3台风机置于距地面4.5m的墙洞内，向机房送风。机房门窗平时兼做进、排风口使用。

表6-42 T35—11—2.8轴流风机技术参数

型号	T35—11—2.8	
风量	m^3/h	2167
风压	Pa	169
质量	kg	15
转速	r/min	2900
电动机功率	kW	0.12
噪声	dB(A)	72

7. 施工图设计

工程设计图样分别见本章后示例5“北京市某综合楼空调制冷站系统设计”图1（KTL01）LiBr冷冻站设计及安装说明；图2（KTL02）图样目录、图例及主要设备表；图3（KTL03）冷冻站制冷系统流程图；图4（KTL04）冷冻站设备平面布置图；图5（KTL05）冷冻站管道平面图；图6（KTL06）冷冻站剖面图；图7（KTL07）屋顶冷却塔管道平面图。

8. 设计总结

本项目是为一大中型规模建筑中央空调配置冷热源的工程设计。因该建筑地处北京，夏季冷负荷中等偏上范围，而在冬季一般有城市热网可以选择作为空调热源。因为原始资料中没有给出空调热负荷，所以本设计没有进行板式换热器的选择。由原始资料和相关规范标准、能源及客户需要，选择了2台直燃型溴化锂吸收式冷（热）水机组作为空调冷源，单机名义制冷量为1163kW。配置了2台逆流式冷却塔、3台立式离心冷却水泵（2用1备）。由于给定冷媒水系统为一次泵系统，选择了3台立式离心冷媒水泵（2用1备），以完成冷媒水的循环。最后根据管道、选择的制冷机组及辅助设备，完成了直燃型溴化锂吸收式冷（热）水机组机房的施工图设计。

6.4 本章要点

本章6.1节介绍了电动压缩式冷水机组作为空调冷源的设计原则、设计程序、设计内容和设计方法。最后列举了工程示例，以帮助读者进一步熟悉和掌握电动压缩式冷水机组作为空调冷源的各设计环节的内容和方法，掌握施工图的设计方法和要点。

本章6.2节介绍了热泵型冷（热）水机组作为空调冷热源的设计原则、设计程序、设计内容和设计方法。最后列举了工程示例，以帮助读者进一步熟悉和掌握热泵型冷（热）水机组作为空调冷热源的各设计环节的内容和方法，掌握施工图的设计方法和要点。

本章6.3节介绍了溴化锂吸收式冷（热）水机组作为空调冷源的设计原则、设计程序、设计内容和设计方法。最后列举了工程示例，以帮助读者进一步熟悉和掌握溴化锂吸收式冷（热）水机组作为空调冷源的各设计环节的内容和方法，掌握施工图的设计方法和要点。

示例3 西安市某综合楼空调制冷站系统设计

冷冻站设计及

一、工程概况

本项目为西安市某综合楼空调系统制冷机房的工程设计。总建筑面积为 13000m^2，空调面积约 10000m^2，地上高度为 36.5m，主要分为商场、餐厅、办公室和客房；地下室为机房、水泵房、配电室等，层高 4.2m。空调冷负荷为 1100kW，机房设在本楼地下一层。

二、设计依据

1. GB 50019—2003《采暖通风与空气调节设计规范》；

2. GB 50189—2005《公共建筑节能设计标准》；

3. 业主对设计提出的有关要求。

三、设计说明

1. 选择型号为 HXC165 的两台螺杆式冷水机组，单台名义制冷量 580kW，两台总冷量 1160kW，满足空调负荷要求。冷水机组布置在大楼负一层的机房内。

2. 按照冷却塔、冷水机组一对一原则，设置型号为 LBCM—LN—150 逆流式冷却塔 2 台，该冷却塔布置在大楼的顶层屋面。

3. 按照冷却泵、冷水机组、冷却塔一对一原则，设置型号为 KDL125—150 的冷却水泵 3 台（2 用 1 备），冷却水供回水温度为 32℃/37℃。同时冷却水采用综合水处理器杀菌、灭藻、防锈。

4. 冷媒水系统为一次泵系统，按冷媒水泵、冷水机组一对一原则，设置型号为 KDL125—120 的冷媒水循环泵 3 台（2 用 1 备），冷媒水供回水温度为 7℃/12℃。

5. 冷热水系统由密闭式膨胀罐及补水泵定压补水，补水需经全自动软水器软化处理。

6. 冷媒水供回水总管及由换热器来的热水供回水总管均接到分、集水器上，并从分、集水器分别引出到不同区域的冷（热）水供回水支管。

四、施工说明

1. 设备到货且校核其尺寸无误后，方可施工设备基础。基础施工时，应按设备的要求预留地脚螺栓孔。

2. 机房内管道公称直径 DN≤50 的采用镀锌钢管，DN＞50 的采用无缝钢管。无缝钢管规格详见 GB/T 8163—2008《输送流体用无缝钢管》。

示例 3 图 1

安装说明

3. 冷却水管道不保温，其余水管均保温，保温采用 PVC 难燃橡胶保温管材（难燃 B1 级）。冷热水管保温厚度见下表。所有保温缝隙处都要求用专用胶水粘接严格，不得存在漏气现象，且冷媒水管与支吊架之间应做经过防腐处理的木垫块，具体做法详见《建筑设备施工安装通用图集》（2005 版）。

管道直径/mm	≤50	70～150	200～300	≥300
保温厚度/mm	20	25	30	40

4. 管道穿墙及楼板处应加套管，待管道安装完毕后予以堵严。

5. 机房内管道高位处设置放气，低位处设置泄水。

6. 管道安装未说明之处，如管道支吊架间距、管道焊接等项，均应按 GB 50242—2002《建筑给水排水及采暖工程施工质量验收规范》实施。

7. 防腐。非镀锌钢管表面除锈后，明装管道再涂银粉两道；镀锌钢管表面缺损处，涂防锈漆一道，银粉两道。

8. 机房内的水管均应做流向标志和介质种类标志。所有管道阀门均应挂牌，牌上注明是某系统的供、排水阀等类型。

9. 冲洗。管道应分段冲洗，至排水清、净为合格。

10. 系统试压。冷媒水系统的试验压力为 1.5MPa，冷却水系统的试验压力为 0.9MPa。

11. 设备试运转及系统调试应在保证设备及管道安装以及接线正确无误的基础上才能进行，所有调试仪表均应精确可靠。

12. 冷水机组的清洗、安装、试漏，加油、充加制冷剂、调试等事宜，应严格按照制造厂提供的产品使用说明书进行，同时还应遵守 GB 50273—2009《锅炉安装工程及验收规范》以及其他有关标准、规范中的相关规定。

专业		学号		指导		工程编号		工程名称	西安市某综合楼空调系统	图名	冷冻站设计及安装说明	图号	KTL01
班级		设计		校核		出图日期		项目名称	冷冻站房				

（KTL01）

图样目录

序号	图号	名称	页数	备注
1	KTL01	冷冻站设计及安装说明	1	A3
2	KTL02	图样目录、图例及主要设备表	1	A3
3	KTL03	冷冻站制冷系统流程图	1	A1
4	KTL04	冷冻站房管道平面图	1	A2
5	KTL05	屋顶冷却塔管道平面图	1	A2
6	KTL06	冷冻站制冷系统轴测图	1	A1

图例

符号	名称	符号	名称
—— LG ——	冷媒水供水管		球阀
—— LH ——	冷媒水回水管		手动调节阀
—— LQ1 ——	冷却水回水管		塑料阀
—— LQ2 ——	冷却水供水管	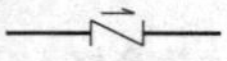	止回阀
—— RG ——	热水供水管		电动水泵
—— RH ——	热水回水管		压力表
—— Y ——	溢水管		温度计
—— PW ——	排污管		除污器
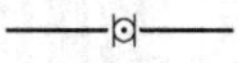	软接头	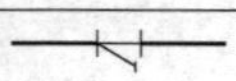	除污器
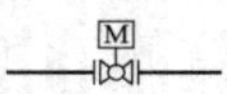	电磁阀	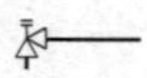	密闭式弹簧安全阀
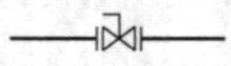	蝶阀		水表
	闸阀		地漏
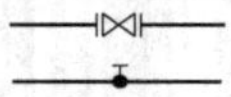	截止阀		

示例3 图2

冷冻站房主要设备表

序号	设备名称	规格型号	单位	数量	备　注
1	螺杆冷水机组	HXC165	台	2	单机名义制冷量580kW，供回水温度7℃/12℃
2	板式换热器	BR12	台	1	本次设计未考虑
3	立式离心冷媒水泵	KDL125—120	台	3	流量120t/h，扬程32m 电动机功率17.5kW，2用1备
4	立式离心冷却水泵	KDL125—150	台	3	流量150t/h，扬程32m 电动机功率22kW，2用1备
5	集水器	ϕ325mm×7mm，长1310mm	组	1	
6	分水器	ϕ325mm×7mm，长1310mm	组	1	
7	逆流式冷却塔	LBCM—LN—150	台	2	流量150t/h
8	电子水处理器	DWA—200	台	1	q_m = 320t/h
9	补水泵	50KDLD4	台	2	q_m = 9.0～18.0t/h，H = 44～54m P = 4kW，1用1备
10	全自动软化水设备	3—BL型	台	1	工作压力0.2～0.6MPa
11	软化水箱	2000mm×2000mm×1800mm	个	1	
12	囊式定压罐	KQZ-6/5-0.3GL	个	1	罐直径ϕ800mm，压力0.6MPa

专业		学号		指导		工程编号		工程名称	西安市某综合楼空调系统	图名	图样目录、图例及主要设备表	图号	KTL02
班级		设计		校核		出图日期		项目名称	冷冻站房				

（KTL02）

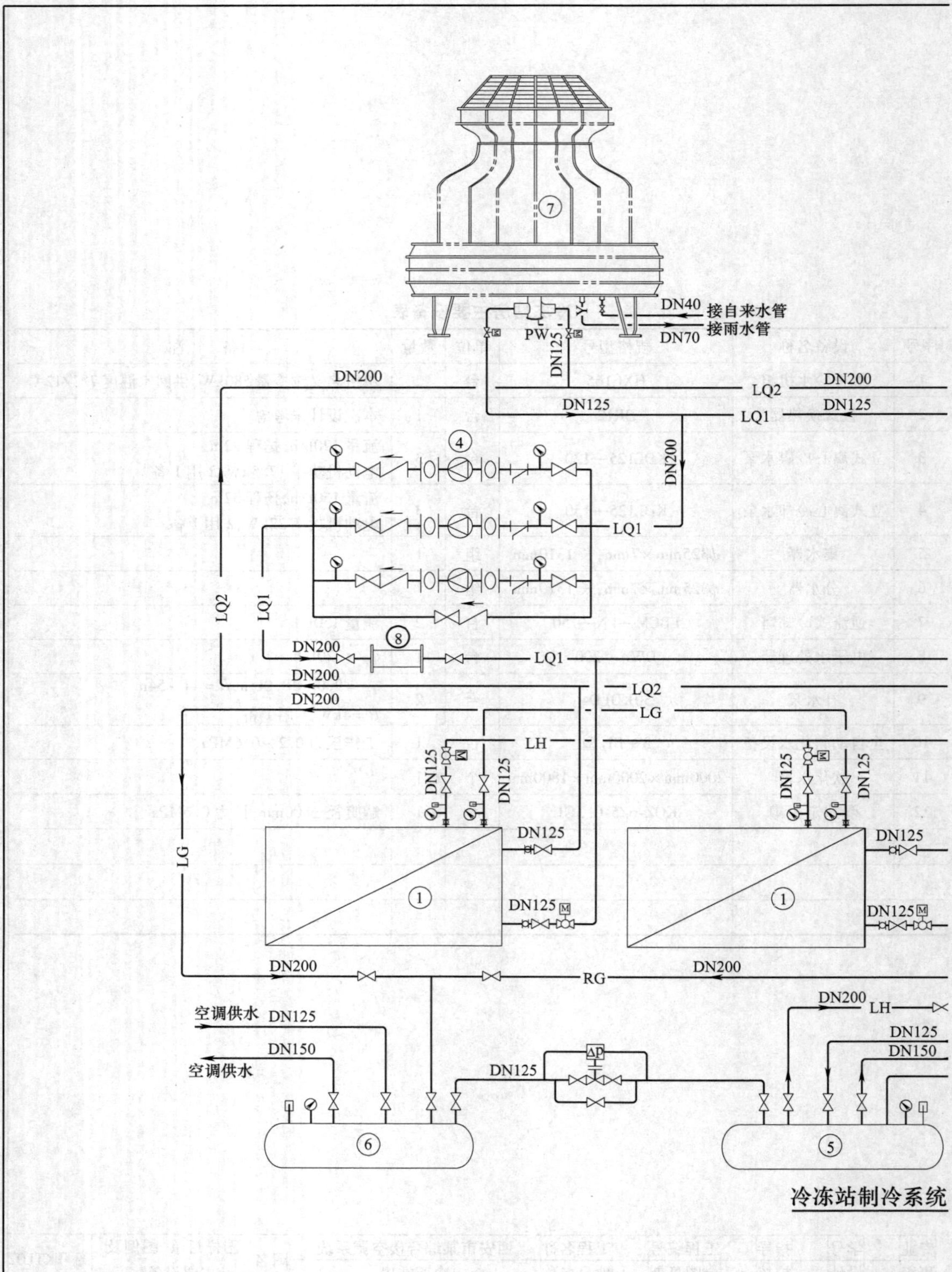

冷冻站制冷系统

示例 3 图 3

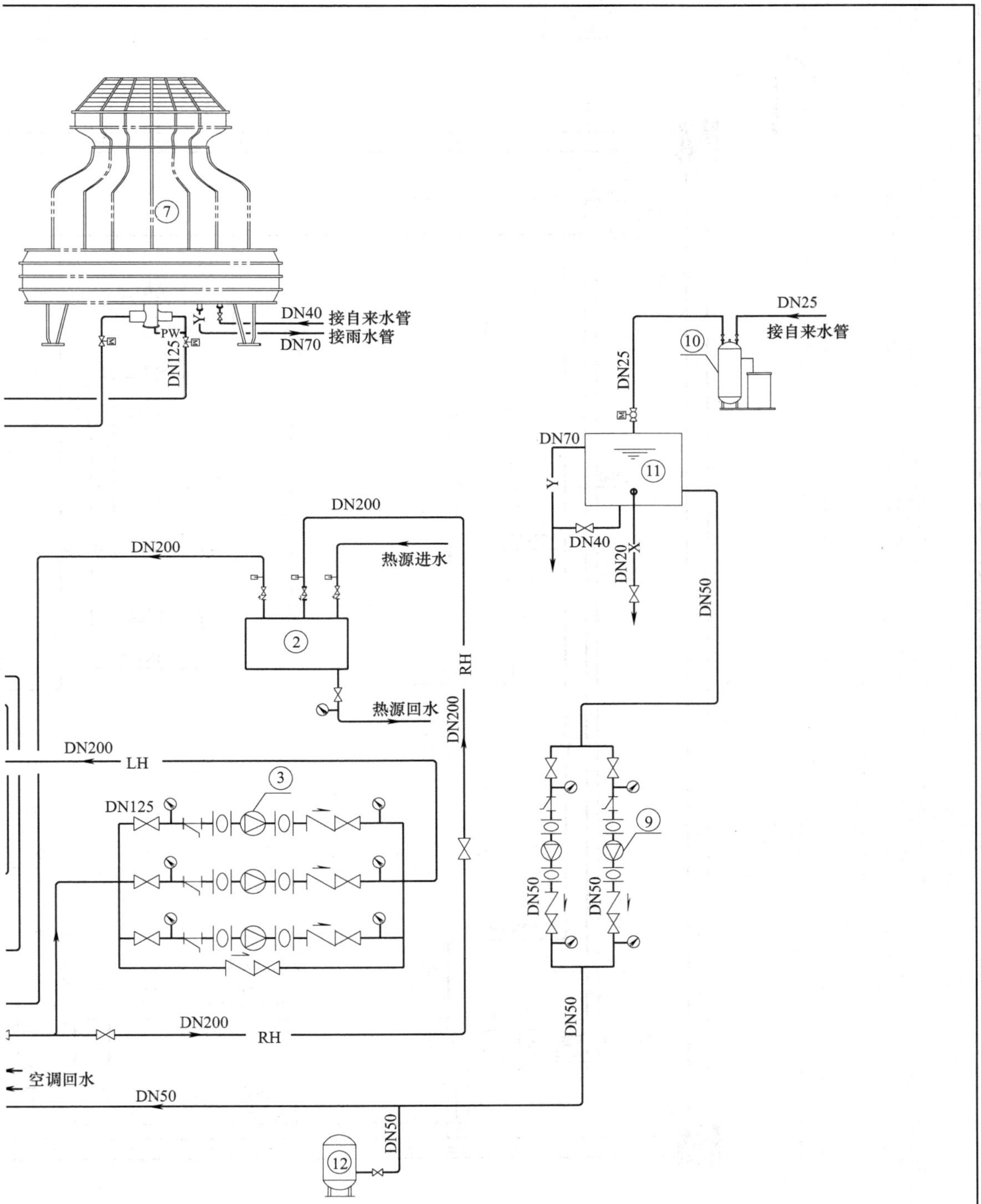

流程图

专业		学号		指导		工程编号		工程名称	西安市某综合楼空调系统	图名	冷冻站制冷系统流程图	图号	KTL03
班级		设计		校核		出图日期		项目名称	冷冻机房				

（KTL03）

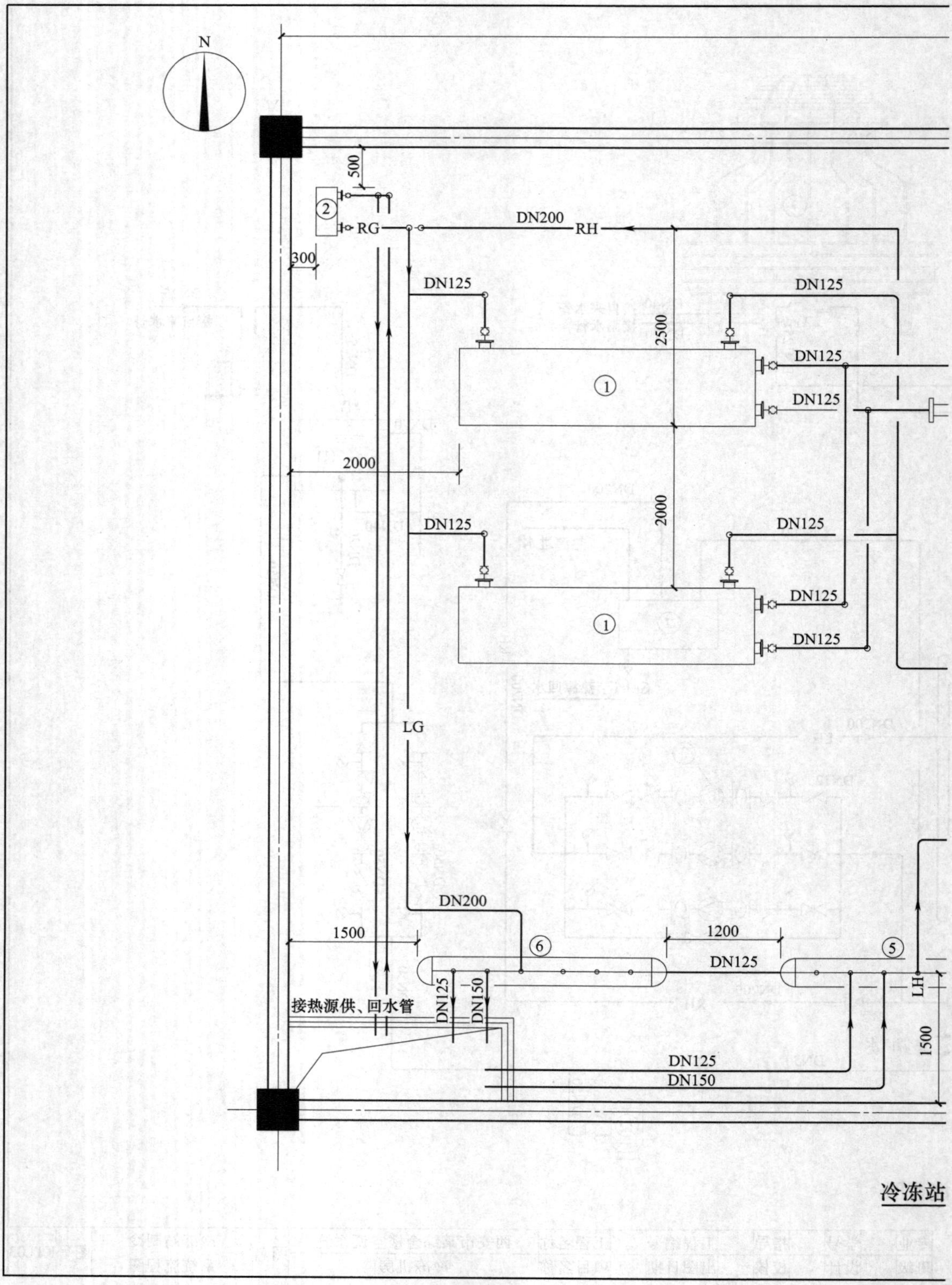
N
500
2
RG
DN200
RH
300
DN125
DN125
2500
DN125
1
DN125
2000
2000
DN125
DN125
DN125
1
DN125
LG
DN200
1500
1200
6
5
DN125
LH
DN125
DN150
接热源供、回水管
1500
DN125
DN150
冷冻站

示例3图4

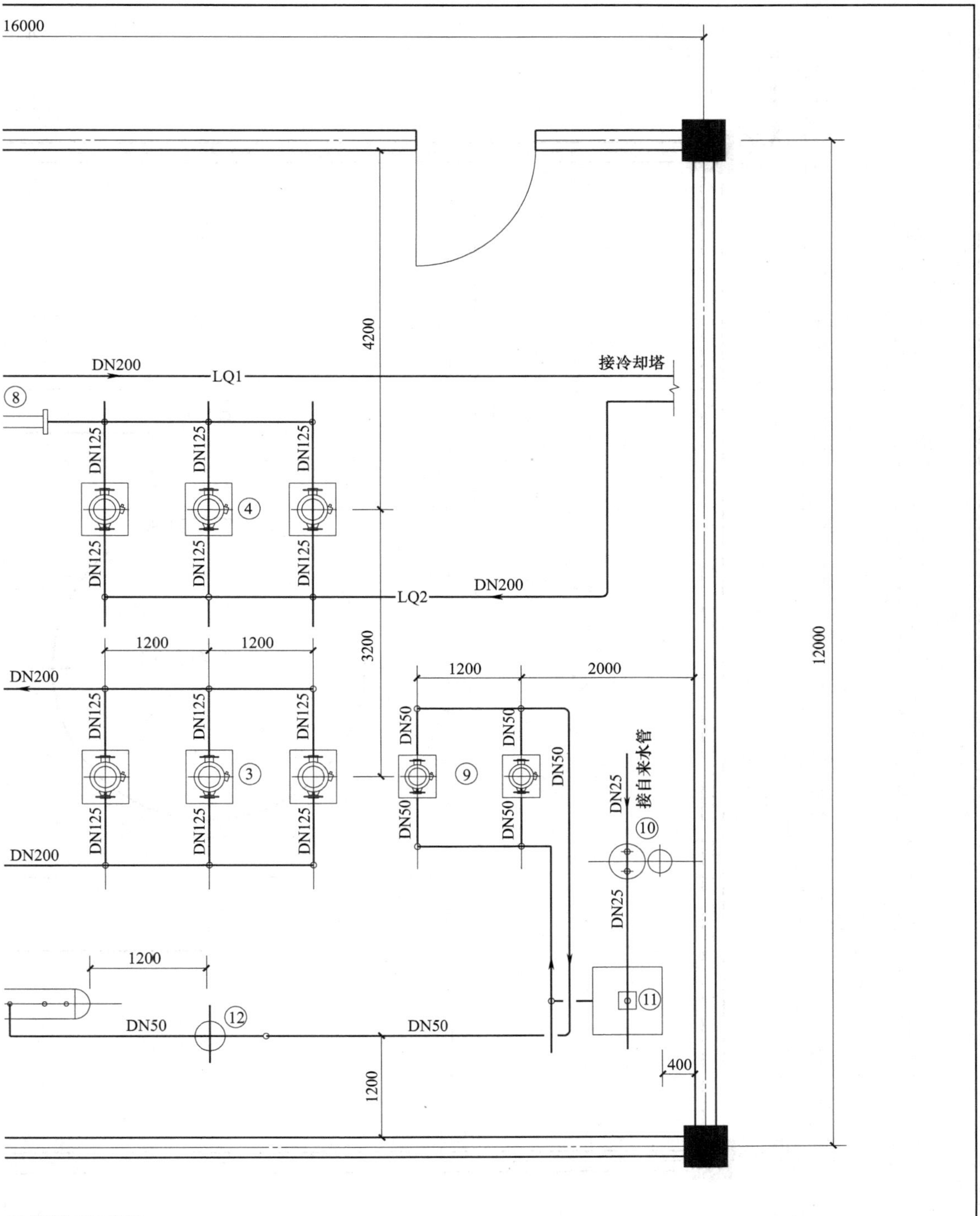

房管道平面图 1:100

专业		学号		指导		工程编号		工程名称	西安市某综合楼空调系统	图名	冷冻站房管道平面图	图号	KTL04
班级		设计		校核		出图日期		项目名称	冷冻站房				

（KTL04）

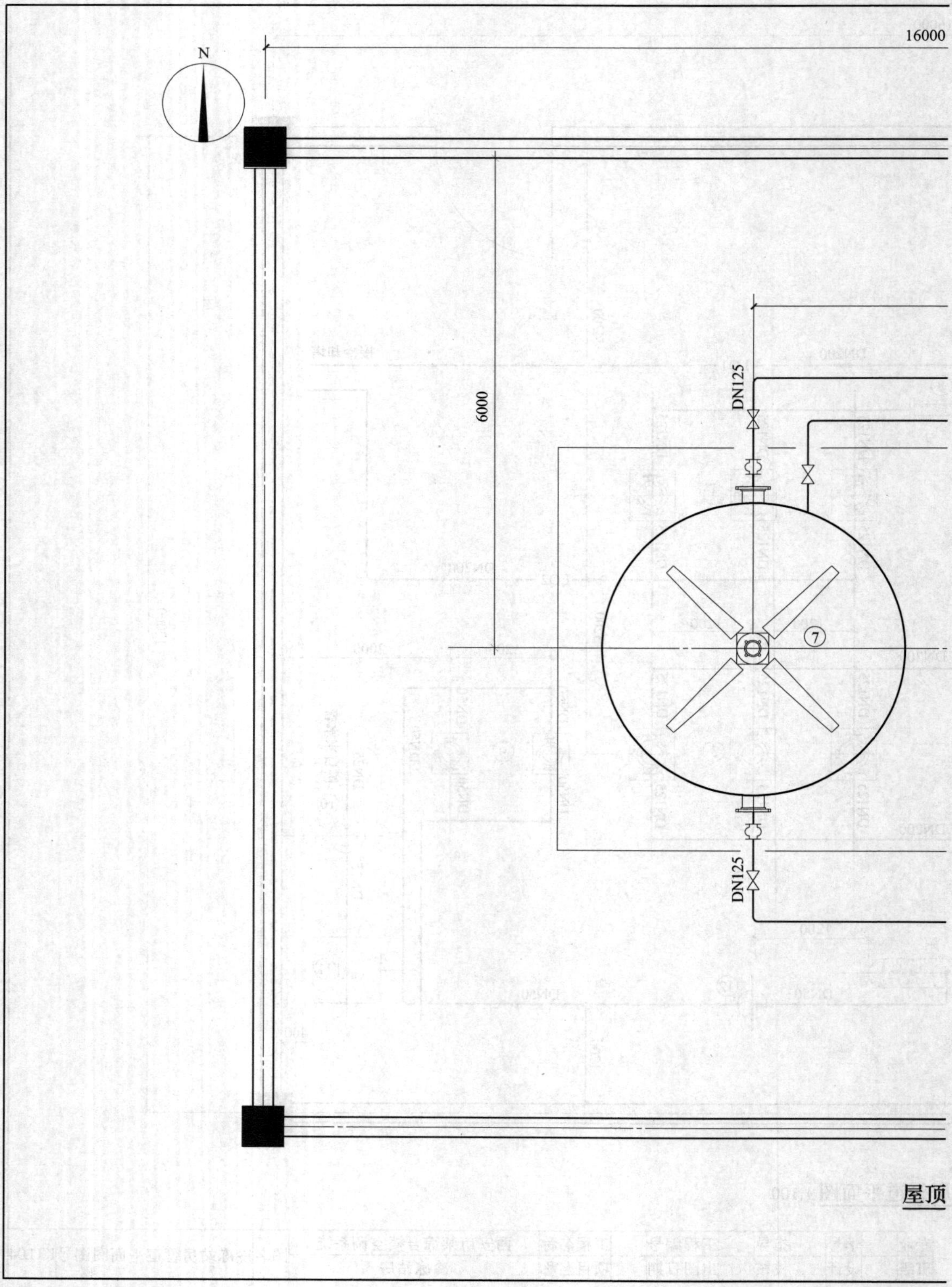

示例3图5

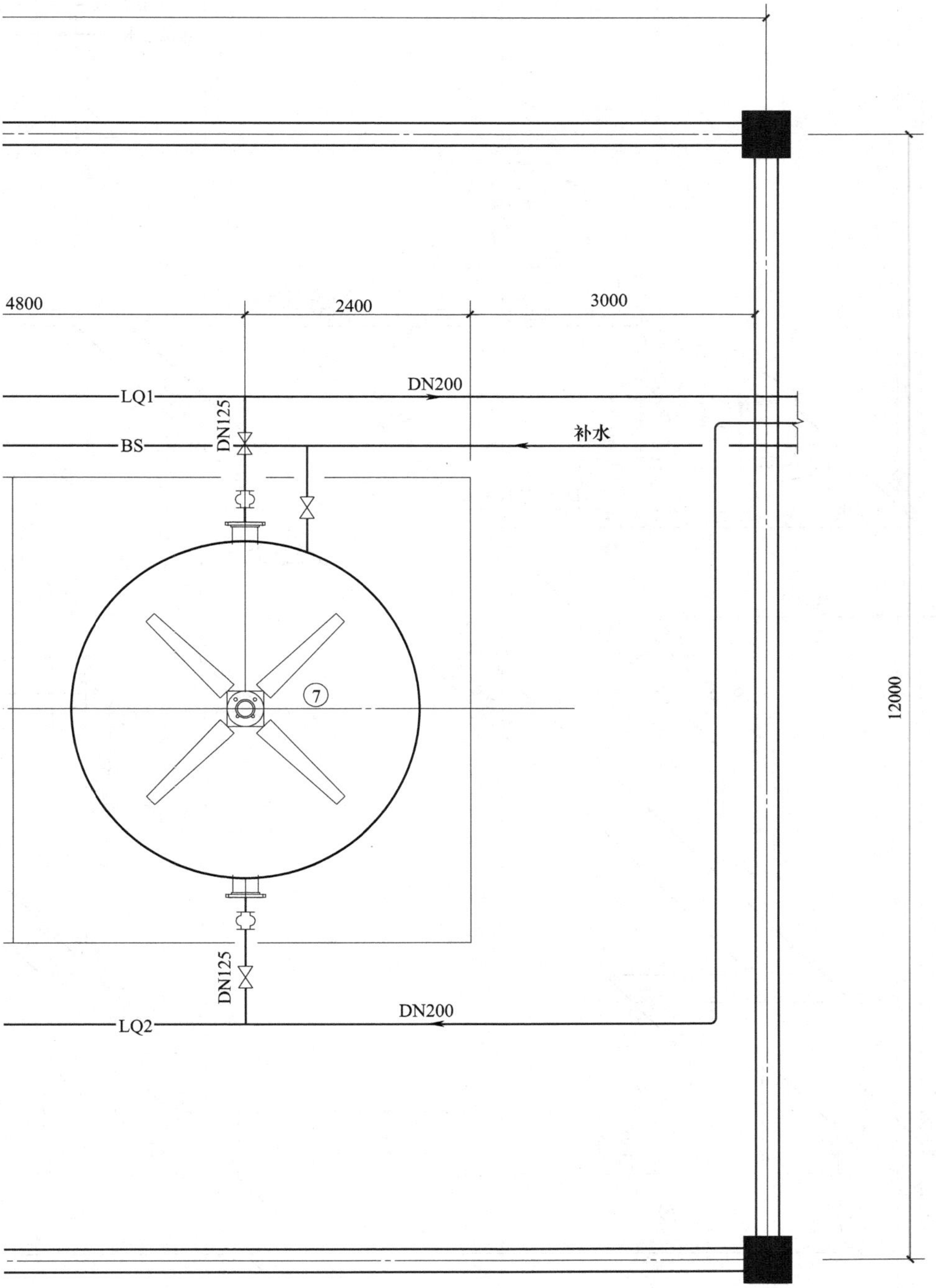

冷却塔管道平面图 1:100

专业		学号		指导		工程编号		工程名称	西安市某综合楼空调系统	图名	屋顶冷却塔管道平面图	图号	KTL05
班级		设计		校核		出图日期		项目名称	冷冻站房				

（KTL05）

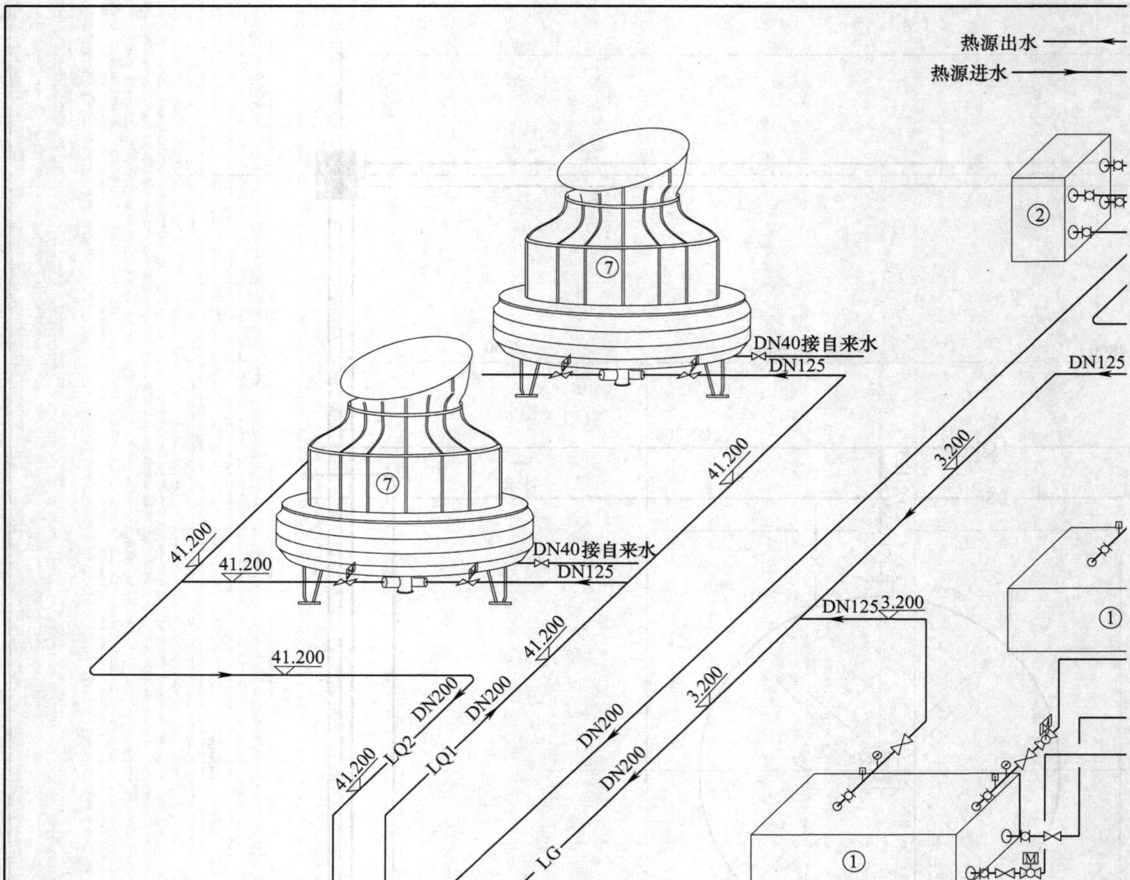
热源出水
热源进水
DN40接自来水
DN125
41.200
3.200
DN200
LQ2
LQ1
LG
LH
3.000
3.500
DN150
空调供水
空调回水

冷冻站制冷

示例3图6

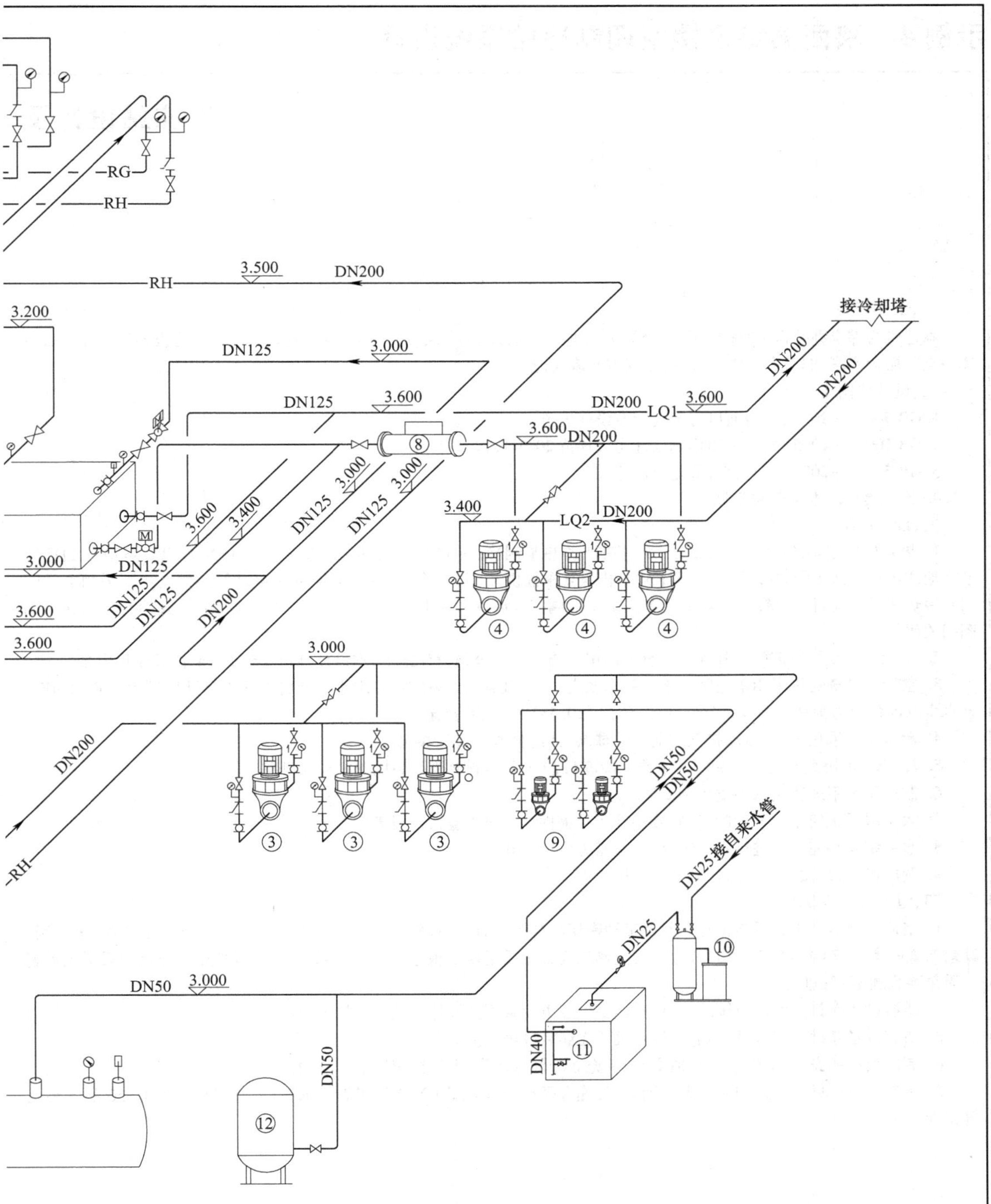

系统轴测图

专业		学号		指导		工程编号		工程名称	西安市某综合楼空调系统	图名	冷冻站制冷系统轴测图	图号	KTL06
班级		设计		校核		出图日期		项目名称	冷冻机房				

（KTL06）

示例4 陕西某综合楼空调制冷站系统设计

冷冻站设计及

一、工程概况

本建筑为综合办公楼，总建筑面积10547m²。地下一层，地上九层，属二类高层建筑。地下一层为设备用房，库房，主体一至三层为商场，四至九层为办公室，会议室及多功能厅。

二、设计依据

1. GB 50019—2003《采暖通风与空气调节设计规范》。
2. GB 50045—1995《高层民用建筑设计防火规范2005版》。
3. GB 50189—2005《公共建筑节能设计标准》。
4. 业主提出的方案调整意见。

三、设计说明

1. 热泵机房空调冷(温)水系统设计为深井水源热泵制冷(制热)系统，热泵机组采用型号为LSFBLGR900S的标准型满液式水源热泵1台，在地下水工况下热泵机组夏季提供7~12℃冷水，冬季提供40~45.6℃热水。冬夏采用电动阀门对冷热水进行运行工况转换。夏季供冷：a、b、c、d阀门开启，e、f、g、h阀门关闭；冬季供热：e、f、g、h阀门开启，a、b、c、d阀门关闭。
2. 本设计制冷站所需的室外深井及管道由甲方委托专业公司设计施工，本设计预留3台25kW深井泵用电量。
3. 空调水系统定压采用落地膨胀水箱补水及定压，电接点压力表控制补水水泵开启。补水泵开启压力为0.45MPa，补水水泵停泵压力为0.48MPa，安全阀起跳压力为0.53MPa，泄水接至水箱。
4. 泄水管道采用闸阀，自动排气阀前安装球阀，其他管道均安装蝶阀。
5. 冷(温)水机组开机顺序为深井水泵→冷冻(温)水泵→制冷机。关机顺序与开机顺序相反。
6. 制冷站水系统管道采用支吊架安装。
7. 大楼水系统使用的各种阀门、软接头及各种配件工作压力应大于或等于1.6MPa。
8. 水系统安装完毕后进行水压试验、试验压力为1.0MPa。
9. 制冷机、水泵按生产厂家技术文件试压。

四、施工及安装要求

1. 空调系统的施工必须与土建及其他工种密切配合协调，以保证安装工作的顺利进行。施工时应预留风、水孔洞。其余未说明者应按GB 50243—2002《通风与空调工程施工质量验收规范》，GB 50242—2002《建筑给水排水及采暖工程施工质量验收规范》等进行。
2. 所有设备在订货前均应按图核对型号规格，变更设备须经设计人员核对技术参数。
3. 所有设备基础均应等设备到货、核对尺寸无误后方可施工。
4. 制冷设备的安装、清洗、试漏、抽真空、填充制冷剂等操作，严格按照制造厂商的说明书进行。
5. 供热、空调供回水管，均采用碳素钢管，公称直径小于或等于DN50的用焊接钢管，公称直径大于DN50的采用无缝钢管。

示例4图1

安装说明

6. 制冷站内空调供回水管参照 Durkblex 铂耐斯保温材料设计保温。技术标准如下：①带 ABPV 结构，该结构达到 A 级防火标准；②铂耐斯符合国家 GB 8624—2006《建筑材料及制品燃烧性能分级》防火规范 B 级防火标准；③湿阻因子 ≥20000；④保温层的厚度：DN≤50 时，$\delta=28$mm，DN65 ~ DN150 时，$\delta=32$mm，DN≥200 时 $\delta=40$mm。

7. 管道穿越墙身和楼板时，保温层不能间断，在墙体或楼板的两侧应设置夹板，中间的空间用玻璃棉填充。

8. 保温水管、设备等在表面除锈后，涂防锈底漆两遍。不保温水管、金属支吊架等，在表面除锈后，涂防锈底漆和色漆各两遍。

9. 图中所注标高均以管中心为准，管道均有坡度。空调供回水管应尽量作出坡度，在最高点处、应配置气膜隔断式自动排气阀，水管路系统中的最低点处应配置 DN25 泄水管及闸阀。

10. 管道支吊架的最大跨距不应超过下表给出的数值。

公称直径/mm	15 ~ 25	32 ~ 50	70 ~ 80	100	150	200	250	300	350
最大跨距/m	2.0	3.0	4.0	4.5	6.0	7.0	8.0	8.5	9.0

11. 管道活动支吊、托架的具体形式和位置，由安装单位根据现场情况确定，做法参见国标 94K302《卫生间通风器安装图 壁挂式、吊顶式》。

12. 管道的支吊、托架必须设置于保温层的外部，在穿过支吊、托架处应镶以垫木。

13. 管道安装完工后应进行水压试验，试验压力按照 GB 50242—2002《建筑给水排水及采暖工程质量验收规范》等进行。

14. 空调制冷系统安装竣工并经试压冲洗合格以后，应进行必要的清扫。上述工作完成后，即可投入试运行，进行测定与调整，按有关标准执行。

专业		学号		指导		工程编号		工程名称	陕西某综合楼空调系统	图名	冷冻站设计及安装说明	图号	RBL01
班级		设计		校核		出图日期		项目名称	热泵机房				

(RBL01)

图样目录

序号	图号	名称	页数	备注
1	RBL01	冷冻站设计及安装说明	1	A3
2	RBL02	图样目录、图例及主要设备表	1	A3
3	RBL03	冷冻站热泵系统流程图	1	A2
4	RBL04	冷冻站设备平面布置图	1	A3
5	RBL05	冷冻站管道平面图	1	A3
6	RBL06	冷冻站剖面图	1	A3
7	RBL07	设备基础剖面图	1	A3

图例

符号	名称	符号	名称
—LG—	井水出水管		电动蝶阀
—LH—	井水回水管		手动调节阀
	空调冷热水供水管		球阀
	空调冷热水回水管		除污器
—B—	补水管		密闭式弹簧安全阀
—R—	软化水管		电动水泵
—Z—	自来水管		压力表
—Y—	溢水管		温度计
—P—	排污管		除污器
	软接头		放空管
	法兰闸阀 内螺纹闸阀		水表
	法兰截止阀 内螺纹截止阀		地漏
	法兰止回阀 内螺纹止回阀		

示例4图2

冷冻站房主要设备表

序号	设备名称	规格型号	单位	数量	备 注
1	水源热泵冷(热)水机组	LSFBLGR900S	台	1	制冷量 827kW，功率 137kW，供回水温度 7℃/12℃ 制热量 927kW，功率 181kW，供回水温度 40℃/45.6℃ 冷却水流量 75t/h，工作压力 70kPa 冷媒水流量 142t/h，工作压力 70kPa
2	冷媒水泵	NBG80—65—160	台	3	流量 82t/h，扬程 38m 电动机功率 15kW，2 用 1 备
3	全自动软水器	ZRL—2 型	台	1	流量 1.5～2.5t/h，工作压力 0.2～0.6MPa
4	不锈钢组合水箱	2000×1000×1500	个	1	有效容积 2.7m^3，配液位仪、水位控制阀和浮球阀等
5	隔膜式落地膨胀水箱	GZSP1000	台	1	补水泵 q_m=14t/h，H=60m P=4kW，1 用 1 备，一罐双泵
6	分水器	ϕ400mm×7mm，长 2130mm	组	1	4 出口，工作压力 1.6MPa
7	集水器	ϕ400mm×7mm，长 2130mm	组	1	4 出口，工作压力 1.6MPa
8	旋流除砂器	DWA—200	台	1	
9	电动调节阀	DN100	套	1	带差压控制器
10	Y 形过滤器	DN100	个	3	

专业	学号	指导	工程编号	工程名称	陕西某综合楼空调系统	图名	图样目录、图例及主要设备表	图号	RBL02
班级	设计	校核	出图日期	项目名称	热泵机房				

(RBL02)

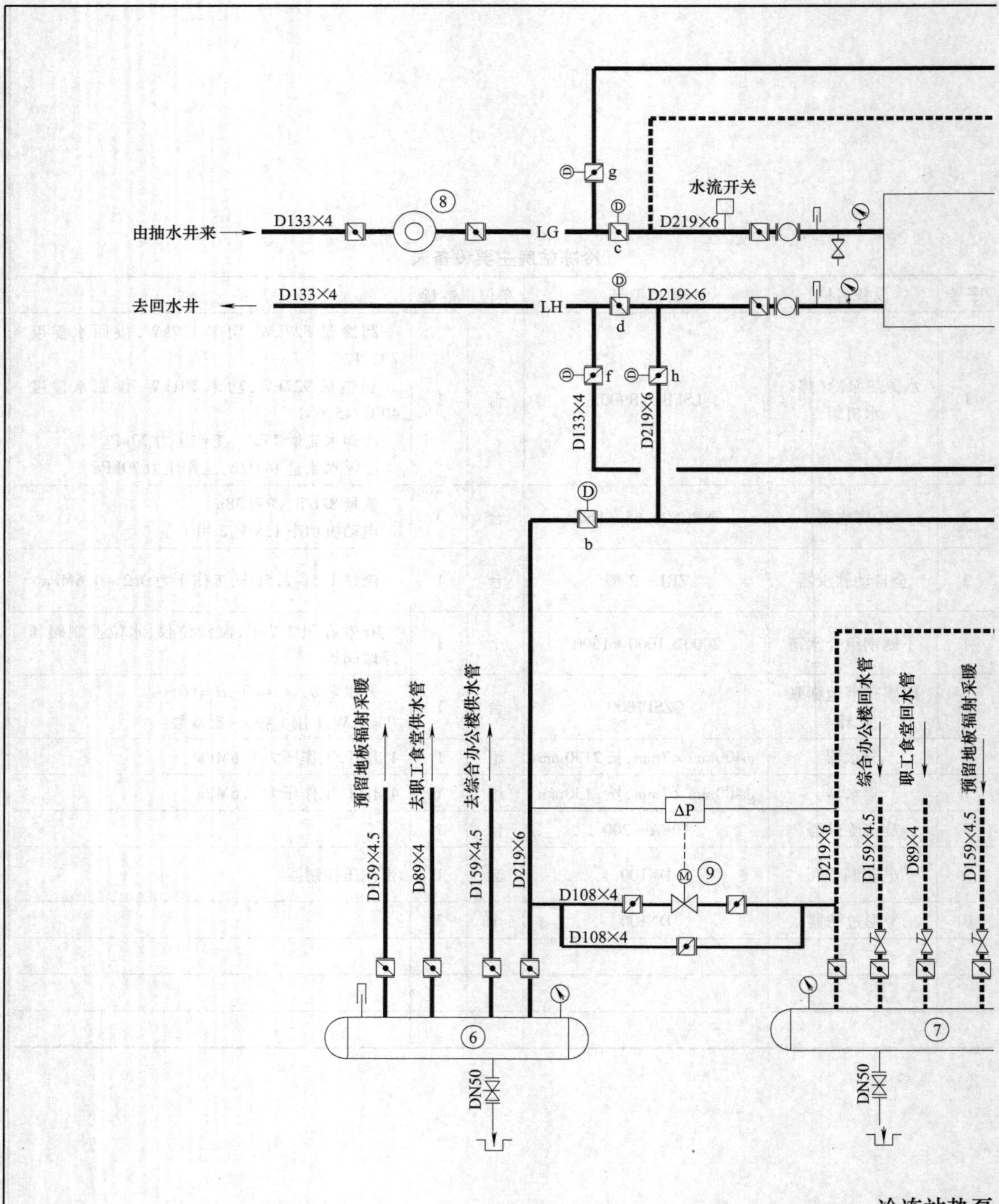
由抽水井来
去回水井
D133×4
D219×6
LG
LH
水流开关
g
c
d
f
h
b
8
D133×4
D219×6
ΔP
9
D108×4
D108×4
预留地板辐射采暖
去职工食堂供水管
去综合办公楼供水管
D159×4.5
D89×4
D159×4.5
D219×6
6
DN50
综合办公楼回水管
职工食堂回水管
预留地板辐射采暖
D219×6
D159×4.5
D89×4
D159×4.5
7
DN50

冷冻站热泵

示例 4 图 3

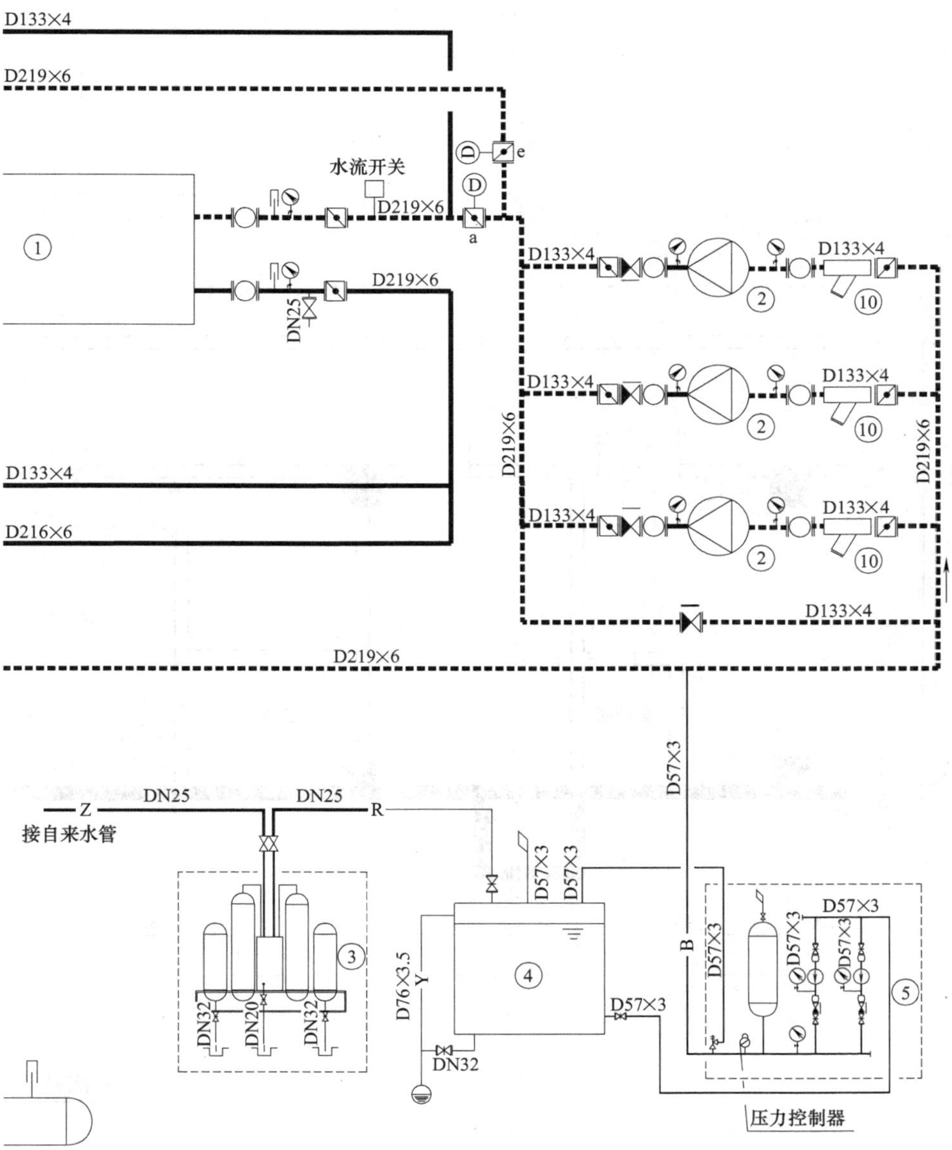

冬夏转换说明：

夏季供冷：a, b, c, d, 电动阀开启；e, f, g, h, 电动阀关闭

冬季供热：a, b, c, d, 电动阀关闭；e, f, g, h, 电动阀开启

系统流程图

专业		学号		指导		工程编号		工程名称	陕西某综合楼空调系统	图名	冷冻站热泵系统流程图	图号	RBL03
班级		设计		校核		出图日期		项目名称	热泵机房				

（RBL03）

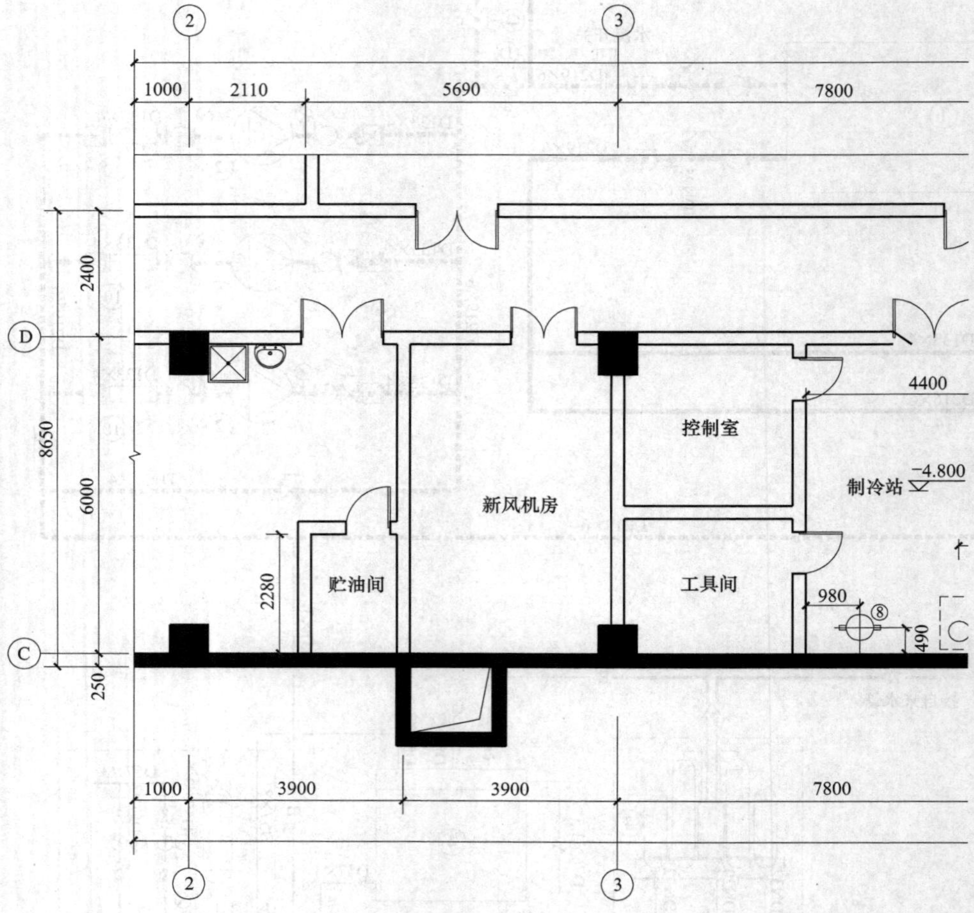
2
3
1000
2110
5690
7800
2400
8650
6000
2280
250
D
C
控制室
4400
新风机房
制冷站
-4.800
贮油间
工具间
980
8
490
1000
3900
3900
7800
2
3

冷冻站设

示例4图4

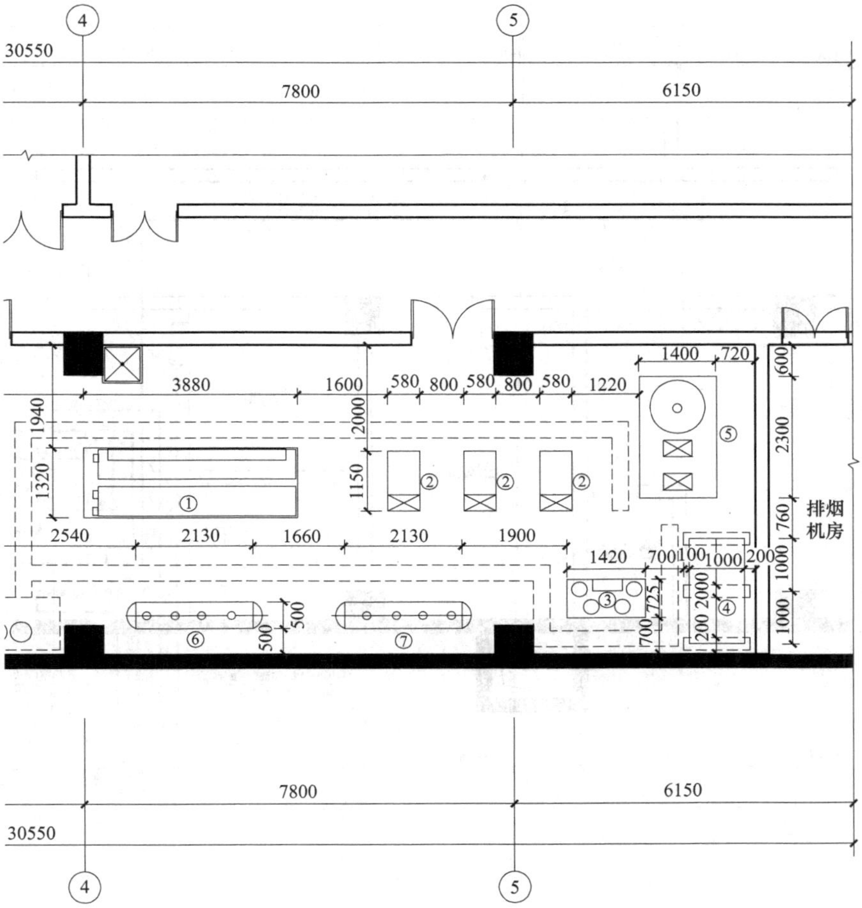

备平面布置图1∶50

专业		学号		指导		工程编号		工程名称	陕西某综合楼空调系统	图名	冷冻站设备平面布置图	图号	RBL04
班级		设计		校核		出图日期		项目名称	热泵机房				

（RBL04）

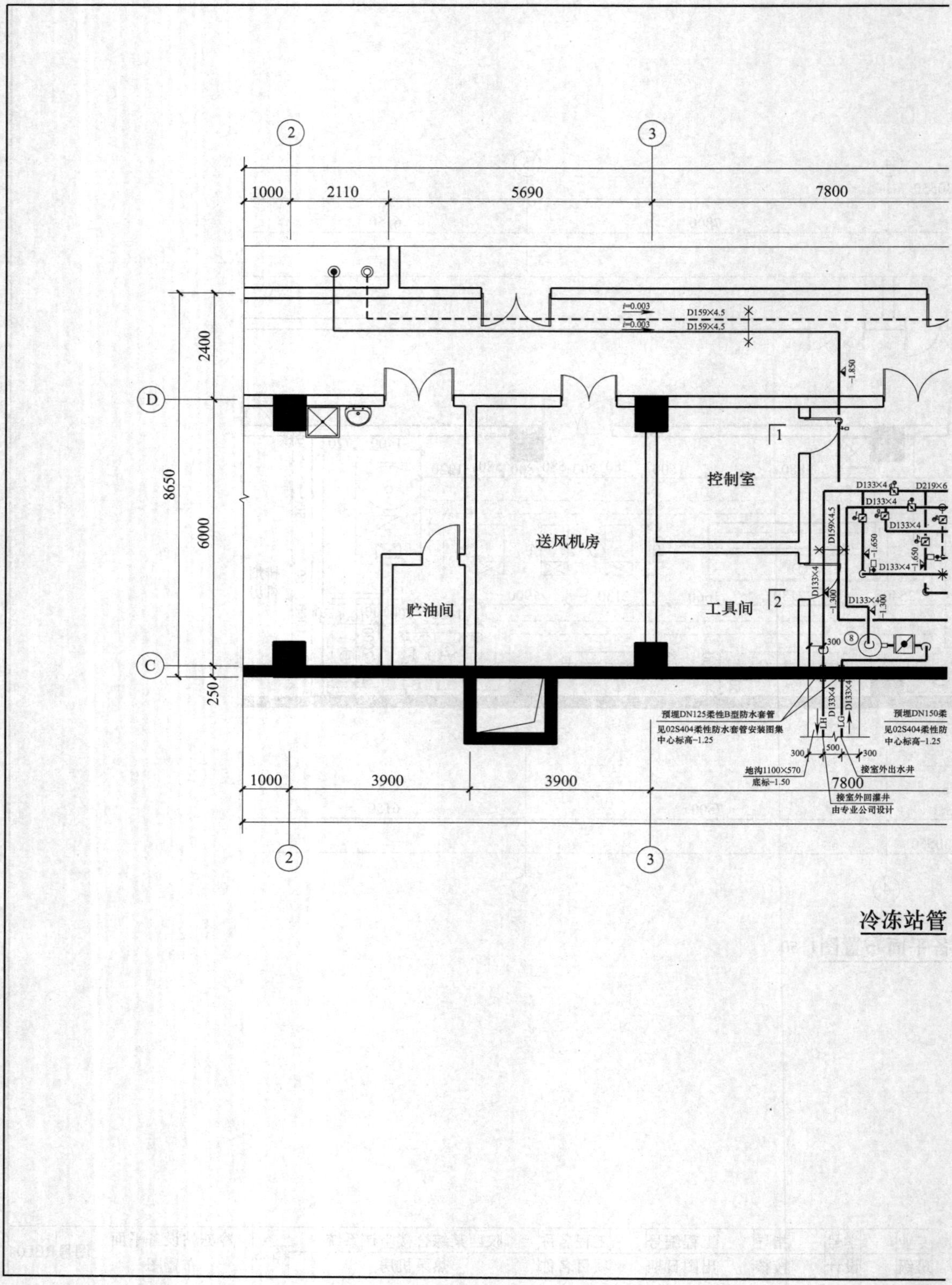
2
3
1000
2110
5690
7800
2400
8650
6000
250
D
C
D159×4.5
D159×4.5
i=0.003
i=0.003
-1.850
控制室
送风机房
贮油间
工具间
1
2
D133×4
D219×6
D133×4
D133×4
D133×4
D133×4
-1.650
D159×4.5
-1.300
300
8
预埋DN125柔性B型防水套管
见02S404柔性防水套管安装图集
中心标高-1.25
预埋DN150柔
见02S404柔性防
中心标高-1.25
LH
LG
D133×4
D133×4
300
500
300
地沟1100×570
底标-1.50
接室外出水井
接室外回灌井
由专业公司设计
1000
3900
3900
7800
冷冻站管

示例4图5

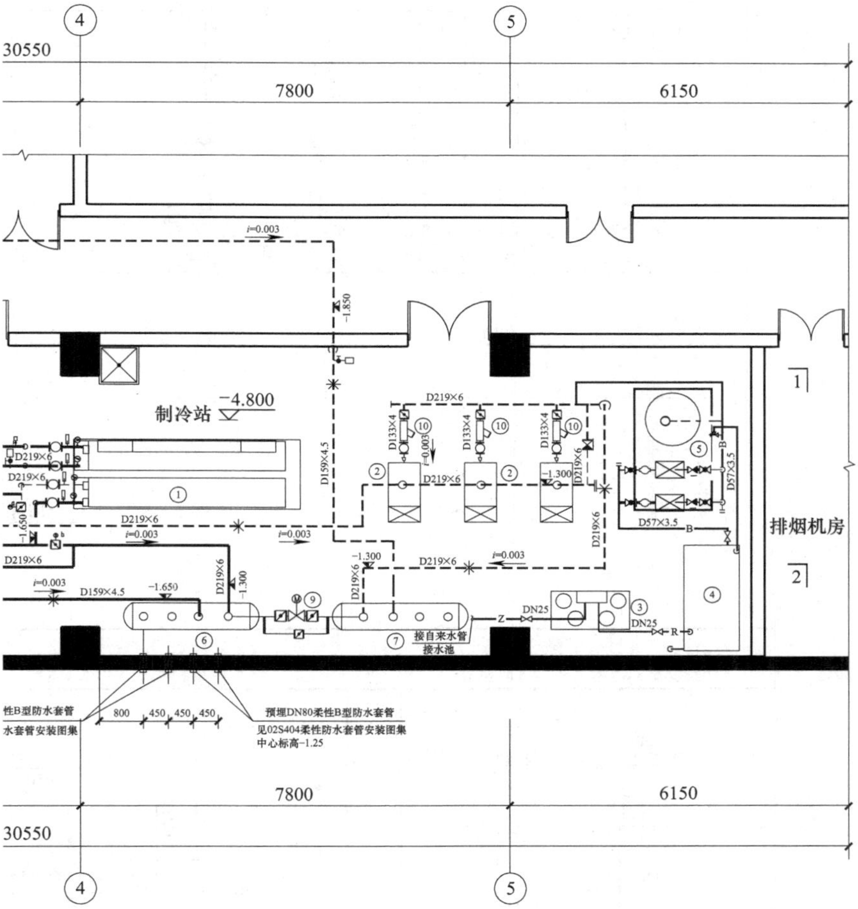

道平面图1:50

专业		学号		指导		工程编号		工程名称	陕西某综合楼空调系统	图名	冷冻站管道平面图	图号	RBL05
班级		设计		校核		出图日期		项目名称	热泵机房				

（RBL05）

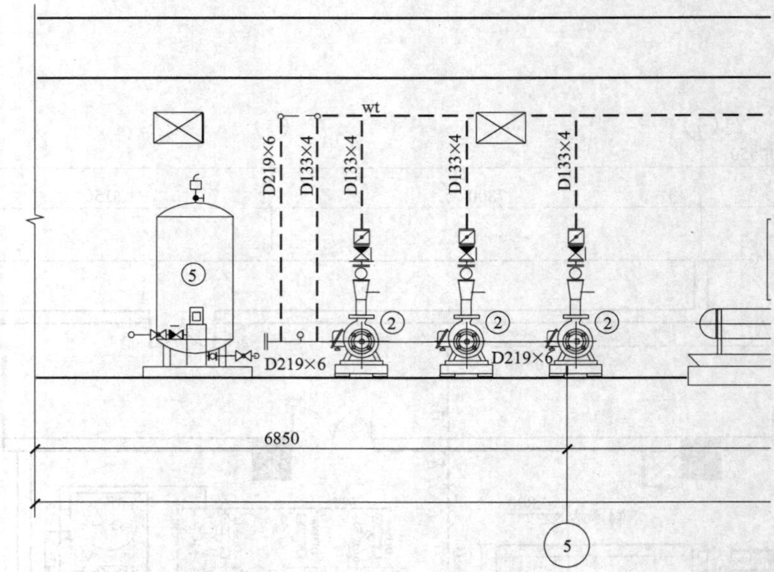

1—1剖

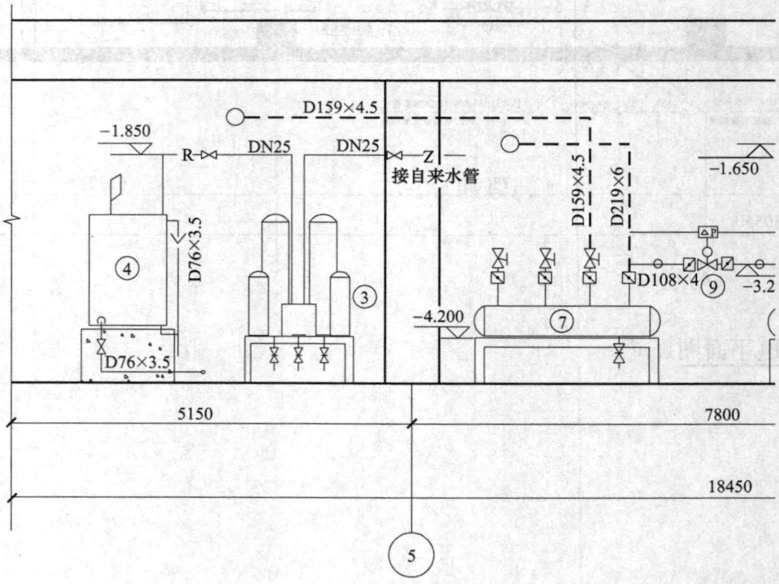

2—2剖

示例 4 图 6

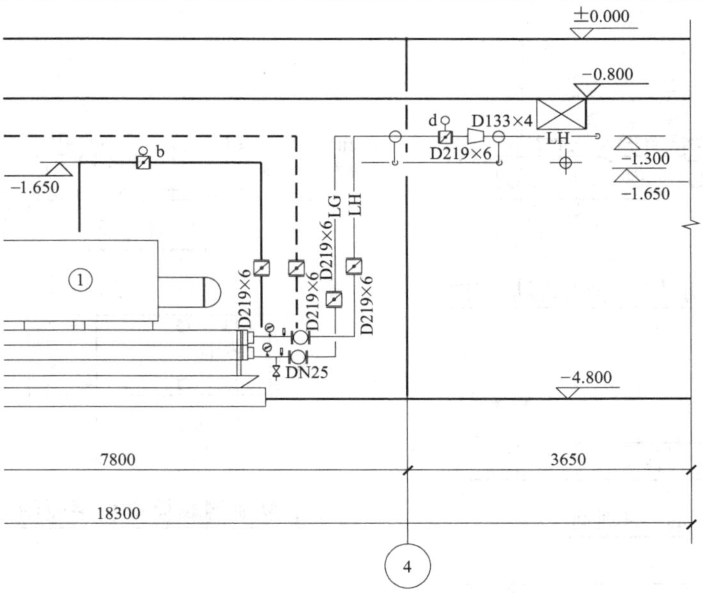

面图1:50

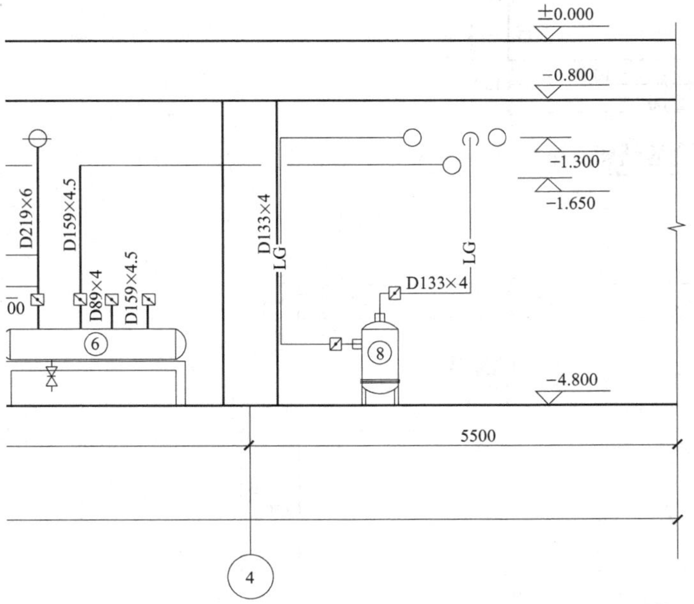

面图 1:50

注:水管标高均指管道中心标高,B为本层地面标高。

专业		学号		指导		工程编号		工程名称	陕西某综合楼空调系统	图名	冷冻站剖面图	图号	RBL06
班级		设计		校核		出图日期		项目名称	热泵机房				

(RBL06)

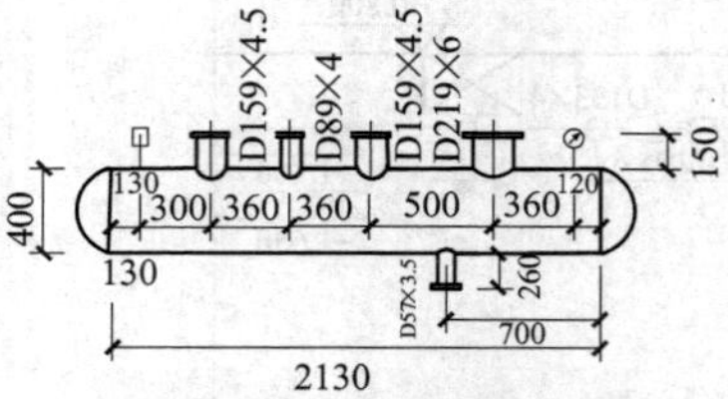

空调分水器、集水器加工图

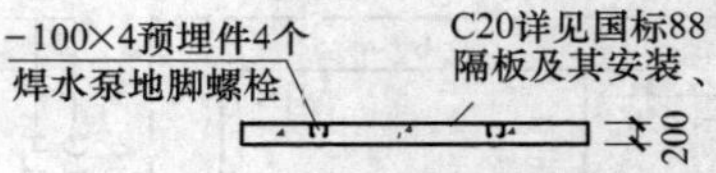

B—B剖面

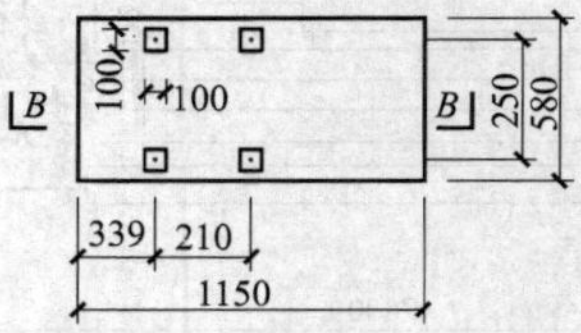

水泵地脚螺栓安装平面图

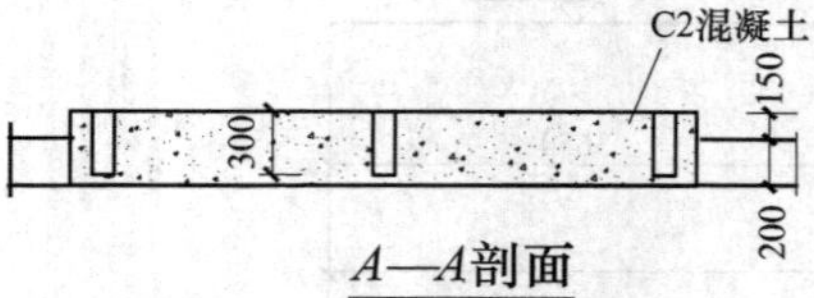

A—A剖面

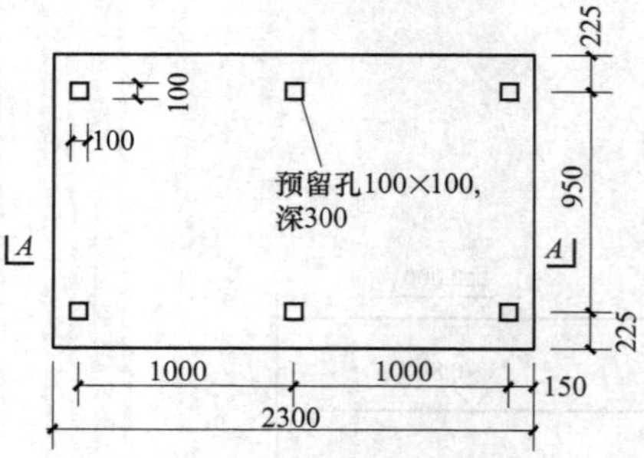

膨胀水箱基础图1:50

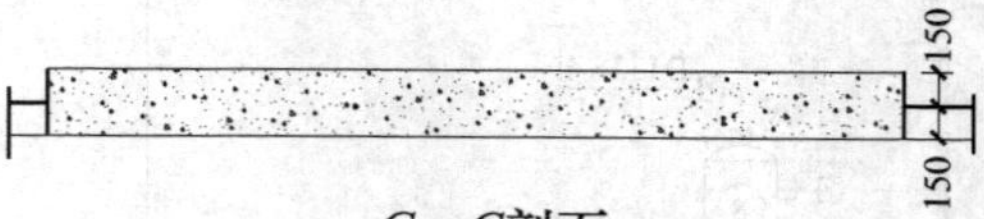

C—C剖面

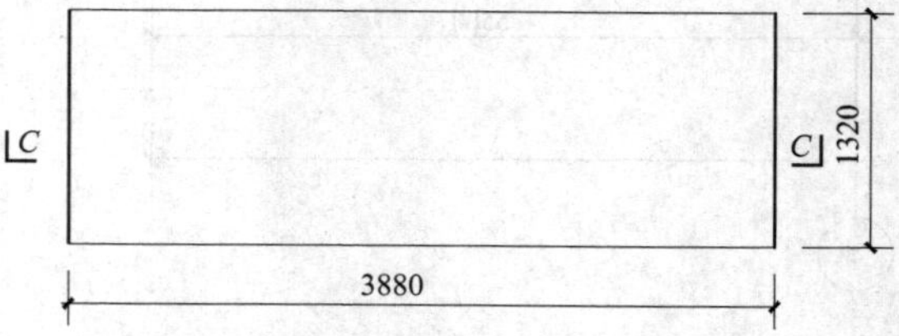

水源热泵基础图1:50

ss657, 钢筋混凝土基座、水泵
隔振垫选用参考P10,序号27

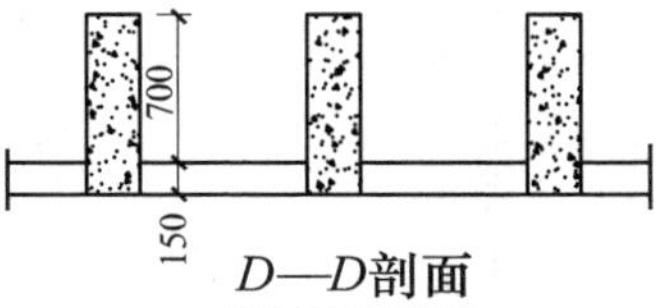

D—D剖面

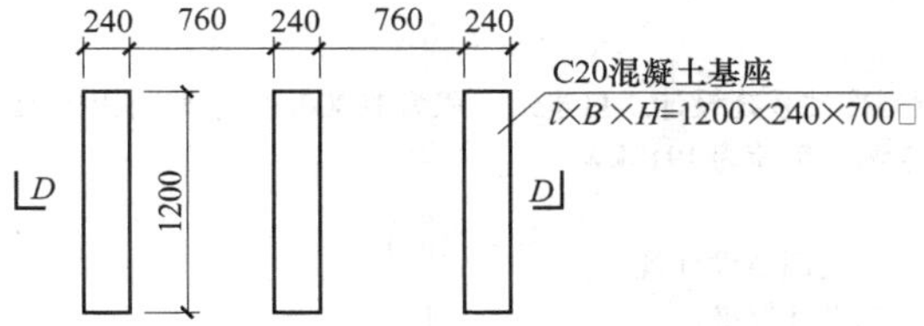

水箱基础

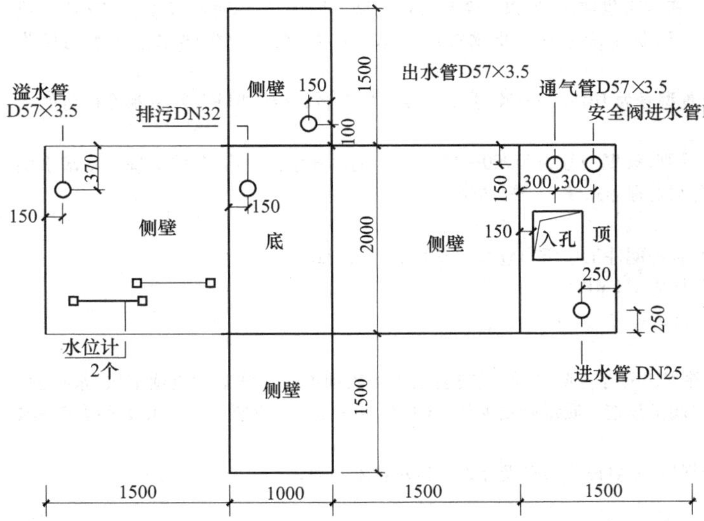

软水箱接管图

专业		学号		指导		工程编号		工程名称	陕西某综合楼空调系统	图名	设备基础剖面图	图号	RBL07
班级		设计		校核		出图日期		项目名称	热泵机房				

（RBL07）

示例5 北京市某综合楼空调制冷站系统设计

LiBr 冷冻站设计及

一、工程概况

本项目为北京市某综合楼空调制冷站系统设计。总建筑面积为18000m^2，空调面积约15000m^2，地上高度为54m，主要分为商场、餐厅、办公室和客房，空调冷负荷为1918kW。

二、设计依据

1. GB 50019—2003《采暖通风与空气调节设计规范》；
2. GB 50189—2005《公共建筑节能设计标准》；
3. DBJ41/062—2005《北京市住建筑节能设计标准》；
4. GB 50096—2011《住宅设计规范》；
5. G8 50045—1995《高层民用建筑设计防火规范（2005版）》；
6. 业主对设计提出的有关要求。

三、设计说明

1. 本大楼所处城市有集中供热，有天然气资源可供使用，所以空调热源选用城市燃气，选择两台型号为BZ100的溴化锂直燃型机组，机组的名义制冷量为1163kW，机组冷冻水进出水温度为12℃/7℃，机组卫生热水进出水温度为60℃/80℃。
2. 按照冷却塔、冷水机组一对一原则，设置型号为DBNL3—250逆流式冷却塔2台，该冷却塔布置在制冷机房的屋面上。
3. 按照冷却泵、冷水机组、冷却塔一对一原则，设置型号为IT200—150—315的冷却水泵3台（2用1备），冷却水供回水温度为31℃/39℃。同时冷却水采用综合水处理器杀菌、灭藻、防锈。
4. 制冷站水系统管道采用支吊架安装。
5. 大楼水系统使用的各种阀门、软接头及各种配件工作压力应大于或等于1.6MPa。
6. 水系统安装完毕后进行水压试验，试验压力1.0MPa。
7. 直燃机组、水泵按生产厂家技术文件试压。

四、施工及安装要求

1. 空调系统的施工必须与土建及其他工种密切配合协调，以保证安装工作的顺利进行。施工时应预留风、水孔洞。其余未说明者应按GB 50243—2002《通风与空调工程施工质量验收规范》、GB 50242—2002《建筑给水排水及采暖工程施工质量验收规范》等进行。
2. 所有设备在订货前均应按图核对型号规格，变更设备须经设计人员核对技术参数。

示例5 图1

安装说明

3. 所有设备基础均应等设备到货、核对尺寸无误后方可施工。

4. 制冷设备的安装、清洗、试漏、抽真空、填充制冷剂等操作，严格按照制造厂商的说明书进行。

5. 空调供回水管，≤DN50 用焊接钢管，> DN50 采用无缝钢管。

6. 制冷站内空调供回水管参照 Durkblex 铂耐斯保温材料设计保温。技术标准如下：①带 ABPV 结构，该结构达到 A 级防火标准；②铂耐斯符合国家 GB 8624—2006《建筑材料及制品燃烧性能分级》防火规范 B 级防火标准；③湿阻因子大于或等于 20000；④保温层的厚度：DN≤50 时，$\delta=28$mm，DN65 ~ DN150 时，$\delta=32$mm，DN≥200 时，$\delta=40$mm。

7. 管道穿越墙身和楼板时，保温层不能间断，在墙体或楼板的两侧应设置夹板，中间的空间用玻璃棉填充。

8. 保温水管、设备等，在表面除锈后，涂防锈底漆两遍。不保温水管、金属支吊架等，在表面除锈后，涂防锈底漆和色漆各两遍。

9. 图中所注标高均以管中心为准，管道均有坡度。空调供回水管应尽量做出坡度，在最高点处，应配置气膜隔断式自动排气阀，水管路系统中的最低点处，应配置 DN25 泄水管及闸阀。

10. 管道支吊架的最大跨距，不应超过下表给出的数值。

公称直径/mm	15 ~ 25	32 ~ 50	70 ~ 80	100	150	200	250	300	350
最大跨距/m	2.0	3.0	4.0	4.5	6.0	7.0	8.0	8.5	9.0

11. 管道活动支吊、托架的具体形式和位置，由安装单位根据现场情况确定，做法参见国标 94K302《卫生间通风器安装图　壁挂式、吊顶式》。

12. 管道的支吊、托架必须设置于保温层的外部，在穿过支吊、托架处应镶以垫木。

13. 管道安装完工后应进行水压试验，试验压力按照 GB 50242—2002《建筑给水排水及采暖工程施工质量验收规范》等进行。

14. 空调制冷系统安装竣工并经试压冲洗合格以后，应进行必要的清扫。上述工作完成后，即可投入试运行，进行测定与调整，按有关标准执行。

专业		学号		指导		工程编号		工程名称	北京市某综合楼空调系统	图名	LiBr 冷冻站设计及安装说明	图号	KTL01
班级		设计		校核		出图日期		项目名称	LiBr 冷冻站房				

（KTL01）

图样目录

序号	图号	名称	页数	备注
1	KTL01	LiBr 冷冻站设计及安装说明	1	A3
2	KTL02	图样目录、图例及主要设备表	1	A3
3	KTL03	冷冻站制冷系统流程图	1	A3
4	KTL04	冷冻站设备平面布置图	1	A3
5	KTL05	冷冻站管道平面图	1	A3
6	KTL06	冷冻站剖面图	1	A3
7	KTL07	屋顶冷却塔管道平面图	1	A3

图例

符号	名称	符号	名称
L1R1	冷热水供水管		闸阀
L2R2	冷热水回水管		截止阀
L1	冷媒水供水管		球阀
L2	冷媒水回水管		手动调节阀
L3	冷却水供水管		塑料阀
L4	冷却水回水管		止回阀
R1	热水供水管		电动水泵
R2	热水回水管		压力表
Q1	燃气管		温度计
S	自来水管		除污器
Y	溢水管		水过滤器
P	排污管		密闭式弹簧安全阀
大管 大管	变径管		流量计
	软接头		燃气补偿器
M	电磁阀		燃气过滤器
	蝶阀		地漏

示例5图2

冷冻站房主要设备表

序号	设备名称	规格型号	单位	数量	备　注
1	直燃式 LiBr 冷(热)水机组	BZ100	台	2	单机制冷量 1163kW，制热量 897kW
2	冷(热)水泵	IT150—125—315	台	3	流量 165t/h，扬程 42m 电动机功率 35kW，2 用 1 备
3	冷却水泵	IT200—150—315	台	3	流量 250t/h，扬程 32m 电动机功率 40kW，2 用 1 备
4	分水器	ϕ350mm × 7mm，长 1500mm	组	1	
5	集水器	ϕ350mm × 7mm，长 1500mm	组	1	
6	逆流式冷却塔	DBNL3—250	台	2	流量 283t/h

专业		学号		指导		工程编号		工程名称	北京市某综合楼空调系统	图名	图样目录、图例及主要设备表	图号	KTL02
班级		设计		校核		出图日期		项目名称	LiBr 冷冻站房				

(KTL02)

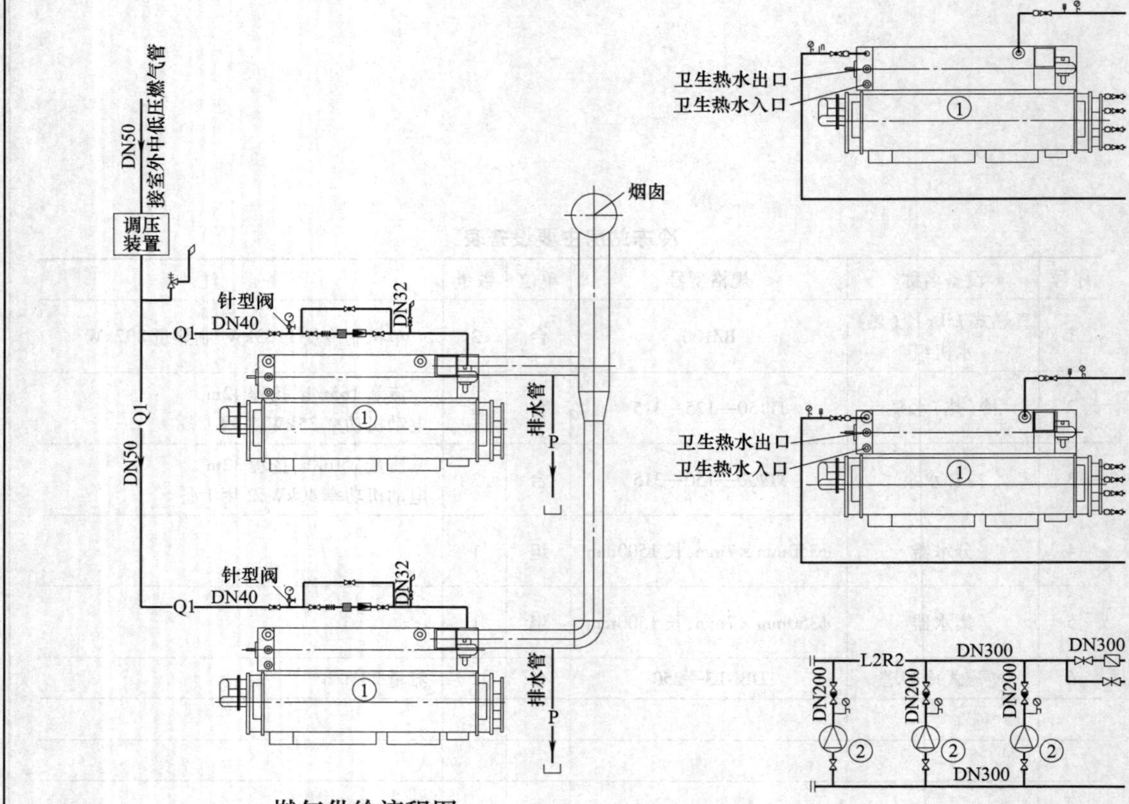

燃气供给流程图

示例5图3

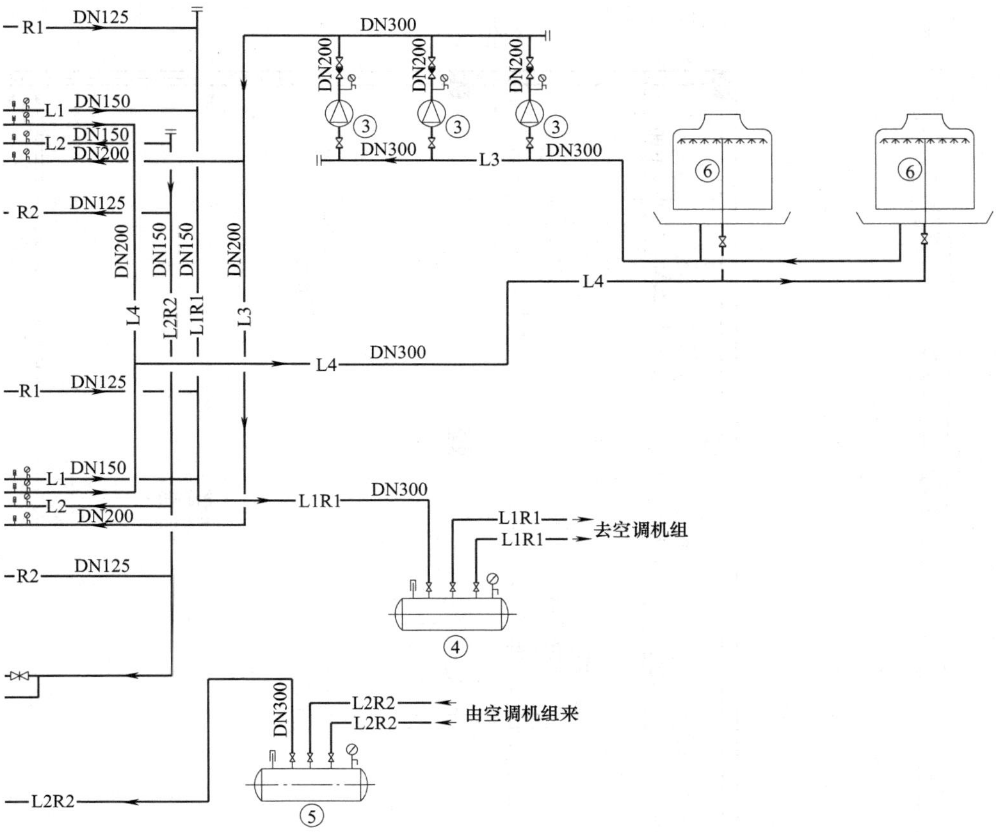

冷冻站制冷系统流程图

专业		学号		指导		工程编号		工程名称	北京市某综合楼空调系统	图名	燃气供给流程图冷冻站制冷系统流程图	图号	KTL03
班级		设计		校核		出图日期		项目名称	LiBr 冷冻站房				

（KTL03）

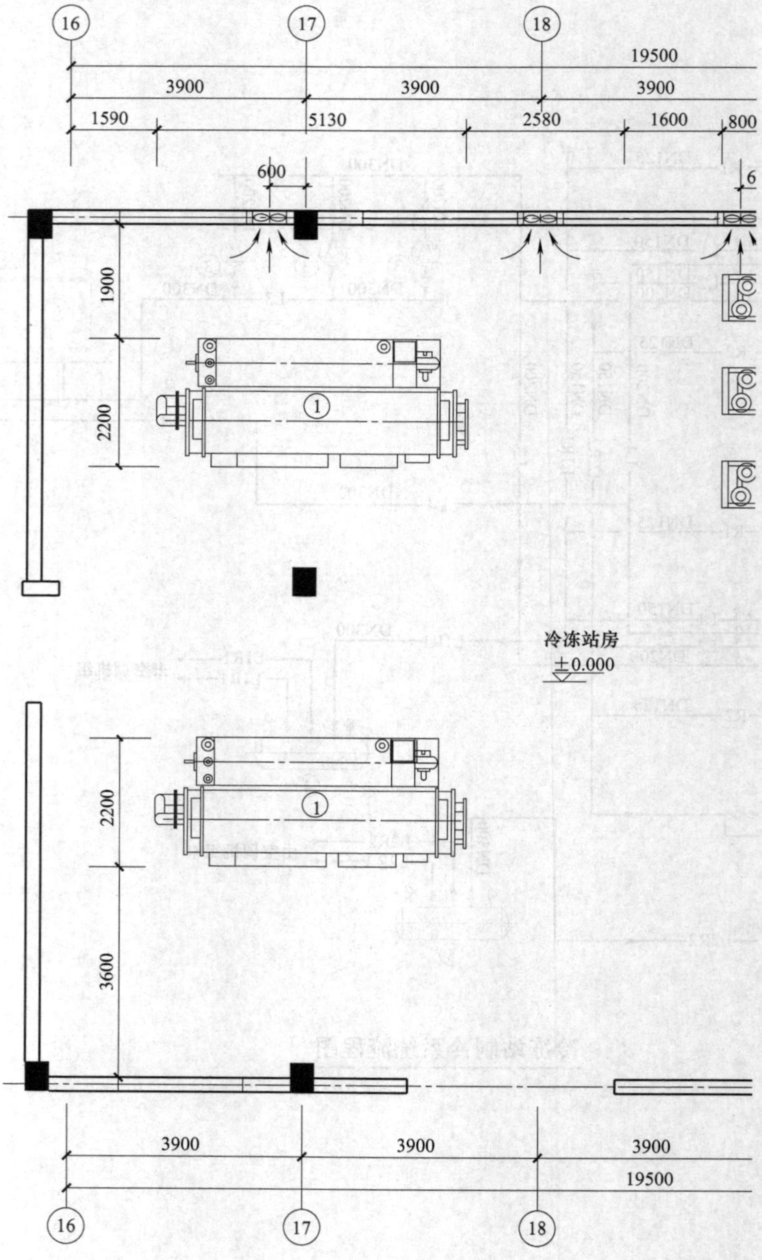

冷冻站设备平面

示例5图4

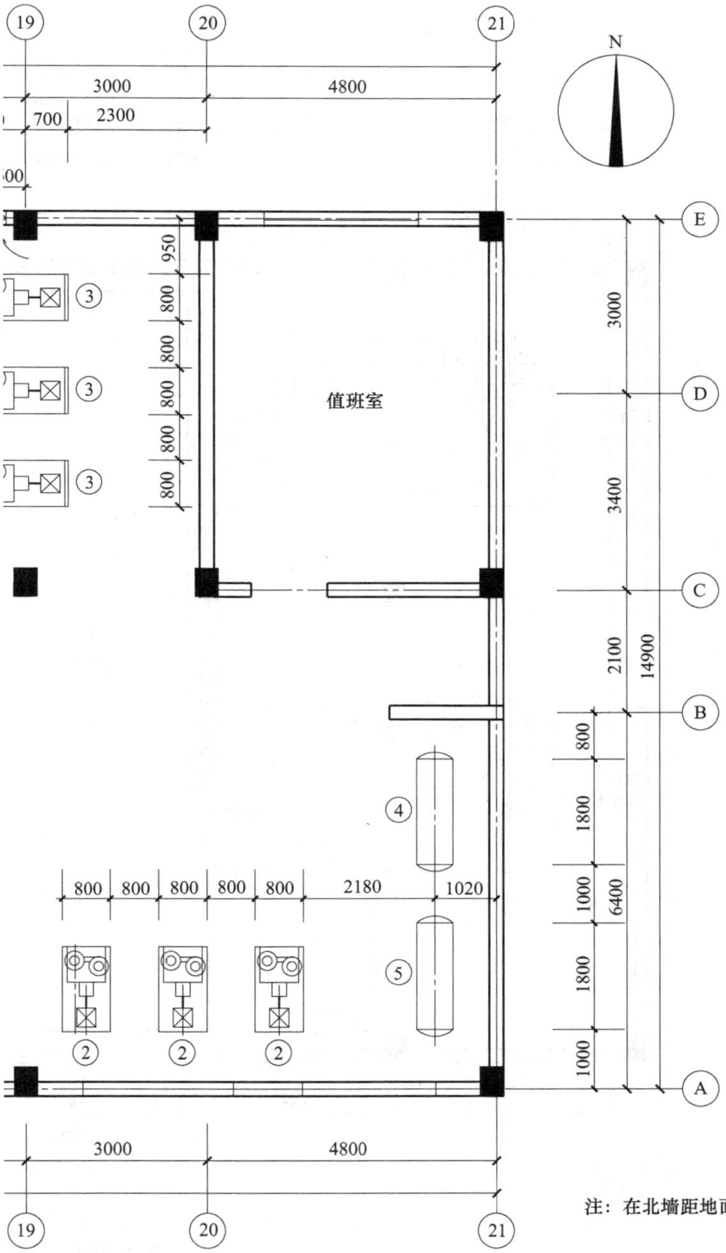

注：在北墙距地面4.5m高处墙洞内各设风机1台。

布置图1:100

专业		学号		指导		工程编号		工程名称	北京市某综合楼空调系统	图名	冷冻站设备平面布置图	图号	KTL04
班级		设计		校核		出图日期		项目名称	LiBr 冷冻站房				

(KTL04)

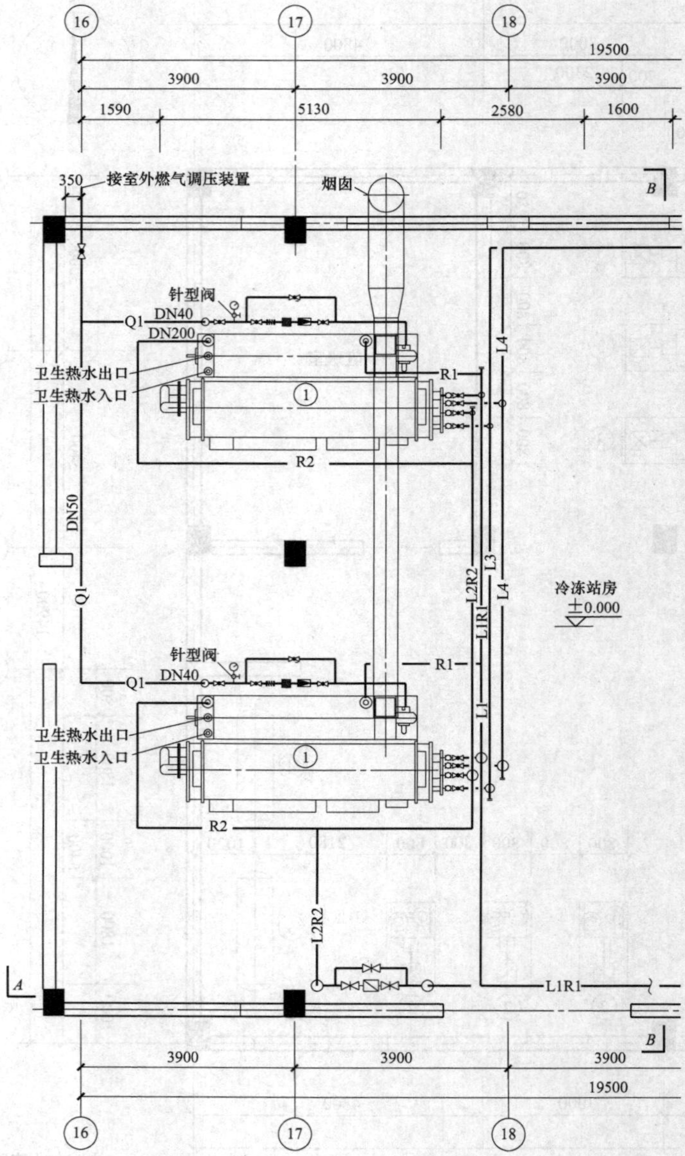
16
17
18
19500
3900
3900
3900
1590
5130
2580
1600
350
接室外燃气调压装置
烟囱
B
针型阀
DN40
Q1
DN200
卫生热水出口
卫生热水入口
1
R1
L4
R2
DN50
Q1
L2R2
L1R1
L3
L4
冷冻站房
±0.000
针型阀
DN40
Q1
R1
L1
卫生热水出口
卫生热水入口
1
R2
L2R2
A
L1R1
B
3900
3900
3900
19500
16
17
18

冷冻站管道平

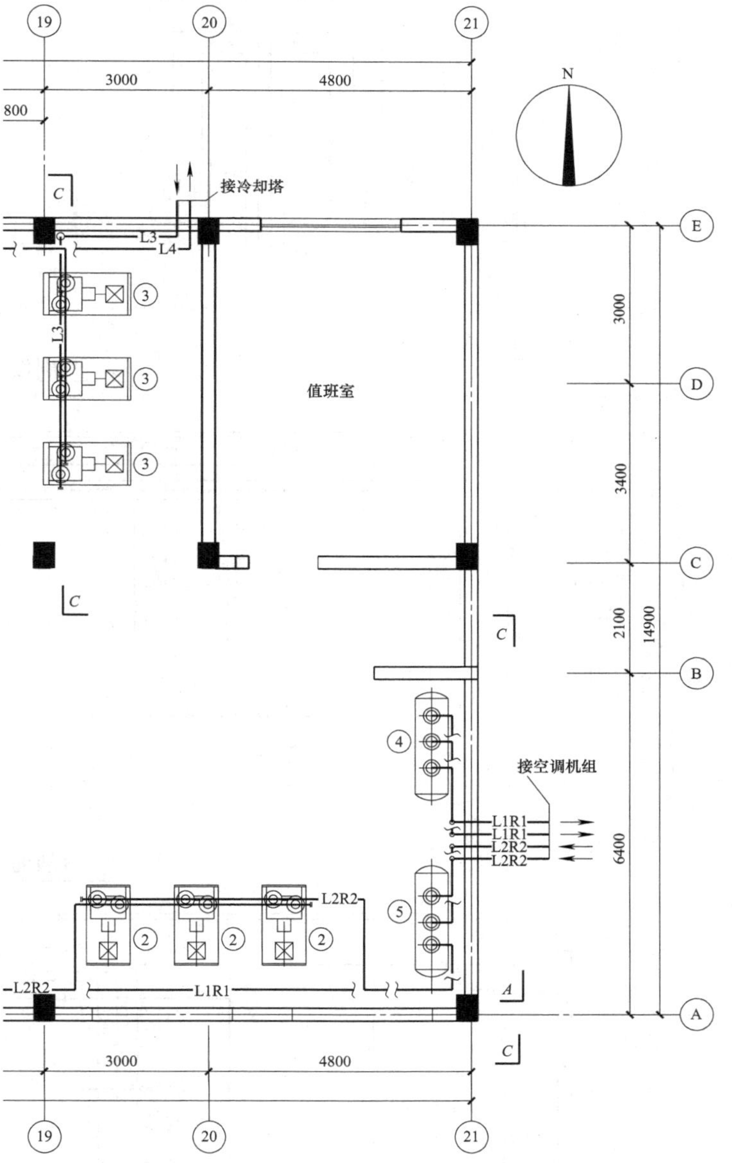

面图1:100

专业		学号		指导		工程编号		工程名称	北京市某综合楼空调系统	图名	冷冻站管道平面图	图号	KTL05
班级		设计		校核		出图日期		项目名称	LiBr 冷冻站房				

(KTL05)

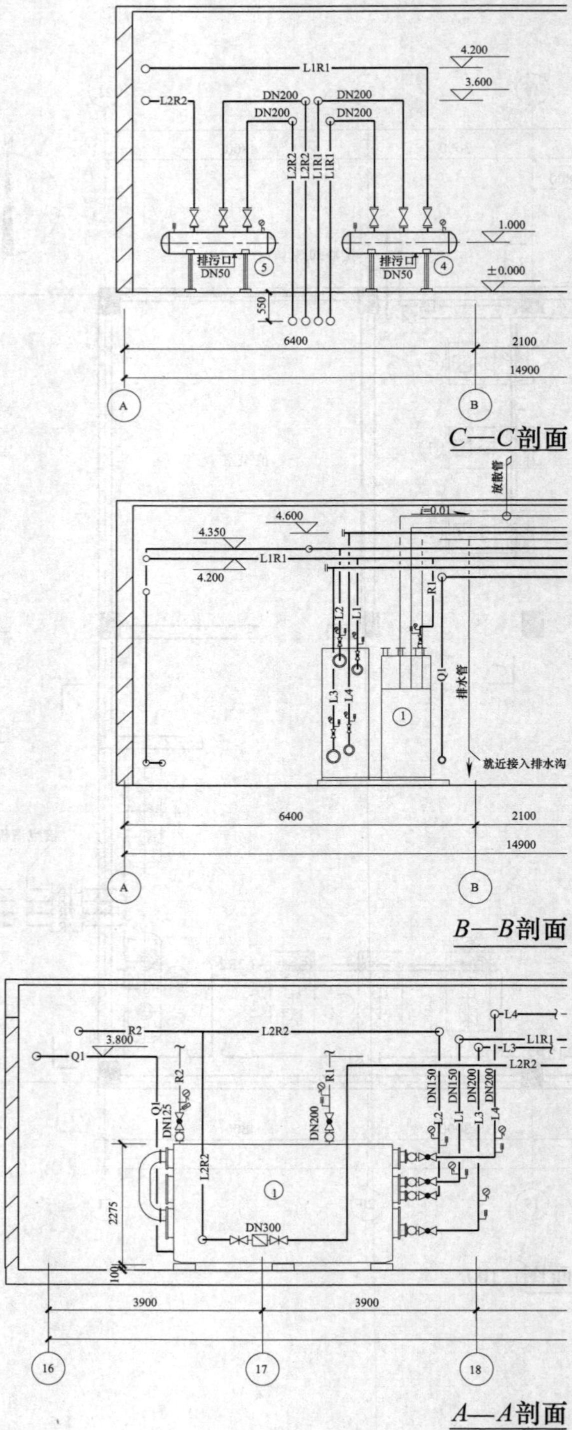
L1R1
L2R2
DN200
DN200
DN200
DN200
4.200
3.600
1.000
±0.000
排污口
DN50
550
6400
2100
14900
C—C剖面
放散管
4.600
4.350
4.200
i=0.01
R1
L2
L1
L3
L4
Q1
排水管
就近接入排水沟
B—B剖面
R2
L2R2
3.800
Q1
DN125
DN200
DN150
DN150
DN200
DN200
L1R1
L3
L4
2275
DN300
100
3900
3900
A—A剖面

示例5 图6

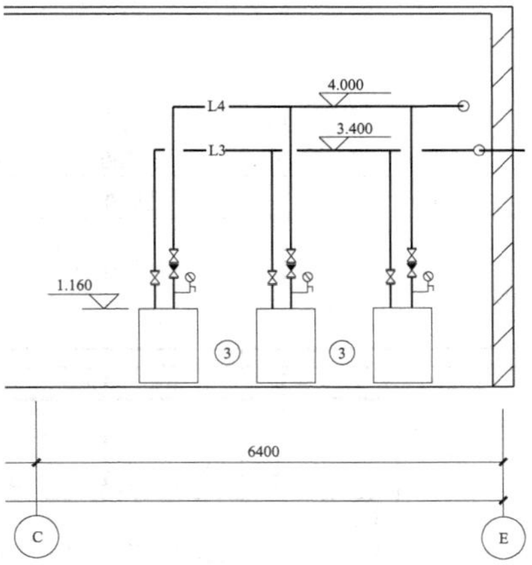

图1:100

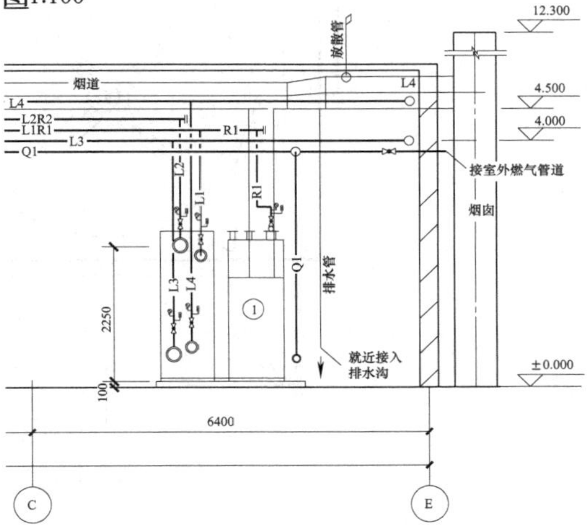

图1:100

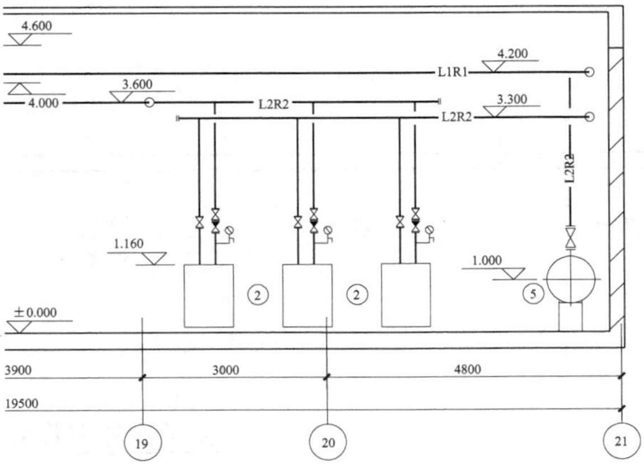

图1:100

专业		学号		指导		工程编号		工程名称	北京市某综合楼空调系统	图名	冷冻站剖面图	图号	KTL06
班级		设计		校核		出图日期		项目名称	LiBr 冷冻站房				

（KTL06）

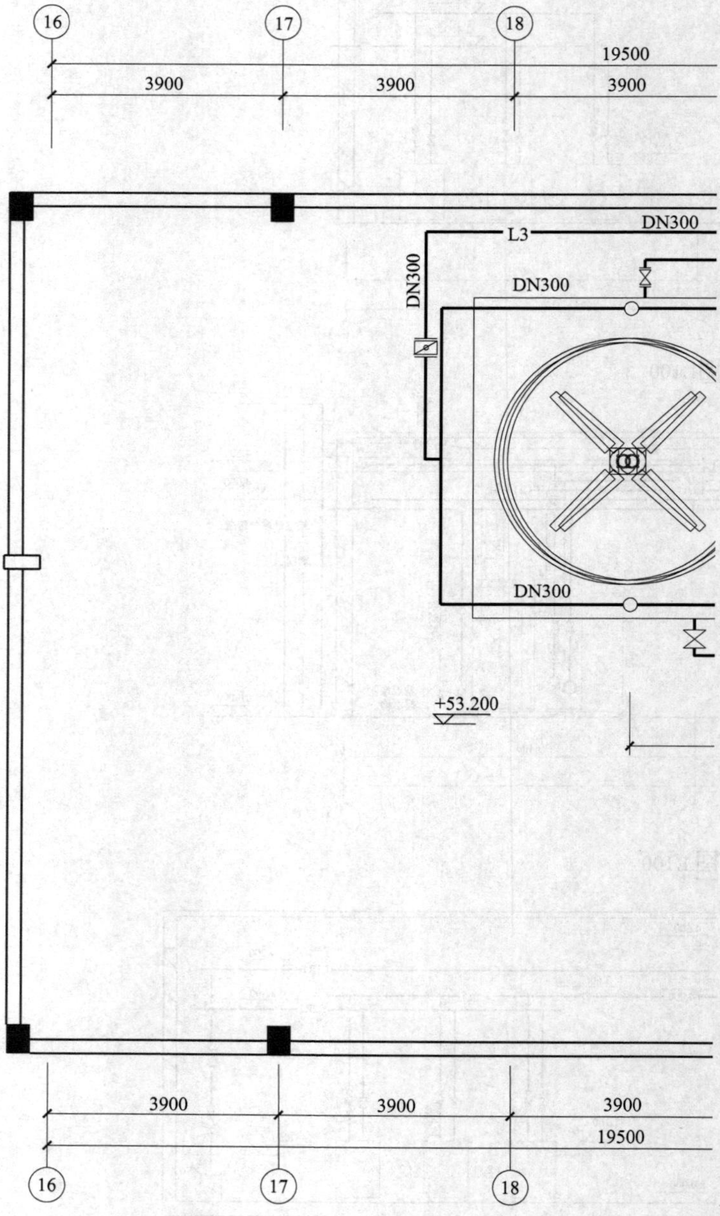
16
17
18
19500
3900
3900
3900
L3
DN300
DN300
DN300
DN300
+53.200
3900
3900
3900
19500
16
17
18

屋顶冷却塔管道

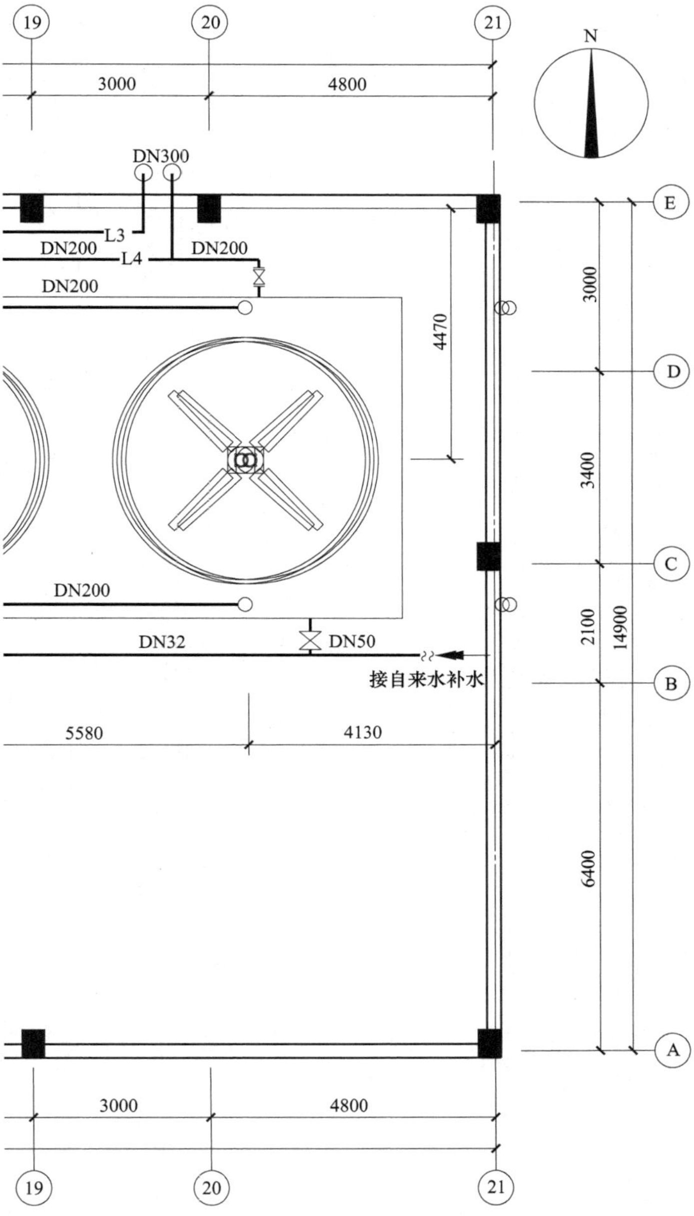

平面图1:100

专业		学号		指导		工程编号		工程名称	北京市某综合楼空调系统	图名	屋顶冷却塔管道平面图	图号	KTL07
班级		设计		校核		出图日期		项目名称	LiBr 冷冻站房				

（KTL07）

第3篇

热源工程课程设计

7

第 7 章

热源工程课程设计导论

7.1 热源工程课程设计的基本内容

7.1.1 蒸汽锅炉房系统

蒸汽锅炉房系统主要由蒸汽锅炉、汽水系统（包括水处理系统、给水系统、蒸汽系统和排污系统）、燃料供应及除灰渣系统、送引风系统、仪表及控制系统组成。

为确定锅炉房的汽水工作流程，应绘制汽水系统图。它表示锅炉房内的汽水设备，以及与这些设备连接的各种管路、各类阀门、计量和控制仪表。同时，在图中应标明设备编号、工质流向、管径及壁厚、图例等。

确定汽水系统时应保证系统运行的安全性、连续性和经济性、负荷调节的可靠性。如在调节锅炉给水量时，为保证给水泵的正常运行，必须在其出口设置通往水箱的再循环旁路；考虑到锅炉运行更换阀门的可能性，排污设置两个阀门；考虑设备的严密性，任意两个设备之间最少安装两个密闭阀门；设置排污扩容器和凝结水回收装置进行余热回收，减少水处理量。

汽水系统图是锅炉房内汽水设备和管道布置的依据，图面布置应尽可能与实际布置一致，便于使用。有时为了对管路系统表示更清楚，允许对各汽水设备的尺寸比例和相对位置作局部修改，例如缩小、放大、转向和移动等。

7.1.2 热水锅炉房系统

热水锅炉房系统主要由热水锅炉、循环系统、补水定压系统及水处理系统、燃料供应及除灰渣系统、送引风系统、仪表及控制系统组成。近些年，以热水锅炉为热源的供热系统发展较快，在设计热水锅炉房时，应注意以下问题：

1）热水锅炉在运行时的出口压力不应小于最高供水温度加 20℃所对应的饱和压力，以防止锅炉内的水汽化，产生气阻。

2）热水锅炉应有防止或减轻因停电导致的循环水泵停运，造成锅水汽化和循环系统水击的措施。

防止锅水汽化可向锅内加自来水，并在锅炉出水口设置的集气罐的排气管上缓慢放出汽和水，直到消除炉膛余热为止；也可采用备用电源，自备发电机组带动循环水泵，或起动内燃机带动的循环水泵。

循环水泵突然停运后，水泵两端的压力由进口低出口高，变成进口高出口低，对水泵产生水击。为防止其发生，应在循环水泵进出水管的干管之间装设带有止回阀的旁通管作为泄压管，当循环水泵突然停运时，循环水从旁路通过，从而减小了水击的力量。此外，在进水干管上应装设安全阀。

3）采用集中质调时，循环水泵的选择应符合下列要求：

a. 循环水泵的流量应按锅炉进出水的设计温差、各用户的耗热量和管网损失等因素决定。在锅炉出口管段与循环水泵进口管段之间装设旁通管时，应该计算流经旁通管的循环水量。

b. 选择的循环水泵扬程相应的压力必须大于或等于下列各项之和：热水锅炉及其管道的压力降，热网供回水干管的压力降，最不利用户系统内部的压力降。

c. 循环水泵的数量以2~5台为宜，当其中一台停止运行时，其余水泵的总流量应满足最大循环水量的要求。

d. 并联运行的循环水泵，应选择特性曲线比较平缓的型号，而且宜相同或近似，这样即使由于系统水力工况变化而使循环水泵的流量有较大范围波动时，水压的压头变化小，运行效率高。

4）采取分阶段改变流量调节时，应选用流量、扬程不同的循环水泵。这种运行方式把整个采暖期按室外温度高低分为若干阶段，当室外温度较高时开启小流量的泵，室外温度较低时开启大流量的泵，可大量节约循环水泵耗电量。循环水泵台数不宜少于3台，可不设备用泵。

5）热水系统的小时泄漏量，由系统规模、供水温度等条件确定，宜为系统水容量的1%。

6）补给水泵的选择应符合下列要求：

a. 补给水泵的流量，应等于热水系统正常补给水量和事故补水量之和，并宜为正常补给水量的4~5倍。一般按热水系统（包括锅炉、管道和用热设备）实际总水量的4%~5%计算。

b. 补给水泵的扬程，不应小于补水点压力（一般按供热系统水压图确定）另加30~50kPa的余量。

c. 补给水泵不宜少于2台，其中一台备用。

7）恒压装置的加压介质，宜采用氮气，不宜采用空气作为与高温水直接接触的加压介质，以免对供热系统的管道、设备产生严重的氧腐蚀。

8）采用气体加压的膨胀水箱做定压装置时，恒压点无论在循环水泵的进口端或出口端，都应使系统运行时不汽化。恒压点设在循环水泵的进口端，循环水泵停止运行时，应使系统不汽化。

9）当供热系统的恒压点设在循环水泵进水干管时，其补水点也应设在循环水泵进水干管。其优点是：压力波动较小，当循环水泵停止运行时，整个供热系统处于较低压力下。用电动水泵定压时，扬程较小，耗电量小；用定压罐定压时，罐体承受的压力较低。

10）采用补给水泵作恒压装置时，当引入锅炉房的给水压力高于热水系统静压线，在循环水泵停止运行时，可以用给水保持静压；间歇补水时，补给水泵起动时的补水点压力必须保证系统不发生汽化；由于系统不具备吸收水容积膨胀的能力，系统中应设泄压装置。

11）采用高位膨胀水箱作恒压装置时，为了降低水箱的安装高度，恒压点应该设在循环水泵进水干管上；为防止热水系统停运时产生倒空，致使系统吸入空气，水箱的最低水位应高于热水系统最高点 1m 以上，并保证循环水泵停运时系统不汽化；膨胀管上不应装设阀门；露天设置的高位水箱及管道应有防冻措施。

12）运行时用补给水箱作恒压装置的热水系统，补给水箱安装高度的最低极限，应以系统运行时不汽化为原则；补给水箱与系统连接管道上应装设止回阀，以防止系统停运时补给水箱冒水和系统倒空。同时必须在系统中装设泄压装置；在系统停运时，可采用补给水泵和压力较高的自来水建立静压，以防止系统倒空或汽化。

13）如果几台锅炉并联运行，每台锅炉的进水管上均应装设调节装置。具有并联环路的热水锅炉，在各并联环路上应装水量调节阀，各环路出水温度偏差不应超过 10℃。锅炉出水管应装设压力表和切断阀。

7.2 热源工程课程设计的基本要求

7.2.1 课程设计的目的与任务

热源工程课程设计的目的在于综合运用已学的专业基础及专业知识，在原有基础上进一步深化提高；培养查阅、运用设计规范、设计手册、参考文献的能力，进一步提高设计计算、绘图的能力，培养编制设计计算说明书和分析、解决实际问题的能力以及创新能力。

7.2.2 课程设计的基本要求

1）掌握锅炉房内各种常用设备的类型、工作原理和设计、选型方法。

2）按照设计步骤，正确编写设计说明书。

3）学习工程图样的绘制方法，按要求完成所需图样的绘制。

7.2.3 课程设计内容及设计步骤

1. 计算部分

（1）根据给定热负荷计算

1）锅炉房最大计算热负荷 Q_{jmax}、锅炉房平均热负荷 Q_{pj}。

2）确定锅炉房单台锅炉容量及总装机台数，论述锅炉运行情况、备用情况。

（2）确定上煤、除渣系统设备

1）上煤系统。供选用参考的设备有垂直或倾斜卷扬翻斗上煤装置、电动葫芦吊桶上煤装置（注：根据锅炉容量选择）。

2）除渣系统。常见的除渣设备有螺旋除渣机（单炉配置）、刮板除渣机（单炉配置或联合除渣），根据锅炉容量选择设备。

（3）确定鼓、引风系统及其设备　确定鼓、引风机型号，选择除尘器，确定烟囱高度和上口直径，并确定室内外风烟管道截面积。

（4）汽水系统　热水锅炉房热力系统包括两大部分：循环水系统和补给水系统。

1）循环水系统。这一系统包括的设备有循环水泵，除污器，热水锅炉分、集水器。

2）补给水系统。这一系统包括的设备有原水水泵、补给水泵、事故水泵、水处理设备、原水箱、软化水箱、除氧水箱。

2. 绘图部分

根据以上计算选择的设备进行锅炉房设备布置和制定热力系统流程图。

（1）工作量

1）热力系统图（1号一张，不按比例）。

2）锅炉房设备布置平面图（1号一张，1∶50）。

3）锅炉房设备剖面图（1号一张，1∶50）。

（2）要求

1）热力系统图包括循环水、补给水、水处理、排污等过程的流程。应注明图例，按供热制图标准执行，标注设备号、管径、管道代号、介质流向。

2）锅炉房设备平剖面应注明设备之间及设备与建筑维护结构间的相对定位尺寸，标注设备号，统计锅炉房主要设备一览表；设备平剖面应严格按照比例绘制，投影关系准确。

3）图纸尺寸、标题栏应符合国家标准，系统图中管线为粗实线，阀门中实线，设备细实线；设备平剖面图中设备为粗实线，其余为细实线。

3. 设计说明书

设计完成时应将设计计算部分整理成说明书。说明书要求如下：

1）所有的计算部分应尽可能列成表格（包括计算次序、项目、计算公式与算式、符号、单位及计算结果，中间的计算过程应从略）。

2）对于所选设备应说明设备特点、选择依据，并要进行方案论证。

3）总结出本锅炉房设计特点。

4）选用设备应有附图。

5）说明书书写格式要规范，应严格按照本校课程设计要求执行。

7.2.4 课程设计的章（节）学时分配

课程设计章（节）学时分配见表7-1。

表7-1 章（节）学时分配

序号	内　容	时间	序号	内　容	时间
1	布置课程设计	0.5天	3	热源部分制图	4天
2	热源部分计算	1.5天			

7.2.5 课程设计的考核方法及成绩评定标准

1. 考核内容

课程设计报告一份（含设计计算说明书及设计图样两部分）。

2. 成绩评定办法

课程设计的成绩评定办法见表7-2。

表7-2 成绩评定

评定项目	评分成绩
选题合理、目的明确(10分)	
设计方案正确，具有可行性、创新性(20分)	
设计结果(如硬件成果、软件程序)(20分)	
态度认真、学习刻苦、遵守纪律(15分)	
设计报告规范化，参考文献充分(不少于5篇)(10分)	
答辩(25分)	
总分	

注：成绩等级：优（90~100分），良（80~89分），中（70~79分），及格（60~69分），60分以下为不及格。

7.3 热源工程设计图样的绘制和设计说明书的编制

7.3.1 设计图样的绘制

课程设计应完成热力系统图1张、设备布置图2张，图幅为1号或2号图纸。课程作业只需完成相应的简图。

1. 热力系统图

热力系统图应绘制全部热力设备、连接管道、阀门及附件，并标明管径和设备编号，附上图例。

设备按规定的图形符号绘制。对于锅炉、省煤器、水处理设备等主要设备和标准中未包括的设备，按常用图形符号表示。常用图形符号通常是设备接管图的展开图。管道仪表及管道和管件图形符号以 HG 20559.3—1993《管道仪表流程图管道和管件图形符号》表示。对于标准中没有规定的管道与附件，可采用常用表示方法或参考标准中的表示方法自行决定，但应在图例中标明。

管道直径可只标注课程设计中要求计算管径的给水管道和蒸汽管道。无缝钢管用外径和壁厚表示，例如 D133 ×4，水煤气输送管（焊接钢管、黑铁管）可用公称直径表示，例如 DN20。

热力系统图的图面布置应使图面匀称、线条清晰。通常在图面的上部是锅炉和热力除氧器，下部是水处理设备、换热器和水泵，最下面是排污排水设施。进出锅炉房的各种管道应放在周边的明显部位。图中设备接管部位和管道节点相对位置应与实际接管相符，不可任意调换。管道断开处或流向不易判明的管段，应标出介质流向，必要时加文字说明。

当锅炉房设备较多时，热力系统图也可按工艺系统分成几部分，例如水处理系统、热水加热系统、锅炉排污系统等可作为独立的系统来绘制。

各设备需要连接管道的所有对外接口，包括只有排水或排汽接管的接口，在系统图上都应表示清楚，但设备内部管道和附件可不表示。

制定热力系统图时应考虑运行的可靠性、调度的灵活性、部分设备切出检修的可能性以及建设和运行的经济性等问题，一般应注意下列几个方面：

1）给水系统、蒸汽系统、热水锅炉循环水系统的连接方式应根据锅炉和锅炉房特点进行合理选择。

2）可能超压造成事故的设备应有符合国家有关规程的安全保护装置，在系统设计中应遵守有关规程对系统设计的要求。如锅炉安全阀的排出管应接至安全处；省煤器安全阀的排出管不应与排污管相接；开式水箱均应有通向大气的排气管，排气管一般接至室外，其上不得装设阀门；凝结水箱或温度较高的给水箱，应采用水封式溢流管；每台锅炉应有独立的排污及放水系统，几台锅炉排污如合用一个总排污管，则须有妥善的安全措施；锅炉的排污阀（或放水阀）和排污管（或放水管），不允许用螺纹连接等。

3）同类设备建立横向联系，以达到互为备用的目的，并应使任一台设备能从系统中切出检修或投入运行。如各台给水泵、给水箱和循环泵，各自之间应有横向连接管道和相应的阀门。

4）设备的纵向联系应保证主要设备正常工作，次要设备建立旁通。如初级加热器、减压阀和疏水阀等应有旁通管道和阀门，在这些设备故障或检修时，不致使主要设备停止工作。疏水阀的旁通还在系统暖管和设备起动时作手动排水用，疏水阀的前后装设冲洗阀和检查阀，以便冲洗管道和检查疏水阀工作情况。

5）为使各设备有从系统中切出检修的可能性，设备进出口处应有关断阀，并有放空设备的放水阀。

6）尽量减少在主管道上连接支管道，且应在靠近主管道的支管道上装关断阀，以免任一支管道上的设备和管道附件的事故或检修而影响整个系统的工作。

7）应尽量简化系统，减少管道和附件，以节省建设费用，系统连接方式应尽量减少设备的动力消耗，如锅炉房内的设备凝结水应直接进入除氧器。

2. 设备布置图

1）图中应包含各种设备和主要管道，相关的建筑和构筑物也应绘出。各种设备和管道必须有定位尺寸，建筑物应标注主要尺寸，如柱距或开间、跨度、屋架下弦标高等。

制图方法可根据图样类别执行不同的制图标准。对于建筑物、构筑物，设备布置图执行建筑制图标准；对于非标准设备和其他机械部件图，可执行机械制图标准。

制图时以工艺部分为重点。对于工艺设备和管道，根据需要可采用粗、中或细线绘制。对于建筑物和构筑物，一般用细线绘制，且图形可以简化，以标明建筑结构形式，门窗洞口和楼梯位置等与工艺设计有关部分为准，但监察规程规定的通向锅炉间的门的开向应画出。

设备图形一般以外形表示。锅炉图形中一般还应画出锅筒、尾部受热面（独立布置时）、炉排调速箱和煤斗，必要时绘出平台、扶梯和设计中增加的连接平台。风机图形中应包括机壳、电动机和基础外形。水泵图形中应表示出基础外形、水泵和电动机位置。水箱、分汽缸等保温设备，可按未保温时尺寸绘制，但布置尺寸的决定应考虑保温层的存在。钢筋混凝土溶盐池等池类用双线表示。

汽水管道一般用单线表示。风烟管道按比例绘制。金属风烟管道与设备的接口，以及弯头、变径管等部件应表示连接法兰。砖烟道用双线表示，壁厚应由土建设计决定，课程设计中可按一砖半绘制。

图中设备和管道应标出定位尺寸。至建筑物一侧的尺寸界线，应考虑施工的需要与方便，主要设备可取建筑轴线，次要设备和管道可取墙柱表面或建筑轴线。设备定位尺寸有纵向和横向两个尺寸。外形对称的设备可取中心线作为定位线，其余情况根据设备特点决定。锅炉通常以纵向中线锅筒或主要集箱中心线，前墙（柱）或后墙（柱）的尺寸定位。风机则为轴线和机壳中线，除尘器为筒体或筒体和进口中心线，泵为轴线和基础端面线或出口中心线，矩形水箱、水池常用边线。

平面图中的地面和地坑等处标注标高，剖面图中的高度常以标高标注。

剖面线的选取应能表达多数设备的布置情况。剖面图中一般应绘出锅炉、运煤除渣设备、送引风机、除尘器和烟囱，并标出锅筒中心线、除尘器进口中线、风机轴线、管道中心线，以及烟囱出口、各层地面和屋架下表面等部位的标高。

建筑图应有定位轴线及其编号。定位轴线与墙、柱、楼板的关系由有关标准规定，课程设计中也可参考例图确定。各定位轴线间距都应标注，剖面图中也应标注。

设备布置图中的设备均应标注设备编号。设备明细表可放在设备平面布置图中。

平面布置图上应绘制指北针。

2）图标。图标绘在图纸右下角，图标形式可根据各院校情况决定，图 7-1 所示的图标格式供参考。

（院校名）		（设计名称）			课程设计
班级		（图名）	图号		
姓名			比例		
指导老师			日期		

图 7-1 图标格式

3）制图要求。设计图样用制图仪器和铅笔绘制，并执行制图标准的规定。设备布置图采用比例以 1∶50 为宜，如有困难可改用其他比例。

图纸幅面一般采用基本幅面，如有必要，1 号 ~3 号图纸的长度或宽度都可加长，加长部分应为基本幅面相应边长的 1/8 及其倍数。

制图和设计计算一样，都应独立完成。对图样中工艺部分的布置方法、图形和尺寸要弄清其作用、依据和意图。图面要整洁，图线加深前应经指导教师审阅。

7.3.2 设计说明书的编制

设计说明书应包括以下内容并装订成册：

①封面（按规定的统一格式）；②成绩记录表（按规定的统一格式）；③设计任务书（按规定的统一格式）；④摘要（简介设计课题、设计内容，提出本人见解和结论，并有中外文对照）；⑤目录（按设计说明书成册后编目、页次编号）；⑥前言；⑦设计说明；⑧设计计算及其结论列表汇总；⑨主要技术经济指标汇总；⑩参考文献目录（按标准列出）；⑪附录及不少于 4000 字的有关技术资料的译文；⑫工程概算。

7.4 本章要点

本章主要阐述蒸汽锅炉房和热水锅炉房的系统形式、特点及设计内容。另外对热源工程课程设计的基本要求、热力系统原理图、热力管道平面图等图样的画法规定、深度要求及设计文件的编制作了详细叙述。

第 8 章

8

热源工程课程设计

8.1 锅炉房汽水系统设计的基本内容

8.1.1 热负荷计算

锅炉房的热负荷可分为最大计算热负荷、平均热负荷、采暖季热负荷、非采暖季热负荷和全年热负荷。其中，最大计算热负荷是选择锅炉容量的依据，所以也称设计热负荷，而后四项热负荷是计算锅炉房各个时期和全年耗煤量的依据，并以此确定贮煤场各个时期的进煤量。

工业锅炉房的热负荷包括采暖热负荷、通风（含空调）热负荷、生活热负荷、生产热负荷和锅炉房自用热负荷。如果有热水热负荷，则可将热水热负荷折算成蒸汽热负荷计算。对于一个具体锅炉房来说，都有哪些热负荷，按课程设计任务书而定。

锅炉房的最大计算热负荷和平均热负荷应根据外网的热负荷曲线，并考虑管网的热损失及锅炉房自用热负荷来确定。若无法取得热负荷曲线图，则以热负荷资料进行计算。

1. 最大计算热负荷

锅炉房最大计算热负荷是选择锅炉的主要依据，其确定方法有以下两种：

（1）图线确定法　根据各热用户（用热设备）每小时用热负荷的变化规律，绘制出各热用户热负荷变化曲线，然后将各曲线叠加后即可求出总热负荷变化曲线。总热负荷变化曲线上的最大值乘以管网热损失及漏损系数，就是最大计算热负荷。

这种方法最为合理，适用于热用户热负荷变化具有规律性的锅炉房。

（2）计算确定法　在实际工程中，由于热用户的热负荷变化没有固定的规律，因而很难用上述方法确定，在这种情况下，可根据各项原始热负荷、同时使用系数、锅炉房自耗热和管网热损失系数求得，即

$$D_{max}=K_0(K_1D_1+K_2D_2+K_3D_3+K_4D_4)+K_5D_5 \tag{8-1}$$

式中　D_{max}——最大计算热负荷（t/h）；

D_1、D_2、D_3、D_4——采暖、通风、生产和生活最大热负荷（t/h），由设计资料提供；

D_5——锅炉房自用热最大计算热负荷（t/h）；

K_1、K_2、K_3、K_4——采暖、通风、生产和生活负荷同时使用系数，应根据原始资料来确定各热用户的同时使用系数，如果没有资料，建议采取如下值：$K_1=1.0$，$K_2=0.8\sim1.0$，$K_3=0.7\sim1.0$，$K_4=0.5$，若生产与生活用热使用时间完全错开，生活负荷同时使用系数，一般取0；

K_5——自用热负荷同时使用系数，一般取$0.8\sim1.0$；

K_0——室外管网散热损失和漏损系数，见表 8-1。

表 8-1 室外管网散热损失和漏损系数

管道种类	架空	地沟
蒸汽管网	1.1～1.15	1.08～1.12
热水管网	1.07～1.1	1.05～1.08

锅炉房自耗热量包括锅炉房采暖、浴室、锅炉吹灰、设备散热、介质漏失和热力除氧器的排汽损失等，这部分热量约占输出负荷的2%～3%。汽动给水泵耗热大，但运行时普遍使用电动给水泵，所以汽动给水泵耗汽量一般可不考虑。

热网热损失包括散热和介质漏失，与输送介质的种类、热网敷设方式、保温完善程度和管理水平有关，一般为输送负荷的10%～15%。

如果有余热可以利用，则应经技术、经济比较，尽量设法利用。这时应从总热负荷中减去可利用的一部分热量，求出最大计算热负荷。

设计资料给出（由生产工艺设计提供）的生产用汽是各生产设备的铭牌耗热量之和。生活用热对于厂区是指浴室、开水房、食堂等方面耗热量，对于有热水设施的住宅，则主要是热水供应用热。由于用热设备不一定同时启用，而且使用中各设备的最大热负荷也不一定同时出现，因此，需要计入同时使用系数，这样可使选用的锅炉既能满足实际负荷的要求，又不致容量过大。

对于用汽负荷波动很大的锅炉房，应考虑装设蓄热器。

采暖通风热负荷由相关的设计提供。如果无法取得，也可按建筑物体积或面积的热指标进行计算确定。

2. 平均热负荷

平均热负荷表明热负荷的均衡性，选择设备时应考虑此因素，如变负荷对设备经济性和安全性的影响。

（1）采暖（通风）平均热负荷 D_{1pj} 采暖（通风）平均热负荷计算式为

$$D_{1pj}=\frac{t_n-t_{pj}}{t_n-t_w}D_{max} \tag{8-2}$$

式中 D_{1pj}——采暖（通风）平均热负荷（t/h）；

D_{max}——采暖最大热负荷（t/h）；

t_n——采暖室内计算温度（℃）；

t_{pj}——采暖期采暖（通风）室外平均温度（℃）；

t_w——采暖（通风）室外计算温度（℃）。

（2）生产平均热负荷 生产平均热负荷由各车间生产平均热负荷相加而得，或按表 8-2 采用。

表 8-2 同时使用系数 K_3

生产最大热负荷 D_3 与生产平均热负荷 D_{3pj} 的关系	同时使用系数 K_3	生产最大热负荷 D_3 与生产平均热负荷 D_{3pj} 的关系	同时使用系数 K_3
$D_3=D_{3pj}$	1	$D_3=3D_{3pj}$	0.6
$D_3=2D_{3pj}$	0.8	$D_3=4D_{3pj}$	0.5

注：当生产用热车间个数在 5 个以上时，表中 K_3 值较为准确，否则不宜采用此表。

（3）生活平均热负荷　对于蒸汽锅炉房，生活平均热负荷计算式为

$$D_{4pj}=\frac{1}{8}D_4 \tag{8-3}$$

式中　D_{4pj}——生活平均热负荷（t/h）；

D_4——生活最大热负荷（t/h）。

（4）锅炉房自用平均热负荷　由于锅炉房自用热负荷相对较少，所以，采暖季锅炉房自用平均热负荷可近似地采用锅炉房自用最大热负荷。而非采暖季锅炉自用平均热负荷应从自用最大热负荷中扣减锅炉房本身的采暖通风最大热负荷。

锅炉房平均热负荷（t/h）计算式为

$$D_{pj}=K_0(D_{1pj}+D_{2pj}+D_{3pj}+D_{4pj}+D_5) \tag{8-4}$$

对于具有季节性负荷的锅炉房，应分别计算采暖季和非采暖季的锅炉房平均热负荷。

3. 全年热负荷

锅炉房年热负荷（t/a）是确定全年燃料消耗量的依据，也是进行技术经济比较的依据。可根据平均热负荷和全年使用小时数计算，即

$$D_{0n}=K_0(D_{1n}+D_{2n}+D_{3n}+D_{4n})\left(1+\frac{D_5}{D_{max}}\right) \tag{8-5}$$

式中　D_{1n}、D_{2n}、D_{3n}、D_{4n}——采暖、通风、生产和生活的全年热负荷（t/a）；

D_5/D_{max}——除氧用热系数。

采暖、通风、生产和生活的全年热负荷计算，需要有全年采暖期日数、每昼夜工作班数、非工作班时保温用热负荷，计算式分别为

$$D_{1n}=8n_1[SD_{1pj}+(3-S)D_{1f}] \tag{8-6}$$

$$D_{2n}=8n_2SD_{2pj} \tag{8-7}$$

$$D_{3n}=8n_3SD_{3pj} \tag{8-8}$$

$$D_{4n}=8n_3SD_{4pj} \tag{8-9}$$

式中　n_1、n_2、n_3——采暖、通风天数和全年工作天数（一般采暖和通风天数相同，全年工作天数一般为306d/a）；

S——每昼夜工作班数；

D_{1f}——非工作班时保温用热负荷（t/h），可按室内温度 $t_n=5℃$ 代入式(8-2)计算得出。

当热负荷波动较大时，可采取调整生产班次，错开各用热时间，使热负荷曲线趋于平稳。有条件的工厂可采用蓄热器，此时锅炉房的规模按平均热负荷来确定。

最后，将按上述方法计算的热负荷汇在热负荷表中，且最大计算热负荷、平均热负荷应分别按采暖和非采暖季计算列表给出。

8.1.2　锅炉型号和台数的选择

锅炉型号和台数根据锅炉房热负荷、介质、介质参数和燃料种类等因素确定，并应考虑技术经济方面的合理性，使锅炉房在冬、夏季均能经济可靠运行。

1. 锅炉容量

根据计算热负荷的大小和燃料特性决定锅炉型号，并考虑符合变化和锅炉房发展的需要。

选用锅炉的总容量必须满足计算负荷的要求，即选用锅炉的额定容量之和不应小于锅炉房计算热负荷，以保证用汽的需要。否则，锅炉将在超负荷下运行，这样不仅会使锅炉效率显著下降，而且将使蒸汽品质变坏，造成过热器内壁结构温度升高，严重影响到锅炉运行的安全性和经济性，甚至产生重大事故，但也不应使选用锅炉的总容量超过计算负荷太多而造成浪费，锅炉应经常在70% ~95%的负荷范围下工作，避免长期在低负荷下运行。锅炉的容量还应适应锅炉房负荷变化的需要，特别是某些季节性锅炉房。

对于近期热负荷将有较大增长的锅炉房，可选择较大容量的锅炉，使发展后的锅炉台数不致过多，并在辅助设备的选择、管理系统的设计、土建设计等给予考虑。对于远期可能发展的热负荷，在锅炉房工艺设计中又不作考虑，但在总图布置上，应留出锅炉房发展所需的场地。

锅炉房中宜选用相同型号的锅炉，以便于布置、运行和检修。如需要选用不同型号的锅炉时，一般不超过两种。

2. 锅炉参数

锅炉供热参数一般以整个供热系统中最高用户要求的参数为依据，同时还应考虑到供热介质在输送过程中温度和压力的损失，以满足整个系统中各用户的要求。如今后可能发展为余压发电（热电联产）的供热系统，锅炉宜选用较高的参数。

锅炉的工作压力应比最高用户的需要压力加上热网损失压力高0.1 ~0.2MPa即可。选择锅炉时，锅炉的额定工作压力应接近实际工作压力，两者相差不要太大，否则，由于锅炉运行压力也低于设计（额定）压力，使蒸汽品质变坏、出力不足、效率下降、能源消耗增大，严重地影响到锅炉运行的经济性和可靠性。

对于蒸汽供热系统来说，绝大多数用户要求饱和蒸汽，此时锅炉出口的蒸汽温度为锅炉工作压力下饱和蒸汽的温度。当热用户中有要求供应过热蒸汽时，锅炉出口处的蒸汽温度按要求最高的热用户温度加上热网损失的温度后富余5 ~10℃来确定。如果这一温度比个别用户要求的温度高得多，而这些用户要求又较严格时，可在局部采用减压降温器加以调节。

3. 锅炉台数

选用锅炉的台数应考虑对负荷变化和意外事故的适应性，建设和运行的经济性。

一般来说，单机容量较大的锅炉效率较高，锅炉房占地面积小，运行人员少，经济性好，但台数不宜过少，否则适应负荷变化的能力和备用性就差。《锅炉房设计规范》规定：当锅炉房内最大一台锅炉检修时，其余锅炉应能满足工艺连续生产所需的热负荷和采暖通风及生活用热所允许的最低热负荷。

锅炉房的锅炉台数一般不宜少于2台。当选用1台锅炉能满足热负荷和检修需要时，也可只装置1台。对于新建锅炉房，锅炉台数不宜超过5台，扩建和改建时，最多不宜超过7台。国外有关文献认为，新建锅炉房内装设锅炉的最佳台数为3台。

4. 燃烧设备

选用锅炉的燃烧设备应能适应所使用的燃料，对煤种和热负荷的变化有较好的适应性，具有较好的压火性能，对消烟除尘设备的要求较低，运行操作的劳动强度较低，电动机的安装容量较小，金属耗量较少，便于燃烧调节和满足环境保护的要求。当使用燃料和锅炉的设计燃料不符时，可能出现燃烧困难，特别是燃料的挥发分和发热量低于设计燃料时，锅炉效率和蒸发量都将不能保证。

5. 备用锅炉

《蒸汽锅炉安全技术监察规程》规定："运行的锅炉每两年应进行一次停炉内外部检验，新锅炉运行的头两年及实际运行时间超过 10 年的锅炉，每年应进行一次内外部检验"。在上述计划检修或临时事故停炉时，允许减少供汽的锅炉房可不设备用锅炉；减少供热可能导致人身事故和重大经济损失时，应设置备用锅炉。

6. 方案分析

设计中可能出现几个可供选择的方案，设计者应分析各方案特点，在安全性和经济性等多方面进行比较，提出自己的见解，确定选用方案。

8.1.3 水处理系统的计算和设备选择

锅炉房用水一般来自城市或厂区供水管网，水质已经过一定的处理。锅炉房水处理的任务通常是软化和除氧，某些情况下也需要除碱或部分除盐。其水质应按我国现行的国家标准 GB/T 1576—2008《工业锅炉水质》执行。

1. 软化水量的计算

锅炉补给水应经软化处理，而除氧设备应处理全部锅炉给水。因为凝结水中杂质含量很少，但输送过程中可能接触空气而使之含氧。

锅炉软化水量（t/h）是指锅炉给水量与合格的凝结水回收量之差。锅炉给水量包括蒸发量、排污量，并应考虑设备和管道漏损。计算式为

$$G_{rs} = K(1 + \eta_{pw})D - G_n \tag{8-10}$$

式中 D——锅炉房额定蒸发量（t/h）；

G_n——合格的凝结水回收量（t/h）；

K——设备和管道漏损（%）可取 0.5%；

η_{pw}——锅炉排污率（%）。

在锅炉软化水量得出之前，无法确定锅炉排污率，为此，可预先估算或在 2%～10% 之间选取，如与最终确定的排污率相差不大（不大于 3%），不必重复计算，否则，以计算得出的排污率重新计算。

2. 水的软化方法

锅炉用水应进行软化处理。碱度高的水有时需要进行除碱处理，通常可根据锅水相对碱度和按碱度计算的锅炉排污率高低来决定。根据 GB/T 1576—2008《工业锅炉水质》规定，锅水相对碱度应小于 0.2，若不符合规定，应考虑除碱处理。而锅炉排污率的限制主要是节约能源的问题，应经技术经济比较确定，但一般不大于 10%，是否需要部分除盐处理，主要根据按含盐量计算的排污率是否在经济性允许的范围内来确定。GB 50041—2008《锅炉房设计规范》规定，采用锅外化学水处理，锅炉蒸汽压力小于或等于 2.5MPa 时，排污率不宜大于 10%；压力大于 2.5MPa 时，排污率不宜大于 5%。排污率超过上述规定时，应有技术经济依据。否则，若排污率是按碱度决定的，应采取给水除碱措施；若按溶解固形物决定的，则应考虑除盐措施。

水的软化方法一般采用阳离子交换软化法，效果稳定，易于控制。采用离子交换软化法时，根据水质特点，可以用一级或两级处理；当需要除碱时，可以采用石灰预处理、氢—钠或铵—钠离子交换等方法。

对于额定蒸发量小于或等于 2t/h，且额定蒸汽压力小于或等于 1.0MPa 的蒸汽锅炉，也

可采用锅内加药处理。

3. 软化设备选择计算

化学软化水处理设备的形式可按下列要求选择：

1）进水总硬度小于或等于325mg/L（以 $CaCO_3$ 表示）时，宜采用固定床逆流再生离子交换器；进水总硬度小于100mg/L（以 $CaCO_3$ 表示）时，可采用固定床顺流再生离子交换器。

2）进水总硬度小于200mg/L（以 $CaCO_3$ 表示），原水水质稳定，软化水消耗量变化不大，且设备能连续不间断运行时，可采用浮动床、流动床或移动床离子交换器。

采用离子交换法处理时，根据处理水量计算决定交换器的型号、台数、工作周期、再生剂消耗量和自耗水量，并决定再生溶液制备方法，选定相应设备。当采用其他方法处理时，应进行主要设备选择计算和药剂消耗量计算。

离子交换器的处理水量按运行水流速计算，采用磺化煤为交换剂时，运行流速一般为10～20m/h，采用离子交换树脂时，一般为15～25m/h，硬度较高的原水取用较小的流速。

离子交换器的台数应满足连续供水的要求，一般不少于两台，否则，软水箱或给水箱应有足够容积，以保证设备还原时锅炉给水的需要。

离子交换工艺通常采用固定床逆流再生，以节省再生剂，但对于硬度较低的原水（小于100mg/L），也可采用顺流再生，设备简单，操作方便。

离子交换剂可采用磺化煤或离子交换树脂。

钠离子交换法的再生剂为食盐，采用简单的盐浴解器的还原方法，其设备简单，但出口溶液浓度不均，影响还原效果和增加盐耗；容量较大的锅炉房，可采用具有盐液池（箱）的系统。池的体积通常为一次再生用量，当离子交换器台数较多，需要两台同时再生时，可按两次再生用量计算。

钠离子交换再生用的食盐可采用干法或湿法贮存，其贮量应根据运输条件确定。当采用湿法贮存时，应符合下列要求：

1）浓盐液池和稀盐液池的材料宜采用混凝土，并宜各设1个。

2）浓盐液池的有效容积宜为5～15天食盐消耗量，其底部应设置慢滤层或另设置过滤器。

3）稀盐液池的有效容积不应小于最大一台钠离子交换器一次再生盐液的消耗量。

应该注意，工业用盐含杂物较多，应在进入交换器前滤去，盐溶解器和盐溶液过滤器都起此作用。对耗盐量较大的还原系统，还应考虑降低操作的劳动强度，特别是搬运和加装盐的操作。

盐液池体积 V_{nx}（m^3）计算式为

$$V_{nx}=\frac{1.2nB\varphi}{1000C_y\rho_y} \tag{8-11}$$

式中 V_{nx}——浓、稀盐液盐的容积（m^3）；

B——一次再生用盐量（kg）；

C_y——盐溶液中盐的质量分数（%），较佳含量应根据设备特点在运行中优选，一般取用4%～8%；

ρ_y——盐溶液密度（t/m^3），见表8-3；

n——再生次数，一般取1～5次；

φ——食盐纯度，可取0.96～0.98。

表 8-3 氯化钠溶液的密度

盐的质量分数(%)	4	6	8	10	26
密度/(t/m^3)	1.027	1.041	1.056	1.071	1.197

再生用盐量较小时，再生用盐可以干贮存，用盐量较大时，可用湿贮存，以改善操作条件。盐池（浓盐溶液池）体积 V_2（m^3）的计算式为

$$V_2 = \frac{1.2nA}{\rho} \tag{8-12}$$

式中 A——每昼夜用盐量（t）；

n——贮盐天数，一般取 10～15d；

ρ——盐的视密度，可取 $0.86t/m^3$。

根据计算得出的盐池体积确定盐池外形尺寸，尺寸的确定应考虑布置和操作的便利。

一次再生耗盐量（kg）的计算式为

$$B = \frac{EA'hb}{1000\varphi_y} \tag{8-13}$$

式中 E——交换剂工作交换容量（kg/m^3）；

A'——所选交换器截面积（m^2）；

h——交换剂层高度（m）；

φ_y——盐的纯度，与盐的等级有关，计算中可取 0.96～0.98；

b——再生剂单耗，磺化煤为 150～200（顺流）或 100～120（逆流），001 型树脂为 120～150（顺流）或 80～100（逆流）。

离子交换器再生过程的自耗软水和清水量，根据各操作过程控制流速和所需时间计算，逆流再生交换器的大反洗周期需依据交换剂的工作交换容量和水的阻力变化情况来决定。

离子交换除碱、浮动床和流动床等其他水处理工艺的设计计算可直接参考有关手册和资料。

4. 除氧设备选择计算

GB/T 1576—2008《工业锅炉水质》规定，当锅炉额定蒸发量大于或等于 6t/h 时应除氧，额定蒸发量小于 6t/h 的锅炉如发现局部腐蚀时，给水也应采取除氧措施。常用除氧方法主要有热力除氧、钢屑除氧、解吸除氧和真空除氧等多种。

当给水溶解氧不允许超过 0.05mg/L 时，应采用热力除氧，因其效果较好，容量较大的锅炉房通常也都采用热力除氧。但当锅炉房容量较小时，采用热力除氧会使设备选择的布置发生困难。此外，较高的给水温度也使铸铁省煤器的升温幅度受到限制。其他除氧方法虽有使用，但因工业锅炉房负荷波动大、管理水平不一，其效果不很稳定。

化学药剂除氧常用药剂为 Na_2SO_3，由于药品较贵，又增加锅水含盐量，一般不作为基本除氧方式，可用于核审要求较高的锅炉作补充处理。

热力除氧是使用最广泛的一种除氧方法，其工作可靠，效果稳定，出水含氧量小于或等于 0.05mg/L。热力除氧器由制造厂成套供应，当前产品出力有 6t/h、10t/h、20t/h、40t/h、70t/h 等几种，配套水箱体积约为 0.5h 除氧水量。大气式热力除氧器工作压力 0.02MPa，工作温度 104～105℃，进汽压力 0.1～0.3MPa，进水压力 0.15～0.2MPa，进水温度对于喷雾

式除氧器为不低于40℃。

热力除氧器的耗汽量（kg/h）计算式为

$$D_q = \frac{G(h_2 - h_1)}{(h_q - h_2)\eta} + D_y \tag{8-14}$$

式中 G——除氧水量（kg/h）；

h_1——进除氧器水焓（kJ/kg）；

h_2——出除氧器水焓（kJ/kg）；

h_q——进除氧器蒸汽的焓（kJ/kg）；

η——除氧器的热效率，一般取0.96~0.98；

D_y——余汽量（kg/h），可按每吨除氧水1~3kg计算。

真空除氧器的工作原理与热力除氧器相同，真空由蒸汽喷射器或水喷射器产生。除氧器由制造厂成套供应，配套水箱体积约为0.5h除氧水量。真空除氧器可对40~60℃的水进行除氧，出水含氧量小于或等于0.05mg/L。

真空除氧器可用于蒸汽锅炉房，也适用于没有蒸汽的热水锅炉房的补给水除氧。但由于除氧器在0.08~0.096MPa的真空度下工作，对系统的严密性要求很高，否则将影响除氧效果。

热力除氧和真空除氧都要求除氧器和除氧水箱有较大的安装高度，以保证除氧器后的水泵能正常工作。

容量较小的锅炉房也可采用加化学药剂除氧，药剂通常用Na_2SO_3。加药方式可用加药泵在省煤器前加入，也可在给水管路上安装孔板，利用孔板前后的压差来加药。加Na_2SO_3除氧，设备简单，操作方便，除氧效果也好，但加Na_2SO_3处理时，Na_2SO_3与氧反应生成Na_2SO_4，因而使锅水的总溶解固形物增加，导致排污量增加，蒸汽品质也可能受到影响。因此，很少单独加Na_2SO_3除氧，多与其他除氧法配合使用，作补充除氧。

纯度为100%的亚硫酸钠$Na_2SO_3 \cdot 7H_2O$加入量G_y（kg/h）的计算式为

$$G_y = \frac{G(15.8C + 3.2\eta_{pw} S_0)}{1000} \tag{8-15}$$

式中 G——除氧水量（kg/h）；

C——给水含氧量（mg/L）；

η_{pw}——锅炉排污率（用小数表示）；

S_0——锅水中SO_3^{2-}过剩量（mg/L），水质标准规定10~40mg/L；

3.2——$Na_2SO_3 \cdot 7H_2O$与SO_3^{2-}换算系数。

给水含氧量可用给水温度下的饱和含氧量计算（表8-4）。实际运行中，可按实际含氧量和锅水中SO_3^{2-}过剩量调整加药量。

表8-4 水面压力为标准大气压时氧的饱和含氧量

水温/℃	10	20	30	40	50	60	70	80	90	100
饱和含氧量/(mg/L)	11.2	9.1	7.5	6.4	5.5	4.7	3.8	2.8	1.6	0

5. 计算锅炉排污量和决定排污系统

锅炉排污的目的是降低锅水浓度，保证蒸汽品质良好，及时排除水渣，防止受热面结垢。锅炉排污应做到既能使锅水达到合格标准，又尽量减少热损失。锅炉排污量的大小与给水水质和蒸发速率密切相关，水质好，蒸发速率低，排污量可少些；反之则需适当增加排污量及排污次数。锅炉排污量常以排污率来表示，按碱度和含盐量分别计算，取较大值。

排污率就是排污水量占锅炉蒸发量的百分比。锅炉运行中常以监测锅水氯离子（也称氯根）的含量来指导锅炉的排污。其计算方法如下：

按给水碱度计算排污率，即

$$\eta_A = \frac{(1-\alpha)A_{gs}}{A_g-(1-\alpha)A_{gs}} \times 100\% \tag{8-16}$$

按给水含盐量（溶解固形物）计算排污率，即

$$\eta_s = \frac{(1-\alpha)S_{gs}}{S_g-(1-\alpha)S_{gs}} \times 100\% \tag{8-17}$$

式中 η_A——按含碱量计算的锅炉排污率（%）；

η_s——按含盐量计算的锅炉排污率（%）；

A_g、A_{gs}——锅炉允许碱度和给水碱度（mmol/L）；

S_g、S_{gs}——锅水的含盐量和给水含盐量（mg/L）；

α——凝结水回收率。

对有连续排污的锅炉，应考虑连续排污水热量的利用。连续排污膨胀器是将锅炉连续排污水扩容，分离出蒸汽和水，利用蒸汽和水的热量作为加热热源，提高锅炉热量的利用率。连续排污膨胀器应经计算选定其型号。排污膨胀器二次蒸汽量的计算如下，即

$$D_q = \frac{D_{ps}(h'\eta - h'_1)}{(h''_1 - h'_1)x} \tag{8-18}$$

式中 D_q——二次蒸发量（kg/h）；

D_{ps}——连续排污量（kg/h）；

h'——锅炉饱和水焓（kJ/kg）；

h'_1，h''_1——膨胀器压力下饱和水和饱和蒸汽的焓（kJ/kg）；

x——二次蒸汽干度，一般取0.7；

η——排污管热损失系数，一般取0.98。

膨胀器体积计算式为

$$V = \frac{KD_q v}{R_v} \tag{8-19}$$

式中 K——容积富余系数，一般取1.3~1.5；

v——二次蒸汽的比体积（m^3/kg）；

R_v——膨胀器中，单位容积的蒸汽分离强度，一般为400~1000m^3/(m^3·h)。

膨胀器后二次蒸汽，根据实际情况进行再次回收利用，如用来在热力除氧器中的水加热，高温排水，也可通过换热器加热软化水，以利用其热量。

对于定期排污量较大的锅炉房，也应考虑设置定期排污扩容器。

额定蒸发量大于或等于1t/h的锅炉应有锅水取样装置。取样冷却器一般每台锅炉单独设置，以免蹿水影响水样的代表性。

排污水应冷却到40℃以下排入下水道，一般宜设排污减温池进行冷却。

如采用热力除氧器，也应有除氧水取样冷却器。

8.1.4 给水系统的计算和设备选择

给水设备是指锅炉房给水系统中各种水泵和水箱，它与锅炉的安全运行有着密切的关系。锅炉给水的中断可能引起重大事故，因此设计中应使给水设备能可靠、有效地满足锅炉给水的需要。

1. 确定给水系统

给水系统由给水设备、连接管道和附件等组成。在具有除氧水箱时，为保证除氧器的正常运行，应同时设置凝结水箱或软水箱。在没有除氧水箱时，凝结水箱可以与给水箱合设或分设。如有低压蒸汽（小于或等于0.07MPa）自流回水进入锅炉房时，凝结水箱设于地下，而给水箱则分设于地上。因为地下室远离锅炉操作面，操作不便；且地下室采光通风条件差，排水也不便，还有受水淹的可能。对于其他各种凝结水回收系统（压力回水），凝结水箱可作地上布置，与给水箱合设。

给水泵可以集中设置，通过母管向各台锅炉供水，也可以每台锅炉单独配置，但备用给水泵仍应与每台锅炉的给水管道连接，以确保供水。单独配置给水泵时，便于调节，对没有自动给水调节器的锅炉比较适宜。集中给水时，其系统可以简化，所配备的水泵数量也可以减少。

2. 给水泵的选择

（1）给水泵的容量和台数　给水泵的流量应满足所有运行锅炉在额定蒸发量时给水量的1.1倍的要求，如果锅炉房设有减温减压装置，还应计入其用水量。由于工业锅炉房负荷一般都不均衡，特别是有季节性负荷的锅炉房负荷变化更大，因此给水泵的容量和台数还应适应全年负荷变化的要求。例如，当非采暖季负荷很低时，可考虑设置低负荷时专用的给水泵，使水泵处于正常调节范围内工作，提高运行的可靠性和经济性。但给水泵台数不宜过多，以免使系统和运行复杂化。

（2）备用给水泵　设置备用给水泵是为保证在停电、正常检修和发生机械故障等情况下，锅炉仍能得到安全、可靠地供水。为此，设计规范和监察规程都明确规定：锅炉房应设置备用给水泵，当任何一台给水泵停止运行时，其余给水泵的总流量应满足所有锅炉额定蒸发量的1.1倍给水量。因此，任何一个锅炉房内给水泵至少设置两台，如果只有两台，则每台给水泵的流量必须满足前述1.1倍给水量的要求。

采用电动给水泵为主要给水设备时，宜采用汽动给水泵为事故备用泵，其流量可按所有运行锅炉在额定蒸发量时所需给水量的20%～40%来选择。这是因为在停电时，辅机不能运行，锅炉已无法正常燃烧和供汽。当汽动给水泵作为主要备用泵，且给水管路为双母管时，它的流量则不得小于最大一台电动给水泵的流量，若为单母管给水时，汽动给水泵的流量应按锅炉房所有锅炉在额定蒸发量时给水量的1.1倍来选择。因此，如果容量不大的锅炉房只选用两台给水泵，那么其中一台为电动泵，另一台为汽动泵，其容量相同。但需注意，电动泵是离心式的，而汽动泵是往复式的，这两种泵不能并联工作。

为保证给水泵安全、正常工作，选择的给水泵应能适应最高给水温度的要求。

对于额定蒸发量等于1t/h、额定出口蒸汽压力小于或等于0.7MPa的锅炉，可各自采用注水器作为备用给水装置。

（3）给水泵的扬程相应的压力　给水泵的扬程相应的压力可按下式计算，即

$$p_H = 1000(p + \Delta p) + p_{H1} + p_{H2} + p_{H3} + p_{H4} \quad (8\text{-}20)$$

式中 p——锅炉工作压力（MPa）；

Δp——安全阀较高始启压力相对工作压力的升高值（MPa），当锅炉额定蒸汽压力小于1.27MPa 时，$\Delta p = 0.04$MPa，当锅炉额定蒸汽压力为 1.27 ~ 3.82MPa 时，$\Delta p = 0.06$MPa；

p_{H1}——省煤器的阻力（kPa）；

p_{H2}——给水管道的阻力（kPa）；

p_{H3}——给水箱最低水位与锅炉水位间液位压差（kPa）；

p_{H4}——附加压力，50 ~ 100kPa。

对于压力较低的锅炉，给水泵的扬程相应的压力也可用近似式计算，即

$$p_H = 1000p + (100 \sim 200)\text{kPa} \quad (8\text{-}21)$$

3. 给水箱的选择

（1）给水箱的容积和个数　给水箱的作用有两个：一是软化水和凝结水与锅炉给水流量之间的缓冲，二是给水的储备。给水箱进水与出水之间的不平衡程度与多种因素有关，如锅炉房容量、负荷的均衡性、软化和凝结水设备特点及其运行方式等。容量较大的锅炉房，波动相对较小。给水储备是保证锅炉安全运行所必需的，其要求与锅炉房容量有关。所以，给水箱的容量主要根据锅炉房的容量确定，一般给水箱的总有效容量为所有运行锅炉在额定蒸发量时所需 20 ~ 40min 的给水量。对于小容量的锅炉房，给水箱的有效容量可适当增大。

给水箱可只设置一个，但常年不间断供热的锅炉房应设置两个，或者选用有隔板的方形给水箱。

采用热力除氧和真空除氧时，除氧器和给水箱由制造厂配套供应，开式（常压）给水箱可按标准图选用，选用时应注意有隔板的水箱与无隔板的水箱的外形尺寸和标准图号的区别。

（2）给水箱的安装高度　给水泵输送温度较高的给水，要求给水箱有一定的安装高度，使给水泵有足够的灌注头，以免发出汽蚀和影响正常给水。

给水箱的安装高度（给水箱最低水位至给水泵轴线的标高差）应不小于下式计算的给水泵最小灌注高度（m）。

$$H_{gz,\min} = \frac{p_{bh} - p_{gs} + \sum \Delta p_h + p_{Hf}}{\rho g} + \Delta h_y \quad (8\text{-}22)$$

式中 p_{bh}——使用温度下水的饱和压力（Pa）；

p_{gs}——给水箱液面压力（Pa）；

$\sum \Delta p_h$——吸水管道阻力（Pa）；

p_{Hf}——富余量，可取 3000 ~ 5000Pa；

ρ——使用温度下水的密度（kg/m^3）；

g——重力加速度（m/s^2）；

Δh_y——泵的允许汽蚀余量（m）。

若计算结果为负值，是指最大吸水高度。

泵样本上给出了泵的允许汽蚀余量。但有时样本上给出的是允许吸水高度，此时可用下式换算，即

$$\Delta h_y = \frac{p_a - p_{bh}}{\rho g} + \frac{w_1^2}{2g} - H_{1s} \tag{8-23}$$

式中 p_a——当地大气压力（Pa）；

w_1——泵吸入口处流速（m/s）；

H_{1s}——使用条件下泵的允许吸水高度（m）。

泵样本上给出的允许吸水高度 H_s 是按标准状态给出的，即在标准大气压力下抽送常温（20℃）水时的数值，使用条件与此不相同时，需按下式修正，即

$$H_{1s} = \frac{p_a}{\rho g} - 10.33 - \left(\frac{p_{bh}}{\rho g} - 0.24\right) + H_s$$

$$\approx \frac{p_a - p_{bh}}{\rho g} + H_s - 10\text{m} \tag{8-24}$$

根据给水泵的允许吸水高度，也可直接计算其最小灌注高度，即

$$H_{gs,min} = \frac{p_a - p_{gs} + \sum \Delta p_h + p_{Hf}}{\rho g} + \frac{w_1^2}{2g} - H_{1s} \tag{8-25}$$

在给水温度不高时，即使给水泵允许吸水，通常也把泵布置在水箱最低水位以下，使泵处于自灌水条件下，以便于运行。

4. 凝结水箱和凝结水泵（或除氧水泵）的选择

常年供汽的锅炉房，凝结水箱一般采用两个，季节性锅炉房可只采用一个。水箱的总容量可为 20 ~ 40min 最大小时凝结水量。水箱外形尺寸可按标准图选用。

由于凝结水温度较高，为了保证凝结水泵（或除氧水泵）的正常工作，减小凝结水箱和凝结水泵之间的安装高度差，可将部分或全部锅炉补给水通入凝结水箱，降低水温，也减少蒸发。此时凝结水箱的总容积也应相应加大。

凝结水泵（或除氧水泵）采用电动离心泵，一般为两台，其中一台备用。凝结水泵（或除氧水泵）的流量应不小于 1.2 倍最大小时凝结水回收量，当全部锅炉补给水进入凝结水箱时，凝结水泵（或除氧水泵）流量应满足所有运行锅炉额定蒸发量时所需给水量的 1.1 倍。

凝结水泵（或除氧水泵）的扬程相应的压力 p_{Hn} 的计算式为

$$p_{Hn} = p_{zy} + p_{H1} + p_{H2} + p_{H3} \tag{8-26}$$

式中 p_{zy}——除氧器要求进水压力（kPa）；

p_{H1}——管道阻力（kPa）；

p_{H2}——凝结水箱最低水位与给水箱或除氧器入口处标高差相应压力（kPa）；

p_{H3}——附加压力，可取 50kPa。

5. 其他水泵和水箱的选择

（1）原水加压泵　当进入锅炉房的原水（生水、清水）压力不能满足水处理设备和其他用水设备的要求时，应设置原水加压泵，但一般不设备用。

原水加压泵的扬程相应的压力一般不低于 200 ~ 300kPa，应视用水设备的要求而定。泵的流量应考虑水处理设备的处理水流量及自耗水流量、煤和灰渣作业用水流量、锅炉辅机冷却水流量、湿法除尘水流量以及取样、化验室和生活设施用水流量等要求，可根据实际需要

参考有关手册耗水量资料计算决定。

(2) 地下室排水泵 凝结水箱和凝结水泵布置在地下室时，因其地下室的积水难以直接排入下水道，有时下水道发生堵塞还会发生污水倒灌，故应设排水泵，但通常不设备用泵。

设备正常漏水量极微，排水泵的流量主要考虑设备溢流水量、设备清洗及事故排水量。

(3) 软化水箱 设有软化水箱或其他中间水箱时，根据水箱在系统中的作用和要求，决定其容积，并根据需要设置相应的水泵。

8.1.5 主要管道和阀门的选择

1. 主要管道

要求选定的主要管道是从给水箱至锅炉的给水管道和从锅炉至分汽缸（不设置分汽缸时，至主要用汽设备或锅炉房出口）的蒸汽管道。

管道直径根据输送的介质按推荐流速（表8-5）计算，然后选择管道规格。当输送介质压力大于1.0MPa、温度大于200℃时，应采用无缝钢管；不超过上述范围时，可采用无缝钢管或水煤气输送管。采用螺纹连接时，只限于水煤气输送管。

表8-5 蒸汽、水及压缩空气管道推荐流速表

工作介质	管道种类	流速/(m/s)	工作介质	管道种类	流速/(m/s)
过热蒸汽	DN>200 DN=100~200 DN<100	40~60 30~50 20~40	凝结水	凝结水泵吸水管 凝结水泵排水管 自流凝结水管	0.5~1.0 1~2 <0.5
饱和蒸汽	DN>200 DN=100~200 DN<100	30~40 25~35 15~30	冷却水	冷水管 热水管(压力式)	1.5~2.5 1~1.5
二次蒸汽	利用的二次蒸汽管 不利用的二次蒸汽管	15~30 60	盐液	盐液管	1~2
热网循环水	供回水管(外网)	0.5~3	压缩空气	$p<1.0$MPa	8~12
锅炉给水	水泵吸入管 离心泵出水管 往复泵出水管 给水总管	0.5~1.0 2~3 1~3 1.5~3	上水	上水管、冲洗水管(压力) 软化水管、反洗水管(压力) 反洗水管(自流)、溢流水管	1.5~3 1.5~3 0.5~1.0

给水管道一般采用单管，常年不间断供热的锅炉房应采用双母管，且每条管道的流量都是额定蒸发量时的给水量。

锅炉至分汽缸的蒸汽管道，可以每台锅炉直接接至分汽缸，也可以通过蒸汽母管与分汽缸连接。前者多用于小型锅炉，操作比较方便。

《蒸汽锅炉安全技术监察规程》规定："连接锅炉和蒸汽母管的每根蒸汽管上，应装设两个蒸汽闸阀或截止阀，闸阀之间或截止阀之间应装有通向大气的疏水管和阀门，其内径不得小于18mm。"靠近蒸汽母管安装的阀门，如果是就地手动式的，应接近锅炉平台，或设置专用操作平台。

多管供汽时采用分汽缸，根据压力容器设计规定的要求，分汽缸的直径应按最大接管的直径确定，即筒体直径比汽水连接总管直径大两号以上，可按筒体内流速确定，蒸汽流速按

10m/s 计算，热水流速按 0.1m/s 计算。筒体开孔最大直径应不超过筒体内径的一半。

分汽缸两端均采用椭球形封头。设备公称直径小于 DN300 时，筒体采用 20 号无缝钢管制造；设备公称直径大于或等于 DN300 时，筒体采用 20R 热轧钢板制造。分汽缸由专业厂家制造。

分汽缸长度决定于接管的多少，相邻管间距应符合结构强度要求和便于阀门的安装及检修，表 8-6 所列数值可供参考，分汽缸制作如图 8-1 所示。

表 8-6　分汽缸接管间距

L_1	L_2	L_3	…	L_n
$d_1+120\text{mm}$	$d_2+120\text{mm}+d_1$	$d_2+d_3+120\text{mm}$	…	$d_{n-1}+120\text{mm}+d_n$

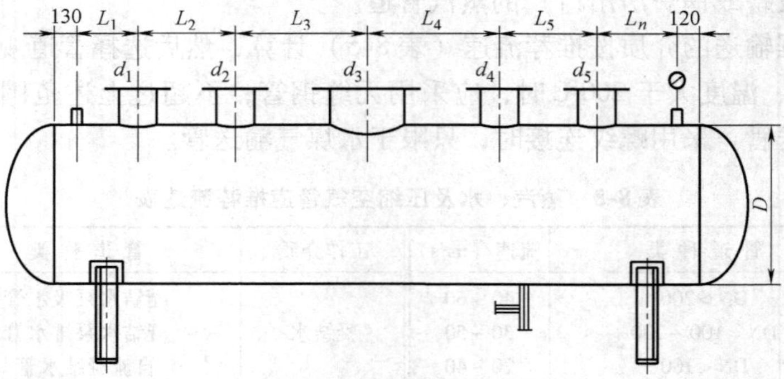

图 8-1　分汽缸制作图

分汽缸筒体上的阀门均垂直安装。

分汽缸有活动、固定支架各一只，筒体有压力表和集水筒。

对于筒体公称直径大于或等于 DN400 的分汽缸，尽可能将最大的接管从封头接出，以减轻筒体荷载及便于安装检修。

2. 主要阀门

课程设计中要求选择给水系统和蒸汽系统管道所用阀门，以 JB/T 308—2004《阀门型号编制方法》的表示法表示。

闸阀作关断用，适于全开全闭的场合。闸阀的介质流动阻力较小，但密封面的检修困难。对于汽、水等非腐蚀性介质，可用暗杆式的，常用于水泵进口、水箱进出口、自来水管道和公称直径大于 200mm 的各种场合。

截止阀作关断用，适于全开全闭的场合。截止阀的介质流动阻力较大，阀体长度也较大，但密封面的检修较闸阀方便些。常用于水泵出口、分汽缸、水处理设备等场合，产品公称直径通常不超过 200mm。

节流阀用于介质节流，但没有调节特性，介质流动阻力大。如用截止阀或闸阀代替节流阀，则失去节流作用。

止回阀用于要求单向流动的场合，其结构形式有升降式和旋启式两种。升降式垂直瓣止回阀应安装在垂直管道上，而升降式水平瓣止回阀宜安装在水平管道上，这类产品的公称直径一般不超过 200mm。旋启式止回阀宜安装在水平管道上或各种大型管道上。

在不可分式省煤器入口、可分式省煤器的入口、通向锅筒的给水管道上、离心泵的出口处都应装止回阀和截止阀，而且水流先通过止回阀。

底阀也是一种止回阀，用于液位低于泵时，泵的吸入管端。

旋塞阀是快速启闭的阀门，其阀芯在高温下易变形，限用于以水为介质的场合，锅炉房各种液位计、水位表和压力表管上常用旋塞阀。

对于腐蚀性介质，应根据使用条件选用隔膜阀或塑料阀。

疏水阀用于排出凝结水，其形式较多，可按样本选择。样本上的排水量一般是有一定过冷度的饱和水连续排水量，实际选用时应计入选择倍率。锅炉房内换热器、蒸汽管和分汽缸的疏水阀选择倍率一般不小于3。

8.2 锅炉房其他系统设计的基本内容

8.2.1 燃煤锅炉运煤除灰系统的设计

运煤除灰系统是燃煤锅炉房的一个重要组成部分，关系到锅炉房的安全经济运行，但根据教学要求，在课程设计中只进行以下几项的选择计算。

1. 计算锅炉房的耗煤量和灰渣量

为了运煤除灰设备选择计算的需要，应分别计算锅炉房平均小时最大耗煤量、最大昼夜耗煤量、全年耗煤量及其相应的灰渣量。

1）平均小时最大耗煤量 $B_{pj,max}$（t/h）是出现在最大负荷季节时的平均小时耗煤量，计算式为

$$B_{pj,max}=\frac{K_o'D_{pj}(h_q-h_{gs})+D_{pw}(h_{pw}-h_{gs})}{Q_r\eta} \tag{8-27}$$

式中 K_o'——锅炉房自耗热量、管网热损失和除氧用热系数；

D_{pj}——生产和生活平均热负荷、采暖和通风最大热负荷之和（t/h）；

h_q——锅炉工作压力下蒸汽的焓（kJ/kg）；

h_{gs}——给水的焓（kJ/kg）；

D_{pw}——锅炉排污量（t/h）；

h_{pw}——排污水的焓（kJ/kg）；

Q_r——锅炉输入热量（kJ/kg）；

η——锅炉的运行效率用小数表示。

运行测试和企业热平衡统计资料表明，锅炉的运行效率比设计效率要低10%~15%。在锅炉房设计中无法得出运行效率，但在设备选择计算时应考虑这一因素。

2）最大昼夜耗煤量 $B_{zy,max}$（t/d）与生产班制有关，计算式为

$$B_{zy,max}=8SB_{pj,max}+8(3-S)B_f \tag{8-28}$$

式中 S——生产班次；

B_f——非工作班时耗煤量（t/h）。

3）全年耗煤量按式（8-5）得出的全年热负荷计算，计算公式与式（8-27）相同，也可用该式得出单位热负荷的耗煤量计算。

4）产生的灰渣量中，随锅炉除渣设备排出的部分，抛煤机炉约为60%~75%，其他层

燃炉约为70%～85%，其飞灰部分由除尘器捕集，烟道灰部分数量不多，且有的锅炉烟道灰也进入锅炉除渣设备而排除。

锅炉房一般都设集中煤仓或炉前煤仓，它们的储量应按运煤的工作班制和运煤设备检修所需的时间确定。煤仓的内壁应光滑耐磨，壁面倾角不宜小于60°，相邻壁交角应做成圆弧形。煤仓出口的下部，宜设置圆形双曲线金属小煤斗，以防止堵煤。落煤管应做成圆形，并适当加大其夹角。

2. 确定贮煤场面积

燃料的厂外运输，不管是火车、汽车或船舶，都可能因气候、调度、燃料源等各种条件影响而短时中断；另外，锅炉房燃料用量与车船运输能力也不平衡，因此应设置贮煤场，以保证锅炉的燃料供应。贮煤场的面积大小，根据煤源远近、运输方法及其可靠性等因素计算确定。

3. 确定灰渣场面积

锅炉房排出的灰渣暂时堆放在灰渣场，一般由汽车运出。贮渣量一般为3～5天锅炉房最大昼夜灰渣量。如果除尘器为干式排灰，则排灰全部进入灰渣场。灰渣的视密度可取0.6～0.9t/m^3，渣堆高度应便于卸渣。

当采用灰渣斗贮渣时，可不设灰渣场。灰渣斗的容积应计算决定，贮渣量一般为1～2d最大昼夜灰渣量。在采用汽车运渣时，灰渣斗排出口与地面的净距不小于2.6m。

4. 确定运煤除灰渣方式

对运煤系统的基本要求是能向锅炉可靠地供应燃煤，保证锅炉的正常运行。运煤系统的选择，主要根据锅炉房规模、耗煤量大小、燃烧设备的形式及场地条件等因素，经技术经济比较，综合考虑确定。工业锅炉房运煤系统通常有下列几种：

1）额定耗煤量小于1t/h、单台额定蒸发量小于4t/h的锅炉，运煤除灰渣一般均采用较简单的机械，单台配套，例如卷扬翻斗上煤装置、摇臂翻斗上煤装置、电动葫芦上煤装置、螺旋式出渣机、刮板式出渣机等，可按厂家图样或动力设施重复使用图集选用。

2）额定耗煤量为1～6t/h、单台额定蒸发量为4～10t/h的锅炉，采用间歇机械化设备装卸及间歇或连续机械化设备运煤。如手推车配电动葫芦吊煤罐，手推车配埋刮板输送机。

3）额定耗煤量大于6t/h、单台额定蒸发量大于10t/h的锅炉，一般采用胶带输送机运煤。

工业锅炉房采用胶带运煤系统一般为单路运输，没有备用装置。考虑到检修设备的需要，运煤系统一般按一班制或两班制工作。

运煤系统的输送量（t/h）计算式为

$$G=\frac{24B_{\mathrm{pj,max}}K}{t} \tag{8-29}$$

式中 $B_{\mathrm{pj,max}}$——平均小时最大耗煤量（t/h），当锅炉房需扩建时，计入相应耗煤量；

K——运输不平衡系数，可取1.1～1.2；

t——运煤系统工作时间（h），运煤系统一班制工作时，不大于7h，两班制不大于14h，三班制不大于20h。

对于没有炉前贮煤斗的小型锅炉，锅炉厂配备的锅炉煤斗容积很小，例如蒸发量4t/h的锅炉，约为20min额定蒸发量时的耗煤量，因此，式（8-29）中$B_{\mathrm{pj,max}}$应代以额定蒸发量时的耗煤量。

锅炉排渣一般都是连续的，因此，除灰渣系统的输送量一般应按运行锅炉额定蒸发量时的排渣量计算，并计入运输不平衡系数（可取1.1～1.2）。

运煤和除灰渣方式较多，系统与设备的选择计算涉及的知识面较宽，也需要较多的实践经验。在课程设计中，只根据运输量、燃烧设备要求、场地条件等因素决定运煤除灰渣方式及其系统组成。所有设备的选择计算均不要求进行。

所有运煤系统均应装设煤的计量装置。容量较大锅炉的运煤系统中，根据燃烧设备的要求设置破碎、磁选和筛选设备。

除灰出渣设备常用的有马丁式除渣机或圆盘出渣机、带式输送机、链条除渣机以及水力除灰等。对于单层布置的锅炉房，除灰渣系统宜于单台锅炉配置，以免布置在地下的除灰渣设备发生故障时影响整个锅炉房的运行。

8.2.2 燃油燃气锅炉燃料系统的设计

1. 锅炉房燃油燃气消耗量计算

单台锅炉的计算式为

$$B = K\frac{D(h_q - h_{gs})}{\eta Q_{net,ar}} \tag{8-30}$$

式中 B——锅炉计算燃油燃气消耗量（kg/h）；

D——锅炉蒸发量（kg/h）；

h_q——蒸汽的焓值（kJ/kg）；

h_{gs}——给水的焓值（kJ/kg）；

η——锅炉热效率；

$Q_{net,ar}$——燃油的收到基低位发热量（kJ/kg）；

K——富余系数，一般为1.2～1.3。

2. 燃油供应系统的设计

（1）贮油罐　锅炉房贮油罐的总容积应根据油的运输方式和供油周期等因素确定，用火车和船舶运输时，一般不小于20～30天的锅炉房最大耗油量；用汽车运输时，一般不小于5～10天的锅炉房最大耗油量。重油贮油罐不应少于2个，对于粘度较大的重油，可在重油罐内加热，加热温度不应超过90℃。

（2）日用油箱　当贮油罐距锅炉房较远，或锅炉需经常起动、停炉或因管理不便时，可在锅炉房设置日用油箱和供油泵房。油从贮油罐通过管道输入油箱，再从日用油箱直接供给锅炉燃烧。

锅炉房内日用油箱的总容量，对于重油，不应大于5m^3，对于柴油，不应大于1m^3，严禁把油箱设置在锅炉或省煤器的上方。

室内油箱应采用闭式的。其上应设置直接通向室外的通气管，通气管上设置阻火器和防雨装置。油箱上不应采用玻璃管式的油位表。

室内油箱应设有将油排放至室外事故油箱的紧急排放管，排放管应设在安全和便于操作的地点。

在锅炉房外还应设地下事故油罐（也可用地下贮油罐代替）。

油箱的布置高度宜使供油泵有足够的灌注头。

（3）燃油过滤器　由于燃油杂质较多，一般在供油泵前母管上和燃烧器进口管路上安装燃油过滤器。过滤器过滤精度应满足所选油泵和油喷嘴的要求，过滤能力应为泵容量的2倍以上。供油泵进口母管上的油过滤器应设置2台，其中1台备用，泵前常采用网状过滤器。采用机械雾化燃烧器（不包括转杯式）时，在油加热器和燃烧器之间的管路上应设细过滤器。

（4）输油泵　为了将燃油从卸油罐输送到贮油罐或从贮油罐输送到日用油箱，需设输油泵，通常采用螺杆泵和齿轮泵，也可选用蒸汽往复泵、离心泵。油泵不宜少于2台，其中1台备用。

用于从贮油罐往日用油箱输送燃油的输油泵，其容量不应小于锅炉房小时最大计算耗油量的110%。

用于从卸油罐向贮油罐输送燃油的输油泵，其容量应根据油罐车的容积和卸车时间确定。

（5）供油泵　供油泵用于从日用油箱向锅炉直接供应燃油。一般要求流量小、扬程高、油压稳定。通常选用齿轮泵或螺杆泵。

供油泵的扬程相应的压力不应小于下列各项的代数和：供油系统的压力降、供油系统的油位差相应的压力、燃烧器前所需的油压、适当的富余量。

供油泵不应少于2台，当其中任何1台停止运行时，其余泵的总容量不应小于锅炉房最大计算耗油量与回油量之和。

带回油的喷油嘴的回油量由锅炉制造厂提出，一般为喷油嘴额定出力的15%~50%。

全自动燃油锅炉燃烧器本身带有加压油泵，因而一般不再单设供油泵，只要日用油箱安装高度满足燃烧器要求即可。

（6）燃油管路的设计要点　锅炉房的供油管道宜采用单母管；常年不间断供热时，宜采用双母管。回油管道应采用单母管。采用双母管时，每一母管的流量宜按锅炉房最大计算耗油量和回油量之和的75%计算。

重油供油系统宜采用经锅炉燃烧器的单管循环系统，重油供油管道应保温。当重油在输送过程中，由于温度降低不能满足生产要求时，还应伴热，在重油回油管道可能引起烫伤人员或冻结的部位，应采取隔热或保温措施。

通过油加热器及其后管道燃油的流速，不应小于0.7m/s。

油管道采用顺坡敷设，但接入燃烧器的重油管道不宜坡向燃烧器。柴油管道的坡度不应小于0.003，重油管道的坡度不应小于0.004。

燃用重油的锅炉房，当冷炉起动点火缺少蒸汽加热重油时，应采用重油电加热器或设置轻油或燃气的辅助燃料系统。

采用单机组配套的全自动燃油锅炉，应保持其燃烧自控的独立性，并按其要求配置燃油管道系统。

在重油供油系统的设备和管道上，应装吹扫口。其位置应能吹净设备和管道内的重油。

吹扫介质宜采用蒸汽或用轻油置换，吹扫用蒸汽压力宜为0.6~1.0MPa。

每台锅炉的供油干管上，应装设关闭阀和快速切断阀。每个燃烧器前的燃油支管上，应装设关闭阀。当设置2台及以上锅炉时，还应在每台锅炉的回油干管上装设止回阀。

燃油管道一般采用无缝钢管。除与设备、附件等连接处或由于安装和拆卸检修的需要采用法兰连接外，应尽量采用焊接连接。

3. 燃气调压系统的设计

为了保证燃气锅炉能安全稳定地燃烧，对于供应燃烧器的气体燃料，应根据燃烧设备的设计要求保持一定的压力。一般情况下，从气源经城市燃气管网供给用户的燃气，若直接供锅炉使用，往往压力偏高或压力波动太大，不能保证稳定燃烧。当压力偏高时，会引起脱火和发出很大的噪声；当压力波动太大时，可能引起回火或脱火，甚至引起锅炉爆炸事故。因此，供锅炉使用的燃气，必须经过调压。

我国城市燃气管道按供气压力不同分为以下五类：

低压管道：$p \leqslant 0.005\mathrm{MPa}$；

次中压管道 A：$0.005\mathrm{MPa} < p \leqslant 0.2\mathrm{MPa}$；

中压管道 B：$0.2\mathrm{MPa} < p \leqslant 0.4\mathrm{MPa}$；

次高压管道 A：$0.4\mathrm{MPa} < p \leqslant 0.8\mathrm{MPa}$；

高压管道 B：$0.8\mathrm{MPa} < p \leqslant 1.6\mathrm{MPa}$。

在燃气锅炉房供气系统中，从安全角度考虑，宜用次中压、低压供气系统，不宜采用高压供气系统。当锅炉类型及燃烧器的形式已确定时，供气压力为

$$p = p_r + \Delta p \tag{8-31}$$

式中 p——锅炉房燃气进口压力（Pa）；

p_r——燃烧器前所需要的燃气压力（见锅炉厂家资料，Pa）；

Δp——管道阻力损失（Pa）。

锅炉房燃气进口压力常由调压站等设施完成，调压站是燃气供应系统进行降压和稳压的设施。站内除布置主体设备调压器之外，往往还有燃气净化设备和其他辅助设施。为了使调压后的气压不再受外部因素的干扰，锅炉房应设置专用的调压站。如果用户除锅炉房之外还有其他燃气设备，需要考虑统一建调压站时，宜将供锅炉房用的调压系统和供其他用气设备的调压系统分开，以确保锅炉用气压力稳定。

调压站设计应根据气源供气和用气设备的具体情况，确定站房的具体位置和形式；选择系统的工艺流程和设备，并进行合理布置。

（1）调压系统分类　调压系统按调压器的多少和布置形式的不同，可分为单路调压系统和多路调压系统。按燃气在系统内的降压过程（次数）不同，可分为一级调压系统和二级调压系统。

采用何种调压系统要根据调压器的容量和锅炉房运行的负荷变化情况来考虑。其基本原则是：一要使通过每台调压器的流量在其铭牌出力的10%~90%范围以内，超出了这个范围则难以保持调压器后燃气压力的稳定；二是调压系统应能适应锅炉房负荷的变化，始终保持供气压力的稳定性。所以当锅炉台数较多或锅炉房运行的最高负荷和最低负荷相差很大时，应考虑多路调压系统，以满足上述两个方面的要求。此外，常年运行的锅炉房应设置备用调压器，与运行调压器并联安装，组成多路调压系统。

（2）调压系统工艺流程和附件配置　各种类型的调压系统的工艺流程基本相同，一般由气源或城市燃气管网来的燃气管道先经过一个设置在站外的气源总切断阀（一般都安装在阀门井内），然后进入调压站。在调压站内燃气先经过油水分离器、过滤器清除其中所携带的水分、油分和杂质，再通过调压器进行降压，使燃气压力达到燃烧设备所要求的数值（考虑到调压站和锅炉之间的压力损失），调压后的气压应比燃烧设备要求的压力适当提高，

然后送到锅炉房。

为保证调压系统安全可靠地运行，还应设置下列辅助配件：在系统入口段（调压器前）设置放散管、压力表；在每个调压支路的前后安装切断阀；每台调压器的后面应安装压力表；在调压器后的输气管上或多路并联调压支路的集气联箱上应安装安全阀或设置安全水封；在管和设备的最低点应设置排污放水点。此外，有的调压系统还设置有吹扫管路和供高低压极限压力报警的压力控制器（即控制开关）。

当调压站安装有以压缩空气驱动的气动设备或气动仪表时，应设置供应压缩空气的设备和管道。寒冷地区的调压站露天布置时，燃气系统应有防止结萘和防止产生水化物的措施。在所有形式的调压系统中，均应设置旁通管。

（3）调压系统旁通管、吹扫管、放散管和压缩空气管道的设置

1）旁通管。调压系统旁通阀应安装切断阀和调节阀。当系统为中低压时，有时只安装一个截止阀起调节和关闭的双重作用。当调压系统正常运行时，关闭旁通管上的阀门，旁通管路处于备用状态，气流通过调压器进行调压。旁通管只是在下列情况下才开启使用：

a. 当调压器、过滤器发生故障，或进行清洗检修时，开启旁通管路，保证系统连续供气。

b. 当调压系统近期压力偏低时，为了减少气流通过过滤器的阻力，保持一定的供气压力和输气量，开启旁通管路。

c. 当调压器投入运行时，为了保护调压器安全起动，应先微微开启旁通管路，使调压器后有一定的气压，然后开启调压器。

d. 当调压系统为自动控制时，设置旁通管路可以在必要时将自控切换成手动控制（此时旁通管路上应装手动阀）。旁通管路的切断阀一般安装在气流的进口侧，而调节阀则应安装在靠近低压侧的压力表处，以便操作时便于观察和调节压力。

2）吹扫管和放散管。调压系统安装好后（或检修后）需要进行吹扫，以清除管道和设备内的泥渣、铁锈和其他杂质；在检修之前（切断气源后）需要进行吹扫，以排净管内的燃气，保证检修工作安全。另外，当系统长期停用重新投入运行时，先要吹扫置换管道内的空气，防止运行时产生爆炸性的燃气-空气混合物。因此，在调压系统设置吹扫管（或吹扫点）和放散管。调压系统的安全阀和安全水封，也应各自设置独立的放散管。

吹扫点应设在系统中容易聚集杂质的设备附件或弯头附近。放散管应引出室外，其排出口应高出屋脊 2m 以上。露天布置的调压站放散管应接至离周围建筑物较远的安全地点，一般均应高出地面 4m 以上。放散管排出的气体不应窜入邻近的建筑物内或吸入通风装置内。

3）压缩空气及其管道。当调压站有压缩空气驱动的调压器、气动阀或气动仪表时，需要设置压缩空气管道，供给含油、含水和机械杂质都极少的压缩空气。因为机械杂质会堵塞仪表中的空气通道，油分会损坏仪表的薄膜，水分的聚积在冬季会引起冻结，从而破坏仪表的正常工作，所以，供给气动设备使用的压缩空气必须经过过滤和干燥处理压缩空气的上述净化处理主要应在压缩空气站完成。

在空气压缩站经净化处理的压缩空气，经过管道输送，可能又会夹带灰尘和铁锈，同时，供气压力和气压的不稳定性也不一定完全符合用气设备的要求。所以，在安装气动设备的地点附近要根据具体情况考虑再次进行净化处理，同时还要考虑在调压站设置压缩空气贮气罐。

目前，国内生产用压缩空气驱动的调压器气动阀和仪表的信号压力一般为0.10～0.14MPa（少数的在0.2MPa以上），供给的压缩空气应满足用气设备的气压和净化要求。

8.2.3 送、引风系统的设计

根据工业锅炉产品技术条件的规定，送风机、引风机和除尘器都在“工业锅炉成套供应范围”之内，应由锅炉厂配套供应，如实际条件没有特别要求，不必变更。课程设计中对送引风系统的要求主要是确定送引风连接系统，决定风烟管道和烟囱尺寸，进行设备和管道布置。如有实际需要，还应核对配套风机性能。

关于锅炉热效率、排烟温度、锅炉本体烟风阻力和锅炉本体各烟道的过量空气系数，均引用锅炉厂产品计算书中的数据。

1. 计算送风量和排烟量

根据使用燃料的成分计算得出燃料耗量、送风量和排烟量。计算按教材有关公式进行。

计算中的过量空气系数分别为：除尘器0.1～0.15，钢制烟道每10m长为0.01，砖烟道每10m长为0.05。

2. 决定送、引风管道系统及其初步布置

决定管道系统应首先确定锅炉、送引风机、除尘器和烟囱的初步布置，决定各设备进出口空间位置，标出接口尺寸。然后决定连接管道的布置及所采用的部件，如进风口、吸入风箱、变径管、弯头和三通等，最后绘出布置简图。

送风机的吸入端常布置吸风管，以便在锅炉顶部空间吸入热空气，同时也应考虑布置在寒冷季节从室外进风的吸气口吸入的空气温度对燃烧的影响。小型锅炉送风机通常就地吸风。

如果在距风机进口小于3～4倍直径处转弯，为了避免较大的压力损失，应装设吸入风箱。

当管道断面或形状变化时，应设置变径管，其中心角不应过大，以免增加压力损失。

采用的管道部件应有良好的空气动力性能。转弯处不宜采用锐角弯头，弯头应有合理的曲率半径。交汇或分流处应尽量避免正交直角三通和四通，必要时可设置导流板。

监察规程规定：“几台锅炉共用一个总烟道时，在每台锅炉的支烟道内应装设烟道挡板”。

烟囱与烟道连接的部位应使各台锅炉的阻力尽量均衡，还应考虑到可能扩建的情况。

进行初步布置是为了决定管道系统，以便进行计算。当最后布置与此有出入时，一般不必修改计算。因前后变动通常只影响管道长度，所以对系统气流阻力影响不大。

3. 决定风道和烟道断面尺寸

风道和烟道一般用2～4mm钢板焊接而成，可以是圆形或矩形，常与设备接口一致。室外部分也可采用砖烟道。

风道和烟道断面尺寸按推荐流速表8-7计算。

表8-7 风烟道内流速 （单位：m/s）

名称	风道	烟道	
		自然通风	机械通风
砖或混凝土制	4～8	3～5	6～8
金属制	10～15	8～10	10～15

烟道设计应考虑清除积灰的方便。接至烟囱的砖烟道断面尺寸一般与烟囱口一致，支烟道也应有合理的尺寸。烟道上应设置清灰口。

烟囱标准图中的烟道口尺寸见表 8-8，其出灰孔均为 600mm × 800mm。

表 8-8　烟囱标准图中的烟道口尺寸

烟囱出口直径/m	0.8	1.0	1.2	1.4	1.7	2.0
烟道口宽度/m	0.6	0.8	1.0	1.2	1.4	1.6
烟道口高度/m	1.1	1.5	1.7	2.0	2.5	2.8

4. 决定烟囱高度和直径

采用机械通风时，烟囱高度按 GB 13271—2001《锅炉大气污染物排放标准》选定，采用自然通风时，烟囱高度应满足克服烟气系统阻力的要求，见表 8-9。

表 8-9　烟囱高度

锅炉总额定出力/(t/h)	<1	1 ~ 2	2 ~ 6	6 ~ 10	10 ~ 20	20 ~ 35
烟囱最低高度/m	20	25	30	35	40	45

在烟囱周围半径 200m 的距离内有建筑物时，烟囱高度一般应高出建筑物 3m 以上。

烟囱出口内直径按出口推荐流速见表 8-10，决定出口直径时还应核对最小负荷时的流速，以免冷风倒灌。

表 8-10　烟囱出口处烟气流速　　（单位：m/s）

通 风 方 式	运 行 情 况	
	全 负 荷 时	最小负荷时
机械通风	10 ~ 20	4 ~ 5
自然通风	6 ~ 10	2.5 ~ 3

注：1. 选用流速时应根据锅炉房扩建的可能性取适当的数值，一般不宜取用上限。
　　2. 应注意烟囱出口烟气流速在最小负荷时不宜小于 2.5 ~ 3m/s，以免冷空气倒灌。

烟囱外直径由结构设计决定。砖烟囱顶部壁厚一般为 240mm，有内衬时为 410mm。底部外直径由烟囱高度和外壁坡度决定，外壁坡度一般采用 2.5%。底部内直径与设计条件有关，如烟囱高度为 40 ~ 50m，排烟温度为 250℃，风压力 500Pa 时，烟囱底部总壁厚为 780mm。

5. 核对风机性能

当锅炉使用条件与设计条件有较大变化或有其他需要时，核对锅炉厂配套送、引风机性能。

计算风道和烟道阻力时，应先绘制供计算用的系统简图，注明管段长度、断面尺寸、曲率半径等。然后按教材的有关公式和图表进行计算。

除尘器的阻力可按产品说明书选取。

计算出送风和引风系统总阻力后，得出要求的风机压头和流量，核对锅炉厂配套风机的性能是否满足要求。如果需要更换风机，应选出风机型号。

8.3 锅炉房的布置

锅炉房工艺布置的内容包括各种工艺设备及管道、燃料储运和水、烟、灰渣排放设施的布置；作为课程设计，还应提出锅炉房区域内的建筑物和构筑物的布置方案。锅炉房布置应满足各种设备的工作安全可靠，运行管理和安装检修便利；同时还应节省用地用材，提高建设和运行的经济性。

设计说明书中应对锅炉房布置方案作必要的说明，并附以布置简图。

8.3.1 锅炉房建筑

锅炉房的建筑物和烟囱、水池等构筑物由土建专业设计，但工艺设计者应根据工艺过程的需要，提出基本形式、主要控制尺寸和有关要求。在本课程设计中，锅炉房建筑形式和主要控制尺寸除题目给定外，均由设计者自行决定。

1. 锅炉房的组成

锅炉房包括设置锅炉的锅炉间，设置给水、水处理、送引风、运煤除灰等辅助设备的辅助间，化验室以及值班、更衣、浴室和厕所等生活用房。容量较大的锅炉房（通常是指6~10t/h锅炉的锅炉房），还包括变配电用房、仪表操作间、机修间和办公用房。

布置锅炉和辅助设备的建筑根据设备特点按实际需要设置，化验室和上述生活用房一般均应设置。课程设计中，化验室和生活用房的面积可参考表8-11推荐的数值。

当锅炉房作为一个车间进行管理时，还应配备办公室、日常检修用的机修间、材料备品贮藏间等用房。

表8-11 生活间面积

<table>
<tr><th colspan="2" rowspan="2">锅炉房规模</th><th rowspan="2">办公室</th><th rowspan="2">值班、休息室</th><th rowspan="2">化验室</th><th rowspan="2">更衣室</th><th colspan="2">浴室</th><th rowspan="2">厕所数量</th></tr>
<tr><th>淋浴器数量</th><th>浴池数量</th></tr>
<tr><td colspan="2">8~16(t/h)</td><td></td><td>3.3m×4.5m</td><td>3.3m×4.5m</td><td></td><td>2</td><td></td><td>1</td></tr>
<tr><td rowspan="2">20~60(t/h)</td><td>男</td><td rowspan="2">3.6m×6m</td><td rowspan="2">3.6m×6m</td><td rowspan="2">3.9m×6m</td><td rowspan="2">3.6m×4.6m</td><td>2</td><td>1</td><td>1</td></tr>
<tr><td>女</td><td>1</td><td></td><td>1</td></tr>
</table>

当蒸汽锅炉房供热水时，换热设备、热水循环泵和补给泵等设备一般也统一布置在锅炉房内。

2. 锅炉房建筑安全要求

锅炉房主要供应生产、生活、采暖、空调用的蒸汽或热水。锅炉属于有爆炸危险的承压设备，锅炉房的设计必须严格执行国家有关规定。

《蒸汽锅炉安全技术监察规程》规定："锅炉一般应装在单独建造的锅炉房内"，不得设置在人口密集的楼房内或与其贴邻。锅炉房若设置在主体建筑以外的附属建筑物内，或与住宅、生产厂房相连时，对锅炉的压力和蒸发量都有极严格的限制。

在生产过程中，伴随有噪声、烟尘及其他有害气体的产生，设计中应严格执行《机械工业事业安全卫生设计规定》和《生产过程安全卫生要求总则》等标准和规定，贯彻"安全第一，预防为主"的方针，采取相应的措施，避免对操作人员的身体及财产造成损失，以达到安全生产的目的。

锅炉房应为一、二级耐火等级的建筑，但总额定蒸发量不超过4t/h的燃煤锅炉房可采用三级耐火等级的建筑。

锅炉房与相邻建筑物之间应留有防火间距，具体要求与建筑物的耐火等级有关。露天或半露天煤场与锅炉房或相邻建筑物之间的防火间距，当煤场总贮量为100～1000t时，对一、二级耐火等级的建筑物为6m，对三级耐火等级的建筑物为8m；当总贮量超过5000t时，上述间距各加大2m。

出于安全方面的考虑，锅炉房应采用轻型屋顶。

单层布置锅炉房的出入口不应少于2个，当炉前走道总长度不大于12m，且面积不大于200m^{2}时，出入口可设1个。多层布置锅炉房各层的出入口不应少于2个，楼层上的出入口应有通向地面的安全楼梯。

锅炉通向室外的门应向外开启，锅炉房内的工作间或生活间直通锅炉间的门应向锅炉间内开启。

锅炉房地面应平整无台阶。为防止积水，底层地面应高于室外地面。设备布置在地下室时，应有可靠的排水设施。

在锅炉房内除了设置通常的照明设备以外，还应设置事故照明装置，供电系统应配置继电保护装置和过流断路器。

表面温度超过50℃的管道和设备均包扎有保温层，并在有可能引起烫伤和烧伤的地方采取相应的措施。

燃油锅炉排入大气的气体主要是二氧化硫和氮氧化合物，设计中各项烟气的排放浓度应符合《锅炉大气污染排放标准》、《环境空气质量标准》、《大气污染物综合排放标准》等。

3. 锅炉房建筑布置形式

锅炉房设备可作室内布置或露天布置。露天布置节省土建投资，排尘、排热条件好，但设备防护条件要求高，操作条件较差。课程设计中一般不考虑露天布置方案。但气候和环境条件允许时，除尘器、送引风机、水箱等辅助设备可以作露天布置。

锅炉房作单层布置还是双层布置，主要取决于锅炉产品设计、燃烧设备和受热面布置方式。当前，额定蒸发量不超过4t/h的燃煤锅炉、燃油燃气的锅炉，一般作单层布置；额定蒸发量大于或等于6t/h的燃煤锅炉，一般作双层布置。单层布置时节省土建投资，操作比较方便，但占地较大。除渣设备布置在地下，工作可靠性和检修条件较差。

蒸汽锅炉额定蒸发量为1～20t/h的锅炉房，其辅助间和生活间宜贴邻锅炉间一侧，蒸汽锅炉额定蒸发量为35～65t/h的锅炉房，其辅助间和生活间可单独布置。

新建锅炉房一般均应留有扩建的可能性。因此，布置给水设备、水处理设备和换热设备的辅助间和化验、生活用房常设置于锅炉房的一端，这一端称为固定端，另一端作为扩建端。根据锅炉房规模和需要，辅助间可以单层、双层或三层布置。机械化运煤除渣设备由固定端进出，以免扩建时影响原有锅炉的运行，减少设备的拆装工作。

锅炉房内的仪表控制室、化验室、生活用房、变配电用房、运煤通廊等房间应分隔布置，而且仪表控制室应布置在操作层，化验室布置在采光好、噪声和振动影响小的部位。水处理、给水、换热器、送引风等辅助设备，原则上可以不分隔，与锅炉布置在同一房间内。但目前国内普遍采用高速风机，因其噪声大，通常把风机隔开布置。由于运行管理方面的原因，锅炉设备难以保持完好状态，负压锅炉在运行中常出现正压，锅炉间灰尘较多，因此，辅助间常与锅炉间隔开布置。

根据流程除尘器和引风机布置在锅炉间的后面。单层布置的锅炉房，为了降低锅炉间的噪声，送风机也往往和引风机一起布置在风机间内。风机间一般紧贴锅炉间后墙，也可在除尘器后设单独的风机间，而除尘器则露天布置。

锅炉的工作面应有较好的朝向，并避免太阳西晒。

排污减温池、水处理药剂库、各类箱罐一般设置在锅炉房的后面。

锅炉房设有地下凝结水箱时，应尽量采用半地下建筑，以便于采光和通风。

锅炉房的建筑布置应满足工艺布置的要求，而工艺布置也要考虑建筑设计的合理性。

锅炉房的柱距、跨度和层高等主要尺寸应尽量符合建筑统一模数制。对于装配式或部分装配式钢筋混凝土结构，当跨度小于或等于18m时，跨度采用3m的倍数，跨度大于18m时，采用6m的倍数，厂房柱距则采用6m或其倍数。自地面至柱顶的高度或层高应为300mm的倍数，屋面坡度一般采用1:5或1:10，门窗洞口尺寸采用300mm的倍数。

8.3.2 锅炉房设备布置

1. 一般原则

锅炉房内各种设备的布置应保证其工作安全可靠，运行管理和安装检修便利。设备的位置应符合工艺流程，以便于操作和缩短管线。此外，设备布置还应能合理利用建筑面积和空间，以减少土建投资和占地面积。

锅炉房工艺设备布置除应安全，方便安装、操作、检修外，还应做到布置合理紧凑，节省建筑面积。需要经常进行操作或监视的设备，操作部位前应留有足够的操作面；设备需要接管的部位，应留有安装管道及其附件的位置。各设备都应有通道通达，既便于运行中检查设备运转情况和安装检修时设备及部件的搬运，同时又便于运行管理，应使气、水、风、油（汽）、烟等介质的流程合理、通畅和简捷。

设备的正上方应根据操作、通行或吊装的需要留出空间。为了便于安装和检修设备及50kg以上的部件或附件，可设置吊装设备或预设悬挂装置。吊装设备可根据需要选用手动或电动的梁式吊车、悬挂式吊车或单轨行车。

燃油、燃气锅炉房操作简单，劳动强度小，自动控制程度高。因此，露天布置的方式越来越多，尤其是在南方炎热地区。在设计中是否采用露天布置，应做技术性分析比较，根据具体情况确定。

为了做好设备布置工作，设计者必须了解设备的操作过程，以及这一过程和安装检修对场地空间的要求。在进行设备布置时，应先查明各设备的外形尺寸、基础外形、接管部位等条件。

2. 锅炉布置

锅炉的布置方法和布置尺寸与锅炉容量、燃烧设备和受热面结构等因素有关。锅炉设备的布置尺寸，应根据制造厂安装、操作、维修的要求确定。如容量较大的锅炉通常采用双层布置，底层作为出渣层，同时也可布置风机等辅助设备和其他用房，燃煤锅炉都有运煤除渣、拨火清灰等操作，不同的受热面结构，对其清灰和清理烟道灰也有不同要求等。

锅炉的炉前是主要操作面，锅炉前端至锅炉房前墙的净距离要考虑操作条件，储煤斗或运煤设备的布置，小型锅炉人工运煤的要求，以及炉排的检修、烟管的清灰等要求。这一净距离一般不小于4～5m。也可参照下列尺寸确定：

1）锅炉的最高操作点到锅炉间顶部结构最低点的距离不应小于2m；如为木屋架，则应不小于3m。当不需要操作时，其净空高度可为0.7m；同时应满足起吊设备操作高度的要求。为便于安装和检修时的物件搬运，双层布置的锅炉房或单台锅炉额定蒸发量大于或等于10t/h的锅炉房，在锅炉上方应设置起吊能为0.5～1t的起吊装置，在穿越楼板处应开设吊装孔。吊装设备常采用电动葫芦或手动单轨行车。

2）炉前净距离还可按表8-12确定。

表8-12 炉前净距离

	锅炉的出力	炉前净距离/m		锅炉的出力	炉前净距离/m
蒸汽锅炉	1～4t/h	≥3	热水锅炉	0.7～2.8MW	≥3
	6～20t/h	≥4		4.2～14MW	≥4
	35t/h	≥5		28MW	≥5

当炉前设置仪表控制时，锅炉前端到仪表控制室的净距离可为2m。

锅炉两侧墙之间或与建筑墙之间，通常布置有平台扶梯、各种管道，有时还有进风机和除渣设备。机械炉排一般都在炉侧设置拨火门，有时炉排的漏煤和烟道灰也从炉侧清除。拨火操作要求炉墙与侧墙之间净距大于拨火深度（炉排宽度与炉墙厚度之和）1.5m以上，清除漏煤和烟道灰的操作要求也与此相仿。出渣机设置于炉侧时，侧墙间净距还应便于运渣车通行。可参照下列尺寸确定：

锅炉侧面和后面的通道净距离可按表8-13确定。

表8-13 锅炉侧面和后面的通道净距离

	锅炉的出力	净距离/m		锅炉的出力	净距离/m
蒸汽锅炉	1～4t/h	≥0.8	热水锅炉	0.7～2.8MW	≥0.8
	6～20t/h	≥1.5		4.2～14MW	≥1.5
	35t/h	≥1.8		28MW	≥1.8

如炉侧无操作要求，仅作为通道，则对1～4t/h锅炉来说，通道净距离不应小于0.8m，对6～20t/h锅炉来说，通道净距离不应小于1.5m。

根据锅炉的实际条件，按上述要求即可确定炉侧间距，从而决定两台锅炉中心线间距。对于设置炉前储煤斗的锅炉房，炉子中心线至相邻两建筑纵向轴线（通常即储煤斗框架轴线）应等间距，以便于储煤斗和溜煤管的装设。

锅炉后端至锅炉间后墙的间距，如锅炉后部设有打渣孔或其他装置，则应满足其相应操作要求。如仅作为通道，则其净距离要求与炉侧相同。

单层布置的锅炉房，除渣设备布置在地坑或地槽内。若采用集中除渣系统，储渣斗一般布置在锅炉房固定端一侧，若各台锅炉分别设置贮渣斗，可设在锅炉房的前部或后部。

除渣设备工作条件差，易出故障，布置时应考虑有较好的工作和检修条件，而且应尽量满足在故障时改为人工除渣的可能性。

设备最大运输部件不能通过门洞或窗洞搬运时，应设有预留安装孔。对于框架结构的建筑物，不必指定预留安装孔位置。

3. 辅助设备布置

引风机的位置由除尘器和管道的连接要求来决定。风机间内应有不小于0.7m的通道，其宽度应满足安装和检测维修时风机往外搬运的要求。风机间应根据实际条件设置起吊装置或留有吊装空间。风机轴线标高应满足出口法兰装拆的要求。风机出口水平引出时，出口距墙或距总烟道的尺寸应考虑风机、出口渐扩管与烟闸安装的需要。

引风机、脱硫装置、水箱、除氧器等辅助设备露天布置时，应有防雨、防风、防冻、防腐蚀和减小噪声等措施。

风机、泵类的布置应尽量减小噪声和振动对操作人员和周围环境的影响。

小型锅炉给水箱和给水泵应布置在司炉便于看管的地方。如果给水箱和给水泵没有布置在同一房间，给水泵房间内应有指示给水箱水位的信号装置和控制进给水箱软水量的阀门。

泵端靠墙布置时，泵端基础与墙之间的距离应考虑吸水总管、进水阀和连接短管安装的需要。泵基础之间的通道一般不小于700mm，大型泵还应加大，以满足安装检修时搬运的需要。当场地不足时，也可把同型号的两台泵布置在同一基础上。

水泵间的上方应有安装、检修时搬运与吊装的条件，大型泵的泵房可设置起吊装置。

为大型锅炉房供油的油泵一般布置在油罐旁，但也可以布置在锅炉房内。小型锅炉房油泵间可直接设在锅炉房内。

油泵间尽可能布置在地面上，油罐底标高宜高于泵中心线。若有关地下布置、油泵高于有关液面时，应通过计算确定油泵房标高及适当的油泵类型。寒冷地区应设泵房，温暖地区宜设泵棚。泵房（或泵棚）的主要通道宜设置在电动机端，宽度不宜小于1.5m。

相邻油泵（或泵基础）净距离不小于0.8m，小油泵可共用基础，油泵净距离可适当缩小。

锅炉之间的平台可根据需要加以连通。平台、扶梯应采用非燃烧体、防滑的材料制造，其尺寸应符合下列要求：

1）用网格板或栅条做平台时，其孔隙不得大于30mm×30mm。

2）操作平台的宽度不应小于0.8m，通行平台不应小于0.6m。

3）扶梯宽度不应小于0.6m，踏板宽度不应小于80mm，阶梯高度不应大于0.2m，栏杆高度不应小于0.8m，扶梯斜度一般不应大于50°，对于高度要求超过4m的扶梯，每隔3～4m应设平台。

所有辅助设备及热工测量、控制仪表等，在需要操作、维护时，均应设置平台扶梯。

除尘器一般露天布置，小型锅炉的除尘器也可布置在室内。除尘器的进口标高除考虑本体高度外，还应考虑下部排灰或贮灰装置及运灰车的高度。干式排灰时，布置除尘器的区域要有运灰车通行的通道。

水处理设备一般布置在辅助间内，需要时也可单独布置在独立的建筑物内。离子交换器一般靠内墙布置，以免影响采光。离子交换器之间，以及与墙或其他设备之间的距离应满足配管的要求，侧面有操作时还应满足操作要求。单排布置的离子交换器前面的操作通道不应小于1.2m；双排布置的离子交换器之间的操作通道不应小于2.0m；离子交换器距内墙之间的距离一般为0.5～0.7m；离子交换器中心线之间的距离根据设备的要求和管道布置情况来确定。

离子交换器通常布置在底层，并与溶盐池、盐泵和盐液过滤器按工艺流程合理地布置在一起。离子交换器高度较大，当上方设有楼层时，如果需要，可以抽掉顶部的部分楼板，或把这部分楼板抬高至所需高度，以满足离子交换器布置的需要。具有筒体法兰的离子交换器，其上方空间应有吊装条件或设置悬挂装置。

热力除氧器和除氧水箱布置在满足灌注头要求的楼层上，一般为三层楼上，其上方应有足够的空间满足吊装要求。同时，在吊车能接近的外墙上预留安装孔。

开式钢板水箱安放在支座上，支座间距在标准图上有规定，支座高度应考虑配管的需要，但不小于300mm。水箱顶部应有一定空间，满足配管、阀门操作和入孔使用条件。

水箱的正面除考虑管道和阀门安装的需要以外，还应留有通道。其他各边如无接管和安装扶梯的需要，不必留通道。

采用加药除氧器时，根据加药方式把加药器布置在便于操作的地方。

锅炉给水箱安装的高度，应使锅炉给水泵有足够的灌注头。从水箱出口至给水泵进口的吸水管段不应高于水箱最低水位，以保证安全给水。泵的底座边缘至基础边缘的距离一般不小于100mm。地脚螺栓中心至泵基础边缘的距离一般不小于150mm，基础高出地面一般为120～150mm（包括不小于25mm的找平层）。

对于燃油锅炉房，油罐区可按照下列要求成组布置：

1）在同一个油罐组内宜布置火灾危险性相同或相近的油罐。

2）地上油罐不宜与半地下、地下油罐布置在同一个油罐组内。

3）一个油罐组内油罐的总数量，固定顶油罐不应大于100000m^3。

4）一个油罐组内的油罐不应多于12座，但单罐容量小于10000m^3的油罐组和贮存丙B类油品的油罐组内的油罐座数可不受此限制。

地上油罐组的布置，应符合下列要求：

1）地上油罐组内的油罐不应超过2排，单灌容量不大于10000m^3的油罐组和贮存丙B类油品的油罐不应超过4排。

2）立式油罐排与排之间的防火距离不应小于5.0m；卧式油罐排与排之间的防火距离不应小于3m。若两排之间布置管线带时，还应同时满足管线带安装的要求。

3）油罐之间的防火距离不应小于表8-14的规定。

表8-14　油罐之间的防火距离

<table>
<tr><th rowspan="2" colspan="2">油品类别</th><th colspan="3">固定顶油罐</th><th rowspan="2">浮顶油罐
内浮顶油罐</th><th rowspan="2">卧式油罐</th></tr>
<tr><th>地上式</th><th>半地下式</th><th>地下式</th></tr>
<tr><td rowspan="2" colspan="2">甲、乙类</td><td>1000m^3以上的罐：
0.6D且不大于20m</td><td rowspan="2">0.5D
且不大于20m</td><td rowspan="2">0.4D
且不大于15m</td><td rowspan="2">0.4D
且不大于20m</td><td rowspan="4">0.8m</td></tr>
<tr><td>1000m^3以下的罐：
当消防采用固定冷却方式时，0.6D；当采用移动冷却方式时，0.75D</td></tr>
<tr><td rowspan="2">丙类</td><td>A</td><td>0.4D且不大于15m</td><td></td><td></td><td></td></tr>
<tr><td>B</td><td>大于1000m^3的罐：5m
不大于1000m^3的罐：2m</td><td></td><td></td><td></td></tr>
</table>

注：1. 表中D为相邻油罐中较大油罐的直径。对于矩形油罐，D为长宽两边之和的一半。
2. 贮存不同油品的油罐、不同形式油罐之间的防火距离，应采用较大值。
3. 高架灌间距，不应小于0.6m。
4. 轻柴油属于丙类B。

8.3.3 风烟管道和主要汽水管道布置

各种管道及其附件的布置都应使其工作安全可靠，操作和安装检修便利。布置时应注意以下各方面要求：

1）管道布置应符合流程，使管道具有最小的长度。

2）分期建设或具有扩建可能的锅炉房，管道布置应适应扩建要求，使扩建时管道改造工作量最小。

3）管道布置应便于装设支架，一般沿墙柱敷设，但不影响设备操作和通行，避免影响采光和门窗启闭。

4）管道离墙柱或地面的距离应便于安装和检修，如焊接、保温、法兰的装卸。

5）输送热介质的管道应考虑温度变化时的伸缩，并尽可能采用自然转弯进行补偿。

6）管道应有一定坡度，以便排气放水。汽管坡向应与介质流向一致。汽管、水管最低点和可能积聚凝结水处设放水阀或疏水阀，水管最高点设放气阀。

7）主要通道的地面上不应敷设管道，通道上方的管道最低表面距地应不小于2m。

8）风道和烟道可作地上或地下布置。地上布置易于检查和检修，烟道也便于清灰。地下布置时应有防水以及检查和排除积水的措施。

9）露天布置的送引风机，如考虑利用移动式吊车吊装，地面上不应设置管道，此时的管道通常架空布置，管底距地面一般为5m，地下水位低时也可作地下布置。

10）管道附件应根据其工作特点、操作要求和安装检修条件进行合理布置。

11）管道上的阀门应设置在便于操作的部位，尽量利用地面和设备平台等便于接近的地方进行操作。否则，大口径阀门（大于或等于DN150）应设置专用平台。

12）分汽缸一般设在锅炉间固定端。当接管较多且需要分别装设流量计时，也可设在专用房间内。

13）分汽缸接管上的阀门应设置在便于操作的高度上，分汽缸离墙距离要便于阀门的安装和拆卸。

14）各种流量计应根据所选形式，在其前后接有为保证计量精度所需长度的直管管段。

8.4 工程示例

8.4.1 燃煤蒸汽锅炉

两台SZL10—1.25—AⅢ燃煤热水锅炉房工艺设计如下：

1. 原始资料

（1）燃料资料　山西混煤。$C_{ar}=61.33\%$，$H_{ar}=3.20\%$，$O_{ar}=5.19\%$，$N_{ar}=0.85\%$，$S_{ar}=0.49\%$，$M_{ar}=8.30\%$，$A_{ar}=20.64\%$，$V_{daf}=21.05\%$，$Q_{net,ar}=23375$kJ/kg。

（2）水质资料　总硬度 $H=5$mmol/L，总碱度 $A_{net,ar}=4.7$mmol/L，暂时硬度 $H=4.7$mmol/L，永久硬度 $H=0.3$mmol/L，溶解氧 0.21mmol/L，pH 值 8.3，溶解固形物 402mg/L。

（3）气象资料　冬季大气压 102.04kPa，夏季大气压 99.86kPa；采暖期室外计算温度 -9℃，采暖期室外平均温度 -1℃；采暖总天数 129 天。

（4）最大冻土深度　85cm。

(5) 主导风向　北风 (N)。

2. 锅炉型号及台数的选择

锅炉型号及台数的确定，与燃料特性、热负荷特性、锅炉占地面积大小、备用性能、负荷率高低、人员编制多少、扩建余地的大小、机械化自动程度的高低、建筑造价等多种因素有关，应对多方案进行技术经济比较后可确定最优方案，但由于这方面工作量很大，一般锅炉房工艺设计时都不作详尽的定量技术经济比较，而是抓住主要方面进行定性分析予以确定。

(1) 锅炉型号的选择　根据已知的燃料特性，此煤 $V_{daf}=21.05\%>20\%$，$Q_{net,ar}=23375kJ/kg>19680kJ/kg$，属三类烟煤。所选锅炉为蒸汽锅炉，锅炉压力应在小于或等于1.25MPa 的参数系列中选择。

燃烧设备选择燃煤炉。在燃煤炉中，煤粉炉对负荷变化适应性差，不宜采用，沸腾炉耗电大，净效率低，排烟含尘浓度大，也不宜采用，所以只能在层燃炉中选用。其中，往复炉排炉对高热值的三类烟煤不适宜，宜烧坏炉排片，从当地环保要求看，也不宜选用；抛煤机炉人工清炉，工作强度大，机械化程度低，而且烟尘原始浓度大，也不宜选用；振动炉排炉容易出现正压燃烧，使火焰外喷，既不安全，又不卫生，而且会使烟气含尘浓度增加，飞灰热损失增大，不宜采用；其他如手烧炉及其改型的双层炉排、下饲燃料炉等都只适用小型锅炉，所以也不宜采用；链条炉排炉，采取设炉拱，设二次风、热风，设分段送风等措施后，使其对煤种的适应性增强，运行稳定，机械化程度较高，目前被广泛采用。因此，本设计所选锅炉的燃烧设备采用链条炉排炉。

汽锅形式显然不宜用低参数、小容量的锅壳式锅炉，水管锅炉中也宜采用“身长体瘦”的纵置式“O”型锅炉，以适应现在地皮紧缺的状况。

(2) 锅炉台数的确定　在介质种类、参数及燃烧设备和锅型确定的情况下，可提出以下几种可能的方案进行定性分析比较，以确定合适的台数。

A 方案：3 台 6t/h 或 6.5t/h 的选炉方案；

B 方案：2 台 10t/h 的选炉方案；

C 方案：1 台 20t/h 的选炉方案。

对于上述三种方案的主要方面进行粗略比较，见表 8-15。

表 8-15　三种方案的比较

选炉方案 比较项目	A 方案 (3 台 6t/h 或 6.5t/h)	B 方案 (2 台 10t/h)	C 方案 (1 台 20t/h)
单台锅炉容量/(t/h)	6 或 6.5	10	20
锅炉台数	3	2	1
锅炉效率	较低	较高	高
锅炉备用性	好	好	差
煤种适应性	相同	相同	相同
建筑造价	较低	较高	较高
扩建余地	较小	较大	最大
人员编制	最多	较多	最少
综合结果	中	较好	差

可见，此设计中采用B方案较合适。因此，确定选用型号为SZL10—1.25—AⅢ锅炉两台，该锅炉的设计热效率为78%，设计燃料为山西混煤，给水温度为105℃，排烟温度168℃，设有省煤器和空气预热器。

3. 锅炉水处理的设计计算

锅炉水处理设备和给水设备的选择计算，是以各种水量（包括补给水量 G_{bs}、给水量 G_{gs}、回水量 G_{hs}）为基础进行的，而这些水量的确定则又与锅炉排污率相关联。由于水处理前与水处理后，水质有变化，使计算出的排污率有很大变化，因此水量的计算又应按水处理前和水处理后的水质分别进行，选择水处理设备时按处理前的水量进行，选择给水设备时则应按处理后的水量进行。

（1）水处理前排污率、各种水量的计算

1）排污率的计算。分别根据以下两式进行计算，取其较大数值，一般供热锅炉的排污率应控制在10%以下。其中，凝水回水率为70%，$\alpha = 1 - 70\% = 30\%$，$A_O = 4.7\text{mmol/L}$，$A_K = 20\text{mmol/L}$，$S_O = 402\text{mg/L}$，$S_K = 3500\text{mg/L}$。则

按碱度计算

$$\eta_{p1} = \frac{\alpha A_O}{A_K - \alpha A_O} \times 100\% = \frac{30\% \times 4.7}{20 - 30\% \times 4.7} = 7.6\% < 10\%$$

按含盐量计算

$$\eta_{p2} = \frac{\alpha S_O}{S_K - \alpha S_O} \times 100\% = \frac{30\% \times 402}{3500 - 30\% \times 402} = 3.6\% < 10\%$$

两者取较大数值，因此排污率 $\eta_p = 7.6\%$。

2）各种水量的计算。

$$G_{gs} = (1 + \eta_p + \eta_{pls})G = (1 + 7.6\% + 5‰) \times 20\text{t/h} = 21.62\text{t/h}$$

总凝结水量为 $G_{hs} = 70\% \times 20\text{t/h} = 14\text{t/h}$

总补给水量为 $G_{bs} = (21.62 - 14)\text{t/h} = 7.62\text{t/h}$

（2）水处理任务的确定　本锅炉原水的总硬度和含氧量均超过给水水质要求，故需要进行软化和除氧处理。采暖锅炉水处理的主要任务：降低水中 Ca^{2+}、Mg^{2+} 的含量（即软化），防止锅炉结垢；减少水中的溶解气体（即除氧），防止锅炉受热面腐蚀。对大多数供热锅炉来说，补给水预先处理后再进入锅炉，称锅外水处理。

1）系统方案的选定。软化除碱的方法常见的有部分钠离子交换法、滴酸法、石灰-纯碱法、氢-钠离子交换法、铵-钠离子交换法等。其中，部分钠离子交换法及滴酸法适用于小型锅炉房，本题目不宜采用；石灰-纯碱法占地大，也不适合本题目；铵-钠离子交换法中产生的氨气随同蒸汽进入供热系统，对系统中含铜的设备及附件有腐蚀作用，所以不适合本题目；氢-钠离子交换法中，并联系统适用于含永久硬度的水质，串联系统设备较大，出口残留碱度较大，综合系统出水残留碱度最大，且软化除碱效果不稳定，本设计水处理方案确定采用不足量氢-钠离子交换软化除碱系统。

钠离子交换设备种类很多，有固定床、流动床、浮动床和移动床等。其中后三种适用于原水水质稳定，软化水压力变化不大且不间断运行；固定床钠离子交换器则无上述要求，是工业锅炉常用的水处理设备。固定床钠离子交换方式可以分为顺流再生和逆流再生两种，相对于顺流再生，逆流再生具有对原水硬度适应广泛、出水质量好、再生盐耗低（20%）、水

耗低（30% ~40%）的优点，所以广泛采用。

固定床逆流再生钠离子交换器的再生液自下而上运动，再生置换时，离子交换器不发生紊乱是保证逆流再生效果的关键。为此，应控制再生液和置换水的流速、再生液的浓度及不同的顶压方式。

钠离子交换剂是强酸性阳离子交换树脂和磺化煤。树脂交换容量大，交换速度快，但价格比较高；而磺化煤的交换容量小，速度慢，但价格低。综合技术经济性考虑，采用001×7型树脂。

钠离子交换软化系统一般为单级和双级。当原水硬度<8mmol/L时，经单级钠离子交换后，可以作为锅炉给水。本设计中水的总硬度为5mmol/L（<8mmol/L），所以采用单级系统。

2）设备的选择计算。

a. 设备生产能力 G_{rs}（t/h）的确定

$$G_{rs}=1.2(G_{bs}+G_{zy}+G_{wy})$$

式中 G_{bs}——锅炉补给水量；

G_{zy}——水处理设备自耗软水量（t/h），这里主要指逆流冲洗用软水量；

G_{wy}——外用软水量（t/h），本设计主要指热网补给水量，可按热网循环水量的2% ~4%计算，这里热网循环水量 G_{rw} 指采暖热网循环水量。

$$G_{zy}=\omega A\rho$$

式中 ω——逆流冲洗速度（m/h），本设计中采用无顶压的低速再生，故取 $\omega=2\text{m/h}$；

ρ——水的密度，常温下 $\rho=1\text{t/m}^3$；

A——交换器截面积（m^2），预选交换器直径 $D1500$，则

$$A=\frac{\pi}{4}\phi^2=\frac{3.14}{4}\times1.5^2\text{m}^2=1.766\text{m}^2$$

所以 $G_{zy}=\omega A\rho=2\times1.766\times1\text{t/h}=3.53\text{t/h}$

$$G_{rw}=\frac{Qr}{c(t_g-t_h)}$$

式中 c——水的比热容，取 $c=4.1868\text{kJ/(kg}\cdot℃)$；

t_g——采暖供水温度，本设计中 $t_g=95℃$；

t_h——采暖回水温度，本设计中 $t_h=70℃$；

Q——采暖热负荷，本设计中 $Q=20\text{t/h}$；

r——采暖所用蒸汽的汽化热，本设计中蒸汽压力为0.3MPa，$r=2319.2\text{kJ/kg}$。

所以

$$G_{rw}=\frac{Qr}{c(t_g-t_h)}=\frac{20\times2319.2}{4.1868\times(95-70)}\text{t/h}=443.15\text{t/h}$$

则外用水量 $G_{wy}=4\%G_{rw}=4\%\times443.15\text{t/h}=17.73\text{t/h}$

所以 $G_{rs}=1.2(G_{bs}+G_{zy}+G_{wy})=1.2\times(7.62+3.53+17.73)\text{t/h}=34.66\text{ t/h}$

b. 再生系统和再生剂的确定。钠离子交换器常用NaCl溶液再生系统，本设计采用浓度为8%的NaCl溶液为 Na^+ 交换器的再生剂。

3）设备的选择计算。

a. 钠离子（Na^+）交换器的选择计算。计算过程见表8-16。

表8-16 逆流再生钠离子交换器的选择计算

序号	名　称	符号	单位	计算公式或数据来源	数值
1	需要处理的水量	G_{rs}	t/h	已知	34.66
2	软化流速	w	m/h	查资料	20
3	所需交换器断面	A	m^2	$A=\frac{G_{rs}}{w\rho}=\frac{34.66}{20\times1}$	1.733
4	所选交换器断面	A'	m^2	$A'=\frac{\pi}{4}d^2=\frac{\pi}{4}\times1.5^2$ （d为选定的交换器直径，m）	1.766
5	实际软化流速	ω'	m/h	$\omega'=\frac{G_{rs}}{A'\rho}=\frac{34.66}{1.766\times1}$	19.63
6	交换剂层高度	H	m	所选交换器说明书	2
7	交换剂工作交换容量	E	mol/m^3	查资料	1100
8	交换器软化能力	E_0	mol/次	$E_0=A'HE=1.766\times2\times1100$	3885
9	每小时需要处理物质的量	E_0'	mol/h	$E_0'=G_{rs}(H_J'-H_c')=34.66\times(0.5-0.03)$	16.3
10	时间余量	τ		经验数据	0.95
11	水质变更系数	k		经验数据	1.25
12	交换器连续软化时间	t_1	h/次	$t_1=\frac{\tau E_0}{kE_0'}=\frac{0.95\times3885}{1.25\times16.3}$	181.14
13	小反洗时间	t_2	h/次	经验数据$\frac{1}{12}\sim\frac{1}{6}$	$\frac{1}{6}$
14	小反洗速度	w_2	m/h	经验数据5~10	10
15	每次小反洗耗水量	G_2	m^3/次	$G_2=\omega_2A't_2=10\times1.766\times\frac{1}{6}$	2.943
16	小反洗小时耗水量	G_2'	m^3/h	$G_2'=\omega_2A'=10\times1.766$	17.66
17	再生剂单耗	b	g/mol	经验数据80~100	90
18	再生剂纯度（质量分数）	ϕ	%	查产品说明资料（质量分数）	95
19	再生剂密度	ρ'	t/m^3	查资料	2.16
20	再生一次理论耗盐量	B	kg/次	$B=\frac{bE_0}{1000\varphi}=\frac{90\times3885}{1000\times0.95}$	368.05
21	再生液浓度（质量分数）	α	%	经验数据5%~8%	8
22	再生液密度	ρ	t/m^3	查资料	1.06
23	再生一次稀盐液体积	B'	m^3/次	$B'=\frac{B}{1000\rho\alpha}=\frac{368.05}{1000\times1.06\times0.08}$	4.34
24	再生一次耗水量	G_3	m^3/次	$G_3=B'-\frac{B\varphi}{1000\rho'}=\left(4.34-\frac{368.05\times0.95}{1000\times2.16}\right)$	4.178
25	再生速度	w_3	m/h	经验数据，低流速再生时取1.6~2.0	1.8
26	再生时间	t_3	h/次	$t_3=\frac{B'}{A'\omega_3}=\frac{4.34}{1.766\times1.8}$	1.365
27	逆洗时间	t_4	h/次	经验数据$\frac{1}{2}\sim\frac{2}{3}$	$\frac{2}{3}$

（续）

序号	名　称	符号	单位	计算公式或数据来源	数值
28	逆洗速度	w_4	m/h	经验数据，低流速再生时取 1.6～2.0	1.8
29	每次逆洗耗水量	G_4	m^3/次	$G_4=\omega_4 A' t_4=1.8\times1.766\times\frac{2}{3}$	2.119
30	逆洗小时耗水量	G_4'	m^3/h	$G_4'=\omega_4 A'=1.8\times1.766$	3.179
31	小正洗时间	t_5	h/次	经验数据$\frac{1}{12}$～$\frac{1}{6}$	$\frac{1}{6}$
32	小正洗速度	w_5	m/h	经验数据 10～15	15
33	每次小正洗耗水量	G_5	m^3/次	$G_5=w_5A't_5=15\times1.766\times\frac{1}{6}$	4.415
34	小正洗小时耗水量	G_5'	m^3/h	$G_5'=w_5A'=15\times1.766$	26.49
35	正洗速度	w_6	m/h	经验数据 15～20	15
36	每 m^3 交换剂正洗耗水量	g_6	m^3/m^3	经验数据 3～6m^3/m^3 交换剂	4
37	每次正洗耗水量	G_6	m^3/次	$G_6=A'Hg_6=1.766\times2\times4$	14.13
38	正洗小时耗水量	G_6'	m^3/h	$G_6'=\omega_6A'=15\times1.766$	26.49
39	正洗时间	t_6	h/次	$t_6=\frac{g_6FH}{G'_6}=\frac{4\times1.766\times2}{26.49}$	0.53
40	再生一次总耗水量	G	m^3/次	$G=G_2+G_3+G_4+G_5+G_6$	27.79
41	小时最大耗水量	G'	m^3/h	$G'=G_{rs}+G_6'=34.66+26.49$	61.15
42	工作周期	T	h/次	$T=t_1+t_2+t_3+t_4+t_5+t_6=181.14+\frac{1}{6}+1.365+\frac{2}{3}+\frac{1}{6}+0.53$	184.04

b. 盐液再生系统设备选择计算。

浓盐液池：浓盐液池的容积按食盐纯度为95%（质量分数）、盐液中盐的质量分数 α 为26%、$n=5$ 次计算，则

$$V_n=\frac{1.2nB\varphi}{1000\alpha\rho}=\frac{1.2\times5\times368.05\times0.95}{1000\times0.26\times1.201}m^3=6.72m^3$$

设计尺寸（长×宽×高）：2.5m×2m×1.5m=7.5m^3，自制。

稀盐液池：稀盐液池容积计算，取 $\alpha=6\%$，$n=2$ 次的用量，则

$$V_n=\frac{1.2nB\varphi}{1000\alpha\rho}=\frac{1.2\times2\times368.05\times0.95}{1000\times0.06\times1.06}m^3=9.8m^3$$

设计尺寸（长×宽×高）：3.5m×2m×1.5m，自制。

盐液泵：盐液泵的流量用式 $q_V=1.2A'\omega$ 计算，因采用低流速再生，所以 ω 取 2m/h，则 $q_V=1.2A'\omega=1.2\times1.766\times2m^3/h=4.24m^3/h$。

盐液泵的扬程相应的压力取经验值 200kPa。根据流量和扬程相应的压力选型号为

102—3型防腐塑料泵两台，其中一台备用，其流量为$6m^3/h$，扬程相应的压力200kPa。

（3）除氧方式的确定及设备选择计算

1）除氧方式的确定。药剂除氧和钢屑除氧适用于小型锅炉房；真空除氧因受真空度限制不易控制，使除氧效果不稳定；大气式热力除氧虽耗汽量相对较大，但除氧效果较好，本设计采用大气式热力除氧方法（图8-2）。

2）除氧器的选择计算。根据水处理后锅炉的给水量$G_{gs}=21.62t/h$，可选PYS—20型热力除氧器一台，出力20t/h（混合水温高于常温时可适当提高流速，使出力>20t/h），水箱容积为$15m^3$，工作压力0.02MPa，工作温度104℃。

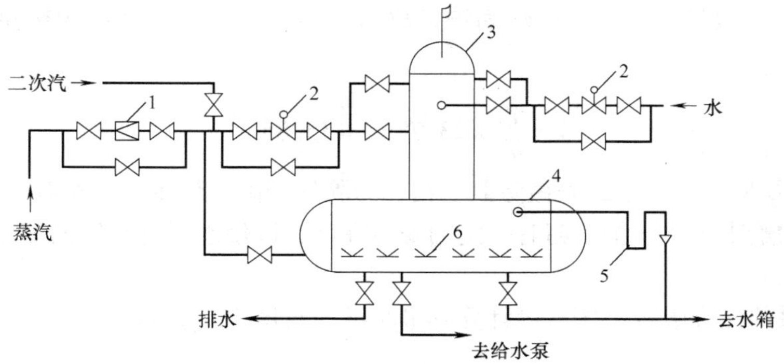

图8-2 大气热力除氧系统示意

1—减压阀 2—自动控制阀 3—除氧器 4—除氧水箱 5—水封式溢流装置 6—蒸汽喷嘴

（4）给水系统的确定及其设备选择计算

1）给水系统的确定。锅炉给水系统是由能将锅炉用水安全送入锅炉的各设备、管道及配件、阀门等组成，即由从给水箱或混合水箱到给水泵间的低压给水管路系统和从给水泵到锅炉给水阀间的高压给水管路系统组成。

本设计锅炉房属小区供热锅炉，锅炉房用地紧缺，又由于采用热力除氧系统，且为自流回水方式，所以宜采用集中式二段双母管给水系统（图8-3）。

2）给水设备的选择。

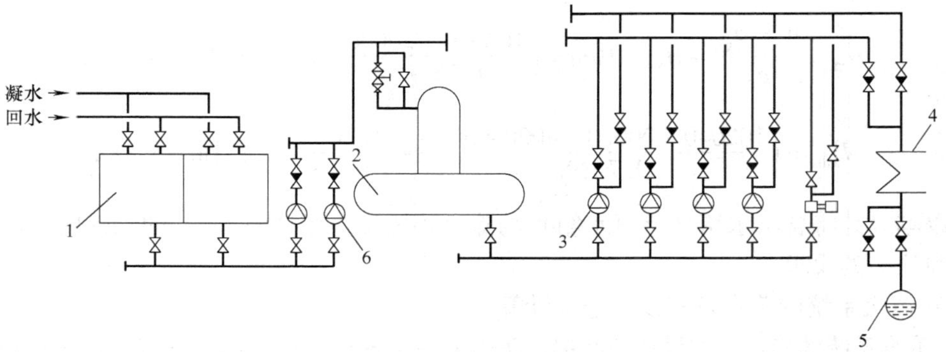

图8-3 给水系统示意图

1—混合水箱 2—除氧水箱 3—给水泵 4—省煤器 5—上锅筒 6—混合水泵

a. 给水泵。给水泵的流量和扬程应能满足锅炉房给水量和最高扬程的需要，给水泵的型号和台数应能满足锅炉房供暖期负荷变化的要求及备用要求。

流量：$q_m = 1.1G_{gs} = 1.1 \times 21.62\text{t/h} = 23.78\text{t/h}$

扬程相应的压力：按式 $p_H = 1000p + (100 \sim 200)\text{kPa}$ 计算，其中锅炉工作压力 p 用锅炉额定压力 1.25MPa 代入，附加压力取高限 200kPa，因本锅炉设有省煤器，则

$$p_H = 1000p + (100 \sim 200)\text{kPa} = (1000 \times 1.25 + 200)\text{kPa} = 1450\text{kPa}$$

电动给水泵选用 CYG 型锅炉给水泵三台（两用一备），其流量为 $12\text{m}^3/\text{h}$，扬程相应的压力为 2000kPa，电动机功率为 18.5kW。

b. 给水箱。本锅炉房为小区供热锅炉，故给水箱只设一个，其容积按 40min 的给水量确定。即

$$V = \frac{40}{60} \times 23.78\text{m}^3 = 15.85\text{m}^3$$

选用 CS－16 型水箱一个，兼做除氧水箱，与除氧器配套使用。水箱容积 16m^3，给水泵输送温度较高的给水，要求给水箱有一定的安装高度，以使水泵有足够的灌注头，避免汽蚀和影响正常给水。

根据给水泵的允许吸水高度，可计算其最小灌注高度 H_{min}，即

$$H_{min} = \frac{p_a - p_{gs} + \sum \Delta p_h + p_{Hf}}{\rho g} + \frac{\omega_1^2}{2g} - H'_{xs}$$

式中 p_a——当地大气压力（Pa）；

p_{gs}——给水箱液面压力（Pa）；

$\Sigma\Delta p_h$——吸水管道阻力（Pa），估算为 4000Pa；

p_{Hf}——富余量（Pa），可取 3000～5000Pa，本设计中取 $p_{Hf} = 5000\text{Pa}$；

ρ——使用温度下水的密度（kg/m^3），锅炉给水为 105℃，查知 $\rho = 917\text{kg/m}^3$；

ω_1——泵吸水口处流速（m/s），算得约为 1.26m/s；

H'_{xs}——使用条件下泵的允许吸水高度（m），查出样本允许吸水高度 $H'_{xs} = 5.2\text{m}$，经修正后得到

$$H'_{xs} \approx \frac{p_a - p_{bh}}{\rho g} + H_{xs} - 10\text{m} = \left(\frac{102040 - 20000}{917 \times 9.8} + 5.2 - 10\right)\text{m} = 4.33\text{m}$$

则

$$H_{min} = \left(\frac{102040 - 20000 + 4000 + 5000}{917 \times 9.8} + \frac{1.26^2}{2 \times 9.8} - 4.33\right)\text{m} = 5.88\text{m}$$

所以本设计将含给水箱（除氧水箱）的除氧装置设在标高为 7.5m 的除氧间，以满足给水泵对灌注头的要求。

（5）蒸汽系统的确定及其设备选择计算

1）蒸汽系统的确定。本设计拟在锅炉房内采用由各台锅炉支汽管路接入母管，母管再接入分汽缸的主蒸汽管路系统和由副蒸汽阀引出到蒸汽泵，由分汽缸引出到用户的副蒸汽管路系统。主蒸汽管路采用母管系统，可使分汽缸上的接管数目减少，便于安装母管上的支架。

2）蒸汽系统设备选择计算。

a. 分汽缸。分汽缸属于压力容器，目前常见的有两种形式：一种是组合式分汽缸，其直径由其上的最大开孔直径确定；另一种是暖通标准图集中的汽水集配器（87—907），其直径是按其上最大开孔直径确定值与按 10m/s 蒸汽流速直接计算出直径值中最大值确定的，但因其长度最大值为 3m，不符合本设计要求，本设计确定采用前者。

b. 蒸汽管直径的计算

蒸汽管直径的计算公式为

$$D_N = 594.7\sqrt{\frac{q_m v}{w}}$$

式中 D_N——计算管道内径（mm）；

q_m——蒸汽质量流量（t/h）；

v——蒸汽比体积（m^3/kg）；

w——蒸汽推荐流速（m/s）。

对于蒸汽母管，流速选 30m/s，蒸汽比体积查为 0.1473m^3/kg，则

$$D_N = 594.7\sqrt{\frac{q_m v}{w}} = 594.7 \times \sqrt{\frac{20 \times 0.1473}{30}}\text{mm} = 186.4\text{mm}$$

选用 $D_N = 200$mm，无缝钢管规格为 D219 ×6。分汽缸的长度按图 8-4 所示的尺寸确定。

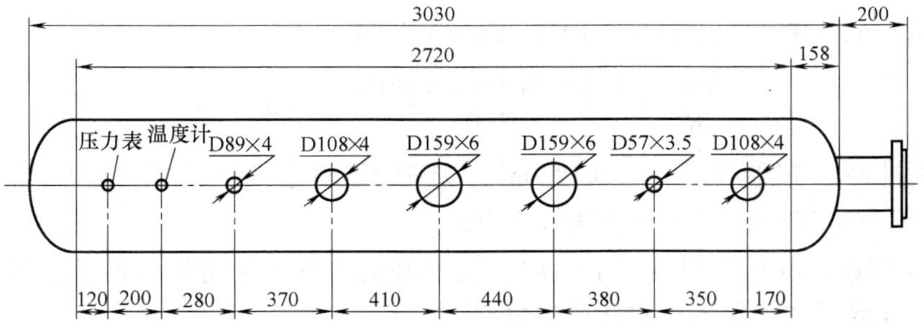

图 8-4 分汽缸的长度尺寸

（6）排污系统的确定及其设备选择计算

1）排污系统的确定。锅炉排污分为连续排污和定期排污两种。定期排污是将炉水在锅炉最低部位放出，特点是强烈、时间短促，而且是周期性的、间断的，利用余热价值小，故本设计中不考虑对定期排污水进行余热回收，而是将它用于冲灰渣。连续排污是由炉水中含盐浓度最高的地方排出的，以使炉水保持一定的含盐标准。连续排污时的热量应尽可能予以利用。本设计中拟将两台锅炉的连续排污管道均引入排污扩容器中，降至 0.12 ~0.2MPa 表压，形成二次蒸汽与降压后的一次蒸汽合并，供除氧使用，而饱和水通过凝水箱中的蛇形盘管，放热降温后再排入灰沟。

2）排污设备的选择计算。

a. 连续排污扩容器。

在连续排污扩容器中，由于压力降低而汽化所形成的蒸汽量（kg/h）为

$$D_q=\frac{D_{ps}(h\eta-h_1)}{(h_2-h_1)x}$$

式中 D_{ps}——连续排污量（kg/h），本设计连续排污量 $D_{ps}=2\%\times 20t/h=0.4t/h=400kg/h$；

h——锅炉饱和水焓，查得 $h=830.08kJ/kg$；

η——排污管热损失系数，一般取 $\eta=0.98$；

h_1——扩容器工作压力下饱和水的焓，连续排污扩容器的工作压力为0.2MPa，查得此压力下 $h_1=561.43kJ/kg$；

h_2——扩容器压力下饱和蒸汽的焓，查得0.2MPa压力下 $h_2=2724.7kJ/kg$；

x——二次蒸汽干度，一般取 $x=0.97$。

所以二次蒸汽量为

$$D_q=\frac{D_{ps}(h\eta-h_1)}{(h_2-h_1)x}=\frac{400\times(830.08\times0.98-561.43)}{(2724.7-561.43)\times0.97}kg/h=48.05kg/h$$

扩容器的容积为

$$V=\frac{kD_q v}{R_v}$$

式中 k——容积余量系数，一般取1.3～1.5，本设计中取 $k=1.4$；

v——二次蒸汽的比体积，扩容器压力为0.2MPa时，查得 $v=0.6056m^3/kg$；

R_v——扩容器中单位容积的蒸汽分离度［$m^3/(m^3\cdot h)$］，一般在400～1000$m^3/(m^3\cdot h)$的范围内，本设计中取 $R_v=700m^3/(m^3\cdot h)$。

所以 $$V=\frac{kD_q v}{R_v}=\frac{1.4\times48.05\times0.6056}{700}m^3=0.058m^3$$

根据连续排污扩容器容积 $V=0.058m^3$，选 ϕ670 型连续排污扩容器一台，其直径为 ϕ670mm，容积为 $0.75m^3$，工作压力为0.2MPa。

b. 取样冷却器。取样冷却器用于锅炉房或发电站内汽水化验取样冷却，如蒸汽化验取样、锅炉水化验取样和除氧器出水化验取样等。

取样冷却器一般都是蛇形表面冷却结构，蛇形管内为取样介质，管外与壳体之间通入冷却水。本设计选用三台 ϕ254 型取样冷却器，两台供锅水或蒸汽取样，一台供除氧水取样。其承压能力为2.5MPa，允许介质最高温度为225℃。

（7）汽水系统主要管径的计算　汽水系统中与设备直接相连的管段，其管径与设备接管孔径相同。蒸汽系统中的主要管径计算见表8-17。

表8-17　主要管径计算

管径名称	流量/(t/h)	选用流速/(m/s)	计算直径/mm	选用直径/mm	公称直径/mm
蒸汽母管	20	30	186.4	D219×6	200
采暖用汽管1	2.95	25	78.4	D89×3.5	80
采暖用汽管2	3.0	25	79.1	D89×3.5	80
采暖用汽管3	7.78	30	116.2	D133×4	125
除氧用汽管	1.95	25	63.7	D73×3.5	65

（续）

管径名称	流量/(t/h)	选用流速/(m/s)	计算直径/mm	选用直径/mm	公称直径/mm
压力表接管					25
温度计接管					25
给水泵吸入段总管	21.62	1	84.9	D108×4	100
给水泵压出段总管	21.62	2	60.0	D76×3.5	70
自来水进锅炉房总管	96	3	106.3	D133×4	100

4. 锅炉房送引、风系统的计算

（1）燃料校核

1）元素分析资料的校核。由原始资料知，本设计中锅炉房采用山西混煤（以烟煤为主）燃料，其元素分析为

$$C_{ar}+H_{ar}+O_{ar}+N_{ar}+S_{ar}+M_{ar}+A_{ar}$$
$$=61.33\%+3.20\%+5.19\%+0.85\%+0.49\%+8.30\%+20.64\%=100\%$$

故元素分析资料正确。

2）燃料发热量的校核。据煤的元素分析资料，收到基低位发热量由门捷列夫经验公式计算为

$$Q_{net,ar}=339C_{ar}+1030H_{ar}-109(O_{ar}-S_{ar})-25M_{ar}$$
$$=[339\times61.33+1030\times3.2-109\times(5.19-0.49)-25\times8.3]\text{kJ/kg}=23367.07\text{kJ/kg}$$

由煤质分析资料知

$$A_{ar}=20.64\%,\ A_d=\frac{100}{100-M_{ar}}A_{ar}=\frac{100}{100-8.3}\times20.64\%=22.5\%,\ Q_{net,ar}=23375\text{kJ/kg}$$

用门捷列夫公式计算所得 $Q_{net,ar}$ 与实测值有一定的误差 ΔQ，当 $A_d\leqslant25\%$ 时，$\Delta Q\leqslant\pm600\text{kJ/kg}$，本设计中 $\Delta Q=(23375-23367.07)\text{kJ/kg}=7.93\text{kJ/kg}<600\text{kJ/kg}$，所以煤质发热量资料也正确。

（2）理论空气量和理论烟气量的计算

1）燃料燃烧所需理论空气量的计算。

$$V_k^0=0.0889(C_{ar}+0.375S_{ar})+0.265H_{ar}-0.0333O_{ar}$$
$$=[0.0889\times(61.33+0.375\times0.49)+0.265\times3.2-0.0333\times5.19]\text{m}^3/\text{h}=6.14\text{m}^3/\text{h}$$

2）燃烧所产生的理论烟气量的计算。

$$V_y^0=V_{RO_2}^0+V_{N_2}^0+V_{H_2O}^0$$
$$=0.01866(C_{ar}+0.375S_{ar})+(0.79V_k^0+0.008N_{ar})+$$
$$(0.111H_{ar}+0.0124M_{ar}+0.0161V_k^0)$$
$$=[0.01866\times(61.33+0.375\times0.49)+(0.79\times6.14+0.008\times0.85)+$$
$$(0.111\times3.2+0.0124\times8.3+0.0161\times6.14)]\text{m}^3/\text{kg}$$
$$=6.56\text{m}^3/\text{kg}$$

（3）锅炉运行效率的确定及耗煤量的计算

1）锅炉运行效率的确定。本设计所选用的 SZL10—1.25—AⅢ型锅炉的设计效率为

78%，而锅炉运行一段时间后，由于各种原因，实际运行效率会下降，按国家有关节能指令的要求，对蒸发量 $D \geqslant 10$t/h 的锅炉，运行效率不应低于 72%，本设计中锅炉的运行效率确定为 72%。

2）锅炉耗煤量的计算。

a. 锅炉小时燃料耗煤量（kg/h）的计算公式为

$$B = \frac{Q_{gl}}{Q_{net,ar}\eta_{gl}}$$

式中 $Q_{net,ar}$——煤的低位发热量，$Q_{net,ar} = 23375$kJ/kg；

η_{gl}——锅炉的运行效率，$\eta_{gl} = 72\%$；

Q_{gl}——锅炉每小时有效吸热量（kJ/h）。

$$Q_{gl} = D(h_q - h_{gs}) \times 10^3 + D_{ps}(h_{ps} - h_{gs}) \times 10^3$$

式中 D——蒸发量（t/h）；

h_q——蒸汽焓，$h_q = 2729.1$kJ/kg；

h_{gs}——锅炉给水焓，$h_{gs} = 434.95$kJ/kg；

h_{ps}——排污水焓，$h_{ps} = 830.08$kJ/kg；

D_{ps}——锅炉排污水量，$D_{ps} = 7.6\% \times 10$t/h $= 0.76$t/h。

所以

$$\begin{aligned}Q_{gl} &= D(h_q - h_{gs}) \times 10^3 + D_{ps}(h_{ps} - h_{gs}) \times 10^3 \\ &= [10 \times (2729.1 - 434.95) \times 10^3 + 0.76 \times (830.08 - 434.95) \times 10^3]\text{kJ/h} \\ &= 23241.8 \times 10^3\text{kJ/h}\end{aligned}$$

所以锅炉小时耗煤量为

$$B = \frac{Q_{gl}}{Q_{net,ar}\eta_{gl}} = \frac{23241.8 \times 10^3}{23375 \times 0.72}\text{kg/h} = 1380.97\text{kg/h}$$

b. 锅炉小时计算燃料消耗量的计算公式为

$$B_j = B(1 - q_4)$$

式中 q_4——固体不完全燃烧热损失，据热力计算 $q_4 = 10\%$。

故 $B_j = B(1 - q_4) = 1380.97 \times \left(1 - \frac{10}{100}\right)\text{kg/h} = 1242.9\text{kg/h}$

（4）送、引风系统的确定　本设计采用分散式平衡通风系统，即每台锅炉都对应设置一套引风机、送风机、除尘器和风道、烟道，然后烟气在总烟道汇总，经共用烟囱排出。炉膛出口处保持 20～40Pa 的真空度。空气则从消声器吸入后，经风道和鼓风机送入炉排。系统布置如图 8-5、图 8-6 所示。

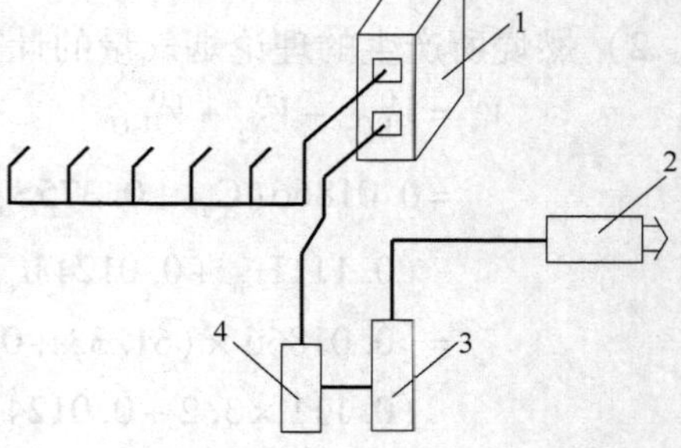

图 8-5　送风示意图

1—空气预热器　2—消声器

3—吸气风箱　4—送风机

（5）锅炉送风量及排烟量的计算

1）送风量的计算。

a. 冷空气流量（m^3/h）的计算

$$V_{lk} = B_j V_k^0(\alpha_l'' - \Delta\alpha_l + \Delta\alpha_{ky})\frac{273 + t_{lk}}{273}$$

式中 α_1''——炉膛出口处的过量空气系数，$\alpha_1''=1.4$；

$\Delta\alpha_1$——炉膛的漏风系数，$\Delta\alpha_1=0.1$；

$\Delta\alpha_{ky}$——空气预热器中空气漏入烟道的漏风系数，$\Delta\alpha_{ky}=0.05$；

t_{lk}——冷空气温度，$t_{lk}=30℃$。

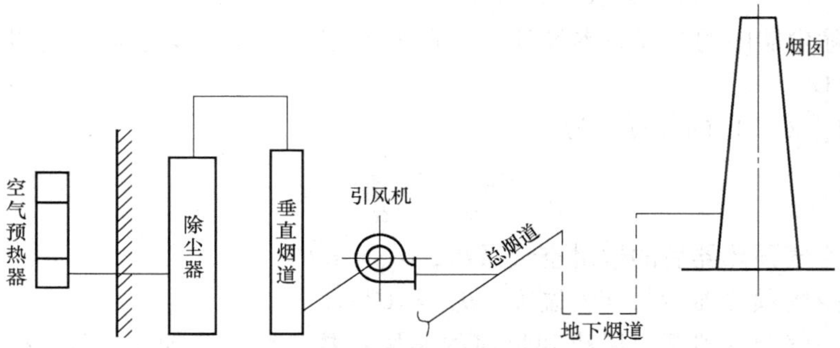

图 8-6 引风系统示意图

所以
$$V_{lk}=B_jV_k^0(\alpha_1''-\Delta\alpha_1+\Delta\alpha_{ky})\frac{273+t_{lk}}{273}$$
$$=\left[1242.9\times6.14\times(1.4-0.1+0.05)\times\frac{273+30}{273}\right]\text{m}^3/\text{h}$$
$$=15876\text{m}^3/\text{h}=4.41\text{m}^3/\text{s}$$

b. 热空气流量（m^3/h）的计算

$$V_{rk}=B_jV_k^0(\alpha_1''-\Delta\alpha_1)\frac{273+t_{rk}}{273}$$

式中 t_{rk}——热空气温度，据锅炉《热力计算书》知，$t_{rk}=140℃$。

$$V_{rk}=B_jV_k^0(\alpha_1''-\Delta\alpha_1)\frac{273+t_{rk}}{273}=\left[1242.9\times6.14\times(1.4-0.1)\times\frac{273+140}{273}\right]\text{m}^3/\text{h}$$
$$=15008.4\text{m}^3/\text{h}=4.16\text{m}^3/\text{s}$$

2）锅炉尾部排风量的计算。

a. 锅炉排烟量（m^3/kg）的计算

$$V_{py}=V_y^0+1.0161(\alpha_{py}-1)V_k^0$$

式中 α_{py}——空气预热器平均过量空气系数，据锅炉《热力计算书》知，$\alpha_{py}=1.675$。

$$V_{py}=V_y^0+1.0161(\alpha_{py}-1)V_k^0=[6.56+1.0161\times(1.675-1)\times6.14]\text{m}^3/\text{kg}$$
$$=10.77\text{m}^3/\text{kg}$$

b. 空气预热器至除尘器间的烟温及烟气量的计算。烟气温度 θ_{cc} 的确定：

空气预热器至除尘器间的烟温按热力计算的规定，应取排烟温度 $\theta_{py}=167℃$。所以除尘器入口处烟温 $\theta_{cc}=\theta_{py}=167℃$。

烟气量 V_{cc}（m^3/h）的计算式为

$$V_{cc}=B_j(V_{py}+\Delta\alpha V_k^0)\frac{273+\theta_{cc}}{273}$$

式中 $\Delta\alpha$——空气预热器后烟道中的漏风系数，$\Delta\alpha=0.01$。

$$V_{cc}=B_j(V_{py}+\Delta\alpha V_k^0)\frac{273+\theta_{cc}}{273}$$

$$=\left[1242.9\times(8.25+0.01\times6.14)\times\frac{273+167}{273}\right]m^3/h$$

$$=21697.6m^3/h=6.03m^3/s$$

c. 烟气在除尘器内的温降。本设计中选用普通型麻石水膜除尘器，查设备资料知，烟气温降 $\theta_{cc}=50℃$。

烟气温度 θ_{yf}（℃）的计算式为

$$\theta_{yf}=\frac{\alpha_{py}\theta_{py}+\Delta\alpha t_{lk}}{\alpha_{py}+\Delta\alpha}-\theta_{cc}$$

式中 α_{py}——空气预热器后的过量空气系数，$\alpha_{py}=1.675$；

θ_{py}——空气预热器后的烟气温度，$\theta_{py}=167℃$。

$\Delta\alpha$——空气预热器至引风机间烟道的漏风系数，钢、砖烟道共计 $\Delta\alpha_1=0.06$，除尘器 $\Delta\alpha_2=0.1$，则 $\Delta\alpha=\Delta\alpha_1+\Delta\alpha_2=0.06+0.1=0.16$。

$$\theta_{yf}=\frac{\alpha_{py}\theta_{py}+\Delta\alpha t_{lk}}{\alpha_{py}+\Delta\alpha}-\theta_{cc}$$

$$=\left(\frac{1.675\times167+0.16\times30}{1.675+0.16}-50\right)℃=105.1℃$$

引风机处烟气流量 V_{yf}的计算式为

$$V_{yf}=B_j(V_{py}+\Delta\alpha_1 V_k^0)\frac{\theta_{yf}+273}{273}=\left[1242.9\times(8.25+0.16\times6.14)\times\frac{105.1+273}{273}\right]m^3/h$$

$$=20230.5m^3/h=5.62m^3/s$$

（6）风道、烟道断面尺寸的确定

1）风道断面尺寸的计算。风道断面积（m^2）的计算式为

$$A=\frac{V}{\omega}$$

式中 V——流经该风道的空气流量（m^3/s）；

ω——空气流速（m/s），见表 8-7。

计算结果列于表 8-18 中。

表 8-18 风道断面尺寸计算汇总表

风道名称	材料	流量/(m^3/s)	平均流速/(m/s)	截面积/m^2	断面尺寸
消声器出口变径管	金属	4.41	15.1	小头 0.25 大头 0.30	ϕ506mm 600mm×500mm
消声器与吸气风箱间的等径管	金属	4.41	14.7	0.30	600mm×500mm
吸气风箱入口处变径管	金属	4.41	8.82	小头 0.30 大头 0.72	600mm×500mm 600mm×1200mm
送风机出口变径管	金属	4.41	5.37	小头 0.35 大头 1.29	500mm×700mm 850mm×850mm
送风机至空预器等径管	金属	4.41	6.1	0.72	850mm×850mm

（续）

风道名称	材料	流量/(m^3/s)	平均流速/(m/s)	截面积/m^2	断面尺寸
空预器出口热风管	金属	4.16	7.0	0.60	850mm×700mm
水泥热风道	混凝土	4.16	7.0	0.60	850mm×700mm

2）烟道断面尺寸的计算。烟道断面积计算公式与风道断面积计算公式相同，流速确定见表8-7，砖或混凝土烟道流速6~8m/s，计算结果列于表8-19中。

表8-19 烟道断面尺寸计算汇总

风道名称	材料	流量/(m^3/s)	平均流速/(m/s)	截面积/m^2	断面尺寸
空预器出口除尘器入口等径管	金属	6.03	9.42	0.64	800mm×800mm
除尘器入口变径管	金属	6.03	9.28	小头0.64 大头0.66	800mm×800mm 925mm×710mm
除尘器变径管	麻石	5.62	3.76	大头2.32 小头0.81	ϕ1720mm 900mm×900mm
除尘器与垂直烟道间连通管	麻石	5.62	7.06	0.81	900mm×900mm
垂直烟道	麻石	5.62	7.06	0.81	900mm×900mm
垂直烟道出口至引风机间连通管	金属	5.62	11.44	0.50	ϕ800mm
引风机出口扩散管	金属	5.62	13.62	小头0.20 大头0.64	400mm×507mm 800mm×800mm
支烟道	金属	5.62	8.94	0.64	800mm×800mm
	砖	5.62	6.15	0.93	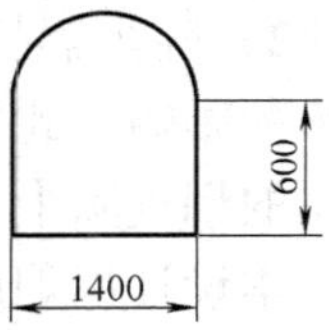
总烟道	砖	4×5.62=22.88	7.33	3.12	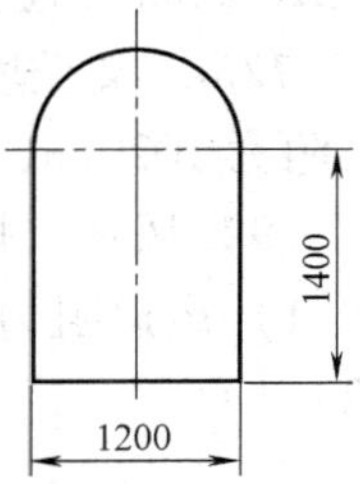

需要说明的是，在风道和烟道尺寸计算中，个别管段的实际流速低于选用流速范围，原因是按设备接口尺寸接管，再加管段长度较小，节省材料的意义已不明显，若采取变径措施，反而使管段阻力增加，施工麻烦，因此未予变径，使个别管段截面略微偏大。

（7）烟囱高度的确定及其断面尺寸的计算

1）烟囱高度的确定。本锅炉房总额定蒸发量为20t/h，根据《锅炉大气污染物排放标准》的规定，确定烟囱的高度为45m。

2）烟囱断面尺寸的计算。

a. 烟囱出口直径（内径）。取烟囱出口烟速 $\omega_2=15.0$m/s，则

$$d_2 = \sqrt{\frac{Vn}{\frac{\pi}{4}\omega_2}} = \sqrt{\frac{4.29 \times 4}{\frac{3.14}{4} \times 15.0}}\text{m} = 1.21\text{m}$$

考虑烟囱标准尺寸，取 $d_2 = 1.40\text{m}$。

b. 烟囱下口直径（内径）。取烟囱锥度 $i = 0.02$，则 ±0.00m 标高处下口直径为

$$d_1 = d_2 + 2iH = (1.4 + 2 \times 0.02 \times 45)\text{m} = 3.20\text{m}$$

取标准烟囱尺寸，则为4.41m。

c. 烟囱平均直径及平均流速的计算。

烟囱平均直径为

$$d_{pj} = \frac{d_1 + d_2}{2} = \frac{4.41 + 1.40}{2}\text{m} = 2.91\text{m}$$

流过烟囱的平均流速为

$$\omega_2 = \frac{Vn}{\frac{\pi}{4}d^2} = \frac{4.29 \times 4}{\frac{3.14}{4} \times 2.91^2}\text{m/s} = 2.58\text{m/s}$$

（8）消声器及除尘器的选择计算

1）消声器的选择。本设计在送风机吸入口管道的进风口处设置阻抗复合型消声器，以消除风机产生的宽频带噪声。根据冷风量 $V_{lk} = 11507.4\text{m}^3/\text{h}$，拟选用 F4—B 型消声器两台，其消声量为 20 ~ 30dB（A），其筒身外径为 ϕ790mm，进出口法兰内径分别为 ϕ606mm 和 ϕ506mm，总长 $L = 1800\text{mm}$，阻力损失 260Pa。

2）除尘器的选择计算。选择除尘器应考虑由负荷的变化而引起的烟气量的变化对除尘效率的影响，此外还要考虑原始烟尘浓度、烟尘分散度、阻力、效率、烟温等因素。锅炉房常用的烟气除尘器是离心式旋风除尘器和湿式除尘器，袋式和静电除尘器很少用。

本设计锅炉房确定采用文丘里麻石水膜除尘器两台，其型号为 SMM/W—ϕ1600，筒内径 ϕ1600mm；总高 11.1m，烟气进口（文丘里管进口）尺寸 925mm × 710mm，烟气出口内径 1.72m，文丘里管进口至筒体中心距 $L = 6.183\text{m}$，筒外径 $\phi_1 = 2\text{m}$，处理烟气量 $33700\text{m}^3/\text{h}$，阻力 1029Pa，除尘器效率 97.5%。在除尘的同时，也可降低烟气中硫氧化物。

（9）风道、烟道阻力计算

1）风道阻力计算。送风系统需要克服的总阻力计算过程和计算结果见表 8-20 ~ 表 8-23。

表 8-20 风道阻力计算表

序号	名 称	符号	单位	数据来源及计算公式	数值
1	吸风口阻力	V_{lk}	m^3/s	见计算值	3.2
		A	m^2	$A = \frac{\pi}{4}d^2 = \frac{\pi}{4} \times 0.606^2$	0.29
		ω	m/s	吸风口空气流速 $\omega = \frac{V_{lk}}{A} = \frac{3.2}{0.29}$	11.0
		ζ	—	查资料，$a/d \geqslant 0.2$ 时，$\zeta = 1.0$	1.0
		Δp_{h1}	Pa	$\Delta p_{h1} = \zeta\frac{\rho\omega^2}{2} = 1.0 \times \frac{1.293 \times 11^2}{2}$	78.23

（续）

序号	名　　称	符号	单位	数据来源及计算公式	数值
2	消声器阻力	Δp_{h2}	Pa	产品规格	260
3	管径等摩擦阻力	λ	—	金属风道，取值	0.02
		L	m	预定	7
		d_{dl}	m	$d_{dl}=\frac{4A}{V}=\frac{4\times0.6\times0.5}{2\times(0.6+0.5)}$	0.545
		ω	m/s	见计算值	11.0
		Δp_{h3}	Pa	$\Delta p_{h3}=\lambda\frac{L}{d_{dl}}\frac{\rho\omega^2}{2}=0.02\times\frac{7}{0.545}\times\frac{1.293\times11^2}{2}$	20.1
4	90°弯头局部阻力	ζ	—	取 $R/b=0.1,\alpha=90°$	0.276
		ω'	m/s	同3中 ω	11.0
		ρ	kg/m³	空气密度	1.293
		Δp_{h4}	Pa	$\Delta p_{h4}=\zeta\frac{\rho\omega^2}{2}=0.276\times\frac{1.293\times11^2}{2}$	21.6
5	吸气风箱入口变径	ζ	—	$\zeta=\frac{A_x}{A_d}=\frac{0.6\times0.5}{1.2\times0.6}$	0.42
		ω	m/s	—	11.0
		Δp_{h5}	Pa	$\Delta p_{h5}=\zeta\frac{\rho\omega^2}{2}=0.42\times\frac{1.293\times11^2}{2}$	32.86
6	吸气风箱出口（即风机入口）阻力	ζ	—	查《工业锅炉房设计手册》	0.7
		A	m²	$A=\frac{\pi}{4}d^2=\frac{3.14}{4}\times0.8^2$	0.5024
		ω	m/s	$\omega=\frac{V_{lk}}{A}=\frac{3.2}{0.5024}$	6.37
		Δp_{h6}	Pa	$\Delta p_{h6}=\zeta\frac{\rho\omega^2}{2}=0.7\times\frac{1.293\times6.37^2}{2}$	18.36
7	风机出口渐扩管阻力	ζ	—	$\frac{A_2}{A_1}=\frac{0.5\times0.7}{0.85\times0.85}$	0.48
		A_1	m²	风机出口面积 $A_1=0.72\times0.52\text{m}^2$	0.3744
		ω	m/s	$\omega=\frac{V_{lk}}{A_1}=\frac{3.2}{0.3744}$	8.55
		Δp_{h7}	Pa	$\Delta p_{h7}=\zeta\frac{\rho\omega^2}{2}=0.48\times\frac{1.293\times8.55^2}{2}$	22.69
8	两个45°弯头局部阻力	ζ	—	取 $R/b=1.0,\alpha=45°$	0.165
		ω	m/s	见计算值	4.40
		Δp_{h8}	Pa	$\Delta p_{h8}=2\zeta\frac{\rho\omega^2}{2}=2\times0.165\times\frac{1.293\times4.40^2}{2}$	4.13
9	风机出口等径管摩擦阻力	λ	—	金属风道，取值	0.02
		L	m	预定	4.5
		d_{dl}	m	$d_{dl}=\frac{4A}{V}=\frac{4\times0.85\times0.85}{2\times(0.85+0.85)}$	0.85
		ω	m/s	见计算值	4.40
		Δp_{h9}	Pa	$\Delta p_{h9}=\lambda\frac{L}{d_{dl}}\frac{\rho\omega^2}{2}=0.02\times\frac{4.5}{0.85}\times\frac{1.293\times4.40^2}{2}$	1.13

（续）

序号	名　称	符号	单位	数据来源及计算公式	数值
10	空气预热器入口弯头阻力	ζ	—	$1.0, \alpha=90°$	0.274
		ω	m/s	同直管段2	4.40
		Δp_{h10}	Pa	$\Delta p_{h10}=\zeta\frac{\rho\omega^2}{2}=0.274\times\frac{1.293\times4.40^2}{2}$	3.43
11	冷风道总阻力	$\Sigma\Delta p_{hi}$	Pa	$\Sigma\Delta p_{hi}=\Delta p_{h1}+\Delta p_{h2}+\Delta p_{h3}+\Delta p_{h4}+\Delta p_{h5}+\Delta p_{h6}+\Delta p_{h7}+\Delta p_{h8}+\Delta p_{h9}+\Delta p_{h10}=78.23+260+20.1+21.6+32.86+18.36+22.69+4.13+1.13+3.43$	462.53
12	空气预热器阻力	Δp_{hky}	Pa	由SZL10—1.25—AⅢ型锅炉空气动力计算书中查得	490.35
13	空气预热器出口热风道阻力	Δp_{hrk}	Pa	由SZL10—1.25—AⅢ型锅炉空气动力计算书中查得	70.41
14	炉排下风室进风管阻力	Δp_{hfg}	Pa	由SZL10—1.25—AⅢ型锅炉空气动力计算书中查得	83.95
15	炉排料层阻力	Δp_{hlc}	Pa	由SZL10—1.25—AⅢ型锅炉空气动力计算书中查得	784.56
16	风道总阻力	$\Sigma\Delta p_h$	Pa	$\Sigma\Delta p_h=\Sigma\Delta p_{hi}+\Delta p_{hky}+\Delta p_{hrk}+\Delta p_{hfg}+\Delta p_{hlc}=462.53+490.35+70.41+83.95+784.56$	1891.8
17	修正后风道总阻力	Δp_{sl}^{k}	Pa	$\Delta p_{sl}^{k}=\Sigma\Delta p_h\frac{101325}{95920}=1891.8\times\frac{101325}{95920}$	1998.4

表8-21　自生风的计算

序号	名称	符号	单位	计算公式及数据来源	数值
1	热风道计算高度	H_{hrk}	m	锅炉结构	2.5
2	风道中热空气温度	t_{rk}	℃	查热力计算书	140
3	金属热风道自生风	p_{hzs}^{k}	Pa	$p_{hzs}^{k}=-H_{hrk}g\left(1.2-\frac{\rho\times237}{237+t_{rk}}\right)=-2.5\times9.807\times\left(1.2-\frac{1.293\times237}{237+140}\right)$	-9.48

表8-22　炉膛进口处真空度计算

序号	名　称	符号	单位	计算公式及数据来源	数值
1	炉排面至炉膛出口中心之间垂直距离	H'_g	m	本体结构尺寸	6.5
2	炉膛进口处真空度	p'_{h1}	Pa	$p'_{h1}=p''_{h1}+0.95H'_g=20+0.95\times6.5\times9.807$	80.56

表8-23　送风系统需要克服的总阻力计算

名称	符号	单位	计算公式及数据来源	数值
风道全压降	Δp_H^k	Pa	$\Delta p_H^k=\Delta p_{Hzs}^k-p_{hzs}^k-p'_{h1}$	1906.08

2）烟道阻力计算。引风系统需要克服的总阻力计算过程和计算结果见表8-24～表8-26。

表 8-24 送风系统需要克服的总阻力计算

序号	名 称	符号	单位	计算公式及数据来源	数值
1	空气预热器出口至除尘器入口间等径管阻力	λ	—	金属风道，取值	0.02
		L	m	预定	5
		d_{dl}	m	$d_{dl}=\frac{4A}{V}=\frac{4\times0.8\times0.8}{2\times(0.8+0.8)}$	0.8
		ω	m/s	见表 8-19 计算值	9.59
		Δp_{hd}	Pa	$\Delta p_{hd}=\lambda\frac{L}{d_{dl}}\frac{\rho\omega^2}{2}=0.02\times\frac{5}{0.8}\times\frac{1.293\times9.59^2}{2}$	7.43
2	除尘器入口变径管阻力	ζ	—	扩散角 $\alpha=14.2°$	0
		Δp_{hb}	Pa	$\Delta p_{hb}=\zeta\frac{\rho\omega^2}{2}$	0
3	空预器出口至除尘器入口	Δp_{h1}	Pa	$\Delta p_{h1}=\Delta p_{hd}+\Delta p_{hb}=7.43+0$	7.43

表 8-25 除尘器阻力

名称	符号	单位	计算公式及数据来源	数值
除尘器阻力	Δp_{hz}	Pa	产品规格	1029

表 8-26 除尘器出口至引风机的阻力

序号	名 称	符号	单位	计算公式及数据来源	数值
1	除尘器出口变径管阻力	ζ	—	收缩角 $\alpha=78.7°>60°$ 按突扩计算$\frac{A_{小}}{A_{大}}=0.35$	0.5
		ω	m/s	见计算值	7.06
		Δp_{hb}	Pa	$\Delta p_{hb}=\zeta\frac{\rho\omega^2}{2}=0.5\times\frac{1.293\times7.06^2}{2}$	16.11
2	90°弯头阻力	ζ	—	$r/b=0.3,\alpha=90°,a/b=1.0$	0.70
		ω	m/s	见计算值	7.06
		Δp_{hw}	Pa	$\Delta p_{hw}=\zeta\frac{\rho\omega^2}{2}=0.70\times\frac{1.293\times7.06^2}{2}$	22.56
3	除尘器出口至垂直烟道入口等径管阻力	λ	—	砖烟道	0.03
		L	m	预定	6
		d_{dl}	m	$d_{dl}=\frac{4A}{V}=\frac{4\times0.9\times0.9}{2\times(0.9+0.9)}$	0.9
		ω	m/s	见计算值	7.06
		$\Delta p'_{hm}$	Pa	$\Delta p'_{hm}=\lambda\frac{L}{d_{dl}}\frac{\rho\omega^2}{2}=0.03\times\frac{6}{0.9}\times\frac{1.293\times7.06^2}{2}$	6.44

(续)

序号	名　称	符号	单位	计算公式及数据来源	数值
4	垂直砖烟道入口处90°转角阻力	ζ	—	$r/b=0.3, \alpha=90°, a/b=1.0$	0.70
		ω	m/s	见计算值	7.06
		Δp_{hz}	Pa	$\Delta p_{hz}=\zeta\frac{\rho\omega^2}{2}=0.7\times\frac{1.293\times7.06^2}{2}$	22.56
5	垂直砖烟道阻力	λ	—	砖烟道	0.03
		L	m	预定	10
		d_{dl}	m	$d_{dl}=\frac{4A}{V}=\frac{4\times0.9\times0.9}{2\times(0.9+0.9)}$	0.9
		ω	m/s	见计算值	7.06
		Δp_{hmc}	Pa	$\Delta p_{hmc}=\lambda\frac{L}{d_{dl}}\frac{\rho\omega^2}{2}=0.03\times\frac{10}{0.9}\times\frac{1.293\times7.06^2}{2}$	10.74
6	垂直砖烟道出口处90°转角阻力	ζ	—	$\alpha=90°, a/b=1.0, f/F=0.81/0.5=1.62$	1.8×1.06
		ω	m/s	见计算值	7.06
		$\Delta p''_{hz}$	Pa	$\Delta p''_{hz}=\zeta\frac{\rho\omega^2}{2}=1.8\times1.06\times\frac{1.293\times7.06^2}{2}$	61.48
7	垂直烟道出口至引风机入口等径管阻力	λ	—	金属烟道	0.04
		L	m	预定	1.5
		d_{dl}	m	$d_{dl}=d$	0.8
		ω	m/s	见计算值	5.98
		$\Delta p''_{hm}$	Pa	$\Delta p''_{hm}=\lambda\frac{L}{d_{dl}}\frac{\rho\omega^2}{2}=0.04\times\frac{1.5}{0.8}\times\frac{1.293\times11.44^2}{2}$	6.34
8	引风机入口转动挡板阻力	ζ	—	引风机挡板全开时,取值	0.1
		ω	m/s	见计算值	11.44
		Δp_{hd}	Pa	$\Delta p_{hd}=\zeta\frac{\rho\omega^2}{2}=0.1\times\frac{1.293\times11.44^2}{2}$	8.46
9	除尘器至引风机阻力	Δp_{h3}	Pa	$\Delta p_{h3}=\Delta p_{hb}+\Delta p_{hw}+\Delta p'_{hm}+\Delta p'_{hz}+\Delta p_{hmc}+\Delta p''_{hz}+\Delta p''_{hm}+\Delta p_{hd}=16.11+22.56+6.44+22.56+10.74+61.48+6.34+8.46$	154.69

(10) 送、引风机选择计算

1) 送风机选择计算。送风机选择计算过程和计算结果见表8-27。

表8-27　送风机选择计算表

序号	名　称	符号	单位	数据来源及计算过程	数值
1	流量富余系数	β_1		计算规定	1.1
2	压头富余系数	β_2		计算规定	1.2
3	计算流量	Q_{jk}	m^3/h	即 V_{lk},见前	11507.4
4	计算压力	p_{jk}	Pa	即 Δp_H^k,见表8-23	1906.08

（续）

序号	名　称		符号	单位	数据来源及计算过程	数值
5	当地最低大气压		p_b	Pa	气象资料	102040
6	裕量流量		Q_{yk}	m³/h	$\beta_1 Q_{jk}\frac{101325}{p_b}=1.1\times11507.4\times\frac{101325}{102040}$	12569
7	裕量压力		p_{yk}	Pa	$\beta_2 p_{jk}=1.2\times1897.62$	2287
8	选择流量		Q_{xk}	m³/h	$Q_{xk}=Q_{yk}=12569$	12569
9	选择压力		p_{xk}	Pa	$\frac{T}{T_k}\frac{101325}{p_b}p_{yk}=\frac{30+273}{20+273}\times\frac{101325}{102040}\times2287$	2348
10	选择送风机	型号			G4—73—11No. 8D 型	2 台
		风量	Q	m³/h	产品样本	14000
		风压	p_H	Pa	产品样本	2496
		电动机型号			Y160L—4 型	
		功率	p_N	kW	产品样本	15
		转速	n	r/min	产品样本	1450

2）引风机选择计算。引风机选择计算过程和计算结果见表 8-28。

表 8-28　引风机选择计算表

序号	名　称		符号	单位	数据来源及计算过程	数值
1	流量富余系数		β_1		计算规定	1. 1
2	压头富余系数		β_2		计算规定	1. 2
3	计算流量		Q_{jy}	m³/h	即 V_{yf}，见前	15427
4	计算压力		p_{jy}	Pa	即 $\Delta p_y=\Delta p_1+\Delta p_2+\Delta p_3=7.43+1029+154.69$	1191. 12
5	当地最低大气压		p_b	Pa	气象资料	102040
6	裕量流量		Q_{yy}	m³/h	$\beta_1 Q_{jy}\frac{101325}{p_b}=1.1\times15427\times\frac{101325}{102040}$	16851
7	裕量压力		p_{yy}	Pa	$\beta_2 p_{jy}=1.2\times1191.12$	1429. 34
8	选择流量		Q_{xy}	m³/h	$Q_{xy}=Q_{yy}=16851$	16851
9	选择压力		p_{xy}	Pa	$\frac{T}{T_y}\frac{101325}{p_b}p_{yy}=\frac{200+273}{160+273}\times\frac{101325}{102040}\times1429.34$	1550. 44
10	选择送风机	型号			Y5—47No. 8C 型	2 台
		风量	Q	m³/h	产品样本	29995
		风压	p	Pa	产品样本	2048
		电动机型号			Y200L—4 型	
		功率	P	kW	产品样本	30
		转速	n	r/min	产品样本	1980

5. 运煤除渣系统的设计及设备计算

运煤除渣系统是锅炉房的组成部分，关系到锅炉房的正常运行、劳动强度及环境卫生，也涉及锅炉房位置选择问题。在设计中必须注意选择布置运煤除渣系统及煤灰堆集场地。

（1）锅炉房耗煤量和灰渣量的计算

1）锅炉房耗煤量的计算。单台锅炉最大负荷时的耗煤量 B 前面已经算出，B = 1380.97kg/h。所以，锅炉房最大负荷时小时耗煤量 $B' = 2B = 2 \times 1380.97\text{kg/h} = 2.76\text{t/h}$

最冷月昼夜耗煤量 B_1（按 20h 的最大耗煤量计算）为

$$B_1 = B' \times 20 = 2.76 \times 20\text{kg/h} = 55.2\text{t/h}$$

最大昼夜平均小时耗煤量 B_2 为

$$B_2 = B_1/24 = 55.2/24\text{t/h} = 2.3\text{t/h}$$

最冷月耗煤量 B_3 为

$$B_3 = B \times 30 = 55.2 \times 30\text{t/h} = 1656\text{t/h}$$

年耗煤量 B_0 为

$$B_0 = B_3 \times 12 = 1656 \times 12\text{t/h} = 19872\text{t/h}$$

2）锅炉房灰渣量的计算。锅炉房最大小时灰渣量为

$$G = B'\left(\frac{A_{\text{ar}}}{100} + q_4 \frac{Q_{\text{net,v,ar}}}{100 \times 32675}\right)$$

式中 B'——锅炉房最大负荷时小时耗煤量（t/h）；

A_{ar}——煤的收到基灰分（%）；

q_4——锅炉固体不完全燃烧热损失，本设计中 $q_4 = 10\%$；

$Q_{\text{net,v,ar}}$——煤的收到基定容低位发热值（kJ/kg）；

32675——碳的发热量（kJ/kg）。

所以

$$G = B'\left(\frac{A_{\text{ar}}}{100} + q_4 \frac{Q_{\text{net,v,ar}}}{100 \times 32675}\right) = 2.76 \times \left(\frac{20.64}{100} + \frac{10\% \times 23375}{32675}\right)\text{t/h} = 0.76\text{t/h}$$

最冷月昼夜灰渣量为

$$G_1 = B_1\left(\frac{A_{\text{ar}}}{100} + q_4 \frac{Q_{\text{net,v,ar}}}{100 \times 32675}\right) = 27.6 \times \left(\frac{20.64}{100} + \frac{10\% \times 23375}{32675}\right)\text{t/h} = 7.6\text{t/h}$$

最大昼夜平均小时灰渣量为

$$G_2 = B_2\left(\frac{A_{\text{ar}}}{100} + q_4 \frac{Q_{\text{net,v,ar}}}{100 \times 32675}\right) = 1.15 \times \left(\frac{20.64}{100} + \frac{10\% \times 23375}{32675}\right)\text{t/h} = 0.32\text{t/h}$$

最冷月灰渣量为

$$G_3 = B_3\left(\frac{A_{\text{ar}}}{100} + q_4 \frac{Q_{\text{net,v,ar}}}{100 \times 32675}\right) = 552 \times \left(\frac{20.64}{100} + \frac{10\% \times 23375}{32675}\right)\text{t/h} = 152\text{t/h}$$

年灰渣量为

$$G_0 = B_0\left(\frac{A_{\text{ar}}}{100} + q_4 \frac{Q_{\text{net,v,ar}}}{100 \times 32675}\right) = 6624 \times \left(\frac{20.64}{100} + \frac{10\% \times 23375}{32675}\right)\text{t/h} = 1824\text{t/h}$$

（2）运煤系统运煤方式的确定　本设计中锅炉房的来煤是由汽车从火车站把煤运至锅炉房的煤场，根据锅炉房最大负荷小时耗煤量为 2.76t/h 和最大小时灰渣量为 0.76t/h，考虑改善劳动条件、保证安全生产及提高劳动生产率等因素，本设计拟定采用机械化的运煤除渣方式，并选用埋刮板输送机。其优点是外形尺寸小，占地少，可节约土建投资。

运煤设备的选择计算。

a. 设备运输量的计算

$$G=\frac{24B_2Km}{t}$$

式中 B_2——锅炉房最大负荷时昼夜耗煤量（t/h）；

m——锅炉房发展系数，取 $m=1.2$；

K——运输不平衡系数，一般取 $K=1.2$；

t——运煤系统每昼夜工作时间，本设计采用二班运行，取 $t=12\text{h}$。

所以

$$G=\frac{24B_2Km}{t}=\frac{24\times1.15\times1.2\times1.2}{12}\text{t/h}=3.31\text{t/h}$$

b. 运输设备的选择。根据输煤量选取 MS16 型埋刮板输送机一台。

（3）煤场面积的计算　计算公式为

$$A_m=\frac{B_2TMN}{H\rho\varphi}$$

式中 B_2——锅炉房的平均小时最大耗煤量（t/h）；

M——煤的储备天数，本设计考虑火车运煤至车站，再由汽车运达厂内，故取 $M=20$ 天；

N——考虑煤堆过道占用面积的系数，本设计中汽车运煤，取 $N=1.5$；

T——锅炉每昼夜运行的小时数，取 $T=24\text{h}$；

H——煤堆高度，$H=2\sim3\text{m}$，本设计中采用铲斗车运煤，取 $H=2.5\text{m}$；

ρ——煤的堆积密度，取 $\rho=0.9\text{t/m}^3$；

φ——堆角系数，$\varphi=0.6\sim0.8$，本设计中取 $\varphi=0.6$。

$$A_m=\frac{B_2TMN}{H\rho\varphi}=\frac{1.15\times24\times20\times1.5}{2.5\times0.9\times0.6}\text{m}^2=613\text{m}^2$$

（4）储煤斗的计算

1）储煤斗的容量（m^3）。计算公式为

$$V=\frac{TB}{1000\rho\phi}$$

式中 T——储煤斗储煤时数，本设计两班运煤，$T=12\text{h}$；

B——单台锅炉额定负荷时小时耗煤量（kg/h）；

ϕ——储煤斗的充满系数，取 0.8；

ρ——储煤的堆积密度，取 0.8t/m^3。

$$V=\frac{TB}{1000\rho\phi}=\frac{12\times1380.97}{1000\times0.8\times0.8}\text{m}^3=25.6\text{m}^3$$

2）储煤斗的结构尺寸。储煤斗采用钢筋混凝土结构，其尺寸如图 8-7 所示。

3）储煤斗容积 V（m^3）的计算。由图 8-7 可知

$$V=V_1+V_2+V_3+V_4$$

其中 $V_1=4\times3\times0.5\text{m}^3=6\text{m}^3$

$$V_2=\frac{2.9}{6}\times[4\times3+2\times1.0\times1.0+(4+2\times1.0)\times(3+1.0)]\text{m}^3$$

$$=18.37\text{m}^3$$

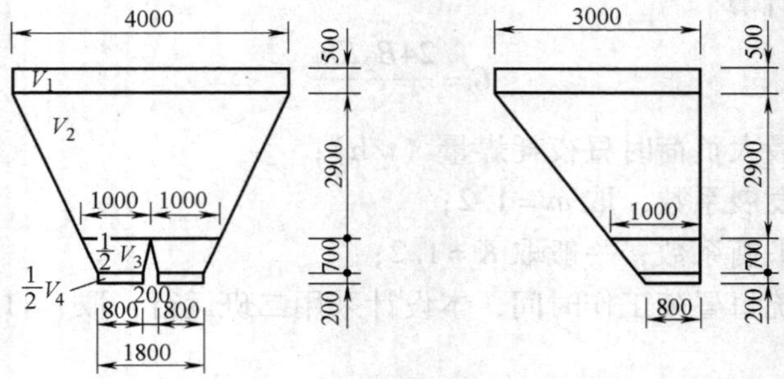

图 8-7　储煤斗结构

$$V_3 = 2 \times \frac{0.7}{6}[1.0 \times 1.0 + 0.8 \times 0.8 + (1.0 + 0.8) \times (1.0 + 0.8)]\text{m}^3$$
$$= 1.14\text{m}^3$$

$$V_4 = 2 \times 0.8 \times 0.8 \times 0.2\text{m}^3 = 0.26\text{m}^3$$

$$V = V_1 + V_2 + V_3 + V_4 = (6 + 18.37 + 1.14 + 0.26)\text{m}^3 = 25.77\text{m}^3$$

4）储煤斗闸门的选择。根据储煤斗下口尺寸 0.8m × 0.8m，选用动力设施国家标准图集 BR22—76 型储煤斗闸门，断面尺寸为 800mm × 800mm。

5）出灰渣系统的确定。常见的出灰渣系统有三种类型：手工出灰渣、机械类出灰渣、低压水力出灰渣。本设计为中型锅炉房，故采用机械除渣、水力冲灰的方式。

（5）灰场面积的计算　计算公式为

$$A = \frac{GTMN}{H\gamma\varphi}$$

式中　G——锅炉房最大昼夜平均小时灰渣量（t/h）；

T——锅炉房每昼夜运行时间（h）；

M——煤的储存天数（天）；

N——考虑渣堆过道占用面积的系数，取 1.5；

H——灰渣的堆积高度；

γ——灰渣的堆积重度，取 0.85 t/m³；

φ——灰渣的堆积系数，一般取 0.6～0.8；

$$A = \frac{GTMN}{H\gamma\varphi} = \frac{0.76 \times 24 \times 20 \times 1.5}{2.5 \times 0.85 \times 0.6}\text{m}^2 = 428.8\text{m}^2$$

6. 热工控制及测量仪表的拟定

热工测量及检测系统的确定及选型由热工控制系统及仪表专业完成，本设计只向其提出表 8-29、表 8-30 所示协作要求。

表 8-29　两台 SZL10—1.25—AⅢ型锅炉房热工控制

控制和保护项目	要　求
连续给水自控	根据锅筒水位变化，自控给水量
极限过低水位保护	与供煤供风系统连锁
蒸汽超压保护	与供煤供风系统连锁

（续）

控制和保护项目	要 求
送引风控制连锁	风机起停及风门开度实现控制室遥控和就地控制，连锁要求先开引风机，后开送风机；先停送风机，后停引风机
各种水泵的控制	泵的起停实现控制室遥控和就地控制
燃烧自动控制	要求根据负荷变化，自动调整风煤比或炉膛出口过量空气系数，包括调整炉排转速或风门开度大小，保持炉膛出口真空度为 20 ~ 40Pa
热力除氧器进汽压力或工作压力及出水温度的控制	要求压力为 0.02MPa，出水温度 104℃

表 8-30 两台 SZL10—1.25—AⅢ型锅炉房检测项目要求

检 测 项 目	要 求	
	仪表安装位置	仪表功能
锅筒水位	就地、控制室	指示
锅筒气压	就地、控制室	指示
省煤器进、出口水压	就地、控制室	指示
省煤器进、出口水温	就地、控制室	指示
省煤器进、出口烟压	就地、控制室	指示
省煤器进、出口烟温	就地、控制室	指示
炉膛出口烟压	控制室	指示
炉膛出口烟温	就地、控制室	指示
除尘器出口烟压	就地、控制室	指示
除尘器出口烟温	就地、控制室	指示
蒸汽流量	就地、控制室	指示、积算、记录
给水流量	控制室	指示、积算
送、引风机电流负荷	控制室	指示
耗煤量	就地、控制室	积算
热力除氧气进、出口水温	就地	指示
热力除氧气进汽压力	就地	指示
热力除氧气工作压力	就地、控制室	指示
热力除氧气水箱水位	就地、控制室	指示
给水电泵出水压力	就地、控制室	指示
排烟温度	控制室	指示
排烟含氧量或 CO_2 含量	控制室	指示、记录
离子交换器进、出口水压	就地	指示
软化除碱水流量	控制室	指示、积算
给水总管流量	就地、控制室	指示、积算

燃煤蒸汽锅炉施工图样分别见示例 6 “北京某小区锅炉房热力系统设计” 中图 1（GLS01）锅炉房热力系统设计说明；图 2（GLS02）图样目录、图例及主要设备表；图 3

（GLS03）锅炉房热力系统流程图；图 4（GLS04）锅炉房一层设备平面图；图 5（GLS05）锅炉房二层设备平面图；图 6（GLS06）锅炉房管道平面布置图；图 7（GLS07）锅炉房剖面图。

8.4.2 燃油热水锅炉

三台 WNS1.4—1.0/95/70—Y 燃油热水锅炉房工艺设计如下：

1. 设计概况

本设计为燃油热水锅炉房，主要为供热小区采暖及生活沐浴提供所需的热能，要求热水供回水温度为 95℃和 70℃，且锅炉房计划预留一台热功率为 2.1MW 的燃油热水锅炉位置。

2. 设计原始资料

（1）热负荷资料 采暖热负荷为采暖面积 $46000m^2$，供回水温度为 95～70℃；

生活用热负荷为 2200kW，供回水温度为 95℃和 70℃。

（2）油质资料 $M_{ar}=0$；$A_{ar}=0.01$；$C_{ar}=85.55$；$H_{ar}=13.49$；$O_{ar}=0.66$；$S_{ar}=0.25$；$N_{ar}=0.04$；$Q_{net,v,ar}=42900kJ/kg$；$\rho=800kg/m^3$。

（3）水质资料

总硬度 H_0	1.33mmol/L
非碳酸盐硬度 H_{FT}	0.9mmol/L
碳酸盐硬度 H_T	0.43mmol/L
总碱度 A	0.9mmol/L
pH 值	7.3～7.5
溶解氧	9.0mg/L
溶解固形物	0mg/L

悬浮物和含油量忽略不计。

夏季平均水温	24℃
冬季平均水温	6℃
供水压力	0.3MPa

（4）气象与地质资料

冬季采暖室外计算温度	−11℃
冬季通风室外计算温度	2℃
采暖期室外平均温度	3℃
采暖期室内平均温度	18℃
采暖天数	155 天
年主导风向	NE
冬季大气压力	102.52kPa
夏季大气压力	100.4kPa
冬季平均风速	2.6m/s
夏季平均风速	2.6m/s
最高地下水位	−4m
最大冻土深度	8cm

（5）工作班制 工作班制为两班制，全年工作。

3. 热负荷计算及锅炉机组的选择

(1) 全小区热负荷的确定

1) 采暖季最大计算热负荷为

$$Q_{1\max}=K_0(K_1Q_1+K_2Q_2)$$

式中 Q_1——采暖最大热负荷(kW),取面积热指标为 $q=60\text{W/m}^2$;

Q_2——生活用热负荷(kW);

K_1——采暖同时使用系数,取1;

K_0——室外热水管网热损失系数,取1.05;

K_2——生活用热同时使用系数,取0.5。

计入上述各项系数后,锅炉房的最大计算容量为

$$Q_{1\max}=K_0(K_1Q_1+K_2Q_2)=1.05\times(1\times46000\times60\times0.001+0.5\times2200)\text{kW}=4053\text{kW}$$

2) 非采暖季最大计算热负荷为

$$Q_{1\max}=K_0(K_1Q_1+K_2Q_2)=1.05\times0.5\times2200\text{kW}=1155\text{kW}$$

3) 采暖平均热负荷为

$$Q_{pj}=\frac{t_n-t_{pj}}{t_n-t_w}K_0K_1Q_1$$

式中 Q_{pj}——采暖平均热负荷(kW);

t_n——采暖室内计算温度(℃);

t_{pj}——采暖季采暖室外平均温度(℃);

t_w——采暖室外计算温度(℃)。

$$Q_{pj}=\frac{18-3}{18+11}\times1.05\times1\times46000\times60\times0.001\text{kW}=1499\text{kW}$$

采暖季总平均热负荷为采暖平均热负荷与生活热负荷之和,即为(1499+1155)kW=2654kW。

(2) 锅炉机组的选择 采暖介质为热水,供回水温度为95℃/70℃,经计算知最大计算热负荷为4053kW,采暖季平均热负荷为2654kW,故本设计选用型号为WNS1.4—0.7/95/70—Y的锅炉三台。锅炉热效率为84%,在采暖季投入两台锅炉运行,在出现最大热负荷时投入三台锅炉运行,非采暖季只投入一台锅炉运行。锅炉的检修保养安排在非采暖季进行。

4. 给水系统及设备选择

(1) 锅炉房循环水量的计算

$$q_m=K\times0.86\frac{Q}{(t_g-t_h)}$$

式中 q_m——供暖系统循环水泵流量(t/h);

Q——供暖系统设计热负荷(kW);

t_g、t_h——供暖系统设计供、回水温度(℃);

K——考虑管网散热和漏损的系数,一般取1.05,由于热负荷中已包括,这里取为1。

锅炉房循环水量为

$$q_m = K \times 0.86\frac{Q}{(t_g - t_h)} = \frac{1 \times 0.86 \times 4053}{95 - 70}\text{t/h} = 139.42\text{t/h}$$

(2) 循环水泵扬程相应的压力的计算

$$p = p_r + p_w + p_y$$

式中 p——循环水泵扬程相应的压力（Pa 或 mH_2O）；

p_r——循环水泵通过热源内部的压力损失（Pa 或 mH_2O），取 $p_r = 100kPa$；

p_w——系统供、回水干管阻力损失（Pa 或 mH_2O），由水力计算得 190kPa；

p_y——主干线末端用户系统的压力损失（Pa 或 mH_2O），取 50kPa。

$$p = p_r + p_w + p_y = (100 + 190 + 50)\text{kPa} = 340\text{kPa}$$

(3) 循环水泵的选择　现选择循环水泵两台，其中一台备用。

循环水泵参数如下：

型号：KSL150—125—400C

流量：$140m^3/h$

扬程相应的压力：360kPa

温度：0～120℃

转速：1450r/min

电动机功率：30kW

(4) 补给水泵的选择　补给水泵的流量除应满足热水系统的正常补给水量外，还应满足事故增加的补给水量，一般按热水系统（包括锅炉、管道和用热设备）实际总水量的4%～5%计算；定压点压力应根据供热系统水压图的静水压力确定，在此定为220kPa。

补给水泵参数如下：

型号：KSL50—32—125

流量：$7.5 \sim 15m^3/h$

扬程相应的压力：180～230kPa

温度：0～120℃

转速：2900r/min

电动机功率：3kW

(5) 水处理设备的选择　本设计中，供热系统的补给水量按系统循环水量的1%选取，即 $139.42 \times 1\%\ t/h = 1.4t/h$。选用 ZNJH—3 型全自动软水器 1 台，其出水量为 2～3t/h，为不间断供水。经软化后出水硬度小于或等于 0.03mmol/L，符合《工业锅炉水质标准》要求。树脂型号为 001×7，再生剂为工业用盐。

考虑到单台锅炉容量较小，在本设计中不再进行除氧系统设计。

本锅炉房设软化水箱一个，其体积按照 1h 的补给水量计算，即选用 $2m^3$ 不锈钢方形水箱一个。

5. 燃油系统设计计算

(1) 锅炉房最大小时燃油耗量的计算　锅炉最大小时耗油量可按供热最大热负荷进行计算，即

$$B = \frac{Q_{max} \times 3600}{Q_{dw}^{y}\eta} = \frac{4053 \times 3600}{42900 \times 0.84}\text{kg/h} = 404\text{kg/h}$$

（2）锅炉房储油罐计算　锅炉房储油罐容量应根据油的运输方式和供油周期等因素确定。本设计是按汽车有槽车运输考虑，由于柴油最好在储存 48h 后使用，所以其储油罐按 72h 锅炉房最大小时耗油量计算，且其油罐充满度按 0.85 考虑。

$$V=24\times3\times\frac{404}{800\times0.85}\mathrm{m}^3=42.77\mathrm{m}^3$$

现选用 $V=15\mathrm{m}^3$ 卧式钢制轻油罐三台，按国家标准图集选用。

（3）日用油箱的确定　一般情况下，小型锅炉房配备容积不大于 $1\mathrm{m}^3$ 的日用油箱，并同油泵设于专用房间，防火等级不低于二级。

日用油箱采用钢板制成封闭式，其上设呼吸管道通向室外，油箱设油位控制器，油位高低位报警器与供油设备连锁，紧急排油管接入事故油箱。故在本设计中选取 CY/RQ 系列圆形日用油箱，型号为 RQ—1.0。

（4）事故油箱的计算　在发生故障时日用油箱泄出来的油排到事故油箱，本设计中的事故油箱容量为锅炉房 12h 的燃油耗量，具体计算如下：

$$V=12\times\frac{404}{800\times0.85}\mathrm{m}^3=7.12\mathrm{m}^3$$

由以上计算可选取 DPY 型卧式（平封头）钢制轻油罐，其型号为 DPY—8，其规格尺寸见表 8-31。

表 8-31　卧式（平封头）钢制轻油罐规格

型　号	公称容积/m^3	设计容积/m^3	满载负荷/W
DPY—8	8	8.18	93100

事故油箱的油通过重力作用回到室外储油罐。

（5）供油泵的选择计算　室外储油罐的油通过锅炉的供油泵送到室内日用油箱，输油泵台数一般不少于两台，其中一台备用，且不宜选用低效率的离心泵作供油泵，在中小型燃油锅炉房的设计中一般选用齿轮泵或螺杆泵作为供油泵，在使用这两种泵的时候需要在油泵前面加装 16 ~ 32 号筛/cm 过滤器。

油泵油量不应小于锅炉房最大小时耗油量的 1.1 倍，即

$$C_y=\frac{1.1\times404}{800}\mathrm{m}^3/\mathrm{h}=0.55\mathrm{m}^3/\mathrm{h}$$

油泵扬程按输油管道总阻力及储油罐与日用油箱之间的高位差来确定。

为保证锅炉供油的正常进行，油泵的供油压力取用 2.5MPa，故选用 CY—0.6/2.5 型齿轮油泵两台（其中一台备用），其配用电动机型号为 Y802—4，电动机功率为 0.75kW，转速 1500r/min。

为保证输油管道的安全运行，油泵应有性能良好的轴封装置，其出口管段应设超压安全阀。

（6）过滤器　供油泵前过滤器的主要作用是滤掉油内的机械杂质，减少泵的磨损，延长泵的使用寿命。按油泵的使用技术要求，在供油泵的进口母管上设粗油过滤器两台，其中一台备用。油滤网的孔径一般采用16～32号筛/cm，在此选取的燃油过滤器型号为Z—50，其技术参数见表8-32。

在日用油箱的出口管上，设置中细过滤器两台，型号为Z—50（1用1备）。滤网选用20目/cm，技术参数见表8-32。

表8-32　燃油过滤器技术参数

型号	公称压力 PN	公称直径 DN/mm	温度/℃	流量/(t/h)	滤网
Z—50	1.0MPa	50	≤85	3.5～5	20号筛/cm

6. 送、引风系统的计算

（1）燃烧空气需要量的计算　根据燃料的应用基低位发热量，燃料所需理论空气量可由经验公式计算，即

$$V_{\mathrm{k}}^{0}=0.203\frac{Q_{\mathrm{dw}}^{\mathrm{y}}}{1000}+2.0=\left(0.203\times\frac{42900}{1000}+2.0\right)\mathrm{m^3/kg}=10.71\mathrm{m^3/kg}$$

每小时理论空气量 V_{kh}^{0} 为

$$V_{\mathrm{kh}}^{0}=V_{\mathrm{k}}^{0}B=10.71\times404\mathrm{m^3/h}=4327\mathrm{m^3/h}$$

炉膛出口过量空气系数 α 取1.2，则实际每小时空气需要量为

$$V_{\mathrm{k}}=\alpha V_{\mathrm{kh}}^{0}=1.2\times4327\mathrm{m^3/h}=5192\mathrm{m^3/h}$$

（2）烟气量的计算　根据燃料的应用基低位发热量，燃料所产生理论烟气量可由经验公式计算，即

$$V_{\mathrm{y}}^{0}=0.265\frac{Q_{\mathrm{dw}}^{\mathrm{y}}}{1000}=0.265\times\frac{42900}{1000}\mathrm{m^3/kg}=11.37\mathrm{m^3/kg}$$

实际烟气量由下式计算，即

$$V_{\mathrm{y}}=V_{\mathrm{y}}^{0}+1.0161(\alpha-1)V_{\mathrm{k}}^{0}=[11.37+1.0161\times(1.2-1)\times10.71]\mathrm{m^3/kg}=13.55\mathrm{m^3/kg}$$

锅炉房小时计算烟气量为

$$V_{\mathrm{yh}}=V_{\mathrm{y}}B=13.55\times404\mathrm{m^3/h}=5474\mathrm{m^3/h}$$

（3）烟道尺寸确定　燃油锅炉一般不配鼓风、引风机，其出口排烟压力较低，一般为5～10mmH_2O，因此，烟道布置应力求短捷，减小阻力。可按下式计算确定烟道尺寸，即

$$A=\frac{V_{\mathrm{yh}}}{\omega}$$

式中 ω——烟道内烟气流速，一般取3～5m/s，在此取5m/s。

则烟道截面积为

$$A=\frac{V_{yh}}{\omega}=\frac{5474}{5\times3600}m^2=0.3m^2$$

因此，所用烟道尺寸为500mm×600mm，钢板厚度为4mm。

（4）烟囱的设计 烟囱的高度应根据排出烟气中所含有害物质的扩散条件来确定，使附近的环境处于允许的污染程度下。因此，烟囱高度的确定应符合现行国家标准《制定地方大气污染物排放标准的技术原则和方法》和《锅炉烟尘排放标准》的规定。本设计确定烟囱高度为25m，计算方法参照《锅炉与锅炉房设备》相关内容进行，在此从略。

本设计采用单台锅炉单独配置烟囱，其烟囱直径计算同烟道计算方法，确定烟囱直径为ϕ800mm，选用厚度为4mm的钢板制作。

7. 锅炉房主要管道的计算

本锅炉房供水分为两部分：一部分用于采暖，另一部分用于加热生活用水。其中，采暖用水是从锅炉出水后直接送达热用户，另一部分则是通过设置一组水-水换热器将水加热到配水温度（50℃）作为生活用水再送到用户，并将水-水换热器设在用户就近换热站内。

本设计中主要的管道有：供油管、回油管、供水管、回水管、补给水管等。且采用的钢管均为符合GB/T 8163—2008《输送流体用无缝钢管》的规定。

（1）供油系统管路

1）供回油管。油路系统采用单管布置形式，供、回油管流量取锅炉房最大小时耗油量进行计算，已知锅炉房最大小时耗油量为404kg/h，体积流量为

$$B_V=\frac{B}{\rho}=\frac{404}{800}m^3/h=0.5m^3/h$$

供油干管管内油速取0.2m/s，其内径可按下式求出，即

$$D_n=18.8\sqrt{\frac{B_V}{w}}=18.8\times\sqrt{\frac{0.5}{0.2}}mm=29.7mm$$

故选用D32×2.5的无缝钢管。日用油箱到事故油箱的油管道及事故油箱到储油箱的管道都用D32×2.5的无缝钢管。日用油箱到燃烧器的供油管道采用比D32×2.5低一号的无缝钢管。

2）油罐管道。每个油罐出油管的流量是锅炉房供油量的1/3，出油干管的流量则与锅炉房供油管一样，管径采用D32×2.5的无缝钢管。

油罐通气管选取比出油管大一号的管子，故选用的外径为D45×3.0的无缝钢管。

（2）锅炉供、回水干管 锅炉供水干管采用单母管布置形式，根据前面计算，锅炉房最大热水循环流量为139.42t/h，管内流速取1m/s，则供水母管直径按下式计算，即

$$D_n = 18.8\sqrt{\frac{g_m}{w}} = 18.8 \times \sqrt{\frac{139.42}{1}}\text{mm} = 222\text{mm}$$

故供水干管选用 D273 ×7 的无缝钢管，供热系统的总回水干管也选用 D273 ×7 的无缝钢管。

（3）采暖热水干管　根据原始资料，可以计算出采暖热负荷为

$$Q = K_0 K_1 Q_1 = 1.05 \times 1 \times 46000 \times 60\text{W} = 2898\text{kW}$$

锅炉供回水温度为 95℃/70℃，即平均温度为 82.5℃，那么，采暖供水干管的设计流量为

$$q_m = K \times 0.86\frac{Q}{(t_g - t_h)} = 1 \times 0.86 \times \frac{2898}{95-70}\text{t/h} = 99.7\text{t/h}$$

采暖供、回水管道内径为

$$D_n = 18.8\sqrt{\frac{q_m}{w}} = 18.8 \times \sqrt{\frac{99.7}{1}}\text{mm} = 188\text{mm}$$

故供、回水干管选用 D219 ×5 的无缝钢管。

（4）生活用热供、回水管道　生活用热负荷为 2200kW，供回水温度为 95℃/70℃，其循环流量为

$$q_m = K \times 0.86 \times \frac{Q}{(t_g - t_h)} = 1.05 \times 0.86 \times \frac{2200}{95-70}\text{t/h} = 79.5\text{t/h}$$

生活用热供回水管道内径为

$$D_n = 18.8\sqrt{\frac{q_m}{w}} = 18.8 \times \sqrt{\frac{79.5}{1}}\text{mm} = 167.6\text{mm}$$

故生活用热供、回水干管选用 D219 ×5 的无缝钢管。

（5）辅助设备选择计算

1）分水器和集水器。根据锅炉房工艺要求，本设计拟选用一台分水器和一台集水器，其结构形式相同。在分水器上主要的接管有：来自锅炉的总进水管道（D273 ×7）、采暖供水管（D219 ×5）、生活用热管（D219 ×5）、备用管（D108 ×4）。

按上述条件，本设计分水器和集水器选用 D426 ×9 无缝钢管制作，其长度为 2200mm，并在分水器和集水器上分别安装温度计和压力表。

2）除污器的选择。根据前面计算，锅炉房总回水管道为 D273 ×7 无缝钢管，故本设计选用 KC 型快速除污器，其规格为 DN250。

热水锅炉房主要设备见表 8-33。

表 8-33 热水锅炉房主要设备

序号	设备名称	规格型号	单位	数量
1	锅炉	WNS1.4—0.7/95/70—Y	台	3
2	循环水泵	KSL150—125—400C，流量 140m^3/h，扬程相应的压力 360kPa，电动机功率 30kW	台	2
3	补给水泵	KSL50—32—125，流量 7.5～15m^3/h，扬程相应的压力 180～230kPa，电动机功率 3kW	台	2
4	软化水箱	不锈钢方形水箱，容量 2m^3	台	1
5	储油罐	$V=15m^3$ 卧式钢制轻油罐	台	1
6	日用油箱	CY/RQ—1.0，容量 1.0m^3	台	1
7	事故油箱	DPY—8，容量 8m^3	台	2
8	供油泵	CY—0.6/2.5 型齿轮油泵，配用电动机型号为 Y802—4，电动机功率 0.75kW，转速 1500r/min	台	2
9	过滤器	Z—50，滤网 20 号筛/cm	台	1
10	分水器	规格为：筒径 ϕ425mm×9mm，长度 2200mm	台	1
11	集水器	规格为：筒径 ϕ425mm×9mm，长度 2200mm	台	1
12	除污器	KC—250	台	1

燃油热水锅炉图样分别见示例 7 “北京市某小区锅炉房热水系统设计” 中图 1（GLR01）锅炉房热水系统设计说明；图 2（GLR02）图样目录、图例及主要设备表；图 3（GLR03）锅炉房热水系统流程图；图 4（GLR04）锅炉房管道平面图；图 5（GLR05）锅炉房剖面图。

8.5 本章要点

本章主要阐述蒸汽锅炉房汽水系统设计、燃煤锅炉运煤除灰系统设计、燃油燃气锅炉燃料系统设计、送引风系统设计、锅炉房布置等主要内容，需了解及掌握内容如下：

1）在锅炉房汽水系统设计中，了解及掌握热负荷计算、锅炉型号和台数的选择、水处理系统的计算和设备选择、给水系统的计算和设备选择、主要管道和阀门的选择。

2）在燃煤锅炉运煤除灰系统的设计中，了解及掌握耗煤量和灰渣量的计算，确定运煤除灰方式、运煤除灰渣方式、煤场和渣场面积等。

3）在燃油燃气锅炉燃料系统设计时，了解及掌握燃油燃气锅炉燃料消耗量计算、燃油供应系统的设计、燃气调压系统的设计等。

4）在送、引风系统的设计中，了解及掌握送风量和排烟量的计算，确定送引风量的断面尺寸、送引风系统的布置，确定烟囱高度和直径等。

5）在锅炉房的布置中，了解及掌握锅炉房的组成、锅炉房建筑安全要求、锅炉房建筑布置形式、锅炉房设备布置的一般原则、锅炉布置、辅助设备布置等。

最后给出了燃煤蒸汽锅炉及燃油热水锅炉设计示例，以帮助读者进一步熟悉和掌握锅炉房热水系统各设计环节的内容和方法，掌握其设计方法和要点。

示例6 北京某小区锅炉房热力系统设计

锅炉房热力系

一、本锅炉内设 SZL10—1.25—AⅢ型锅炉两台，总装机额定蒸发量20t/h，额定工作压力为1.25MPa。

二、本锅炉房主机房为双层布置，在4.0m处设运行层，采用刮板上煤机，机械上煤，除尘器采用麻石水膜除尘器，水处理部分采用钠离子交换器装置除硬，加设除氧装置。

三、锅炉房内设有水泵、风机、上煤、除渣、炉膛温度、压力等自动控制装置，以达到节煤、节电、节水等降低能耗的目的。

四、热力设备安装及验收总原则执行机械设备安装工程施工及验收规范。

五、锅炉、锅炉辅机等设备的安装

1. 标准定型设备按制造厂家所提供的安装图及安装说明进行，非标设备按该设备图样及文字说明进行。

2. 锅炉、风机、水泵等主要设备的基础尺寸与预留孔位待设备到位后按产品图样进行核对无误后方可施工安装。

3. 锅炉安装膨胀管后，应由锅炉检验部门检验后(包括水压试验)方可筑炉。

六、水管道安装

1. 锅炉房工艺用管道施工时应将布置图与锅炉热力系统图对照，逐段进行安装，锅炉本体范围内管道一般按厂家提供的图样安装。

2. 管材。锅炉出水管、锅炉给水管、软化水管、锅炉排污管、上水管、部分排水管等均采用10号无缝钢管，部分上水、下水管泄水管道可用焊接钢管。

3. 管道安装。除了管与阀门及设备间连接采用法兰连接外，其余均采用焊接，管径小于25mm的上水管道采用螺纹连接。

4. 管道弯头采用热压弯头或焊接弯头管道零件，如三通管、大小头等可参照动力设施国家安装标准图集R404制作。

5. 管道安装坡度为 $i=0.003$。

6. 管道支架的做法可参考动力设施国家安装标准图集R402制作，支架间距参见下表。

管径 DN/mm 支架间距/m 保温	15	20	25	32	40	50	70	80	100	125	180	200	250	300
有保温	1.3	2.0	2.5	3.0	3.5	4.0	5.0	6.5	7.5	7.5	10	10	12.5	12.5
无保温	3.5	4.0	4.5	5.5	6.0	8.5	8.5	8.0	11	12	12	14.5	14.5	16.0

7. 管道穿墙及楼板时应设0.5mm厚镀锌薄钢板套管，其两端与墙面或楼板持平。

8. 管道附件(阀门)应按规定的公称压力选用，阀门的工作压力为1.6MPa，集分水器处采用调节阀，其他部位公称直径大于或等于DN50的采用蝶阀，小于DN50的采用铜闸阀。

9. 管道及设备保温均为50mm岩棉管壳，做法：管道表面涂防锈漆两遍，用50mm厚岩棉外包一层玻璃丝布，再涂灰色铅油两遍。

10. 设备及工艺管道安装应与土建、电气、仪表、给水排水专业密切配合。本设计中管道穿过楼板处，已在土建图中预留孔洞；主要设备基础及管道吊架均应在土建中预埋钢板或钢件、螺栓吊杆及预留孔。施工时应密切配合，必要时应按具体情况现场调整。

11. 所有管径均以mm计，管道标高均以m计，均指管中心标高。

12. 设备排水管道均采用排水铸铁管及配件、水泥接口。

13. 锅炉管道工作压力及试验压力。各系统安装完毕后均应进行水压试验，试验方法：将压力慢加至试验压力(见下表)，保持5min压力值不变，再慢慢降至工作压力，在此压力下检查焊缝，不渗不漏为合格。

示例6图1

统设计说明

序号	管道系统名称	工 作 压 力	试 验 压 力
1	锅炉供热系统	0.70MPa	1.0MPa
2	锅炉给水系统	0.70MPa	1.0MPa
3	锅炉排水系统	0.70MPa	1.0MPa
4	锅炉软水系统	0.30MPa	0.5MPa
5	上水系统	0.30MPa	0.5MPa

14. 设备排水管道系统安装后应进行试验，以水流通畅为合格。

15. 管道支架及扶梯栏杆，先涂两遍红丹防锈漆。

16. 送风管涂红丹防锈漆两遍，然后再涂灰色铅油两遍。烟道涂防锈漆两遍，然后保温，保温层为80mm厚岩棉，外包一层玻璃丝布，再涂灰色铅油两遍。

17. 管道涂色标志。锅炉供热管道、给水管道、排水管道、泄水放水管道等带热管道表面涂耐热漆两遍，并在醒目处用箭头表示介质流动方向，并按下表规定的颜色涂刷。

序号	管 道 名 称	底　色	色　环
1	锅炉供热管及供热总管分水器	红	
2	外网供水及回水管	红	
3	锅炉给水管道	绿	
4	锅炉排污及放水管	黑	
5	软水管道	绿	白
6	盐水管	黄	
7	生水管道	绿	蓝
8	排污管	黑	白
9	锅炉房采暖管道	银灰	
10	烟风管道	暗灰	

专业		学号		指导		工程编号		工程名称	北京某小区热力站	图名	锅炉房热力系统设计说明	图号	GLS01
班级		设计		校核		出图日期		项目名称	燃煤锅炉房				

(GLS01)

图样目录

序号	图 号	名 称	页 数	备 注
1	GLS01	锅炉房热力系统设计说明	1	A3
2	GLS02	图样目录、图例及主要设备表	1	A3
3	GLS03	锅炉房热力系统流程图	1	A1
4	GLS04	锅炉房一层设备平面图	1	A1
5	GLS05	锅炉房二层设备平面图	1	A1
6	GLS06	锅炉房管道平面布置图	1	A1
7	GLS07	锅炉房剖面图	1	A1

图例

符 号	名 称	符 号	名 称
S	蒸汽管	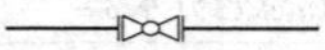	球阀
W	自来水管		蝶阀
SW	软化水管		压力表
CB	连续排污管		温度计
PB	定期排污管		放气管
	闸阀		水表
	截止阀		排向地沟
	塑料阀		地漏
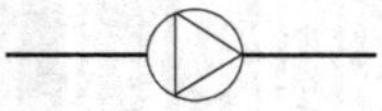	电动水泵		除污器
	手动调节阀		密闭式弹簧安全阀
	止回阀		

示例6图2

锅炉房主要设备表

序号	设备名称	规格型号	单位	数量	备注
1	蒸汽锅炉	SZL10—1.25—AⅢ	台	2	$D=10\text{t/h}, p=1.25\text{MPa}$
2	省煤器		台	2	锅炉厂家配套
3	送风机	G4—73—11NO.8D	台	2	$q_V=14000\text{m}^3/\text{h}$，电动机型号为 Y160L-4，$P=15\text{kW}$
4	引风机	Y5—47—NO.8C	台	2	$q_V=29995\text{m}^3/\text{h}$，电动机型号为 Y200L-4，$P=30\text{kW}$
5	分汽缸	ϕ516mm×8mm，长 3336mm	台	1	
6	连续排污扩容器	ϕ670mm，0.75m^3	台	1	工作压力为 0.2MPa
7	除氧水箱	CS-15，$V=15\text{m}^3$	台	2	
8	热力除氧器	PYS—20	台	3	$q_V=20\text{m}^3/\text{h}$，$\phi$762mm×6mm
9	锅炉给水泵	CYG 型	台	3	$q_V=12\text{m}^3/\text{h}, p_H=2000\text{kPa}$，$P=18.5\text{kW}$（2 用 1 备）
10	除氧水泵	CYG 型	台	2	$q_V=20\text{m}^3/\text{h}, p_H=2000\text{kPa}$，$P=22\text{kW}$（1 用 1 备）
11	软化水箱	2000mm×2000mm×1800mm	个	1	
12	盐液池		个	2	浓：2500mm×2000mm×1500mm 稀：3500mm×2000mm×1500mm
13	盐液泵	102—3	台	2	塑壳泵 $q_m=6\text{t/h}, H=20\text{m}$
14	钠离子交换器	ϕ750mm	台	5	可逆流再生
15	取样冷却器	ϕ250mm	台	2	
16	麻石水磨除尘器	SMM/W-ϕ1600	台	2	
17	马丁除渣机	STC-2	台	2	$P=2.2\text{kW}$
18	储煤斗		个	2	
19	单斗滑轮输煤机	QSW	台	1	20t/h，电动机功率为 6.3kW

专业		学号		指导		工程编号		工程名称	北京某小区热力站	图名	图样目录、图例及主要设备表	图号	GLS02
班级		设计		校核		出图日期		项目名称	燃煤锅炉房				

（GLS02）

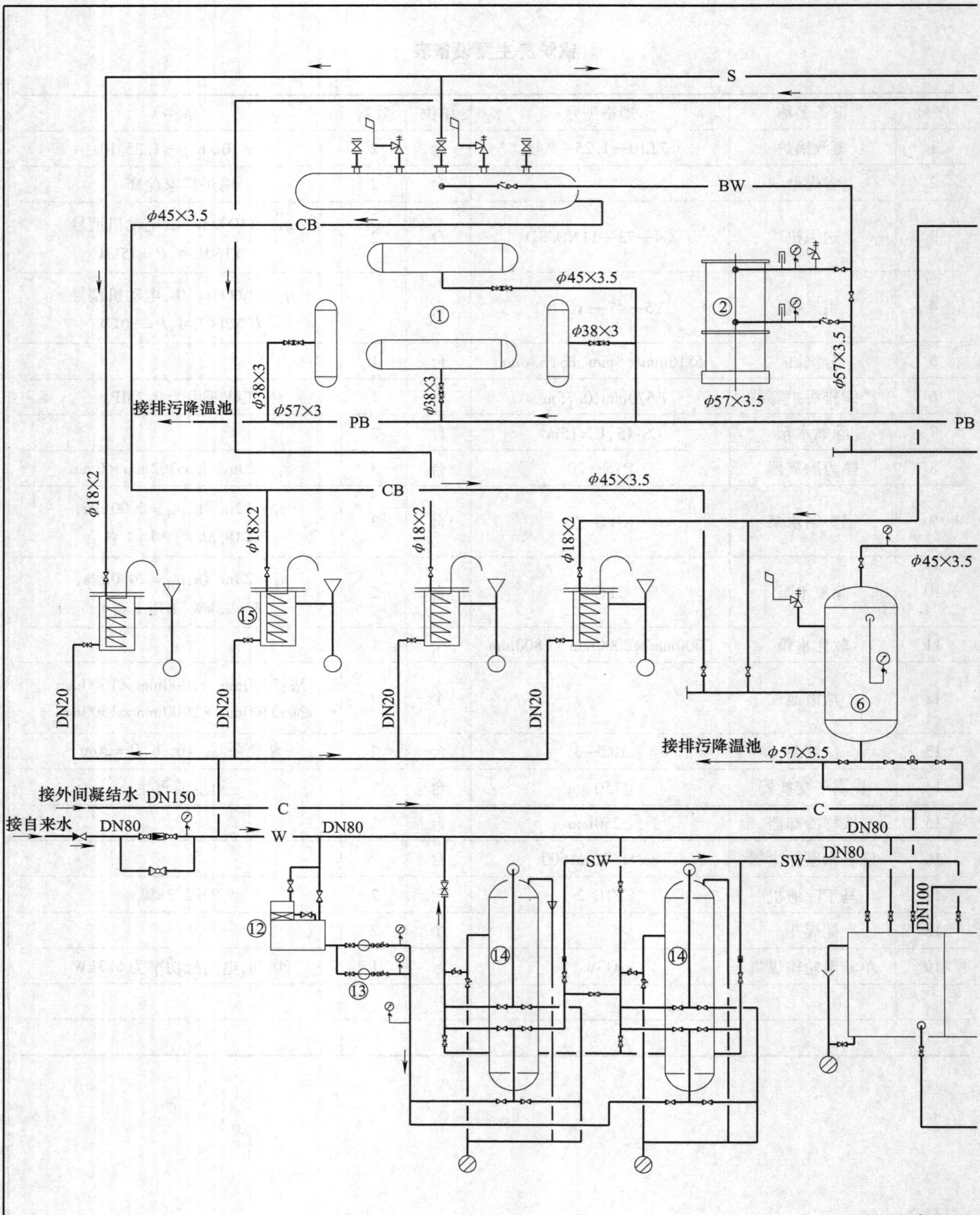
S
BW
ϕ45×3.5
CB
ϕ45×3.5
①
②
ϕ38×3
ϕ38×3
ϕ38×3
ϕ57×3.5
接排污降温池
ϕ57×3
PB
PB
ϕ57×3.5
CB
ϕ45×3.5
ϕ18×2
ϕ18×2
ϕ18×2
ϕ18×2
ϕ45×3.5
⑮
⑥
DN20
DN20
DN20
DN20
接排污降温池
ϕ57×3.5
接外间凝结水
DN150
C
C
接自来水
DN80
W
DN80
DN80
SW
SW
DN80
DN100
⑫
⑬
⑭
⑭

锅炉房热力

示例6图3

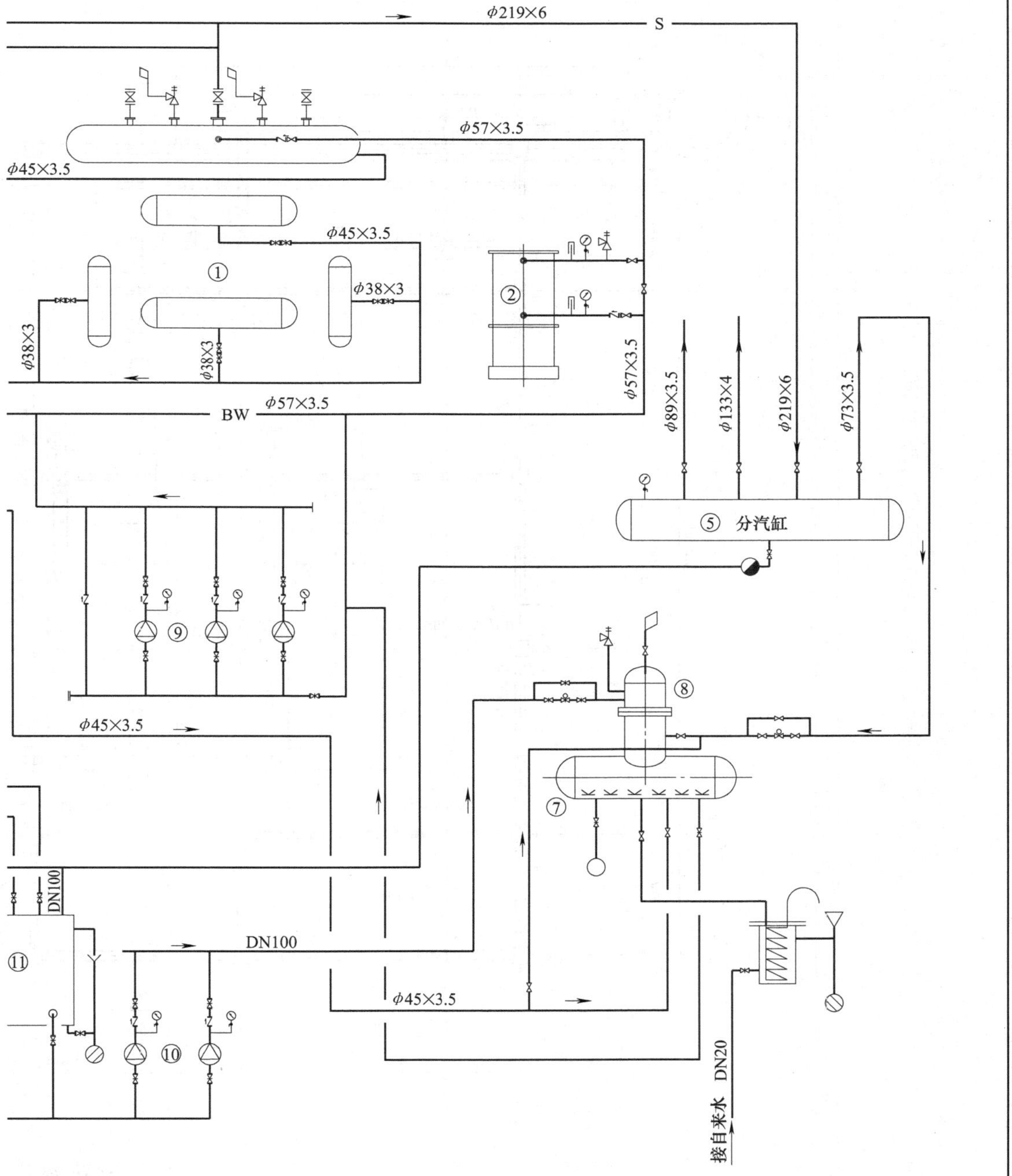

系统流程图

专业		学号		指导		工程编号		工程名称	北京某小区热力站	图名	锅炉房热力系统流程图	图号	GLS03
班级		设计		校核		出图日期		项目名称	燃煤锅炉房				

（GLS03）

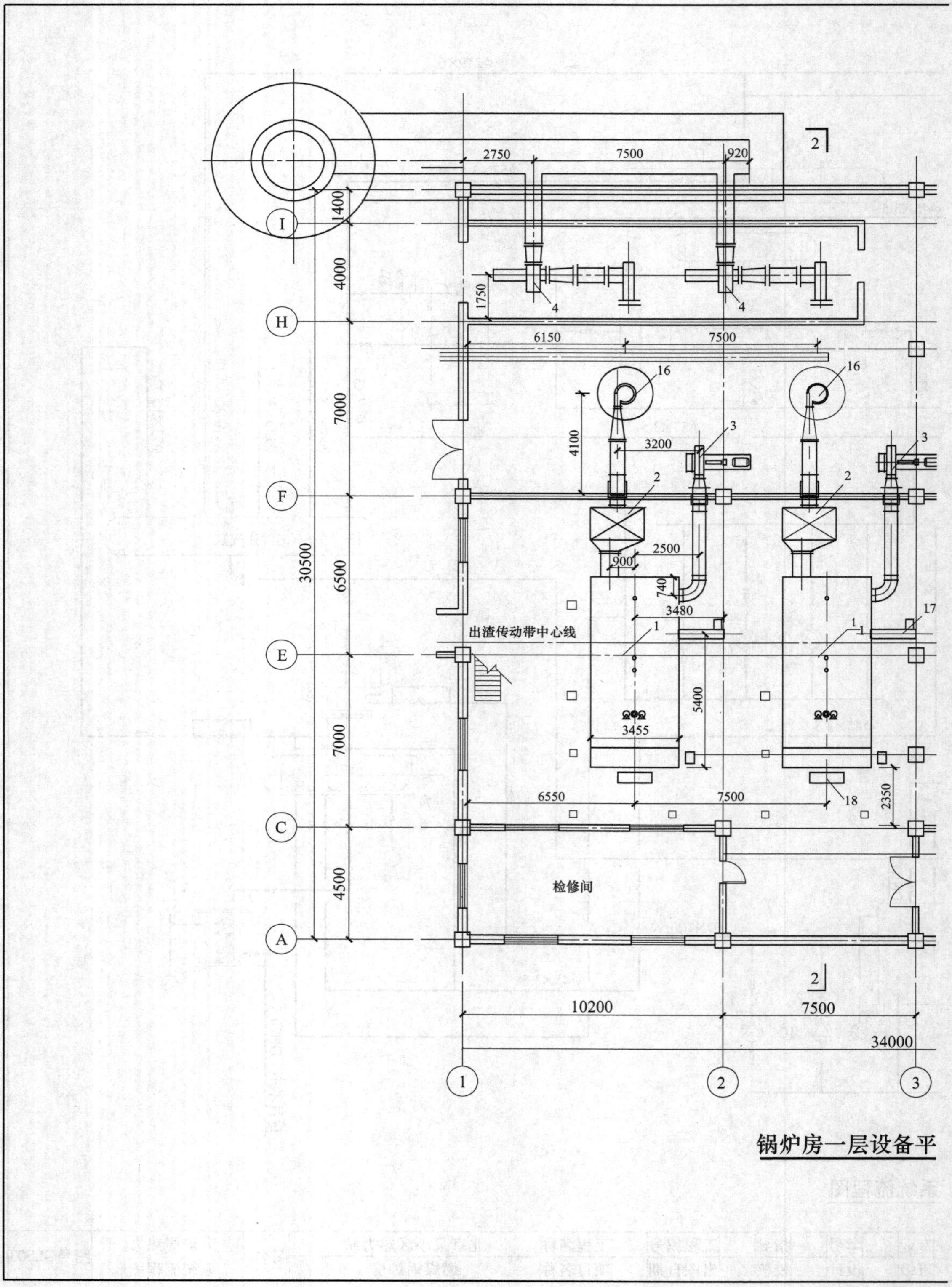
2750
7500
920
1400
4000
1750
6150
7500
7000
30500
6500
7000
4500
4100
3200
2500
900
740
3480
5400
3455
6550
7500
2350
10200
7500
34000
I
H
F
E
C
A
1
2
3
1
2
3
4
16
17
18
出渣传动带中心线
检修间
锅炉房一层设备平

示例6图4

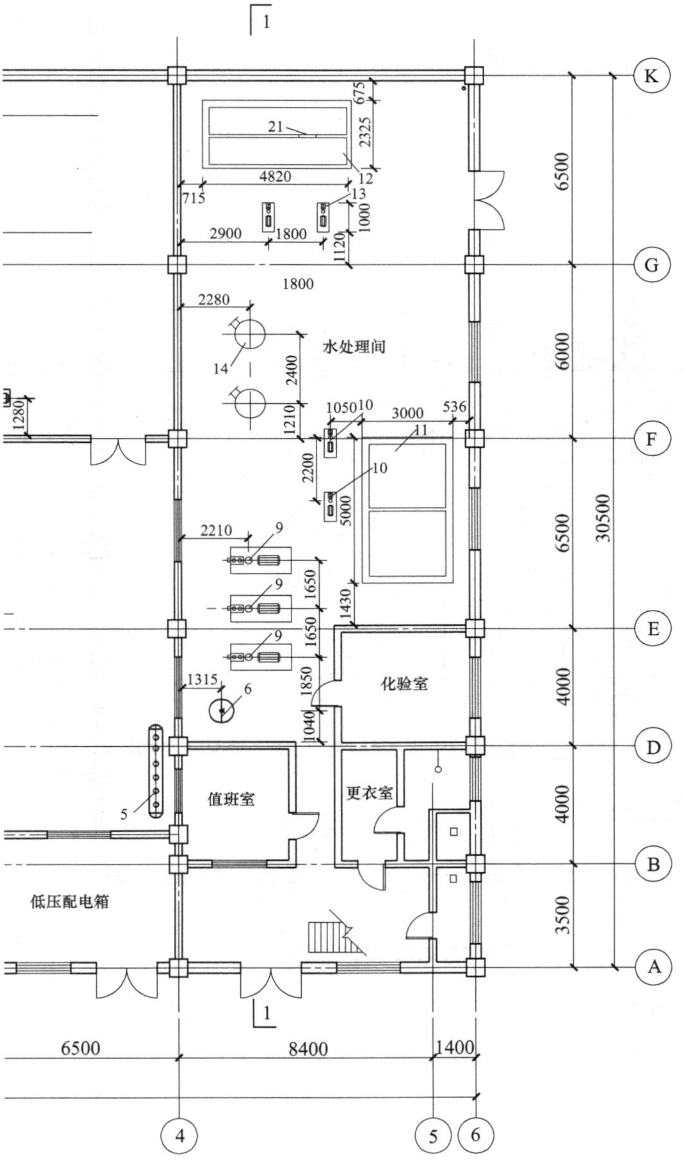

面图1:100

专业	学号	指导	工程编号	工程名称	北京某小区热力站	图名	锅炉房一层	图号	GLS04
班级	设计	校核	出图日期	项目名称	燃煤锅炉房		设备平面图		

（GLS04）

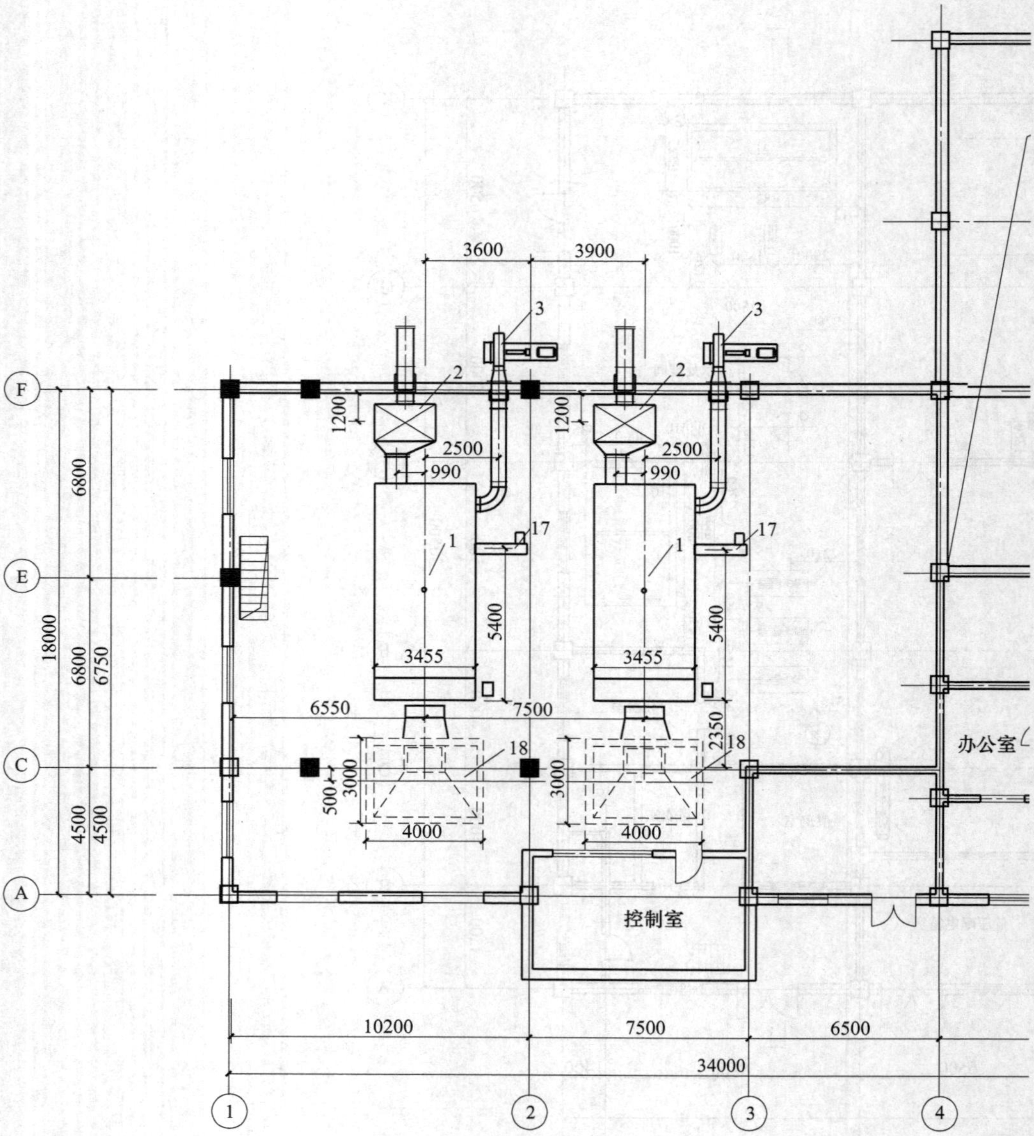

锅炉房二层设备平面图 1:100

示例6图5

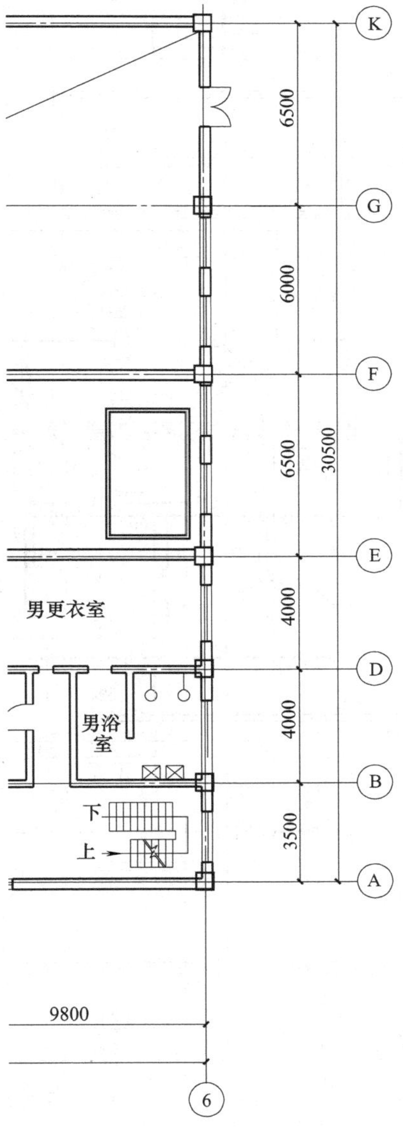

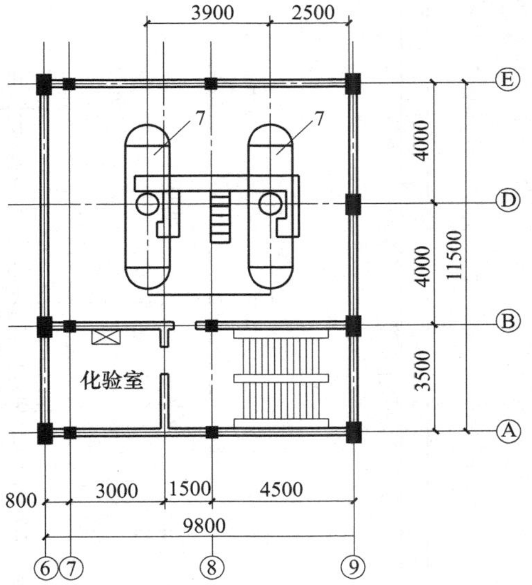

7.5m除氧层平面图 1:100

专业		学号		指导		工程编号		工程名称	北京某小区热力站	图名	锅炉房二层设备平面图	图号	GLS05
班级		设计		校核		出图日期		项目名称	燃煤锅炉房				

(GLS05)

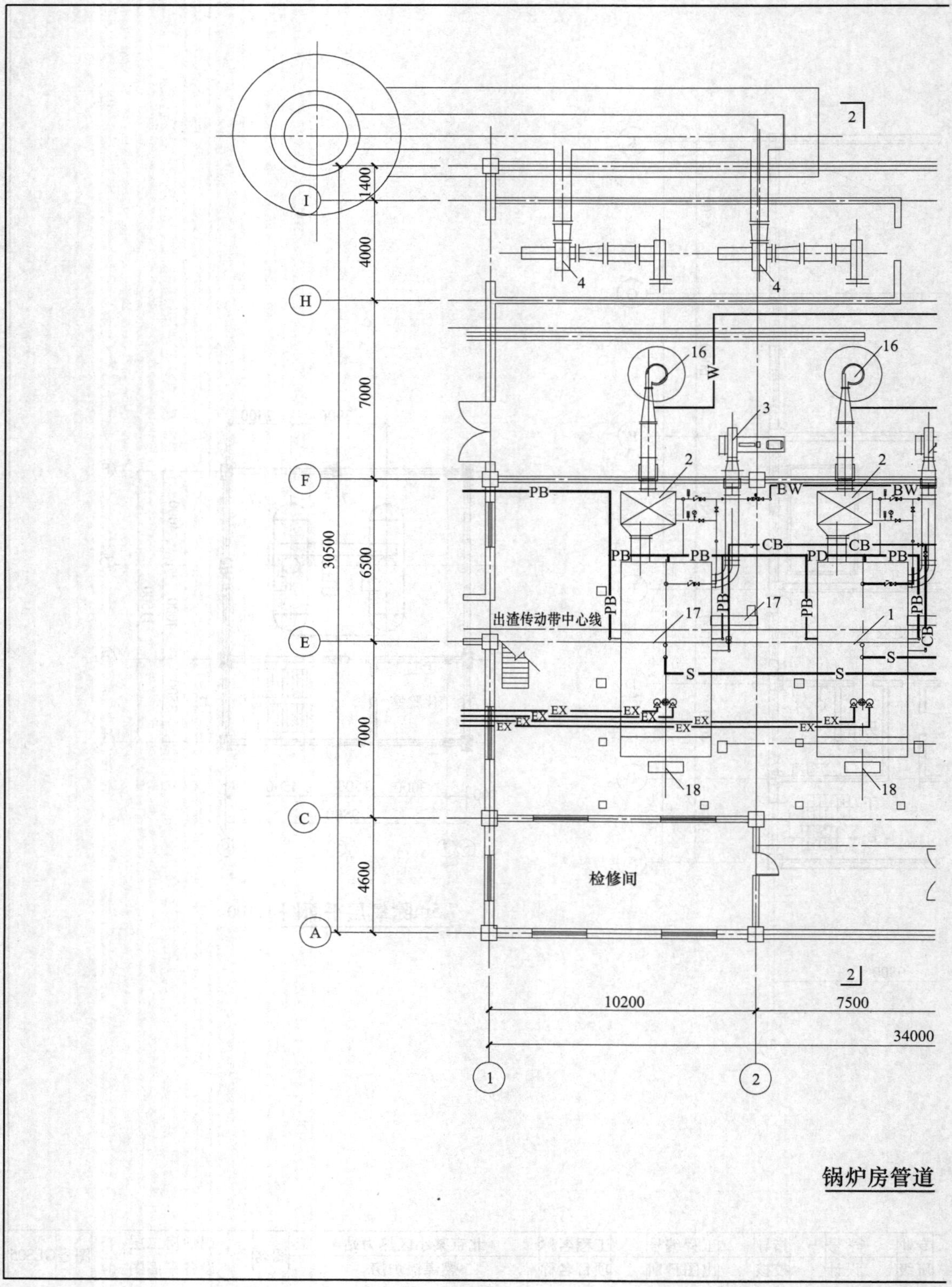

2
16
W
3
2
BW
PB
CB
PD
17
出渣传动带中心线
1
S
EX
18
检修间
1400
4000
7000
6500
30500
4600
10200
7500
34000
I
H
F
E
C
A
1
2
4

锅炉房管道

示例6图6

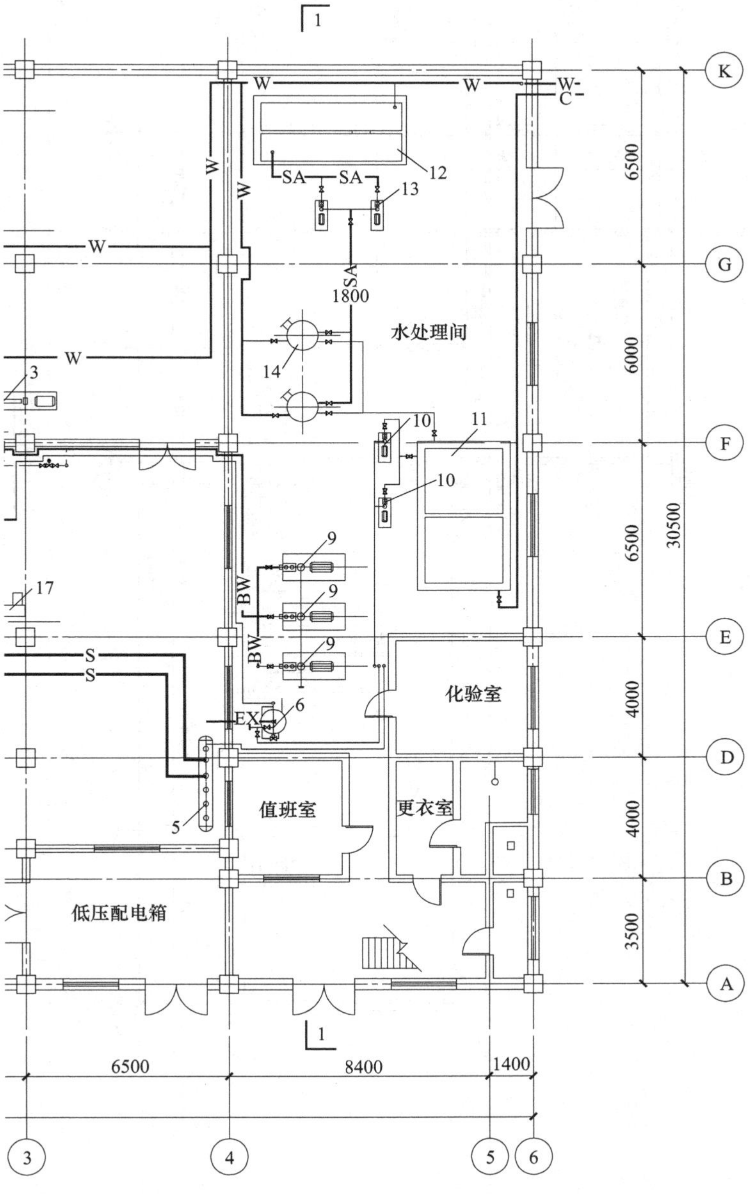

平面布置图1:100

专业		学号		指导		工程编号		工程名称	北京某小区热力站	图名	锅炉房管道	图号	GLS06
班级		设计		校核		出图日期		项目名称	燃煤锅炉房		平面布置图		

(GLS06)

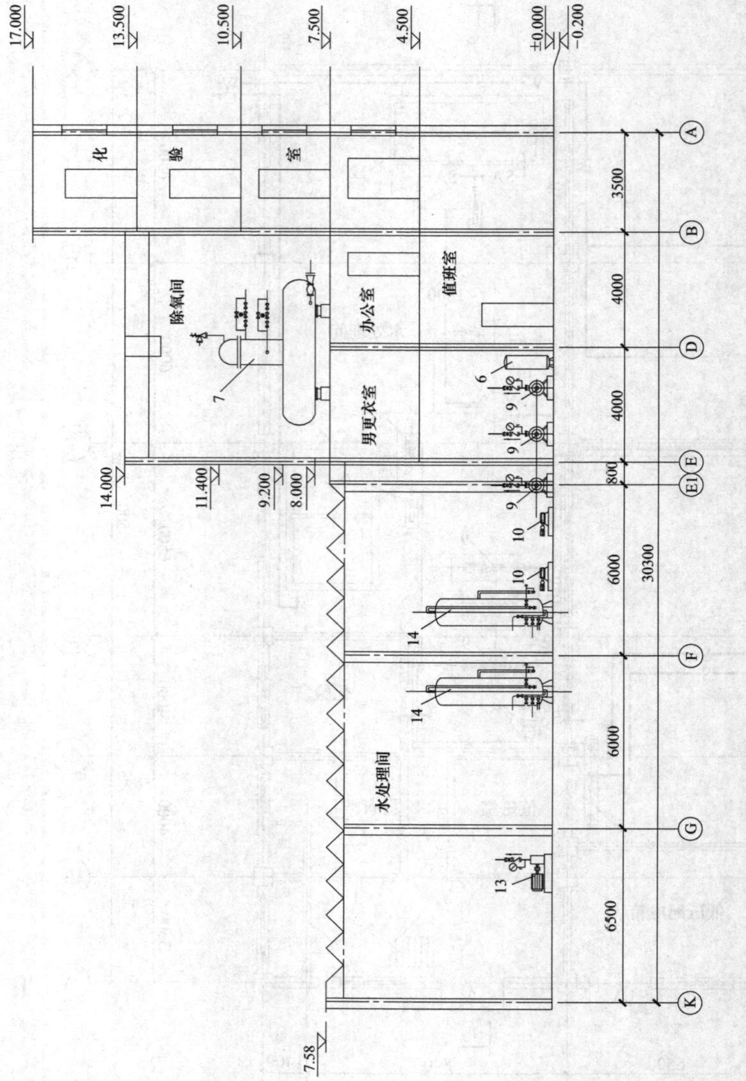
17.000
13.500
10.500
7.500
4.500
±0.000
-0.200
14.000
11.400
9.200
8.000
7.58
化
验
室
除氧间
办公室
值班室
男更衣室
水处理间
A
B
D
E
E1
F
G
K
3500
4000
4000
800
6000
6000
6500
30300

1—1剖面图1:100

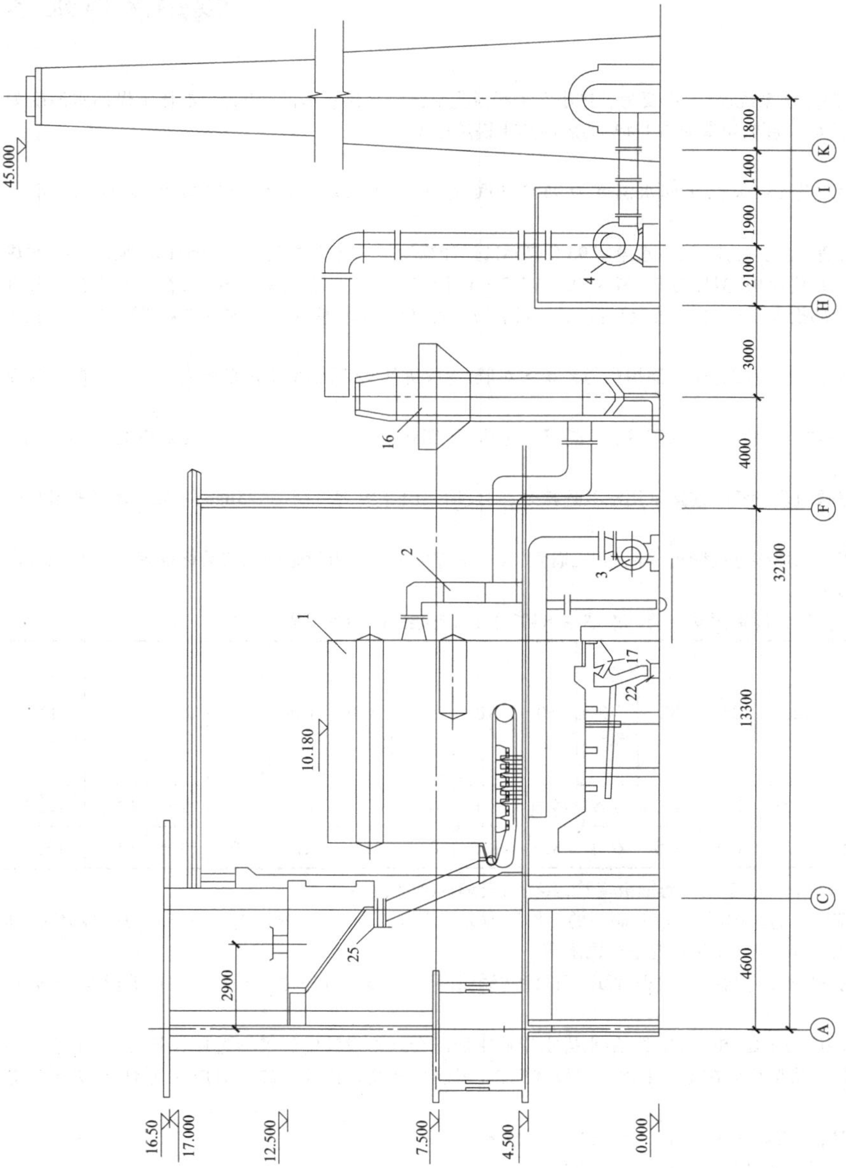

2—2剖面图1:100

专业		学号		指导		工程编号		工程名称	北京某小区热力站	图名	锅炉房剖面图	图号	GLS07
班级		设计		校核		出图日期		项目名称	燃煤锅炉房				

(GLS07)

示例7 北京某小区锅炉房热水系统设计

锅炉房热水系

一、设计概况

本项目为燃油热水锅炉房热水系统设计，主要为供热小区采暖及生活沐浴提供所需的热能，要求热水供回水温度为95℃和70℃，且锅炉房计划预留一台热功率为2.1MW的燃油热水锅炉位置。

二、热力系统设计

1. 热负荷。采暖平均热负荷2547kW，供回水温度为95℃/70℃的热水；生活用热负荷为2200kW，供回水温度为95℃和70℃。

2. 锅炉机组的选择。采暖介质为热水，供回水温度95℃/70℃，经计算知最大计算热负荷为4053kW，采暖期平均热负荷为2547kW，故选用WNS系列锅炉，型号为WNS1.4-0.7/95/70-Y，计三台。锅炉热效率为84%，在采暖期投入两台锅炉运行，在最大热负荷时全部投入运行，非采暖期只投入一台锅炉运行。锅炉的检修保养安排在非采暖期季节进行。

三、水管道安装

1. 锅炉房工艺用管道施工时应将布置图与锅炉热力系统图对照，逐段进行安装，锅炉本体范围内管道一般按厂家提供的图样安装。

2. 管材。锅炉出水管、锅炉给水管、软化水管、锅炉排污管、上水管、部分排水管等均采用10号无缝钢管，部分上水、下水管泄水管道可用焊接钢管。

3. 管道安装。除了管与阀门及设备间连接采用法兰连接外，其余均采用焊接，管径小于25mm的上水管道采用螺纹连接。

4. 管道弯头采用热压弯头或焊接弯头管道零件，如三通管、大小头等可参照动力设施国家安装标准图集R404制作。

5. 管道安装坡度为 $i=0.003$。

6. 管道支架的做法可参考动力设施国家安装标准图集R402制作，支架间距参见下表。

管径 DN/mm 支架间距/m 保温	15	20	25	32	40	50	70	80	100	125	180	200	250	300
有保温	1.3	2.0	2.5	3.0	3.5	4.0	5.0	6.5	7.5	7.5	10	10	12.5	12.5
无保温	3.5	4.0	4.5	5.5	6.0	8.5	8.5	8.0	11	12	12	14.5	14.5	16.0

7. 管道穿墙及楼板时应设0.5mm厚镀锌薄钢板套管，其两端与墙面或楼板持平。

8. 管道附件(阀门)应按规定的公称压力选用，阀门的工作压力为1.6MPa，集、分水器处采用调节阀，其他部位公称直径大于或等于DN50的采用蝶阀，小于DN50的采用铜闸阀。

9. 管道及设备保温均为50mm岩棉管壳，做法：管道表面涂防锈漆两遍，用50mm厚岩棉外包一层玻璃丝布，再涂灰色铅油两遍。

10. 设备及工艺管道安装应与土建、电气、仪表、给水排水专业密切配合。本设计中管道穿过楼板处，已在土建图中预留孔洞；主要设备基础及管道吊架均应在土建中预埋钢板或钢件、螺栓吊杆及预留孔。施工时应密切配合，必要时应按具体情况现场调整。

11. 所有管径均以mm计，管道标高均以m计，均指管中心标高。

12. 设备排水管道均采用排水铸铁管及配件、水泥接口。

13. 锅炉管道工作压力及试验压力。各系统安装完毕后均应进行水压试验，试验方法：将压力慢加至试验压力(见下表)，保持5min压力值不变，再慢慢降至工作压力，在此压力下检查焊缝，不渗不漏为合格。

示例7图1

统设计说明

序号	管道系统名称	工 作 压 力	试 验 压 力
1	锅炉供热系统	0.70MPa	1.0MPa
2	锅炉给水系统	0.70MPa	1.0MPa
3	锅炉排水系统	0.70MPa	1.0MPa
4	锅炉软水系统	0.30MPa	0.5MPa
5	上水系统	0.30MPa	0.5MPa

14. 设备排水管道系统安装后应进行试验,以水流通畅为合格。

15. 管道支架及扶梯栏杆,先涂两遍红丹防锈漆。

16. 送风管涂红丹防锈漆两遍,然后再涂灰色铅油两遍。烟道涂防锈漆两遍,然后保温,保温层为80mm厚岩棉布,外包一层玻璃丝布,再涂灰色铅油两遍。

17. 管道刷色标志。锅炉供热管道、给水管道、排水管道、泄水放水管道等带热管道表面涂耐热漆两遍,并在醒目处用箭头表示介质流动方向,并按下表规定的颜色涂刷。

序号	管 道 名 称	底 色	色 环
1	锅炉供热管及供热总管分水器	红	
2	外网供水及回水管	红	
3	锅炉给水管道	绿	
4	锅炉排污及放水管	黑	
5	软水管道	绿	白
6	盐水管	黄	
7	生水管道	绿	蓝
8	排污管	黑	白
9	锅炉房采暖管道	银灰	
10	烟风管道	暗灰	

专业	学号	指导	工程编号	工程名称	北京某小区热水系统	图名	锅炉房热水系统设计说明	图号	GLR01
班级	设计	校核	出图日期	项目名称	燃油锅炉房				

(GLR01)

图 样 目 录

序号	图　号	名　称	页　数	备　注
1	GLR01	锅炉房热水系统设计说明	1	A3
2	GLR02	图样目录、图例及主要设备表	1	A3
3	GLR03	锅炉房热水系统流程图	1	A2
4	GLR04	锅炉房管道平面图	1	A3
5	GLR05	锅炉房剖面图	1	A3

图 例

符　号	名　称	符　号	名　称
R1	热力供水管		止回阀
R2	热力回水管		蝶阀
S	市政给水管		过滤器
BS	补水管		水表
RS	软化水管		电动水泵
P	排污管		除污器
	法兰闸阀		密闭式弹簧安全阀
	螺纹闸阀		压力表
	法兰截止阀		温度计
	螺纹截止阀		放气管
	法兰快速排污阀		排向地沟
	手动调节阀		地漏
	球阀		

示例 7 图 2

锅炉房主要设备表

序号	设备名称	规格型号	单位	数量	备注
1	燃油热水锅炉	WNS1. 4-0. 7/95/70-Y	台	3	供水温度95℃,回水温度70℃
2	循环水泵	KSL150-125-400C	台	2	流量 $140m^3/h$,扬程相应的压力360kPa,电动机功率30kW,1用1备
3	补水泵	KSL50-32-125	台	2	流量 $7.5\sim15m^3/h$,扬程相应的压力180~230kPa,电动机功率3kW,1用1备
4	定压罐	F6200	台	1	$\phi550mm, H=1530mm$
5	全自动软水器	SYS-1. 0RT(Q)	台	1	处理水量0. 5~1. 0t/h,功率3kW
6	组合软化水箱	$V=2m^3$	台	1	材质:不锈钢
7	分水器	$\phi425mm\times6mm$,长2200mm	台	1	
8	集水器	$\phi425mm\times6mm$,长2200mm	台	1	
9	除污器	KC-250	台	1	

专业		学号		指导		工程编号		工程名称	北京某小区热水系统	图名	图样目录、图例及主要设备表	图号	GLR02
班级		设计		校核		出图日期		项目名称	燃油锅炉房				

(GLR02)

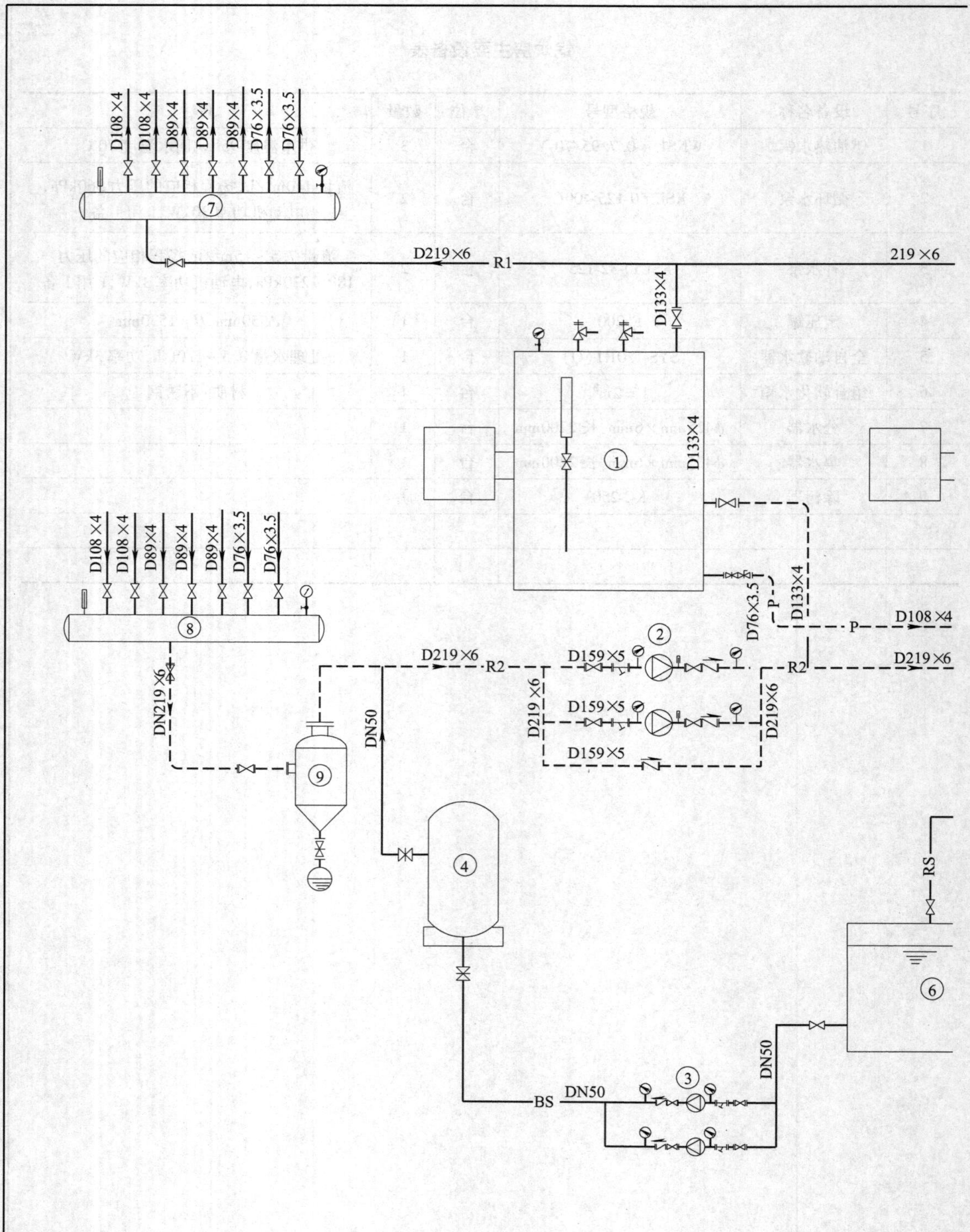
D108×4
D108×4
D89×4
D89×4
D89×4
D76×3.5
D76×3.5
7
D219×6
R1
219×6
D133×4
1
D133×4
D76×3.5
P
D133×4
P
D108×4
8
2
D219×6
R2
D159×5
R2
D219×6
DN219×6
D219×6
D159×5
D219×6
D159×5
DN50
9
4
RS
6
DN50
3
BS
DN50

示例 7 图 3

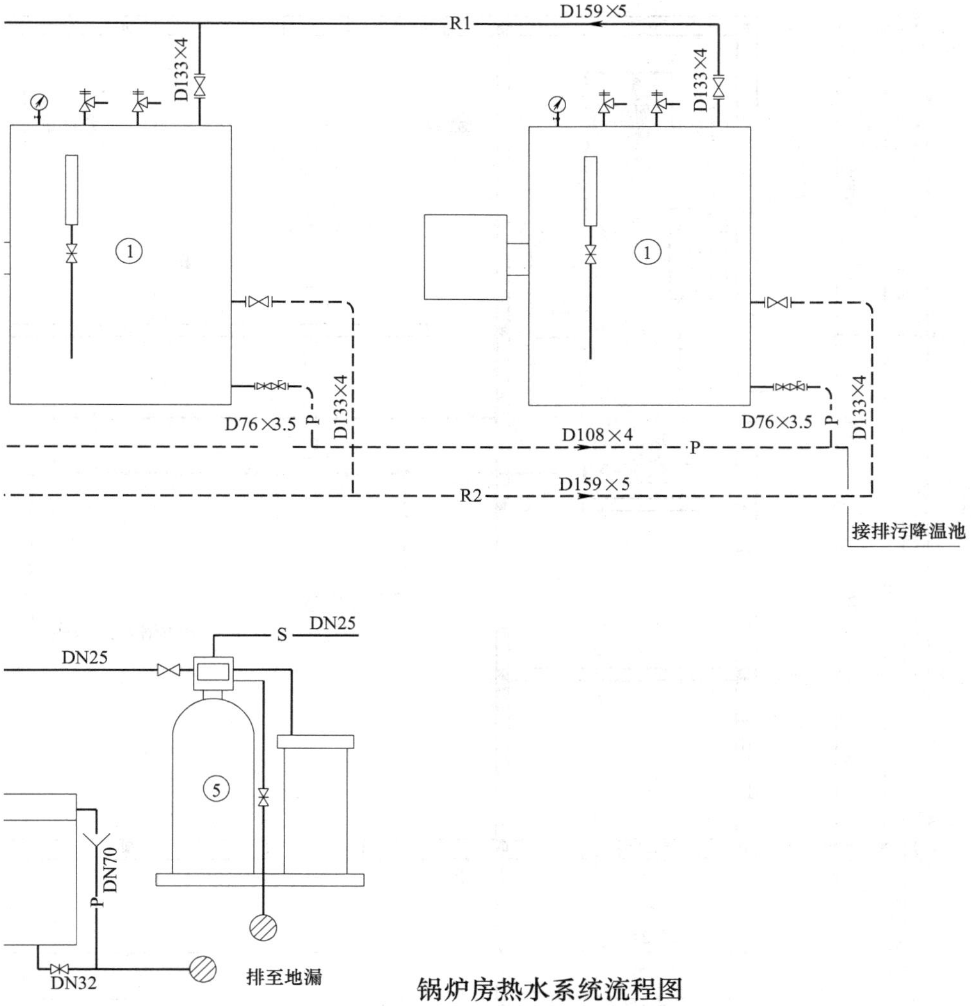

锅炉房热水系统流程图

专业		学号		指导		工程编号		工程名称	北京某小区热水系统	图名	锅炉房热水系统流程图	图号	GLR03
班级		设计		校核		出图日期		项目名称	燃油锅炉房				

(GLR03)

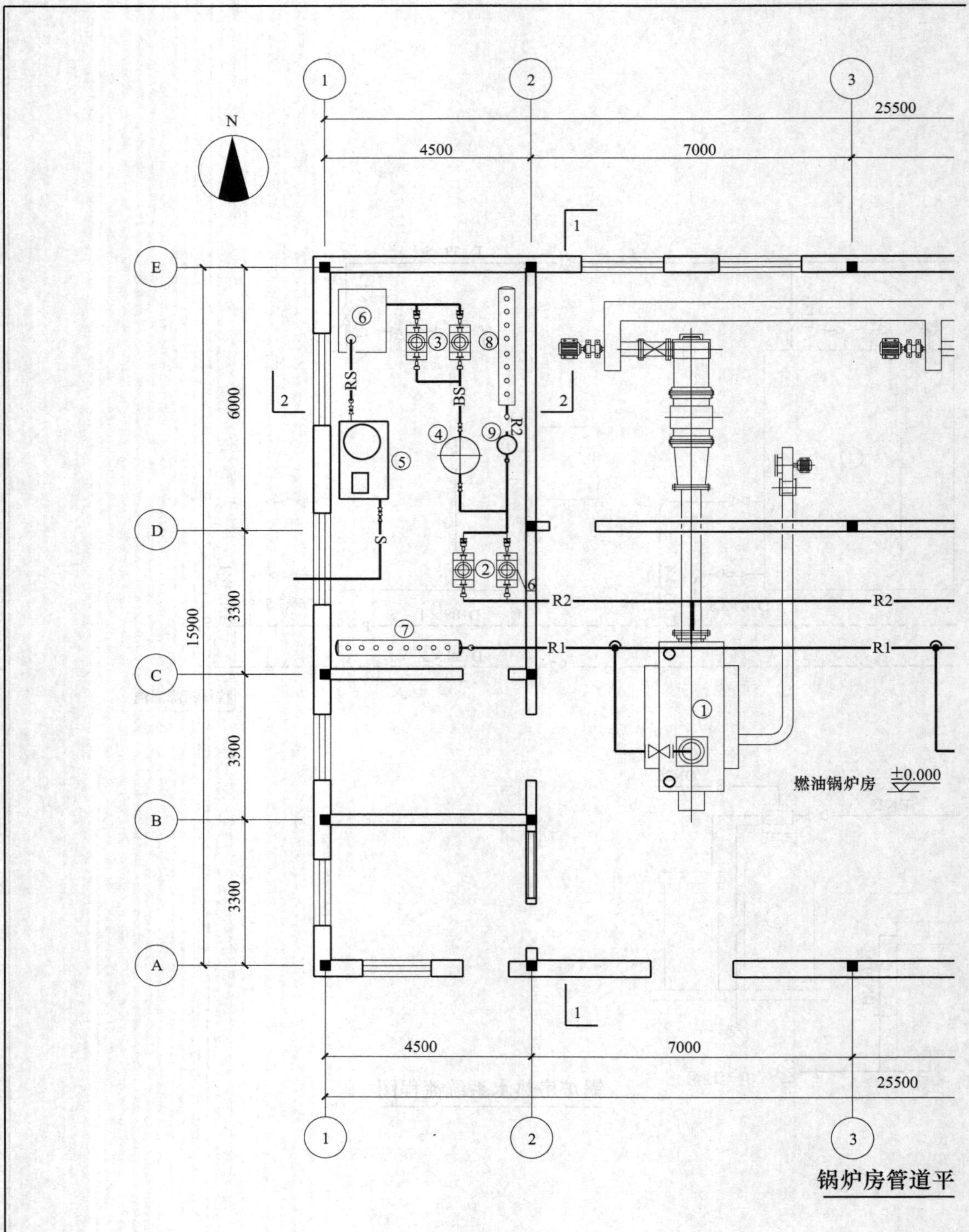

锅炉房管道平

示例 7 图 4

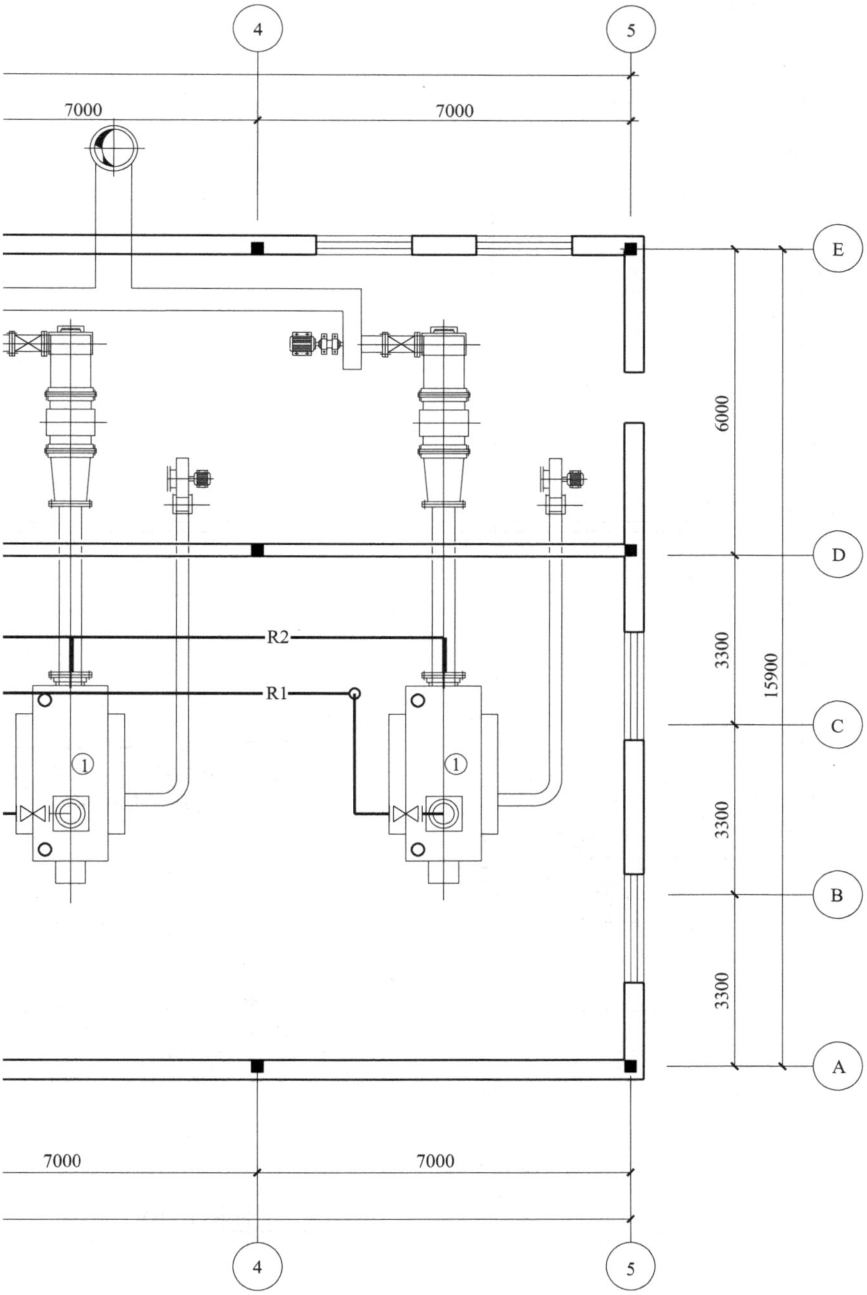

面图1:100

专业		学号		指导		工程编号		工程名称	北京某小区热水系统	图名	锅炉房管道平面图	图号	GLR04
班级		设计		校核		出图日期		项目名称	燃油锅炉房				

(GLR04)

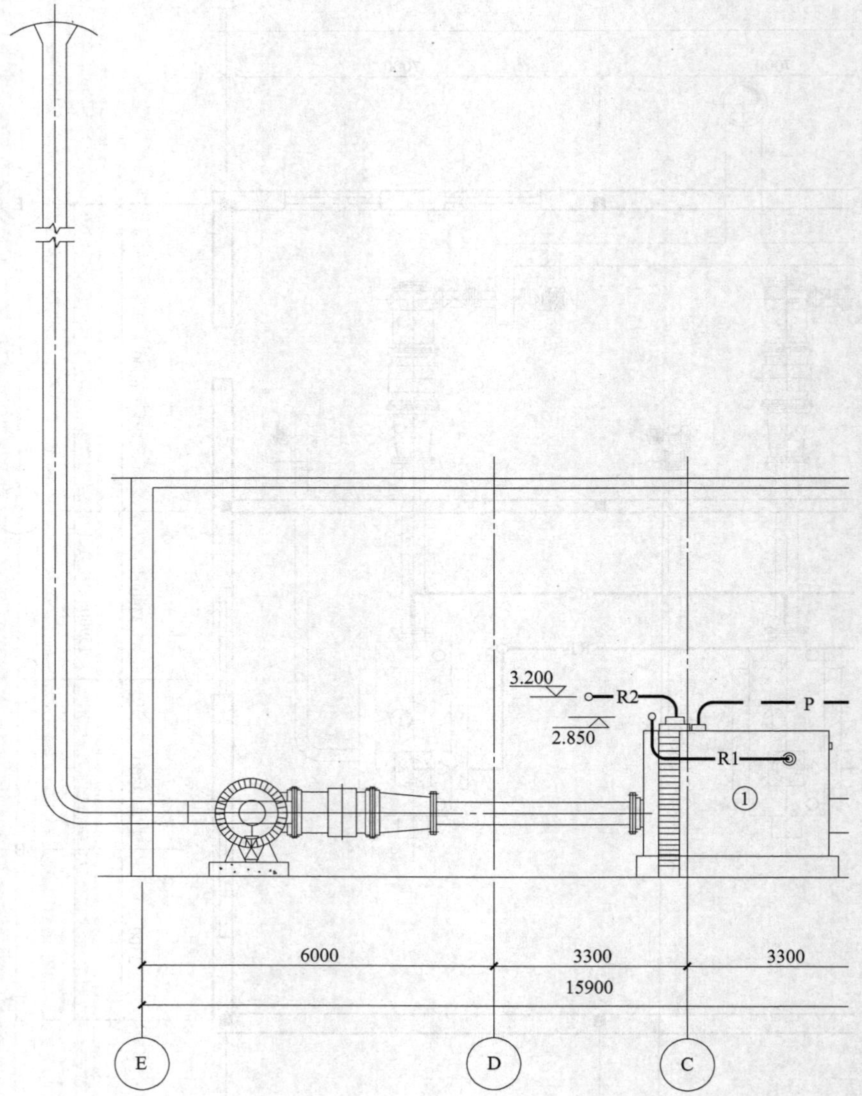

1—1剖面图 1:100

示例7图5

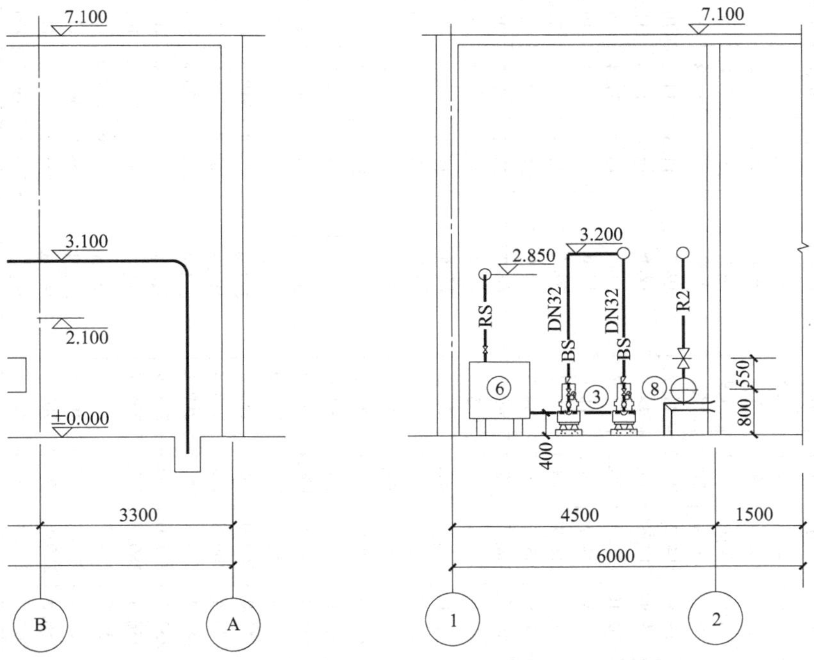

2—2剖面图 1:100

专业	学号	指导	工程编号	工程名称	北京某小区热水系统	图名	锅炉房剖面图	图号	GLR05
班级	设计	校核	出图日期	项目名称	燃油锅炉房				

(GLR05)

附　录

附录 A　食品的焓值

（单位：kJ/kg）

食品温度/℃	牛肉、各种禽类	羊肉	猪肉	肉类副产品	去骨牛肉	少脂鱼	多脂鱼	鱼片	鲜蛋	蛋黄	纯牛奶	奶油	炼制奶油	奶油冰淇淋	牛奶冰淇淋	葡萄杏子樱桃	水果及其他浆果	水果及糖浆浆果	加糖的浆果
-25	-10.9	-10.9	-10.5	-11.7	-11.3	-12.2	-12.2	-12.6	-8.8	-9.6	-12.6	-9.2	-8.8	-16.3	-14.7	-17.2	-14.2	-17.6	-22.2
-20	0.0	0.0	0.0	0.0	0.0	0.0	0.0	0.0	0.0	0.0	0.0	0.0	0.0	0.0	0.0	0.0	0.0	0.0	0.0
-19	2.1	2.1	2.1	2.5	2.5	2.5	2.5	2.5	2.1	2.1	2.9	1.7	1.7	3.4	2.9	3.8	3.4	3.8	5.0
-18	4.6	4.6	4.6	5.0	5.0	5.0	5.0	5.4	4.2	4.6	5.4	3.8	3.4	7.1	6.3	7.5	6.7	8.0	10.0
-17	7.1	7.1	7.1	8.0	8.0	8.0	8.0	8.4	6.3	6.7	8.4	5.9	5.0	11.3	9.6	11.7	10.0	12.0	15.5
-16	10.0	9.6	9.6	10.9	10.5	10.9	10.9	11.3	8.4	8.8	11.3	8.0	7.1	15.5	13.4	15.9	13.4	16.8	21.0
-15	13.0	12.6	12.2	13.8	13.4	14.2	14.2	14.7	10.5	11.3	14.2	10.1	9.2	19.7	17.6	20.5	17.2	21.4	26.8
-14	15.9	15.5	15.1	17.2	16.8	17.6	17.2	18.0	12.6	13.8	17.6	12.6	11.3	24.3	22.2	25.6	21.0	26.4	33.4
-13	18.9	18.4	18.0	20.5	20.1	21.0	20.5	21.8	15.1	15.9	21.4	15.1	13.4	29.3	27.2	31.0	25.1	31.4	39.8
-12	22.2	21.8	21.4	24.3	23.5	24.7	24.3	25.6	17.6	18.4	25.1	17.6	15.9	34.8	33.1	36.5	29.7	36.9	46.9
-11	26.0	26.6	25.1	28.5	27.2	28.9	28.1	29.7	20.1	21.4	28.9	20.5	18.0	40.6	39.8	42.7	34.4	43.2	54.9
-10	30.2	29.7	28.9	33.1	31.8	33.5	32.7	34.3	22.6	24.3	32.7	23.5	20.5	46.9	47.3	49.9	39.4	49.4	63.7
-9	34.8	33.9	33.1	38.1	36.0	38.5	37.3	40.2	25.6	28.5	37.3	26.4	23.5	54.1	55.7	57.8	44.8	56.6	73.7
-8	39.4	38.5	37.3	43.2	41.1	43.6	42.3	45.7	28.5	31.0	42.3	29.3	26.0	62.4	65.4	66.6	51.1	64.9	85.9
-7	44.4	43.6	41.9	48.6	46.1	49.4	47.8	51.5	31.8	34.4	48.2	32.7	28.5	72.9	77.1	78.8	58.7	75.8	101.0
-6	50.7	49.4	47.3	55.3	52.4	56.6	54.5	58.7	36.0	39.0	54.9	36.5	31.4	86.7	92.2	93.9	68.7	89.7	120.3
-5	57.4	55.7	54.5	62.9	59.9	74.2	61.6	67.0	41.5	44.8	62.9	40.6	34.4	105.6	111.9	116.1	82.1	108.1	147.5
-4	66.2	64.5	62.0	72.9	69.1	80.9	71.8	77.5	47.8	52.0	73.7	44.8	36.9	132.0	138.7	150.0	104.3	135.3	169.7
-3	75.4	77.1	73.7	88.0	83.0	89.2	85.5	93.9	227.9/57.8①	63.3	88.8	50.7	39.8	178.9	181.4	202.82	139.1	180.6	173.5
-2	98.9	96.0	91.8	109.8	103.5	111.9	106.4	117.7	230.9/75.8①	83.4	111.5	60.3	43.2	221.2	230.0	229.2	211.2	240.1	176.4
-1	186.8	179.0	170.1	204.5	194.4	212.4	199.9	225.0	234.2/128.6①	142.0	184.4	91.8	49.0	224.6	233.4	233.0	268.2	243.9	179.8
0	232.5	224.2	212.0	261.5	243.0	266.0	249.3	282.0	237.6	264.4	319.3	95.1	52.0	227.9	236.7	236.3	271.9	247.2	182.7
1	235.9	227.5	214.9	264.8	246.4	269.8	253.1	285.8	240.5	267.7	323.0	98.0	55.3	231.3	240.1	240.1	275.7	251.0	186.0
2	238.8	230.5	217.9	268.6	249.7	273.2	256.4	289.1	243.9	271.1	326.8	101.4	58.2	234.6	243.4	243.4	279.5	254.3	189.0
3	242.2	233.8	221.2	271.9	253.1	277.0	259.8	292.9	246.8	274.4	331.0	104.8	61.2	238.0	247.2	249.7	283.2	258.1	192.3
4	245.5	236.7	224.2	275.3	256.4	280.3	263.1	296.7	250.1	277.8	334.8	107.7	64.1	241.3	250.1	250.6	287.0	261.5	195.3
5	248.5	240.1	227.1	279.1	259.8	283.7	266.5	300.4	253.1	281.6	339.0	111.5	67.5	244.7	253.9	254.3	290.8	266.5	198.6
6	251.8	243.0	230.0	282.4	263.1	287.4	269.8	303.8	256.4	284.9	342.7	114.4	70.8	248.0	257.3	257.7	294.6	268.6	201.5
7	255.2	246.4	233.4	285.8	266.5	290.8	273.2	307.5	259.4	288.3	346.5	117.7	74.2	251.4	260.6	260.6	298.3	272.4	204.9
8	258.5	249.3	236.3	289.5	269.4	295.4	277.0	311.3	262.7	291.6	350.7	121.5	77.5	254.8	264.0	264.8	302.1	275.7	207.8

（续）

食品温度/℃	牛肉、各种禽类	羊肉	猪肉	肉类副产品	去骨牛肉	少脂鱼	多脂鱼	鱼片	鲜蛋	蛋黄	纯牛奶	奶油	炼制奶油	奶油冰淇淋	牛奶冰淇淋	葡萄杏子樱桃	水果及其他浆果	水果及糖浆浆果	加糖的浆果
9	261.5	252.6	239.2	292.9	272.8	297.9	280.3	315.1	265.6	295.0	354.5	125.7	81.3	258.1	267.3	268.6	305.9	279.5	211.2
10	264.8	255.6	242.2	296.2	276.1	301.3	283.7	318.4	269.0	298.7	358.7	129.9	85.5	261.5	270.0	271.9	309.6	282.8	214.1
11	268.2	258.9	245.5	300.0	279.5	305.0	287.0	322.2	271.9	302.1	362.4	134.1	90.1	264.8	274.4	275.7	313.4	286.6	217.5
12	271.1	261.9	248.5	303.4	282.8	308.4	290.4	326.0	275.3	305.5	366.6	138.7	95.1	268.2	277.8	279.1	317.2	289.9	220.4
13	274.4	265.4	251.4	306.7	286.2	312.2	293.7	329.3	278.6	308.8	370.4	144.1	100.6	271.5	281.1	282.8	321.0	293.7	223.7
14	277.8	268.2	254.3	310.5	289.5	315.5	297.1	333.1	281.6	312.2	374.6	149.6	106.4	274.9	284.5	286.2	324.7	297.1	226.7
15	280.7	271.5	257.3	313.8	292.9	318.9	300.8	336.9	284.9	315.9	378.8	155.4	112.3	278.2	287.9	289.9	328.5	300.8	230.0
16	284.1	274.4	260.6	317.2	296.2	322.6	304.2	340.6	287.9	319.3	382.5	161.3	118.6	281.6	291.2	293.3	332.3	304.2	233.0
17	287.4	277.8	263.6	321.0	299.6	326.0	307.5	344.0	291.2	322.6	386.7	166.8	124.9	284.9	294.6	297.1	336.5	308.0	236.3
18	290.4	280.7	266.5	324.3	302.9	329.8	310.9	347.8	294.1	326.0	390.9	172.2	130.3	288.3	297.7	300.4	339.8	313.4	239.2
19	293.7	284.1	270.4	327.7	306.3	331.3	314.3	351.5	297.5	329.3	394.7	177.7	136.2	291.6	301.3	304.2	343.6	315.1	242.6
20	297.1	287.0	272.8	331.4	309.6	336.5	317.6	355.3	300.4	333.1	398.9	182.7	141.2	295.0	304.6	307.5	347.4	318.4	245.5
21	300.0	290.4	275.7	334.8	313.0	340.2	321.4	358.7	303.8	336.5	402.7	187.7	146.2	298.3	308.0	311.3	351.1	322.2	248.9
22	303.4	293.3	278.6	338.1	315.9	343.6	324.7	362.4	307.1	339.8	406.8	192.3	150.8	301	311.3	315.1	354.9	325.6	251.8
23	306.7	296.7	281.6	341.9	319.3	346.9	328.1	366.2	310.1	343.2	410.6	196.5	155.4	305.0	314.7	318.4	358.7	329.3	255.2
24	310.1	299.6	284.9	345.3	322.6	350.7	331.4	369.6	313.4	346.5	414.8	200.7	159.6	308.4	318.0	321.8	362.4	332.7	258.1
25	313.0	302.9	287.9	349.0	326.0	354.1	334.8	373.3	316.3	350.3	418.6	204.9	163.8	311.4	321.4	325.6	366.2	336.5	261.5
26	316.4	305.9	290.8	352.4	329.3	357.8	338.1	377.1	319.7	—	422.8	208.7	167.6	315.1	325.1	328.9	370.0	339.8	264.4
27	319.7	309.2	293.7	356.2	332.7	361.2	341.5	380.9	322.6	—	426.5	212.4	171.0	318.4	328.5	332.7	373.8	343.6	267.3
28	322.6	312.2	297.1	359.5	336.0	365.0	345.3	384.2	326.0	—	430.7	215.8	174.3	321.8	331.9	336.0	377.5	344.4	270.7
29	326.1	315.5	300.0	362.9	339.4	368.3	348.6	388.0	328.9	—	434.5	219.1	177.7	325.1	335.2	339.8	381.3	350.7	273.6
30	329.3	318.4	302.9	366.6	342.7	371.7	352.0	391.8	332.3	—	438.7	222.9	181.4	328.5	338.6	343.2	385.1	354.1	277.0
31	332.7	321.8	305.9	370.0	346.1	375.4	355.3	395.5	335.2	—	442.5	226.7	185.2	331.9	341.9	346.9	388.8	357.8	280.0
32	335.6	324.7	309.2	373.3	349.5	378.8	358.7	398.9	338.6	—	446.2	230.45	189.0	335.2	345.3	350.3	392.6	361.2	283.2
33	339.0	328.1	312.2	377.1	352.8	382.6	362.0	402.7	341.5	—	450.4	234.2	192.3	338.6	348.6	354.1	396.4	365.0	286.2
34	342.3	331.0	315.1	380.5	356.2	385.9	365.8	406.4	344.8	—	454.2	237.6	195.7	341.9	352.0	357.4	400.2	368.3	290.0
35	345.7	334.4	318.0	384.2	359.1	389.3	369.1	409.8	347.8	—	458.4	240.5	198.6	345.3	355.7	361.2	403.9	372.1	292.5

① 分组为冷却鸡蛋的焓值，分母为冻蛋的焓值。

注：以 −20℃ 为基准，其温度时各种食品的焓值均为零。

附录 B　一些主要水果与蔬菜的呼吸热　　（单位：W/t）

品　种	不同温度下的呼吸热/(W/t)						
	0℃	2℃	5℃	10℃	15℃	20℃	25℃
杏	17	27	56	102	155	199	—
香蕉(青)	—	—	52	98	131	155	—
香蕉(熟)	—	—	58	116	164	242	—
成熟柠檬	9	13	20	33	47	58	78
甜樱桃	21	31	47	97	165	219	—
橙	10	13	19	35	56	69	96
西瓜	19	23	27	46	70	102	—
梨(早熟)	20	28	47	63	160	278	—
梨(晚熟)	10	22	41	56	126	219	—
苹果(早熟)	19	21	31	60	92	121	149
苹果(晚熟)	10	14	21	31	58	73	—
李子	21	35	65	126	184	233	—
葡萄	9	17	24	36	49	78	102
香瓜	20	23	28	43	76	102	—
桃	19	22	41	92	131	181	236
菠萝(熟)	—	—	45	70	80	87	—
酸樱桃	22	34	53	107	181	242	—
草莓	47	63	92	175	242	300	453
坚果	2	3	5	10	10	15	—
抱子甘蓝	67	78	135	228	295	520	—
菜花	63	17	88	138	259	402	—
卷心菜	33	36	51	78	121	194	—
结球甘蓝(冬天)	19	24	24	38	58	116	—
马铃薯	20	22	24	26	36	44	—
胡萝卜	28	34	38	44	97	135	—
黄瓜	20	24	34	60	121	174	—
甜菜	20	28	34	60	116	213	—
西红柿	17	20	28	41	87	102	—
大蒜	22	31	47	71	128	152	—
葱头	20	21	26	34	46	58	—
青豆	70	82	121	206	412	577	721
莴苣	39	44	51	102	189	339	—
蘑菇	121	131	160	252	485	635	—
豌豆	104	143	189	267	460	645	872
芹菜	20	—	29	—	102	—	—
玉蜀黍	80	—	116	—	465	—	756
青椒	33	—	64	96	114	131	—
芦笋	65	—	85	160	279	363	—
菠菜	82	—	199	313	523	897	—

注：表中抱子甘蓝又称嫩芽卷心菜，青豆又称四季豆。

附录 C 空气的焓值 *h*（压力为 101.325kPa） （单位：kJ/kg）

t /℃	焓值 *h*/(kJ/kg) 相对湿度 *φ*(%)										
	0	10	20	30	40	50	60	70	80	90	100
-20	-20.097	-19.929	-19.720	-19.511	-19.343	-19.176	-18.966	-18.757	-18.589	-18.380	-18.213
-19	-18.841	-18.883	-18.673	-18.646	-18.255	-18.045	-17.878	-17.668	-17.459	-17.208	-17.010
-18	-17.087	-17.878	-17.626	-17.417	-17.208	-16.998	-16.747	-16.538	-16.287	-16.077	-15.868
-17	-17.032	-16.831	-16.580	-16.370	-16.161	-15.368	-15.617	-15.366	-15.144	-14.905	-14.654
-16	-16.077	-15.862	-15.533	-15.282	-15.631	-14.738	-14.486	-14.235	-13.942	-13.691	-13.440
-15	-15.076	-14.779	-14.486	-14.193	-13.816	-13.649	-13.356	-13.663	-12.770	-12.477	-12.184
-14	-14.086	-13.775	-13.440	-13.147	-12.812	-12.519	-12.184	-11.391	-11.556	-11.263	-10.928
-13	-13.063	-12.728	-12.393	-12.060	-11.723	-11.346	-11.011	-10.676	-10.341	-10.007	-9.672
-12	-12.058	-11.618	-11.304	-10.969	-10.593	-10.216	-9.839	-9.462	-9.085	-8.750	-8.374
-11	-11.053	-10.635	-10.258	-9.839	-9.462	-9.044	-8.667	-8.218	-7.829	-7.453	-7.034
-10	-10.048	-9.627	-9.253	-8.876	-8.457	-8.801	-7.704	-7.258	-6.908	-6.490	-6.113
-9	-9.004	-8.625	-8.164	-7.746	-7.327	-6.908	-6.448	-6.029	-5.610	-5.150	-4.734
-8	-8.039	-7.578	-7.113	-6.615	-6.155	-5.694	-5.234	-4.731	-4.271	-3.810	-3.308
-7	-7.034	-6.531	-6.020	-5.485	-4.892	-4.480	-3.936	-3.433	-2.931	-2.387	-1.884
-6	-6.029	-5.485	-4.899	-4.354	-3.768	-3.224	-2.680	-2.093	-1.549	-0.963	-0.419
-5	-5.024	-4.396	-3.180	-3.182	-2.596	-1.968	-1.340	-0.754	-0.126	0.502	1.130
-4	-4.091	-3.349	-2.680	-2.010	-1.340	-0.670	0.000	0.670	1.340	2.010	2.680
-3	-3.015	-2.303	-1.549	-0.837	-0.126	0.628	1.340	2.093	2.805	3.559	4.271
-2	-2.010	-1.214	-0.419	0.377	1.172	1.968	2.763	3.559	4.354	5.150	5.945
-1	-1.005	-0.126	0.172	1.591	2.482	3.308	4.187	5.201	5.903	6.783	7.620
0	0.000	0.921	1.884	2.805	3.726	4.689	5.610	6.537	7.494	8.457	9.378
1	1.005	1.884	3.015	4.019	5.024	6.023	7.076	8.081	9.085	10.132	11.137
2	2.010	3.098	4.187	5.275	6.364	7.453	8.541	9.630	10.718	11.807	12.895
3	3.015	4.187	5.359	6.490	7.662	8.834	10.007	11.179	12.351	13.565	14.738
4	4.109	5.275	6.531	7.788	9.044	10.300	11.556	12.812	14.068	15.324	16.560
5	5.024	6.364	7.704	9.044	10.383	11.765	13.105	14.445	15.826	17.166	18.548
6	6.029	7.453	8.918	10.341	11.807	13.320	14.656	16.161	17.585	19.050	20.515
7	7.034	8.583	10.132	11.681	13.230	14.779	16.329	17.878	19.469	21.018	22.567
8	8.039	9.713	11.346	13.021	14.696	16.329	18.003	19.678	21.352	23.069	24.744
9	9.044	10.802	12.602	14.361	16.161	17.920	19.720	20.520	23.321	25.121	26.921
10	10.048	11.932	13.816	15.742	17.663	19.552	21.478	23.404	25.330	27.256	29.224
11	11.053	13.063	15.114	17.166	19.176	21.227	23.279	25.330	27.424	29.475	31.569
12	12.058	14.235	16.412	18.589	20.767	22.944	25.163	27.332	29.559	31.778	33.997
13	13.063	15.366	17.710	20.013	22.358	24.702	27.047	29.391	31.778	34.164	36.551
14	14.038	16.538	19.050	21.520	24.032	26.502	29.095	31.527	34.081	36.635	39.147
15	15.073	17.710	20.348	23.207	25.707	28.387	30.066	33.746	36.425	39.147	41.886
16	16.077	18.883	21.730	24.577	27.424	30.271	33.150	36.048	38.895	41.784	44.799
17	17.082	20.097	23.111	26.126	29.182	32.238	35.295	38.393	41.491	44.380	47.730
18	18.087	21.311	24.493	27.717	30.982	34.243	37.566	40.863	44.380	47.311	50.660
19	19.092	22.525	25.958	29.391	32.866	36.341	39.817	43.543	46.892	50.242	54.010
20	20.100	23.739	27.382	31.036	34.750	38.477	40.287	46.055	49.823	53.591	57.359

（续）

t /℃	焓值 h/(kJ/kg)										
	相对湿度 φ(%)										
	0	10	20	30	40	50	60	70	80	90	100
21	21.102	24.953	28.889	32.783	36.718	40.654	44.799	48.567	52.754	56.522	60.700
22	22.106	26.251	30.396	34.541	38.728	43.124	47.311	51.498	55.684	59.871	64.477
23	23.111	27.507	31.903	36.341	40.821	45.217	49.823	54.428	59.034	63.639	68.245
24	24.116	28.763	33.453	38.184	43.124	47.730	52.335	57.359	62.333	66.989	72.013
25	25.121	30.061	35.044	40.068	45.217	50.242	55.266	60.290	65.733	70.757	76.200
26	26.126	31.401	36.676	41.868	47.311	52.751	58.197	63.639	69.082	74.914	80.387
27	27.131	32.741	38.351	43.961	49.823	55.684	61.127	66.980	72.850	78.712	84.992
28	28.135	34.081	40.068	46.055	52.335	58.197	64.477	70.037	77.037	83.317	89.598
29	29.140	35.420	41.784	48.148	54.428	61.127	67.826	74.106	80.805	87.504	94.203
30	30.145	36.802	43.543	50.242	57.359	64.058	71.176	77.875	84.992	92.110	99.646
31	31.150	38.226	45.218	52.754	59.871	66.989	74.525	80.061	89.598	97.134	104.670
32	32.550	39.649	47.311	54.847	62.383	70.338	78.293	86.248	94.203	102.158	110.532
33	33.160	41.073	48.986	57.359	65.314	73.688	82.061	90.435	98.809	107.008	116.393
34	34.164	42.705	51.079	59.453	68.245	77.037	85.829	94.622	103.833	113.044	122.255
35	35.169	43.961	53.172	61.965	71.176	80.805	90.016	99.646	109.276	118.905	128.535
36	36.147	45.636	55.266	64.895	74.525	84.155	94.203	104.251	114.718	124.767	135.234
37	37.179	47.311	57.359	67.408	77.456	87.922	98.809	110.276	120.161	131.047	142.351
38	38.184	48.567	59.453	69.920	80.805	92.110	103.414	114.718	126.023	137.746	149.469
39	39.189	50.242	61.546	72.850	83.342	96.296	108.019	120.161	132.717	144.683	157.424
40	40.193	51.916	63.639	75.781	84.573	100.48	113.044	126.023	139.002	152.340	165.797

附录 D　干空气对传热有影响的物理参数（压力为 101.325kPa）

温度 t/℃	密度 ρ /(kg/m³)	比热容 c_p /[kJ/(kg·℃)]	热导率 λ /[10^2 W/(m·℃)]	热扩散率 a/(10^6 m³/h)	动力粘度 η/(10^5 Pa·s)	运动粘度 ν /(10^5 m²/s)	普朗特数 Pr
-50	1.584	1.0132	2.035	4.57	1.4612	0.923	0.782
-40	1.515	1.0132	2.117	4.96	1.5200	1.004	0.728
-30	1.453	1.0132	2.198	5.37	1.5691	1.080	0.723
-20	1.359	1.0090	2.280	5.83	1.6181	1.243	0.716
-10	1.342	1.0090	2.361	6.28	1.6671	1.279	0.712
0	1.293	1.0048	2.442	6.77	1.7162	1.328	0.707
10	1.247	1.0048	2.512	7.22	1.7652	1.416	0.705
20	1.205	1.0048	2.594	7.71	1.8142	1.506	0.703
30	1.165	1.0048	2.675	8.23	1.8633	1.600	0.700
40	1.128	1.0048	2.765	8.75	1.9613	1.696	0.699
50	1.093	1.0048	5.000	9.26	1.9623	1.795	0.698

附录 E 氨单相流吸气管负荷量

（单位：kW）

钢管公称直径/mm	饱和吸气温度/℃											
	-50		-40		-30		-20		-5		+5	
	$\Delta t=0.5$℃ $\Delta p=1.21$kPa	$\Delta t=1$℃ $\Delta p=2.42$kPa	$\Delta t=0.5$℃ $\Delta p=1.92$kPa	$\Delta t=1$℃ $\Delta p=3.84$kPa	$\Delta t=0.5$℃ $\Delta p=2.91$kPa	$\Delta t=1$℃ $\Delta p=5.82$kPa	$\Delta t=0.5$℃ $\Delta p=4.22$kPa	$\Delta t=1$℃ $\Delta p=8.44$kPa	$\Delta t=0.5$℃ $\Delta p=6.92$kPa	$\Delta t=1$℃ $\Delta p=13.83$kPa	$\Delta t=0.5$℃ $\Delta p=9.26$kPa	$\Delta t=1$℃ $\Delta p=18.53$kPa
25	1.55	2.28	2.72	3.97	4.48	6.51	6.98	10.10	12.58	18.09	17.79	25.48
32	3.27	4.80	5.71	8.32	9.36	13.58	14.58	21.04	26.17	37.56	36.94	52.86
40	4.97	7.27	8.64	12.5 7	14.15	20.49	21.99	31.73	39.40	56.39	55.53	79.38
50	9.74	14.22	16.89	24.50	27.57	39.82	42.72	61.51	76.29	109.28	107.61	153.66
65	15.67	22.83	27.13	39.27	44.17	63.77	68.42	98.23	122.06	174.30	171.62	245.00
80	28.08	40.81	48.36	69.99	78.68	113.30	121.52	174.28	216.15	308.91	304.12	433.79
100	57.95	84.10	99.50	143.84	161.77	232.26	249.45	356.87	442.76	631.24	621.94	885.81
125	105.71	153.05	181.16	261.22	293.12	420.83	452.08	646.25	800.19	1139.74	1124.47	1598.31
150	172.28	248.91	294.74	424.51	476.47	683.18	733.59	1046.77	1296.07	1846.63	1819.59	2590.21
200	356.67	514.55	609.20	874.62	981.85	1402.03	1506.11	2149.60	2662.02	3784.58	3735.65	5303.12
250	649.99	937.58	1107.64	1589.51	1782.31	2545.46	2731.90	3895.57	4818.22	6851.91	6759.98	9589.56
300	1045.27	1504.96	1777.96	2550.49	2859.98	4081.54	4378.87	6237.23	7714.93	10973.55	10810.65	15360.20

注：表中以冷凝温度 30℃，100m 当量管长的摩阻引起压力降 Δp（kPa）和相应饱和温度差 $\Delta t=0.5\sim1$℃条件下制冷负荷量（kW）。

附录 F 氨单相流吸气管、排气管和液体管负荷量（适用单级或高压级）

（单位：kW）

钢管公称直径/mm	吸气管 $\Delta t=2$℃					排气管 $\Delta t=2$℃，$\Delta p=68.4$kPa			液体管		
	饱和吸气温度/℃					饱和吸气温度/℃			钢管公称直径/mm	速度为 0.5m/s	$\Delta p=$ 45.00 kPa
	-40 $\Delta p=7.69$kPa	-30 $\Delta p=11.63$kPa	-20 $\Delta p=16.88$kPa	-5 $\Delta p=27.66$kPa	+5 $\Delta p=37.05$kPa	-40	-20	+5			
20	3.0	4.9	7.7	13.7	19.3	31.4	32.3	33.2	20	110.9	250.2
25	5.8	9.4	14.6	25.9	36.4	59.4	61.2	62.6	25	179.4	473.4
32	12.1	19.6	30.2	53.7	75.4	122.7	126.0	129.4	32	311.0	978.0
40	18.2	29.5	45.5	80.6	113.3	184.4	189.4	194.5	40	423.4	1469.4
50	35.4	57.2	88.1	155.7	218.6	355.2	364.9	374.7	50	497.8	2840.5
65	56.7	91.6	140.6	248.6	348.9	565.9	581.4	597.0	65	994.8	4524.8
80	101.1	162.4	249.0	439.8	616.9	1001.9	1029.3	1056.9	80	1536.3	8008.8
100	206.9	332.6	509.2	897.8	1258.6	2042.2	2098.2	2154.3	100	2647.2	16320.2
125	375.2	601.8	920.6	1622.0	2271.4	3682.1	3783.0	3884.2	—	—	—
150	608.7	975.6	1491.4	2625.4	3672.5	5954.2	6117.4	6281.0	—	—	—
200	1252.3	2003.3	3056.0	5382.4	7530.4	12195.3	12529.7	12864.8	—	—	—
250	2271.0	3625.9	5539.9	9733.7	13619.6	22028.2	22632.2	23237.5	—	—	—
300	3640.5	5813.5	8873.4	15568.9	21787.1	35239.7	36206.0	37174.3	—	—	—

注：1. 表中负荷量以冷凝温度 30℃，100m 当量管长的摩阻引起压力降相当于饱和温度差 $\Delta t=2$℃，排气管和液体管基于吸气温度 -5℃。

2. 对其他冷凝温度工况下负荷量，以表 3-44 换算系数乘以表中负荷量得到。

附录 G　氨两相流吸气管负荷量

（单位：kW）

钢管公称直径/mm	蒸发温度/℃								
	-10	-15	-25	-28	-30	-33	-35	-40	-45
25	10.73	9.19	6.56	5.87	5.41	4.85	4.51	3.66	2.91
32	21.35	18.26	13.08	11.70	10.77	9.68	8.96	7.26	5.62
40	32.12	27.41	19.65	17.58	16.21	14.57	13.48	10.93	8.64
50	61.01	52.13	37.33	33.37	30.73	27.66	25.60	20.72	16.43
65	118.53	101.16	72.58	64.94	59.85	53.82	49.81	40.16	32.01
80	188.03	160.62	115.07	103.02	94.98	85.26	78.77	63.71	50.68
90	317.56	235.53	168.73	150.89	139.00	125.09	115.43	93.83	74.53
100	381.87	326.27	233.98	209.19	192.67	173.22	160.24	129.73	103.19
125	679.56	583.04	417.01	372.99	343.64	309.13	286.11	231.67	183.41
150	1154.81	918.96	656.40	586.90	540.56	487.27	451.76	365.26	289.97
200	2251.06	1922.86	1378.43	1232.48	1135.18	1021.66	945.98	764.51	605.24
250	4004.02	3420.99	2451.84	2192.37	2019.39	1824.78	1695.05	1362.99	1078.23

注：表中以冷凝温度30℃，100m当量管长的摩阻引起压力降和相应饱和温度差 $\Delta t=1$℃，氨泵的供液倍数 $N=4$ 条件下制冷负荷量（kW）。

附录 H　冷却水管道比摩阻计算表

水流速/(m/s)	流量和比摩阻	公称直径 *DN*															
		15	20	25	32	40	50	65	80	100	125	150	200	250	300	350	400
0.2	q_V	0.04	0.07	0.11	0.20	0.26	0.44	0.73	1.03	1.57	2.45	3.53	6.72	10.2	15.0	21.2	26.1
	R_1	68	45	33	23	19	14	10	8	6	5	4	2	2	1	1	1
	R_2	85	56	40	27	23	16	11	9	7	5	4	3	2	2	1	1
0.3	q_V	0.06	0.11	0.17	0.30	0.40	0.66	1.09	1.54	2.35	3.68	5.29	10.1	15.8	22.5	31.9	39.2
	R_1	143	95	69	48	40	29	21	17	13	10	8	5	4	3	3	2
	R_2	183	120	86	59	49	35	25	20	15	11	9	6	4	4	3	3
0.4	q_V	0.08	0.14	0.23	0.40	0.53	0.88	1.45	2.06	3.14	4.90	7.06	13.4	21.0	29.9	42.5	52.2
	R_1	244	163	111	82	68	49	36	28	22	16	13	9	7	5	4	4
	R_2	319	209	150	102	85	60	43	34	26	20	15	10	8	6	5	4
0.5	q_V	0.10	0.18	0.29	0.50	0.66	1.10	1.81	2.57	3.92	6.13	8.82	16.8	26.3	37.4	53.1	65.3
	R_1	371	248	180	125	104	75	54	43	33	25	20	13	10	8	7	6
	R_2	492	323	231	158	131	93	67	53	40	30	24	16	12	10	8	7
0.6	q_V	0.12	0.21	0.34	0.60	0.79	1.32	2.18	3.09	4.70	7.35	10.6	20.2	31.6	44.9	63.7	78.3
	R_1	525	351	255	176	147	106	77	61	47	35	28	19	14	11	9	8
	R_2	702	460	330	225	187	132	95	76	57	43	34	22	17	14	11	10
0.7	q_V	0.14	0.25	0.40	0.70	0.92	1.54	2.54	3.60	5.49	8.58	12.4	23.5	36.8	52.4	74.3	91.4
	R_1	705	471	343	237	198	142	103	82	63	48	38	25	19	15	12	11
	R_2	948	622	446	304	253	179	129	102	78	58	46	30	23	18	15	13

（续）

水流速/(m/s)	流量和比摩阻	公称直径 DN															
		15	20	25	32	40	50	65	80	100	125	150	200	250	300	350	400
0.8	q_V	0.16	0.28	0.45	0.80	1.05	1.76	2.90	4.12	6.27	9.80	14.1	26.9	42.1	59.9	84.9	104
	R_1	911	609	443	306	256	183	133	106	81	61	49	33	25	20	16	14
	R_2	1232	808	580	395	328	233	167	133	101	75	60	40	30	24	19	17
0.9	q_V	0.18	0.32	0.51	0.90	1.19	1.98	3.26	4.63	7.06	11.0	15.9	30.2	47.3	67.4	95.6	117
	R_1	1142	746	555	384	321	230	167	134	102	77	61	41	31	25	20	18
	R_2	1553	1019	731	498	414	293	210	167	127	95	75	50	37	30	24	21
1.0	q_V	0.19	0.35	0.57	1.00	1.32	2.20	3.63	5.14	7.84	12.3	17.6	33.6	52.6	74.9	106	131
	R_1	1400	936	681	471	394	282	205	164	125	95	75	50	38	31	25	22
	R_2	1912	1254	900	613	509	361	259	206	156	117	92	61	46	37	30	26
1.1	q_V	0.21	0.39	0.63	1.10	1.45	2.42	3.99	5.66	8.62	13.5	19.4	37.0	57.9	82.3	117	144
	R_1	1685	1126	819	566	473	339	246	197	151	114	90	61	46	37	30	26
	R_2	2307	1513	1086	739	614	435	313	248	188	141	112	74	56	44	36	31
1.2	q_V	0.23	0.42	0.69	1.20	1.58	2.64	4.35	6.17	9.41	14.7	21.2	40.3	63.1	89.8	127	157
	R_1	1995	1334	970	671	561	402	292	233	179	135	107	72	54	44	35	31
	R_2	2739	1797	1289	878	729	517	371	295	224	168	132	88	66	53	42	37
1.3	q_V	0.25	0.46	0.74	1.30	1.71	2.86	4.71	6.69	10.2	15.9	22.9	43.7	68.4	97.3	138	170
	R_1	2331	1559	1134	784	655	470	341	273	209	157	125	84	63	51	41	36
	R_2	3208	2105	1510	1029	854	605	435	345	262	196	155	103	77	62	50	44
1.4	q_V	0.27	0.50	0.80	1.40	1.85	3.08	5.08	7.20	11.0	17.2	24.7	47.0	73.6	105	149	183
	R_1	2693	1801	1310	906	757	543	394	315	241	182	145	97	73	59	48	42
	R_2	3714	2437	1748	1191	989	701	508	400	304	227	180	119	90	72	58	51
1.5	q_V	0.29	0.53	0.86	1.50	1.98	3.30	5.44	7.72	11.8	18.4	26.5	50.4	78.9	112	159	209
	R_1	3082	2061	1499	1036	867	621	451	361	276	208	166	111	84	67	54	48
	R_2	4258	2793	2004	1365	1134	803	577	458	348	260	206	136	103	82	66	58
1.6	q_V	0.31	0.57	0.91	1.60	2.11	3.52	5.80	8.23	12.5	19.6	28.2	53.8	84.2	120	170	209
	R_1	3496	2338	1701	1176	983	705	512	409	313	236	188	126	95	77	62	54
	R_2	4838	3174	2277	1551	1289	913	656	521	395	296	234	155	117	93	75	62
1.7	q_V	0.33	0.60	0.97	1.70	2.24	3.74	6.16	8.74	13.3	20.8	30.0	57.1	89.4	127	180	222
	R_1	3937	2633	1915	1324	1107	794	576	461	353	266	212	142	107	86	70	61
	R_2	5456	3579	2568	1749	1453	1029	739	587	446	334	264	175	132	105	85	74
1.8	q_V	0.35	0.64	1.03	1.80	2.37	3.96	6.53	9.26	14.1	22.1	31.8	60.5	94.7	135	191	235
	R_1	4404	2945	2142	1481	1238	888	644	515	394	298	237	158	120	96	78	69
	R_2	6110	4009	2876	1959	1627	1153	828	658	499	374	295	196	147	118	95	83
1.9	q_V	0.37	0.67	1.09	1.90	2.50	4.18	6.89	9.77	14.9	23.3	33.5	63.8	99.9	142	201	248
	R_1	4896	3274	2382	1647	1377	987	717	573	439	331	263	176	133	107	87	76
	R_2	6802	4462	3202	2181	1812	1284	922	732	556	416	329	218	164	131	105	93

（续）

水流速/(m/s)	流量和比摩阻	公称直径 *DN*															
		15	20	25	32	40	50	65	80	100	125	150	200	250	300	350	400
2.0	q_V	0.39	0.71	1.14	2.00	2.64	4.40	7.25	10.3	15.7	24.5	35.3	67.2	105	150	212	261
	R_1	5415	3621	2634	1821	1523	1092	793	634	485	366	291	195	148	119	96	84
	R_2	7531	4940	3545	2415	2006	1421	1021	811	615	461	364	241	182	145	117	103
2.1	q_V	0.41	0.74	1.20	2.10	2.77	4.62	7.61	10.8	16.5	25.7	37.0	70.6	110	157	223	274
	R_1	5960	3985	2899	2004	1676	1202	872	698	534	403	320	214	162	131	105	93
	R_2	8297	5443	3905	2660	2210	1566	1124	893	678	508	401	266	200	160	129	113
2.2	q_V	0.43	0.78	1.26	2.20	2.90	4.85	7.98	11.3	17.3	27.0	38.8	73.9	116	165	234	287
	R_1	6531	4367	3177	2196	1837	1317	956	765	585	441	351	235	178	143	115	102
	R_2	9099	5969	4283	2918	2423	1717	1233	979	744	557	440	292	219	176	141	124
2.3	q_V	0.45	0.81	1.31	2.30	3.03	5.07	8.34	11.8	18.0	28.2	40.6	77.3	121	172	244	300
	R_1	7129	4766	3468	2397	2005	1437	1043	835	639	482	383	256	194	156	126	111
	R_2	9939	6520	4678	3187	2647	1875	1347	1070	812	608	481	318	240	192	154	135
2.4	q_V	0.47	0.85	1.37	2.40	3.16	5.29	8.70	12.4	18.8	29.4	42.3	80.6	126	180	255	313
	R_1	7751	5183	3771	2607	2180	1563	1135	907	694	524	417	279	211	170	137	121
	R_2	10816	7096	5091	3468	2881	2041	1466	1164	884	662	523	347	261	209	168	147
2.5	q_V	0.49	0.89	1.43	2.51	3.29	5.51	9.06	12.9	19.6	30.6	44.1	84.0	131	187	265	326
	R_1	8400	5617	4087	2825	2363	1694	1230	984	753	568	452	302	229	184	149	131
	R_2	11730	7695	5522	3761	3124	2214	1590	1263	959	718	567	376	283	226	182	160
2.6	q_V	0.51	0.92	1.49	2.61	3.43	5.73	9.43	13.4	20.4	31.9	45.9	87.3	137	195	276	339
	R_1	9075	6069	4415	3052	2553	1830	1329	1063	813	614	488	327	247	199	161	141
	R_2	12681	8319	5969	4066	3377	2393	1719	1365	1036	776	613	406	306	245	196	173
2.7	q_V	0.53	0.96	1.54	2.71	3.56	5.95	9.79	13.9	21.2	33.1	47.6	90.7	142	202	287	352
	R_1	9776	6538	4756	3288	2750	1972	1431	1145	876	661	526	352	266	214	173	152
	R_2	13669	8968	6434	4383	3641	2580	1853	1471	1117	836	661	438	330	264	212	186
2.8	q_V	0.54	0.99	1.60	2.81	3.69	6.17	10.2	14.4	22.0	34.3	49.4	94.1	147	210	297	365
	R_1	10504	7024	5110	3533	2955	2118	1538	1230	941	710	565	378	286	230	186	164
	R_2	14695	9640	6917	4712	3914	2773	1992	1582	1201	899	711	471	354	284	223	200
2.9	q_V	0.56	1.03	1.66	2.91	3.82	6.39	10.5	14.9	22.7	35.5	51.2	97.4	153	217	303	378
	R_1	11257	7528	5477	3786	3167	2270	1648	1318	1009	761	605	405	307	247	199	175
	R_2	15757	10330	7417	5052	4197	2973	2136	1696	1288	964	762	505	380	304	244	215
3.0	q_V	0.58	1.06	1.71	3.01	3.95	6.61	10.9	15.4	23.5	36.8	52.9	101	158	225	319	392
	R_1	12037	8049	5856	4049	3386	2428	1762	1409	1079	814	647	433	328	264	213	188
	R_2	16856	11058	7934	5405	4489	3181	2285	1815	1378	1031	815	540	406	325	261	230

注：1. q_V——流量（L/s）。

2. R_1、R_2——每米长水管的摩擦阻力（Pa/m）。

参考文献

［1］ 中国有色工程设计研究总院. GB 50019—2003 采暖通风与空气调节设计规范［S］. 北京：中国计划出版社，2003.

［2］ 中华人民共和国建设部. GB 50176—1993 民用建筑热工设计规范［S］. 北京：中国标准出版社，1993.

［3］ 中华人民共和国建设部. GB 50189—2005 公共建筑节能设计标准［S］. 北京：中国建筑工业出版社，2005.

［4］ 中华人民共和国住房和城乡建设部. GB/T 50114—2010 暖通空调制图标准［S］. 北京：中国建筑工业出版社，2001.

［5］ 中华人民共和国商务部. GB 50072—2010 冷库设计规范［S］. 北京：中国计划出版社，2010.

［6］ 中华人民共和国住房和城乡建设部. GB 50041—2008 锅炉房设计规范［S］. 北京：中国计划出版社，2008.

［7］ 北京市煤气热力工程设计院. CJJ 34—2002 城市热力网设计规范［S］. 北京：中国建筑工业出版社，2002.

［8］ 中国建筑科学研究院. JGJ/T 132—2009 居住建筑节能检测标准［S］. 北京：中国建筑工业出版社，2001.

［9］ 北京市热力集团有限责任公司. CJJ 28—2004 城镇供热管网工程施工验收规范［S］. 北京：中国建筑工业出版社，1999.

［10］ 中华人民共和国建设部. GB 50028—2006 城镇燃气设计规范［S］. 北京：中国建筑工业出版社，2006.

［11］ 中华人民共和国建设部. GB 50366—2005 地源热泵系统工程技术规范. 2009 版［S］. 北京：中国建筑工业出版社，2005.

［12］ 中华人民共和国建设部. GB 50243—2002 通风与空调工程施工质量验收规范［S］. 北京：中国计划出版社，2002.

［13］ 沈阳市城乡建设委员会. GB 50242—2002 建筑给水排水及采暖工程施工质量验收规范［S］. 北京：中国标准出版社，2002.

［14］ 宋孝春. 民用建筑制冷空调设计资料集——蓄冷空调［M］. 北京：中国建筑工业出版社，2004.

［15］ 陆耀庆. 实用供热空调设计手册. 2 版［M］. 北京：中国建筑工业出版社，2008.

［16］ 尉迟斌. 实用制冷与空调工程手册［M］. 北京：机械工业出版社，2001.

［17］ 何耀东. 暖通空调制图与设计施工规范应用手册［M］. 北京：中国建筑工业出版社，1999.

［18］ 周邦宁. 中央空调设备选型手册［M］. 北京：中国建筑工业出版社，1999.

［19］ 工业锅炉房实用设备手册编写组. 工业锅炉房实用设备手册［M］. 北京：机械工业出版社，2001.

［20］ 燃油燃气锅炉房设计手册编写组. 燃油燃气锅炉房设计手册［M］. 北京：机械工业出版社，2000.

［21］ 谈向东. 制冷工艺设计［M］. 北京：中国商业出版社，1997.

［22］ 张敏. 冷库建筑［M］. 北京：中国轻工业出版社，2006.

［23］ 方贵银. 蓄冷空调工程实用新技术［M］. 北京：人民邮电出版社，2000.

［24］ 华泽钊，刘道平，等. 蓄冷技术及其在空调工程中的应用［M］. 北京：科学出版社，1997.

［25］ 严德隆，张维君. 空调蓄冷应用技术［M］. 北京：中国建筑工业出版社，1997.

［26］ 方贵银. 蓄能空调技术［M］. 北京：机械工业出版社，2006.

［27］ 薛殿华. 空气调节［M］. 北京：清华大学出版社，2000.

[28] 杨昌智，刘光大，李念平. 暖通空调工程设计方法与系统分析［M］. 北京：中国建筑工业出版社，2006.
[29] 路诗奎，姚寿广. 空调制冷专业课程设计指南［M］. 北京：化学工业出版社，2005.
[30] 辛长平. 溴化锂吸收式制冷机实用教程［M］. 北京：电子工业出版社，2004.
[31] 周邦宁. 燃气空调［M］. 北京：中国建筑工业出版社，2005.
[32] 何耀东. 空调用溴化锂吸收式制冷机［M］. 北京：中国建筑工业出版社，1996.
[33] 戴永庆. 燃气空调技术及应用［M］. 北京：机械工业出版社，2004.
[34] 戴永庆. 溴化锂吸收式制冷空调技术实用手册［M］. 北京：机械工业出版社，1999.
[35] 刘泽华. 空调冷热源工程［M］. 北京：机械工业出版社，2005.
[36] 袁秀玲. 制冷与空调装置［M］. 西安：西安交通大学出版社，2001.
[37] 马最良. 地源热泵系统设计与应用［M］. 北京：机械工业出版社，2007.
[38] 蒋能照，刘道平. 水源、地源、水环热泵空调技术及应用［M］. 北京：机械工业出版社，2007.
[39] 徐伟. 地源热泵工程技术指南［M］. 北京：中国建筑工业出版社，2001.
[40] 赵军，戴传山. 地源热泵技术与建筑节能应用［M］. 北京：中国建筑工业出版社，2007.
[41] 刘泽华，彭梦珑，周湘江. 空调冷热源工程［M］. 北京：机械工业出版社，2005.
[42] 陈纪龙. 中小型锅炉选型与操作指南［M］. 北京：机械工业出版社，2003.
[43] 梁建勋，崔玉川. 低压锅炉水处理基本知识［M］. 北京：中国建筑工业出版社，1994.
[44] 丁崇功，寇广孝. 工业锅炉设备［M］. 北京：机械工业出版社，2005.
[45] 崔文富. 直燃型溴化锂吸收式制冷工程设计［M］. 北京：中国建筑工业出版社，2000.